# Leitfaden der Nomographie

Von

## Dr.-Ing. W. Meyer zur Capellen
Aachen

Mit 203 Abbildungen

Springer-Verlag Berlin Heidelberg GmbH

ISBN 978-3-642-53008-1     ISBN 978-3-642-53007-4 (eBook)
DOI 10.1007/978-3-642-53007-4

# Vorwort.

Als der Springer-Verlag vor einigen Jahren an mich mit der Bitte herantrat, ein Buch über Nomographie zu schreiben, lag für ein solches Buch ein großes Bedürfnis vor, da ältere Bücher vergriffen waren und neue nicht vorlagen. Da zudem die Nomographie in den verschiedensten Gebieten Eingang gefunden hat, nicht nur in der Technik, sondern auch in der Astronomie, der Versicherungsmathematik, der Medizin und anderen Gebieten, konnte ich mich der Bitte des Verlages nicht entziehen und schrieb den nunmehr vorliegenden Leitfaden.

Dieser soll in das Gebiet einführen, die theoretischen Grundlagen vermitteln und diese durch zahlreiche Beispiele unterbauen. So gliedert sich das Buch wesentlich in zwei große Abschnitte: Der erste umfaßt die theoretischen Grundlagen mit gelegentlich zur Erläuterung herangezogenen Beispielen, und der zweite beschäftigt sich wesentlich mit den Anwendungen, d. h. bringt neben den konstruktiven, beim Entwurf eines Nomogramms zu beachtenden Dingen zahlreiche Beispiele, vor allem aus der Technik. Diese Beispiele sind zum Teil bis ins einzelne durchgeführt und durch Abbildungen unterstützt, zum Teil aber nur kurz beschrieben, so daß der Leser die zeichnerische Lösung sich selbst skizzieren kann.

In dem anschließenden Literaturverzeichnis sind wesentlich größere allgemeinere Fragen oder Fragenkomplexe der Nomographie betreffende Aufsätze oder Bücher angegeben, während etwa ebensoviel Zitate sich im Text befinden, die auf die einzelnen Beispiele Bezug nehmen. Zweckmäßig schien es auch, die wichtigsten behandelten Funktionstypen nochmals am Schluß mit entsprechenden Seitenhinweisen zusammenzustellen.

Bei Anfertigung der Abbildungen unterstützten mich Herr Ing. M. GREUEL und Herr Ing. H. WOLTERS, während Herr Ing. C. STRASSER die Korrekturen mitlas. Ihnen sei an dieser Stelle herzlich gedankt. Ebenso danke ich dem Verlag für die Anregung, für die Ausstattung des Buches und für das jederzeit, auch bei Anfertigung der Abbildungen gezeigte Entgegenkommen.

Möge das Buch in Lehre und Praxis ein nützlicher Helfer sein.

Aachen, im Februar 1953.

**W. Meyer zur Capellen.**

# Inhaltsverzeichnis.

# 1 Einleitung.

Das Wort „Nomographie" setzt sich zusammen aus $\nu\acute{o}\mu o\varsigma$ = Gesetz und $\gamma\varrho\alpha\varphi\varepsilon\acute{\imath}\nu$ = schreiben. Hiernach ist Nomographie die bildliche Darstellung von gesetzmäßigen Zusammenhängen zwischen verschiedenen veränderlichen Größen (Variablen) derart, daß zusammengehörige Werte bequem abzulesen sind. Sie stellt sich somit die Aufgabe, für die Lösung *wiederholt* auftretender funktionaler Zusammenhänge *zeichnerische* Verfahren oder *mechanisch-instrumentelle*, auf den zeichnerischen Verfahren aufbauende Methoden anzugeben. Die Zeichnung verbindet sie mit deren praktischen Grundlagen und mit der graphischen Darstellung überhaupt, durch diese mit der Geometrie, insbesondere der analytischen Geometrie, und durch das Instrumentelle mit den mathematischen Instrumenten [*33* u. *34*][1], vor allem mit dem Rechenschieber.

Die Nomographie erweitert die übliche graphische Darstellung im rechtwinkligen Koordinatensystem durch Einführung der Funktionsleiter bzw. der Doppelleiter und liefert für mehrere Veränderliche das Hilfsmittel der Netztafeln und der Fluchtlinientafeln. Solche Nomogramme[2] oder ein Rechenschieber werden dann nützlich sein, wenn es sich um oft wiederkehrende Rechnungen handelt, besonders wenn diese lästig und umständlich sind. Ein nomographisches Hilfsmittel kann aber auch zur Unterstützung der Rechnung dienen, um grobe Fehler zu vermeiden. Die Nomographie liefert damit wertvolle Beiträge zur Rationalisierung. Sie wird auch dann von Vorteil sein, wenn bei mehr als drei Veränderlichen diese in Tabellen vorliegen.

Wenn ein Nomogramm im weitesten Sinn entworfen werden soll, dann sind drei Wege denkbar:

a) die Aufgabe wird genau durchgerechnet, d. h. die gesuchte Größe wird genau *berechnet*, und diese Rechnung wird durch das vorliegende Nomogramm geprüft;

---

[1] [*33*] verweist auf Nr. 33 des Literaturverzeichnisses auf S. 173.

[2] In der Praxis wird häufig das Wort „Nomogramm" nur für Fluchtlinientafeln benutzt.

b) man schafft sich mit Hilfe des Nomogramms einen Überblick und rechnet dann genau nach, sofern die Genauigkeit des Nomogramms nicht ausreicht;

c) dort, wo grobe Fehler ausgeschlossen sind und das Nomogramm hinreichend genau ist, wird man nur dieses nehmen — und das wird bei Formeln der Praxis, besonders, wenn sie bereits Näherungswerte darstellen, sehr oft der Fall sein.

Die Aufgabenstellung kann wesentlich in zwei Formen vorliegen:

a) von mehreren Veränderlichen $x_1$, $x_2$, ..., $x_n$ sind immer $x_1$, $x_2$, ..., $x_{n-1}$ gegeben, und es ist $x_n$ gesucht, so daß der Richtungssinn der Aufgabe immer der gleiche bleibt;

b) von den Veränderlichen $x_1$, $x_2$, ..., $x_n$ sind $x_1$, $x_2$, ..., $x_{i-1}$, $x_{i+1}$, ..., $x_n$ gegeben, und es wird die Veränderliche $x_i$ gesucht, wobei aber $i = 1, 2, ..., n$ sein oder einen Teil dieser Zahlen darstellen kann. Der Richtungssinn der Aufgabe ist also nicht immer der gleiche. In vielen Fällen wird die Umkehrung des Richtungssinnes (Inversion) erwünscht sein, wenn nicht die Aufgabe eindeutig die Form a) vorschreibt (vgl. a. [5]).

Ein nomographisches Rechenhilfsmittel wird nun nicht immer anschaulich den funktionalen Zusammenhang gegenüber manchen graphischen Darstellungen erkennen lassen; das ist aber auch nicht notwendig, denn es handelt sich ja ausschließlich um ein Hilfsmittel zur erleichterten Durchführung einer Rechnung. Wohl sollte man einem solchen Nomogramm oder Rechenschieber die dargestellte Formel beigeben — was leider im Schrifttum oft vergessen wird.

Wir behandeln das Gebiet in zwei Abschnitten: Im ersten (Kap. 2) werden die mathematischen, theoretischen Grundlagen und im zweiten (Kap. 3) zahlreiche Anwendungsbeispiele gegeben, auf die bereits im ersteren hingewiesen wird. Kap. 3 wird eingeleitet durch einen Abschnitt über die beim Entwurf eines nomographischen Hilfsmittels zu beachtenden konstruktiven Dinge, u. a. auch über die Genauigkeit.

Wenn auch bereits im Mittelalter Ansätze zu nomographischen Darstellungen zu beobachten sind, so muß LALANNE[1] als Begründer der systematischen Nomographie und speziell D'OCCAGNE [*38, 39, 40*] als derjenige angesehen werden, der die Theorie der Fluchtentafeln begründete. In Deutschland fand die Nomographie wesentlich Eingang durch die Werke von WERKMEISTER und LUCKEY [*55* u. *28*], vor allem aber durch den Ausschuß für wirtschaftliche Fertigung (AWF) und seinen 1943 gestorbenen Obmann H. SCHWERDT (vgl. a. [*46, 48, 49*]).

---

[1] LALANNE: Ann. Ponts. Chauss. 1846, S. 61.

# 2 Theoretische Grundlagen.

## 21 Funktion und graphische Darstellung.

### 211 Funktion.

Unter *Funktion* versteht man die Abhängigkeit einer Größe, z. B. $y$, von einer anderen Größe, z. B. $x$. Diese Abhängigkeit schreibt man in der Form

$$y = f(x), \tag{1a}$$

welche besagt, daß $y$ eine Funktion von $x$ ist. Hierbei heißt $x$ die unabhängig, $y$ die abhängig Veränderliche. Wenn $y$ von mehreren Veränderlichen abhängt, so ist

$$y = f(x_1, x_2, \ldots, x_n), \tag{1b}$$

und allgemein kann gesagt werden, daß eine Funktion eine Beziehung zwischen mehreren veränderlichen Größen darstellt. Während Gln. (1a) und (1b) die *explizite* Form liefern, stellt

$$F(x, y) = 0 \quad \text{oder} \quad F(x_1, x_2, \ldots, x_n) = 0 \tag{2}$$

mit $x$, $y$ bzw. $x_1, x_2, \ldots, x_n$ als Veränderlichen die *implizite* Form dar.

So kann die Funktion $y = \pm 0{,}8 \sqrt{25 - x^2}$ auch auf die Form $0{,}64\,x^2 + y^2 - 16 = 0$ gebracht werden.

Außer in der obigen Darstellung können auch die Veränderlichen als Funktionen eines gemeinsamen Parameters (*Parameter*darstellung), also in der Form

$$x = \varphi(t), \quad y = \psi(t), \tag{3}$$

mit $t$ als Parameter geschrieben werden. Es kann die Form $y = f(x)$ durch Elimination (Beseitigung) von $t$ aus beiden Gleichungen hergestellt werden, obzwar gerade die Form (3) oft nützlich ist.

So würde die Darstellung $x = 3\,t$, $y = 4\,t - 2\,t^2$ durch Einsetzung von $t = x/3$ aus der 1. Gleichung in die 2. auf $y = \frac{4}{3}\,x - \frac{2}{9}\,x^2$ führen.

### 212 Koordinatensysteme.

Zur anschaulichen Darstellung des Zusammenhanges zwischen (zunächst) 2 Veränderlichen $x, y$ bedient man sich eines geeigneten Koordinatensystems. Im *rechtwinkligen, kartesischen* Koordinatensystems ordnet man den Zahlenwerten $x$ die Abszissen-, die $x$-Achse, und den Zahlenwerten $y$ die Ordinaten-, die $y$-Achse zu, welche zur

$x$-Achse senkrecht steht und mit ihr den Nullpunkt gemeinsam hat. Ein Wertepaar $x$, $y$ ist dann dargestellt durch einen Punkt $P$ mit den Koordinaten $x$ und $y$, Abb. 1: $P$ wird erreicht, indem man auf der $x$-Achse um $x$ nach rechts (links) geht, wenn $x$ positiv (negativ) ist,

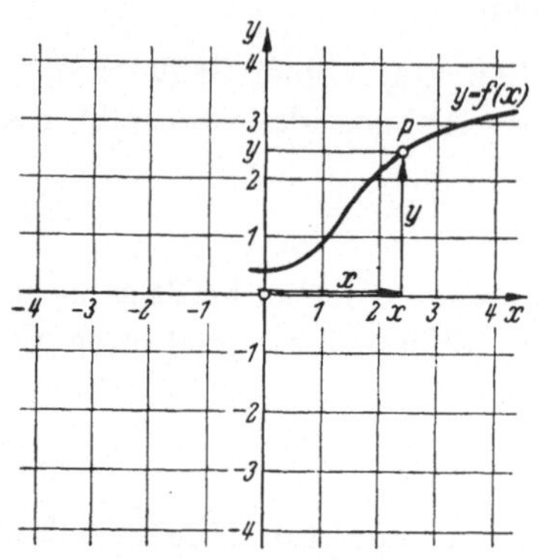

Abb. 1. Graphisches Bild einer Funktion in kartesischen Koordinaten.

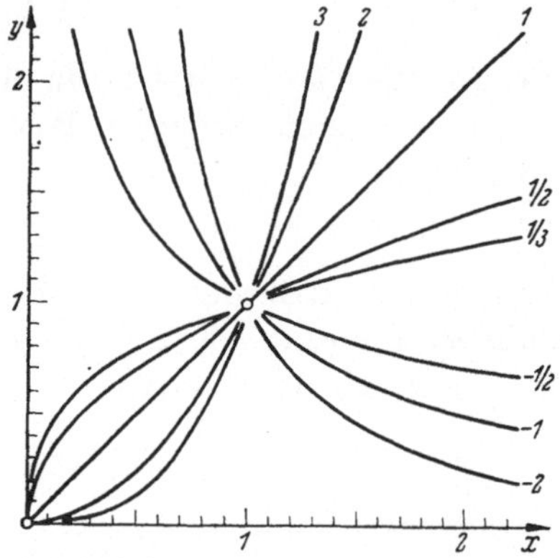

Abb. 2. Darstellung von $y = x^n$ für verschiedene Werte $n > 0$.

und dann senkrecht um $y$ nach oben (unten) geht, wenn $y$ positiv (negativ) ist (linkshändiges Koordinatensystem).

Da eine Funktion $y = \mathrm{f}(x)$ eine Folge von Wertepaaren liefert, wird ihr graphisches Bild durch eine Folge von Punkten, d. h. durch

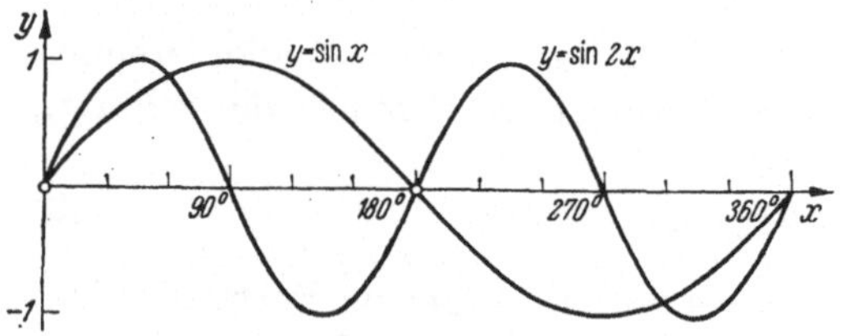

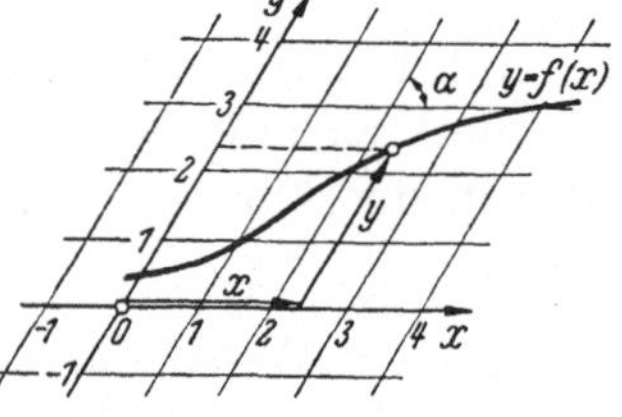

Abb. 3. Darstellung von $y = \sin x$ und $y = \sin 2x$.

Abb. 4. Schiefwinklige Koordinaten.

eine Kurve dargestellt. Diese *Kurve* ist ihr graphisches Bild, und umgekehrt sagt man auch, die Kurve habe die Gleichung $y = \mathrm{f}(x)$. Diese Form der Darstellung hat den Vorteil eines anschaulichen Überblickes, den eine Tabelle nicht geben kann, vgl. Abb. 2 und 3.

Während beim rechtwinkligen Koordinatensystem die achsenparallelen Geraden $x = \mathrm{konst.}$ und $y = \mathrm{konst.}$ einen rechten Winkel bilden, ist dies beim *schiefwinkligen* Koordinatensystem, Abb. 4, nicht der Fall.

Hier liefert $\alpha = 90°$ das obige linkshändige Rechtwinkelkreuz, und für $\alpha = 270°$ oder $\alpha = -90°$ wird das rechtshändige Rechtwinkelkreuz erhalten.

Das Bild einer Funktion in den Koordinatensystemen gemäß Abb. 1 und 4 wird zwar verschieden aussehen, aber die Zuordnung entsprechender Werte bleibt die gleiche.

Schließlich wird häufig bei bestimmten Darstellungen — auch bei registrierten Kurven — die Übertragung in *Polarkoordinaten* benutzt. Hierbei entspricht der unabhängig Veränderlichen $x$ der Polarwinkel $\varphi$, welcher mit der festen Polarachse gebildet wird, und der abhängig Veränderlichen $y$ der Radiusvektor $OP = r$, d. h. die Entfernung des darstellenden Punktes vom festen Punkt $O$, dem Pol, vgl. Abb. 5. Die Werte $\varphi =$ konst. entsprechen den Strahlen durch $O$, die Werte $r =$ konst. den konzentrischen Kreisen um $O$ (Polarkoordinatenpapier). Das Bild der Funktion sieht in dieser Darstellung wesentlich anders aus als im Rechtwinkelkreuz, die Zuordnung bleibt aber die gleiche.

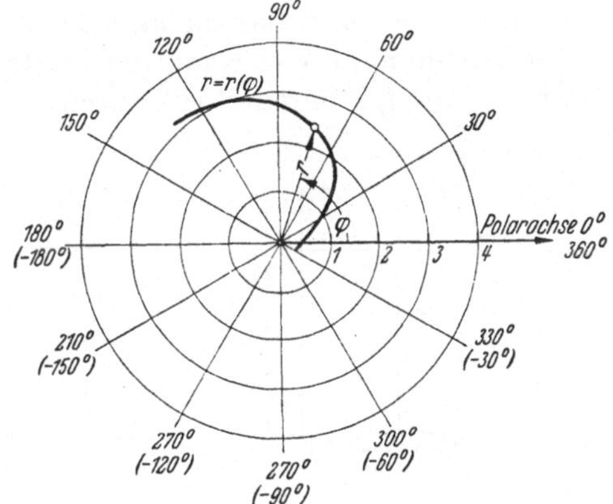


Abb. 5. Polarkoordinaten.

Während $y = mx$ im kartesischen Koordinatensystem eine Gerade durch den Ursprung $O$ darstellt, erhält man bei Polarkoordinaten die Archimedische Spirale $r = m\varphi$. — Der cos-Kurve $y = R\cos x$ steht der Kreis $r = R\cos\varphi$ gegenüber, also eine einfachere Kurve.

Die Übertragung von einem System in das andere ist auch bei Integrationsaufgaben nützlich [34].

Liegt schließlich die *Parameterdarstellung* vor, z. B. $x = x(t)$, $y = y(t)$, so entspricht jedem Wert $t$ ein Wertepaar $x$, $y$ und damit im Koordinatensystem ein Punkt, d. h. der Folge der Werte $t$ wieder eine Kurve (vgl. a. hierzu Abs. 224).

Wie oben angedeutet, wird häufig der umgekehrte Weg beschritten: Eine Meßvorrichtung ist mit einer Schreibvorrichtung verbunden, und diese schreibt den Zusammenhang unmittelbar auf, z. B. den Druck oder die elektrische Leistung in Funktion der Zeit. Da der Schreibstift hierbei oft einen Kreisbogen beschreibt, so benutzt man als Registrierpapier *verzerrte* kartesische bzw. Polarkoordinaten [34].

### 213 Maßstäbe.

Bei den Veränderlichen[1] handelt es sich nun im allgemeinen nicht um Strecken, sondern um Größen von bestimmten Dimensionen.

---

[1] Vgl. auch die Zusammenstellung der wichtigsten Bezeichnungen am Schluß von Abs. 213.

Wenn z. B. der durch das OHMsche Gesetz $U = JR$ gegebene Zu·
sammenhang bei zunächst konstantem $R$ dargestellt werden soll
($U$ = Spannung in V, $J$ = Stromstärke in A, $R$ = Widerstand in $\Omega$),
so wird man $J$ auf der Abszissenachse, $U$ auf der Ordinatenachse auftragen, aber in einem bestimmten *Maßstab*. Dieser kann angegeben
werden in der Form

Abszissenachse: 1 mm der Zeichnung $\triangleq a$ A,

Ordinatenachse: 1 mm der Zeichnung $\triangleq b$ V,

oder aber — und das ist *hier* die zweckmäßige Form[1]: 1 A $\triangleq l_1$ mm
der Zeichnung, 1 V $\triangleq l_2$ mm der Zeichnung; d. h. $J$ A werden durch eine
Strecke $u = l_1 J$ mm und $U$ V durch eine Strecke $v = l_2 U$ mm dargestellt.

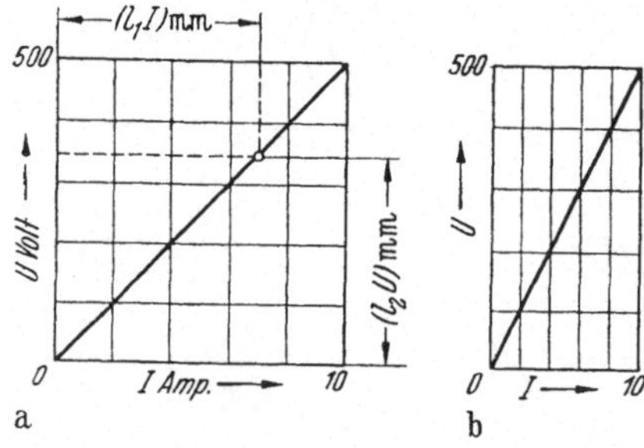


Abb. 6a, b. Graphische Darstellung des OHM-
schen Gesetzes $U = JR$ bei verschiedenen
Maßstäben.

Die Strecken $l_1$, $l_2$ heißen Maßstabsfaktoren und werden in mm
oder cm angegeben (auch gelegentlich mit anderen Buchstaben bezeichnet), während in diesem Zusammenhang dann $J$ und $U$ oder
allgemein $x$ und $y$ als dimensions-
lose Zahlenwerte auftreten; d. h.
es würden dann die Strecken
$u = l_1 x$, $v = l_2 y$ aufgetragen.

Sei $R = 50\,\Omega$ und $J = 0 \div 10$ A, d. h.
$U = 0 \div 500$ V*, so könnte $l_1 = 10$ mm

und $l_2 = 0,2$ mm gewählt werden. Dann sind die größten Werte von $J$ durch
$l_1 \cdot 10 = 100$ mm bzw. von $U$ durch $l_2 \cdot 500 = 100$ mm dargestellt, vgl. Abb. 6a.
Das Bild des Zusammenhangs ist eine Gerade.

Der funktionale Zusammenhang bleibt ungeändert — ganz gleich,
welche Maßstäbe gewählt werden; nur schreiben Bereich der Veränderlichen, die Genauigkeit und die Absicht, ein übersichtliches Bild

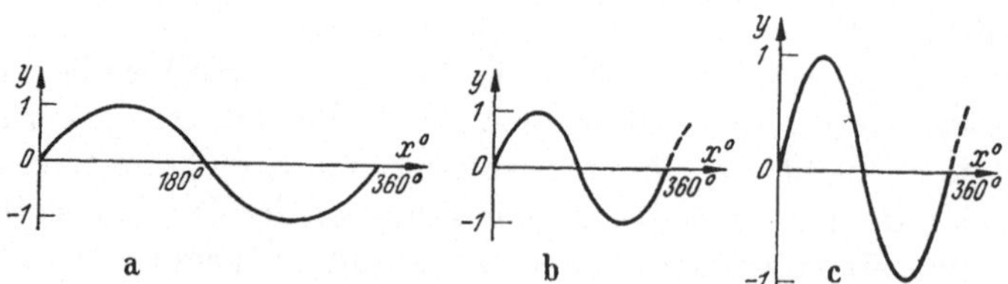


Abb. 7a—c. Darstellung von $y = \sin x$ bei verschiedenen Maßstäben.

zu schaffen, die Maßstäbe, die möglichst *glatte* Werte sein sollen, vor. Änderung der Maßstäbe bedeutet eine lineare Verzerrung (vgl. a. Abs. 231).

---

[1] Im Gegensatz zu der ersteren, an anderer Stelle benutzten, da dort zweck-
mäßigeren Form [34], auch zu der in der graphischen Statik. üblichen Form.
  * Vgl. unten.

Das gleiche Gesetz wie oben, nur mit den Faktoren $l_1 = 5$ mm und $l_2 = 0{,}2$ mm zeigt Abb. 6b. — Ebenso zeigt Abb. 7 die Auswirkung verschiedener Maßstäbe bei der Kurve $y = \sin x$.

*Anmerkung.* Im folgenden werden u. a. die folgenden *Bezeichnungen* bzw. *Abkürzungen* benutzt:

1. Veränderliche Größen: $x$, $y$, $z$ oder bei mehr als 3 Veränderlichen $x_1$, $x_2$, $x_3$, . . . , $x_i$, . . .*.

2. Funktionen: $f(x)$, $g(y)$, $h(z)$ bzw. bei mehr als 3 Veränderlichen $F_1(x_1)$, $F_2(x_3)$, . . . , $F_i(x_i)$, . . .

3. Aufgetragene Strecken: $u$, $v$, $w$ oder $w_1$, $w_2$, $w_3$, . . . , $w_i$, . . . oder $\xi_i$, $\eta_i$.

4. Maßstabsfaktoren: $l_1$, $l_2$, $l_3$, . . . oder $L_1$, $L_2$, $L_3$, . . . oder andere im Zusammenhang erwähnte Bezeichnungen.

5. Bereiche der Veränderlichen: Bei der praktischen Darstellung werden die Veränderlichen nur in gewissen Bereichen gebraucht, wie im Einzelfall angegeben ist. Wenn z. B. $U$ im vorstehenden Beispiel sich zwischen 0 und 500 V bewegen soll, so schreiben wir statt $U = 0$ bis 500 V kurz $U = 0 \div 500$ V.

## 22 Funktionsleiter.

### 221 Begriff.

**2211** Wir hatten im vorigen Abschnitt den Einfluß der Maßstäbe hervorgehoben; hierbei wurden auf den Koordinatenachsen nicht die Veränderlichen selbst, sondern die Strecken $u$ oder $v$, welche jenen proportional sind, abgetragen. Wenn hier die Veränderliche um einen konstanten Betrag zunimmt, so auch die darstellende Strecke. Betrachten wir nur die $x$-Achse, so sind auf dieser die Strecken

$$u = lx \tag{9a}$$

mit $l$ als Maßstabsfaktor aufgetragen, vgl. Abb. 8a. Eine solche Teilung bezeichnen wir als *regelmäßige* (reguläre) oder *lineare* Teilung (s. u.).

Nun bilden wesentliche Hilfsmittel der Nomographie *nicht* lineare Teilungen. Bei diesen sind auf einer Geraden von einem bestimmten Punkt aus die Strecken

$$u = l\, f(x) \tag{9b}$$

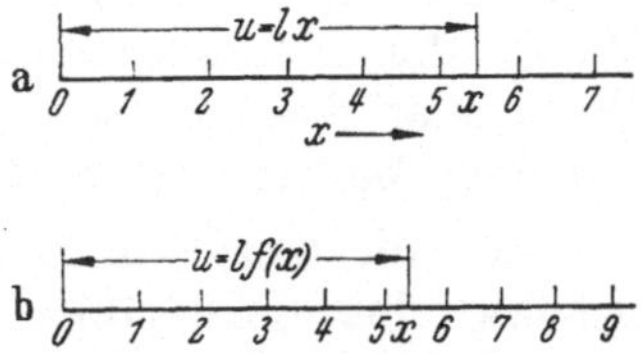

mit $l$ als Maßstabsfaktor abgetragen, und zwar für *glatte* Werte der Veränderlichen oder des Argumentes $x$, vgl. Abb. 8b, 9b, 11, 14a u. b. Die Punktreihe, welcher der durch die Funktion gegebenen Zahlenfolge ent-

Abb. 8a. b. a) Lineare Leiter, b) Funktionsleiter.

---

* Bei Parameterdarstellung gelegentlich auch $t_i$.

spricht, heißt *Funktionsleiter* bzw. -skala und die Gerade[1], auf der
die Punkte liegen, der *Träger* der Teilung.

Man braucht hierbei nicht alle durch Teilstriche angedeuteten
Werte zu beziffern, sondern nur soweit, daß die nicht bezifferten Teilstriche deutbar sind. Wie stark unterteilt wird, hängt vom Einzelfall und von der verlangten Genauigkeit ab, vgl. Abs. 2213 und besonders 31.

Es ist auch oft zweckmäßig — in entsprechender Weise wie beim Rechtwinkelkreuz — den Anfangspunkt der Leiter [$u = 0$ mit zugehörigem Argument
$x = \bar{x}_0$] zu unterdrücken, sofern er im dargestellten Zusammenhang nicht interessiert. Es werden dann,
wenn $x = x_0$ ein geeig-
neter Argumentwert ist, die
Strecken $u = l[\mathrm{f}(x) - \mathrm{f}(x_0)]$
aufgetragen.

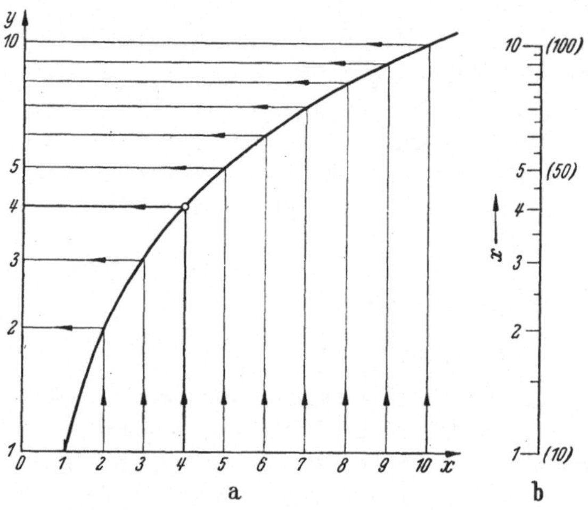

Der Änderung der
dargestellten Größe,
ihrem *Schritt*, entspricht
auf der Bildgeraden eine
gewisse Strecke, das
*Teilungsintervall*.

Außer den erwähn-
ten Leitern vgl. a. Ab-
schnitt 32, S. 95 f.

**2212** Statt der oben
gegebenen abstrakten
Definition kann man
auch eine *anschauliche*

Abb. 9. Graphische Ermittlung einer Funktionsleiter.

*Deutung* bringen: Es sei die Funktion $y = \mathrm{f}(x)$ in einem rechtwink-
ligen Koordinatensystem mit regelmäßigen Teilungen dargestellt. Der
Maßstab für die Ordinaten sei $l$, so daß diese also gleich $l\,\mathrm{f}(x)$ sind,
Abb. 9; der Maßstab der $x$-Achse interessiert hierbei nicht. Projiziert
man nun die Kurvenpunkte für gleichabständige („aequidistante")
Werte der Veränderlichen $x$ auf die $y$-Achse und schreibt die
Werte $x$ an diese an, so entsteht auf ihr eine Funktionsleiter für $\mathrm{f}(x)$
mit dem Maßstabsfaktor $l$.

Wäre die Kurve in Abb. 9 eine Gerade gewesen, so wäre auf der
$y$-Achse eine regelmäßige Teilung entstanden. Von dem Bild einer
solchen Geraden ausgehend, wird diese Teilung auch als *lineare* bezeichnet. Der Darstellungsweise nach Abb. 9 kommt nicht nur anschauliche
Bedeutung zu, sondern sie ist dann, wenn die Funktion $\mathrm{f}(x)$ *empirisch*
gegeben ist, *notwendig*.

---

[1] Im weiteren Sinn auch die Kurve, vgl. Abs. 224.

**221 3** Unabhängig vom Einzelfall und der praktisch zu erwarten-
den Genauigkeit (Abs. 311) ist hier bereits eine *Fehlerbetrachtung* am
Platze: Soll der Wert $x$ auf der — zunächst noch einsam dastehenden —
Leiter abgelesen werden, so hängt der Fehler $\Delta x$ von dem Fehler $\Delta u$
bei Ablesung der Strecke $u$ ab. Nun folgt aus Gl. (9a)

$$\mathrm{d}u = l\,\mathrm{f}'(x)\,\mathrm{d}x, \qquad (10\,\mathrm{a})$$

oder wenn man beachtet, daß bei kleinen Differenzen $\Delta u$, $\Delta x$ diese
durch die Differentiale ersetzt werden können, vgl. Abb. 10, so ergibt
sich $\Delta u = l\,\mathrm{f}'(x)\,\Delta x$, d. h.

$$\Delta x = \frac{\Delta u}{l}\,\frac{1}{\mathrm{f}'(x)}. \qquad (10\,\mathrm{b})$$

Der absolute Fehler $\Delta x$ in $x$ ist also
proportional dem Fehler $\Delta u$ in der
Strecke $u$ und umgekehrt proportional
der Einheit $l$ und der ersten Ableitung
der dargestellten Funktion.

Der *relative* Fehler $F_r = \Delta x / x$ hat
hiernach den Wert

$$F_r = \frac{\Delta x}{x} = \frac{\Delta u}{l}\,\frac{1}{x\,\mathrm{f}'(x)}. \qquad (11)$$

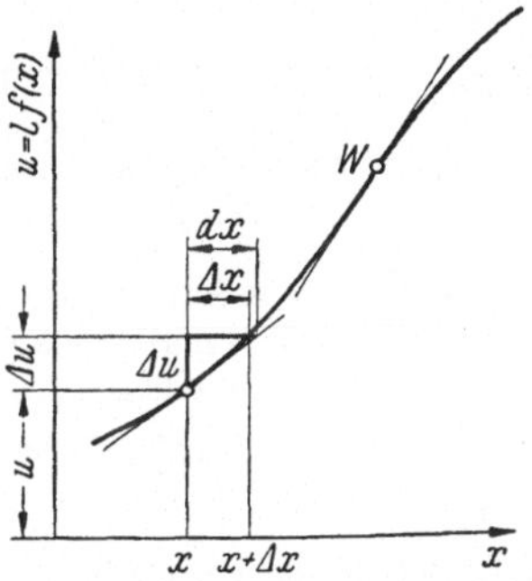

Abb. 10. Zur Fehlerberechnung bei
einer Funktionsleiter.

Bei Entwurf und Benutzung einer Skala interessiert oft die Stelle, an welcher
der *relative* Fehler ein *Extremum* wird. Die Bedingung ist zunächst $\mathrm{d}F_r/\mathrm{d}x = 0$,
d. h.

$$\mathrm{f}'(x) + x\,\mathrm{f}''(x) = 0, \qquad (12\,\mathrm{a})$$

woraus die betreffende Stelle $x = x_0$ errechnet werden kann, und

$$\mathrm{d}^2 F_r/\mathrm{d}x^2 = -[2\,\mathrm{f}''(x_0) + x_0\,\mathrm{f}'''(x_0)] \quad \begin{matrix} < 0 \\ > 0 \end{matrix} \ \text{für} \ \begin{matrix} \text{Maximum} \\ \text{Minimum} \end{matrix} \qquad (12\,\mathrm{b})$$

Ebenso interessiert häufig die Stelle, in deren Umgebung die Teilung *linear*
ist. Das ist dort der Fall, wo die Kurve $u = l\,\mathrm{f}(x)$ sich besonders gut der Kurven-
tangente anschmiegt (Punkt $W$, Abb. 10), d. h. wo ein Wendepunkt der Kurve
vorliegt, also

$$\mathrm{f}''(x) = 0 \qquad (13)$$

wird, falls $\mathrm{f}'''(x) \neq 0$ ist. Dort hat die Funktion $\mathrm{f}(x)$ ihren stärksten Anstieg
(Abstieg), d. h. die Teilstriche, die gleichen Schritten entsprechen, sind besonders
weit entfernt.

**221 4** Die folgenden *Beispiele* heben besonders wichtige Teilungen
hervor; sie werden erweitert und ergänzt in Abs. 32, S. 95 f.

*Beispiel 1:* Die *logarithmische* Teilung $u = l\,\lg x$, welche als Grundlage zu
Abb. 9 diente, tritt besonders häufig vor und hat von vornherein einige besondere
Vorteile:

a) Die prozentuale oder relative Genauigkeit ist überall die gleiche. Es ist

$$\mathrm{f}'(x) = \frac{\mathrm{d}}{\mathrm{d}x}(\lg x) = \frac{1}{2{,}3026\,x}\,, \ \text{also wird nach Gl. (11) hier}$$

$$F_r = \frac{\Delta x}{x} = 2{,}3026\,\frac{\Delta u}{l} = \text{konstant,}$$

wenn für $\Delta u$ ein mittlerer Wert genommen wird. Da beim normalen logarithmischen Rechenschieber die Grundteilungen [*33,34*] die Einheit $l = 250\,\text{mm}$ haben, so folgt, wenn der Ablesefehler $\Delta u$ im Mittel gleich 0,2 mm angenommen wird, hier $F_r = 2{,}3026 \cdot 0{,}2 \cdot 100/250 \approx 0{,}2$ v. H.

b) Da die Logarithmen von Zahlen gleicher Ziffernfolge, aber verschiedener Kommastellung (Größenordnung) sich nur um eine ganze Zahl, die Differenz der Kennziffern, unterscheiden, kann eine logarithmische Leiter auch für Bereiche mit anderen Zehnerpotenzen benutzt werden: An die Skala nach Abb. 9b können ebensogut die Zahlen $10 \div 100$ angeschrieben werden. Weitere Vorteile dieser Leiter werden sich weiter unten (S. 96) ergeben.

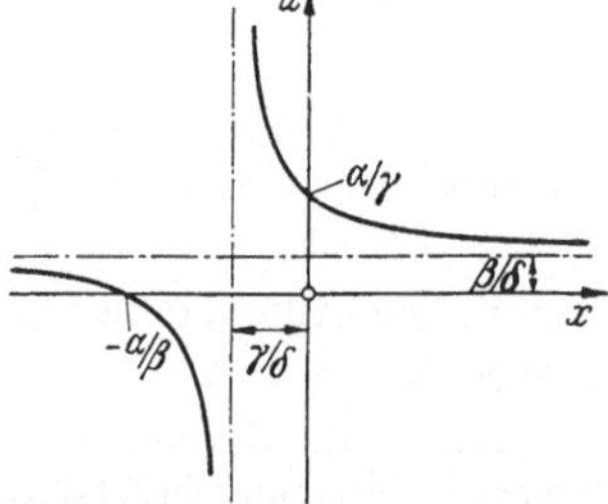

Abb. 11a, b. Funktionsleitern: a) für $y = x^2$ mit $l = 5$ mm, b) für $y = \sqrt{x}$ mit $l = 50$ mm; 1:2,5.

Während wir das Anschreiben der Zahlen an die Leitern als *Beziffern* bezeichnen, wollen wir das Anschreiben von Zahlen, die anderen Bereichen angehören und die z. B. in Abb. 9b durch Klammern hervorgehoben werden und die also die gleiche Skala für andere Bereiche benutzen lassen, als *Verziffern* bezeichnen[1].

*Beispiel 2:* Häufig treten *Potenzteilungen* vom Gesetz

$$u = l\, x^n$$

auf. Bei dieser wird $f'(x) = n\,x^{n-1} = n\,x^n/x$ und somit

$$\Delta x = \frac{\Delta u}{l}\,\frac{x}{n\,x^n} = \Delta u\,\frac{x}{n\,u} \quad \text{bzw.} \quad F_r = \frac{\Delta x}{x} = \frac{\Delta u}{n\,u}.$$

Der relative Fehler nimmt also bei gegebenem $n$ mit zunehmendem $u$ ab, jedoch mit zunehmendem $x$ ab oder zu, je nachdem $n > 0$ oder $< 0$ ist.

Abb. 11a, b zeigen diese Teilungen für $n = 2$ und $n = \frac{1}{2}$.

*Beispiel 3:* Eine besondere Bedeutung kommt im weiteren Zusammenhang der *projektiven* Teilung zu, welche das Gesetz

$$u = l\,\frac{'\alpha + \beta x}{\gamma + \delta x} \quad \text{bzw.} \quad u = \frac{\alpha + \beta x}{\gamma + \delta x} \tag{a}$$

darstellt, wenn wir im letzteren Fall den Faktor $l$ in die Konstanten $\alpha$, $\beta$ einbezogen denken. Wir merken noch an, daß, wie durch einfaches Ausdividieren folgt, auch

$$u = \frac{\beta}{\delta} + \frac{D}{\delta}\,\frac{1}{\gamma + \delta x} \tag{b}$$

mit $D = \alpha\delta - \beta\gamma \neq 0$ geschrieben werden kann[2] und daß $u = f(x)$ im rechtwinkligen Koordinatensystem durch eine gleichseitige Hyperbel dargestellt wird, Abb. 12. Bemerkenswerte Punkte sind

Abb. 12. $u = (\alpha + \beta x)/(\gamma + \delta x)$ im Rechtwinkelkreuz (zur projektiven Leiter).

| $x$ | 0 | $\infty$ | $-\alpha/\beta$ | $-\gamma/\delta$ |
|---|---|---|---|---|
| $u$ | $\alpha/\gamma$ | $\beta/\delta$ | 0 | $\infty$ |

---

[1] Im Gegensatz zu SCHWERDT. Die Vorsilbe „ver" erinnert an das Wort „ver"-ändern und drückt damit das Wesentliche aus.

[2] Für $D = 0$ entartet $u$ bzw. $f(x)$ in eine Konstante.

Die Teilung ist an sich durch *drei* Konstante bestimmt, so daß sich mit Kürzung durch $\gamma$ oder $\delta$ für diesen letzteren Fall mit $\alpha/\delta = a$, $\beta/\delta = b$, $\gamma/\delta = c$ auch

$$u = \frac{a + bx}{c + x} = b + \frac{\overline{D}}{c + x} \quad \text{ergibt, wenn } a - bc = \overline{D} = \frac{D}{\delta} \text{ gesetzt wird.}$$

Die Skala ist zunächst deswegen bemerkenswert, weil sie zeichnerisch, und zwar auf *projektivem* Wege, aus einer linearen Teilung gewonnen werden kann [obgleich man oft ebenso gern die Teilung rechnerisch gemäß Gl. (14b) gewinnen wird]: Die lineare Teilung (1) und die projektive Teilung (2) werden so aufeinandergelegt (Abb. 13), daß die entsprechenden Punkte $x = x_0$ der ersteren und

$$u(x_0) = u_0 = b + \frac{\overline{D}}{c + x_0}$$

der letzteren im Punkt $A$ zusammenfallen. Der Wert $x_0$ wird zweckmäßigerweise in der Umgebung derjenigen Werte $x$ gewählt, die dargestellt werden

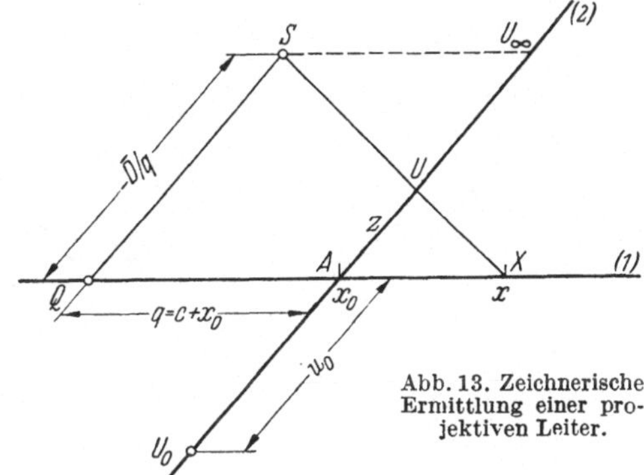

Abb. 13. Zeichnerische Ermittlung einer projektiven Leiter.

sollen. Auf dem Träger *1* trägt man von $A$ aus die Strecke $q = c + x_0$ auf bis zum Punkte $Q$. Auf dem Träger *2* trägt man von $A$ aus die Strecke $u_0$ bis zum Punkte $U_0$ auf und schließlich auf der Parallelen durch $Q$ zum Träger *2* die Strecke $QS = -\overline{D}/q$. Dann ist $S$ das gesuchte Projektionszentrum, d. h. der Strahl durch $S$ und den dem Wert $x$ entsprechenden Punkt $X$ des Trägers *1* trifft den Träger *2* in dem zugeordneten Punkt $U$, d. h. es muß $UU_0 = u$ sein.

Beweis: Nach dem Strahlensatz folgt $\overline{AU}:\overline{QS} = \overline{AX}:\overline{QX}$ oder mit $AU = z$ und den weiter eingetragenen Werten,

$$z = \frac{-\overline{D}(x - x_0)}{(c + x_0)(c + x)} \quad \text{und} \quad UU_0 = u_0 + z = b + \frac{\overline{D}}{c + x} = u,$$

wie behauptet wurde.

Die Parallele durch $S$ zum Träger *1* liefert den Punkt $U_\infty$, d. h. den Punkt der Teilung auf dem Träger *2*, der dem Wert $x = \infty$ ($U_0 U_\infty = b$) entspricht, und umgekehrt entspricht $Q$ als Schnittpunkt der Parallelen durch $S$ zum Träger *2* dem Wert $x$, für den $u = \infty$ wird.

Die Teilungen auf den Trägern sind zueinander projektiv und befinden sich auch in *projektiver* Lage. Die Abbn. 14a u. b. zeigen projektive Leitern:

Die erstere stellt dar $u = \dfrac{50\,x}{3 + x}$, d. h. $\delta = 1$, $\alpha = a = 0$, $\beta = b = 50$, $\gamma = c = 3$, $\overline{D} = D = -150$. Es wurde $x_0 = 2$ angenommen, so daß $q = 3 + 2 = 5$, $z_\infty = -D/q = 150/5 = 30$ mm wird, wobei $z = -\dfrac{D}{q} + \dfrac{D}{c + x} = 30 - \dfrac{150}{3 + x}$ ist.

Die zweite projektive Leiter, Abb. 14b, stellt $u = 200/x$ dar[1], d. h. es ist $\alpha = a = 200$, $\beta = \gamma = 0$, $\delta = 1$, $\overline{D} = D = 200$, und für $x_0 = 4 = q$ wird $z_\infty = -\overline{D}/q = -200/4 = -50$, wobei auch $z = -50 + 200/x$ ist.

Bei einer *rechnerischen* Ermittlung der abzutragenden Strecken kann man auch vom Punkt $U_0$ aus die Strecken $z = u - u_0$ auftragen, wie vorstehend angegeben.

---

[1] Also eine Potenzleiter für $n = -1$.

Man beachte, daß durch Zuordnung von drei Punktepaaren bereits die projektive Teilung eindeutig bestimmt ist. — Häufig kommen Teilungen vor, bei

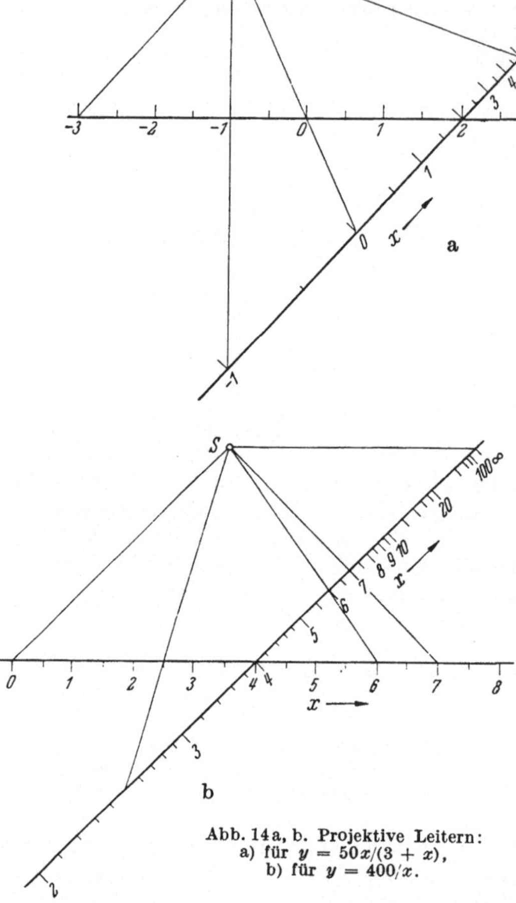


Abb. 14a, b. Projektive Leitern:
a) für $y = 50x/(3 + x)$,
b) für $y = 400/x$.

denen die Funktion

$$F(x) = \frac{\alpha + \beta\, f(x)}{\gamma + \delta\, f(x)}$$

darzustellen ist, so daß $F(x)$ projektiv zu $f(x)$ ist. Wir sprechen dann von „*quasiprojektiver*" Teilung.

Ferner kann eine Teilung in gewisser Umgebung eines Punktes durch eine projektive Teilung ersetzt werden (vgl. Abs. 32, S. 96). Schließlich ist der Begriff der Projektivität in der Nomographie von grundsätzlicher Bedeutung (vgl. z. B. Abs. 271), so daß wir auch deswegen bei der projektiven Teilung etwas länger verweilten.

Der Fehler $\Delta x$ in der Veränderlichen $x$ ergibt sich hier gemäß Gl. (10) und Gln. a) u. b) zu

$$\Delta x = - \Delta u\, D(\gamma + \delta x)^2$$
$$= - \Delta u\, (\beta - \delta u)^2/D.$$

## 222 Doppelleiter.

**222 1 Aufbau.** Wie schon oben angedeutet, hat eine Funktionsleiter für sich allein *keine* Bedeutung, sondern erst in Verbindung mit anderen Leitern. Eine solche erste Möglichkeit ergibt sich, wenn man zwei Funktionsleitern nebeneinanderlegt, Abb. 15, d. h. Leitern für die Funktionen $f(x)$ und $g(y)$, so daß die Gleichheit der Strecken $u = l\,f(x) = l\,g(y)$ die einfache Beziehung

$$f(x) = g(y) \tag{14}$$

zwischen den Veränderlichen $x$ und $y$ liefert. Hierdurch läßt sich eine Beziehung zwischen *zwei* Veränderlichen auf kleinstem Raum unter-

bringen. Gegebenenfalls kann die eine Leiter *linear* geteilt sein: Hätte man z. B. in
Abb. 9a die Werte $y$ auf der Ordinatenachse auch angeschrieben, so hätten wir
die Doppelleiter[1] für $y = \mathrm{f}(x)$ gewonnen

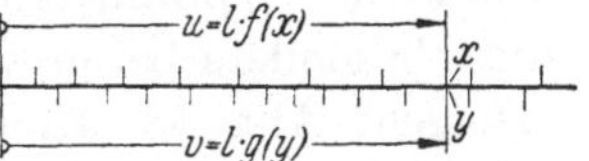

Abb. 15. Prinzip der Doppelleiter.

(und zwar in dem der Abbildung zugrunde gelegten Beispiel $y = \lg x$ bzw. $x = 10^y$).

In Anlehnung an Abs. 2212 läßt sich die Herstellung einer solchen Doppelleiter *anschaulich* deuten oder bei empirisch gegebenen Funktionen $\mathrm{f}(x)$ und $\mathrm{g}(y)$ *praktisch* ebenso durchführen, vgl. Abb. 16 als Erweiterung von Abb. 9.

Soll eine der Teilungen linear sein, so entartet eine der beiden Kurven in eine Gerade, sofern $y = \mathrm{f}(x)$ oder $x = \mathrm{g}(y)$ sein soll. Dann kann neben dem in Abb. 9a gegebenen Verfahren auch das in Abb. 17 dargestellte benutzt wer-den, wobei beide Kurven — die gerade und die gekrümmte — in einen Quadranten gezeichnet sind.

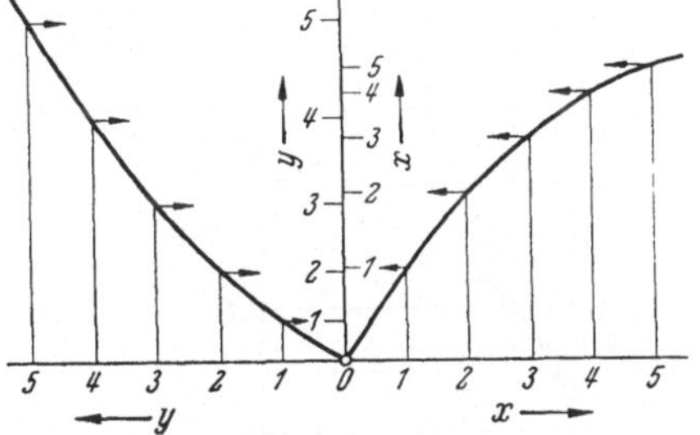

Abb. 16. Graphische Ermittlung einer Doppel-leiter: $\mathrm{g}(y) = \mathrm{f}(x)$.

In Abb. 17a entsteht auf der Ordinatenachse bzw. auf der Parallelen zu ihr unmittelbar eine lineare Teilung für $y$ und durch die gebrochenen Linienzüge eine Funktionsleiter für $\mathrm{f}(x)$. In Abb. 17b ist $x$ durch eine lineare und $y$ durch eine

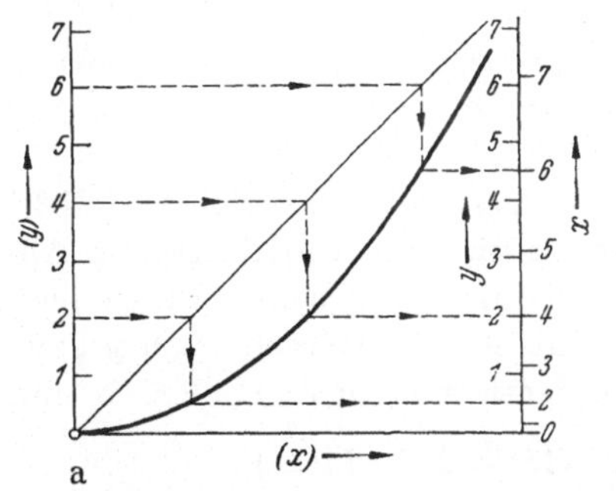
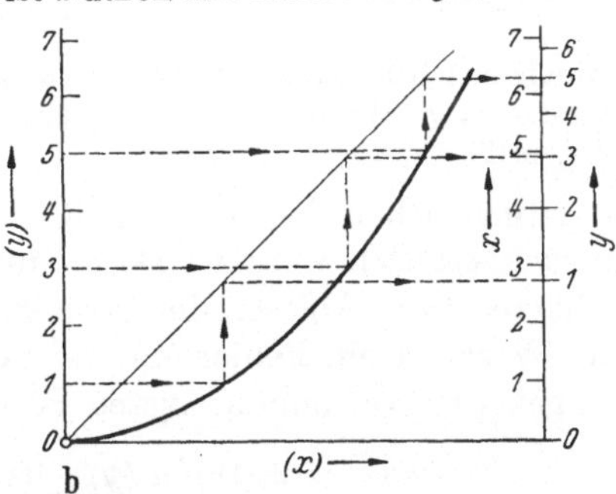

a
b

Abb. 17a, b. Graphische Ermittlung einer Doppelleiter: a) $y = \mathrm{f}(x)$, $y$ linear; b) $x = \mathrm{g}(y)$ aus $y = \mathrm{f}(x)$, $x$ linear.

funktionelle Teilung wiedergegeben. Man beachte in beiden Abbildungen, daß auf der Winkelhalbierenden $x = y$ ist. — Die transformierende Gerade braucht nicht geometrisch die Winkelhalbierende zu sein, sondern nur die Gerade $y = x$. Der Abbildung lag die Darstellung $y = x^2/8$ zugrunde.

---

[1] Die Bezeichnung „Doppelleiter" dürfte von LUCKEY stammen.

Löst man Gl. (14) nach $y$ auf und sei $\varphi$ die Umkehrfunktion zu $g$, so wird $y = \varphi\,[f\,(x)] = \psi\,(x)$. Soll nun — was manchmal notwendig sein wird — $y$ unmittelbar in Funktion von $x$ dargestellt werden, so kann dies, besonders bei graphisch gegebenen Gesetzen, ebenfalls graphisch erfolgen, Abb. 18. Hiernach läßt sich nach den vorstehenden Herleitungen auch eine Doppelleiter aufstellen, von denen die eine linear geteilt ist.

Wenn man $u$, die aufgetragene Strecke, als räumliche Koordinate $z$ auffaßt (vgl. a. Abs. 23), so stellen $z = l\,f\,(x)$ und $z = l\,g\,(y)$ die Projektion einer

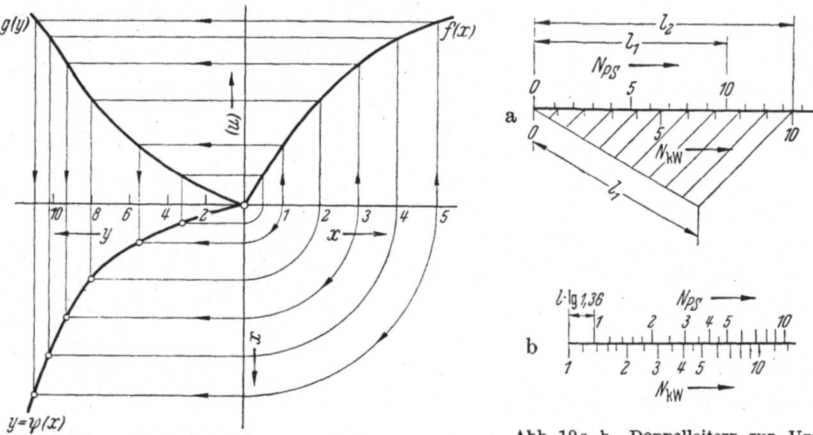

Abb. 18. Graphische Ermittlung von $y = \psi(x)$
aus $g(y) = f(x)$.

Abb. 19 a, b. Doppelleitern zur Umrechnung von PS auf kW: a) lineare, b) logarithmische Teilungen: $N_{\mathrm{PS}} = 0{,}736\,N_{\mathrm{kW}}$; 1:4.

räumlichen Kurve auf die $(z, x)$- bzw. $(z, y)$-Ebene und $y = \psi(x)$ die Projektion auf die $(x, y)$-Ebene dar. Abb. 18 wäre somit die Darstellung in Grund-, Auf- und Seitenriß.

Hinsichtlich der *Genauigkeit* einer Doppelleiter kann auf Abs. 212 4 zurückgegriffen werden: Das Primäre ist die Fehlerquelle $\Delta u$ im Abschätzen bzw. Ablesen der Strecke $u$. Dadurch tritt beim „Einstellen" des Wertes $x$ ein Fehler ein und nochmals beim „Ablesen" von $y$ bzw. umgekehrt. Im ungünstigsten Fall addieren sich diese Fehler, so daß

$$\Delta y = 2\,\Delta u/l\,g'(y) \quad\text{bzw.}\quad \Delta x = 2\,\Delta u/l\,f'(x)$$

wird.

**222 2** Die Nützlichkeit der Doppelleiter ist gelegentlich im Schrifttum zu erkennen: So benutzt KOLLER [*18*] diese als wesentliches Hilfsmittel, und ebenso sind die graphischen Funktionstafeln von ROHRBERG ([*43*], vgl. a. Abs. 322, S. 98) nichts anderes als Doppelleitern mit großen Maßstabsfaktoren. Wir geben unter Hinweis auf Abs. 32 vorwegnehmend drei einfache Beispiele.

*Beispiel 1:* Die *Leistung* wird in der Technik durch PS und kW ausgedrückt, und es gilt 1 PS = 0,736 kW, d. h. $N_{PS} = 0,736\,N_{kW}$ mit $N$ als Leistung. Zur Umrechnung kann man eine Doppelleiter aufstellen, deren Einzelleitern linear geteilt sind und nur verschiedene Maßstabsfaktoren haben: $u = l_1 N_{PS} = l_2 N_{kW}$, wobei $l_1 : l_2 = 0,736 : 1 = 1 : 1,36$ gilt, Abb. 19a.

Statt linearer Teilungen lassen sich jedoch besser *logarithmische* Teilungen benützen, da der Nullpunkt nicht interessiert[1]. Dazu kommt der Vorteil der gleichen prozentualen Genauigkeit und der Verzifferung. Jetzt wird also $u = l\lg 1,36y = l\lg x$ aufgetragen, und da $\lg 1,36y = \lg y + \lg 1,36$ ist, heißt dies nur, daß die Teilungen für $x$ und für $y$ um $l\lg 1,36$ verschoben sind (*Nullpunktverschiebung*). Abb. 19b ist mit $l = 100$ mm entworfen, so daß jene hier $100 \cdot 0,1335$ mm $= 13,35$ mm beträgt. Hinsichtlich der Ermittlung mit dem Rechenschieber „Darmstadt" oder „Studio" vgl. Abs. 2234, S. 21.

*Beispiel 2:* Zwischen dem mit dem PRANDTLschen Staurohr am Differenzmanometer gemessenen *Staudruck q* mm WS und der daraus zu berechnenden *Strömungsgeschwindigkeit w* m/s gilt die Beziehung $q = \dfrac{1}{2}\dfrac{\gamma}{g}\,w^2 \approx \dfrac{1}{16}\,w^2$, wenn für die spezifische Masse $\gamma/g$ der Luft von Zimmertemperatur und Normaldruck der Wert 1/8 genommen wird. Solche Manometer können nun (wie in einer Ausführung der Fa. Leybold) Skalen für $q$ und $w$, d. h. eine

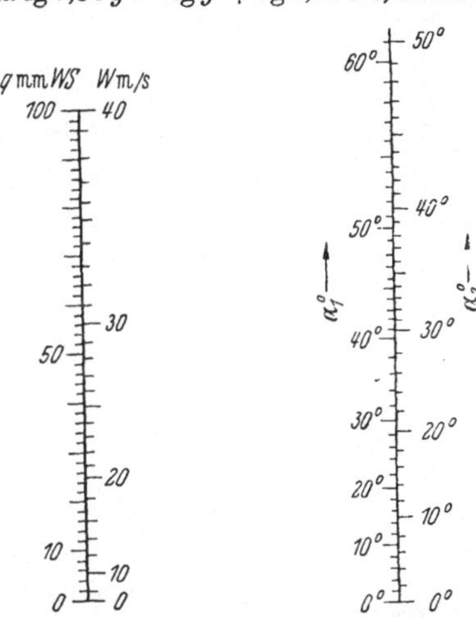

Abb. 20. Doppelleiter für Staudruck $q$ und Windgeschwindigkeit $w$ in Luft: $q = \dfrac{1}{2}\dfrac{\gamma}{g}w^2 \approx \dfrac{1}{16}w^2$ (vgl. Text); 1:2.

Abb. 21. Doppelleiter für die Brechung magnetischer Feldlinien: $\operatorname{tg}\alpha_1 = n\operatorname{tg}\alpha_2$ für $n = 1,5$ (vgl. Text): 2:5.

Doppelleiter, tragen. Auch bei Untersuchung der Abhängigkeiten vom Staudruck, z. B. der Luftwiderstände usw., ist eine solche Doppelleiter nützlich, vgl. Abb. 20 mit $l = 100$ mm und linearer Teilung für $q$.

*Beispiel 3:* Bei magnetischen Feldlinien gilt für die *Brechungswinkel* $\alpha_1$, $\alpha_2$ die Beziehung $\operatorname{tg}\alpha_1 = n\operatorname{tg}\alpha_2$ mit $n > 1$ als Brechungsindex. Hierfür soll zunächst im Bereich $\alpha_1 = 0 \div 60°$ eine Doppelleiter gezeichnet werden, und zwar mit $n = 1,5$. Dann ist auch $2\operatorname{tg}\alpha_1 = 3\operatorname{tg}\alpha_2$, also $f(\alpha_1) = 2\operatorname{tg}\alpha_1$ und $g(\alpha_2) = 3\operatorname{tg}\alpha_2$. Der größte Wert $f(\alpha_1)$ beträgt $2 \cdot \operatorname{tg}60° \approx 3,5$; soll dieser durch etwa 120 bis 140 mm dargestellt werden, so ist $l = 40$ mm zu wählen. Damit können die Teilleitern $80\operatorname{tg}\alpha_1$ und $120\operatorname{tg}\alpha_2$ aufgetragen werden, Abb. 21[2].

Die entwickelte Leiter ist nicht bis zu $\alpha_1 = 90°$ zu gebrauchen. Um aber den Bereich bis dorthin zu erweitern, formen wir um (eine solche *Umformung* wird sich oft als nützlich erweisen) und schreiben $1 + \operatorname{tg}\alpha_1 = 1 + n\operatorname{tg}\alpha_2$ oder

$$1/(1 + \operatorname{tg}\alpha_1) = 1/(1 + n\operatorname{tg}\alpha_2).$$

---

[1] Wenn nicht in anderen Zusammenhängen, z. B. bei der graphischen Darstellung der Abhängigkeit der Leistung von einer anderen Größe (z. B. der Zeit) in einem rechtwinkligen Koordinatensystem der Nullpunkt erforderlich ist.

[2] Über die Lösung mit dem logarithmischen Rechenschieber vgl. [*34*].

Diese quasi-projektive Teilung hat den Vorteil, daß sie für $\alpha_i = 0$ und $\alpha_i = 90°$ endlich bleibt und die Werte 1 (bzw. $l$) und 0 liefert. Mit $l = 100$ mm sind dann nur die Strecken $u = 100/(1 + \mathrm{tg}\,\alpha_1) = 100/(1 + n\,\mathrm{tg}\,\alpha_2)$ aufzutragen, Abb. 22[1].

Setzen wir vorübergehend die Funktionen gleich $f(\alpha_i)$, $i = 1, 2$, so wird

$$f'(\alpha_i) = -\frac{n(1 + \mathrm{tg}^2\alpha_i)}{(1 + n\,\mathrm{tg}\,\alpha_i)^2} = -\frac{n}{(\cos\alpha_i + n\,\sin\alpha_i)^2}.$$

Demnach wird nach Gl. (10b) der Fehler

$$\Delta\alpha_i = \frac{\Delta u}{l}\,\frac{1}{n}\,(\cos\alpha_i + n\,\sin\alpha_i)^2$$

und hat, wie leicht ersichtlich, ein Maximum für $\mathrm{tg}\,\alpha_i = n$ oder $\alpha_i = \mathrm{arc\ tg}\,n$. Dieses beträgt $\Delta\alpha_i = \frac{\Delta u}{l}\left(n + \frac{1}{n}\right)$, worin für $i = 1$ der Wert $n = 1$ und hier im Zahlenbeispiel für $i = 2$ der Wert $n = 1{,}5$ zu setzen ist; das ergibt:

$$\max\Delta\alpha_1 = \frac{\Delta u}{l}\cdot 2 \qquad \text{für}\ \ \alpha_1 = 45°,$$

$$\max\Delta\alpha_2 = \frac{\Delta u}{l}\cdot 2{,}17 \quad \text{für}\ \ \alpha_2 = 56°.$$

Für $\alpha_i = 0$ wird demnach $\Delta\alpha_1 = \Delta u/l$, $\Delta\alpha_2 = \tfrac{2}{3}\Delta u/l$; für $\alpha_i = 90°$ wird demnach $\Delta\alpha_1 = \Delta u/l$, $\Delta\alpha_2 = \tfrac{3}{2}\Delta u/l$.

Mit $\Delta u = 0{,}2$ mm und $l = 100$ mm wird der größte Fehler auf der Teilung für $\alpha_2$ damit $\Delta\alpha_2 = 4{,}34/1000$ im Bogenmaß $\approx {}^1/_4°$.

Es sei noch darauf hingewiesen, daß sich die Teilungen *geometrisch* leicht mit Hilfe einer regelmäßigen Kreisteilung herstellen lassen: Zeichne ·über $AB = l$ als Durchmesser einen Halbkreis. Der Strahl durch $A$ unter der Steigung $\mathrm{tg}\,\beta = 1/n$ trifft jenen in $M$. Der Strahl durch $M$ unter dem Winkel $\alpha$ gegenüber $AM$, Abb. 23, trifft $AB$ in $U$, und es ist $BU = u = l/(1 + n\,\mathrm{tg}\,\alpha)$, so daß Strahlen durch die gleichmäßige Teilung auf dem eingezeichneten Kreis vom Mittelpunkt $M$ auf $AB$ die gewünschte Leiter ausschneiden.

Beweis: Aus Dreieck $MBU$ folgt nach dem sinus-Satz, wenn $MB = a$ und $BU = z$ gesetzt wird, $BU : MB = z : a = \cos\alpha : \sin(\alpha + \beta)$, d. h.

$$z = \frac{a\cos\alpha}{\sin\alpha\cos\beta + \cos\alpha\sin\beta}$$

$$= \frac{a/\sin\beta}{1 + \mathrm{ctg}\,\beta\,\mathrm{tg}\,\alpha} = \frac{l}{1 + n\,\mathrm{tg}\,\alpha} = u,$$

wie behauptet wurde[2].

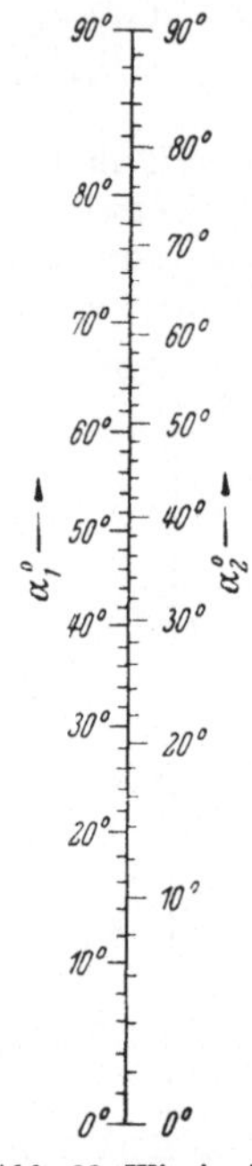


Abb. 22. Wie in Abbildung 21, doch mit anderen Teilungen (vgl. Text). Beispiel: $\alpha_1 = 62°$, $\alpha_2 = 51{,}4°$; 2 : 5.

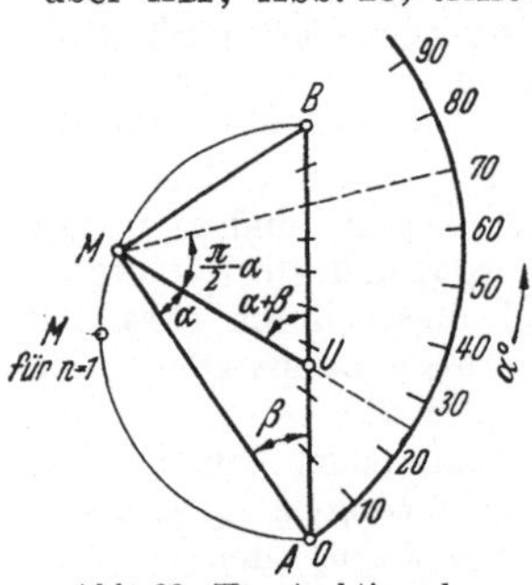


Abb. 23. Konstruktion der Teilungen zu Abb. 22.

[1] Die Durchführung mit Netztafel oder Fluchtentafel für veränderliches $n$ ist S. 116, 145 u. 150 dargestellt.

[2] Das Lot von $M$ auf $AB$ trifft diese Leiter in dem Punkt, für den $\Delta\alpha_i$ ein Maximum wird.

Für $n = 1$ (oder $\alpha = \alpha_1$) wird $\beta = 45°$ (Punkt $M_1$), und diese Teilung ist beiläufig auf den Katheten derjenigen 45°-Zeichendreiecke der Firma Dennert u. Pape angebracht, die auch zum Auftragen bzw. Abmessen von Winkeln dienen sollen.

## 223 Rechenschieber.

**2231 Additionstyp.** Eine weitere der obenerwähnten Möglichkeiten zur Verwendung mehrerer Funktionsleitern stellt der Rechenstab dar, der zugleich mindestens eine weitere, eine *dritte* Veränderliche einführt, und zwar durch gegenseitige *Verschiebung* der Leitern.

Wie vom logarithmischen Rechenstab her bekannt (vgl. a. 2233), besteht allgemein ein Rechenstab aus dem festen Stabkörper ($K$),

der gegenüber diesem verschiebbaren Zunge ($Z$) und dem auf $K$ verschiebbaren Läufer ($L$), vgl. Abb. 24. Zunge und Körper seien durch *gerade* Führungen gegeneinander verschiebbar; der Körper trage unten eine Teilung

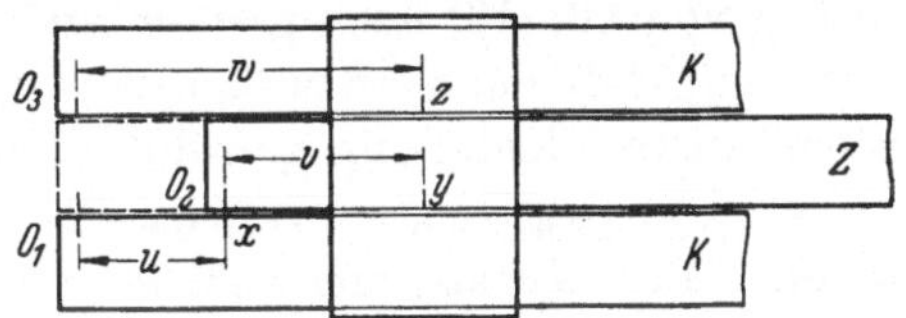

Abb. 24. Prinzip des Rechenschiebers.

für $f(x)$, oben eine für $h(z)$ und die Zunge eine für $g(y)$. Dann sind mit $a$, $b$, $c$ als geeigneten Konstanten, welche den Beginn der eigentlichen Teilungen kennzeichnen, aufgetragen die Strecken, vgl. Abb. 24,

$$\left.\begin{aligned}
u &= l_1[a + f(x)] = u_0 + l_1 f(x), \\
v &= l_2[b + g(y)] = v_0 + l_2 g(y), \\
w &= l_3[c + h(z)] = w_0 + l_3 h(z).
\end{aligned}\right\} \tag{15}$$

Die den Strecken $u = 0$, $v = 0$, $w = 0$ entsprechenden Punkte seien durch Marken $O_1$, $O_2$, $O_3$ (die im Einzelfall mit geeigneten Teilungspunkten zusammenfallen können) gekennzeichnet, so daß in der „Grundstellung" (punktierte Lage der Zunge $Z$) diese 3 Marken übereinanderstehen.

Wird nun die Zunge um die Strecke $u$ verschoben, so daß die Marke $O_2$ über „$x$" steht, und stellt man den Strich $s$ des Läufers über die Zahl $y$, so gilt mit dem ebenfalls unter $s$ stehenden Wert $z$ zunächst die Streckengleichung

$$w = u + v, \tag{16a}$$

jedoch unter Beachtung von Gl. (15) auch

$$h(z) = m\,f(x) + n\,g(y), \tag{16b}$$

wobei $m = l_1/l_3$, $n = l_2/l_3$ und $u_0 + v_0 = w_0$, d. h. $c = ma + nb$ gemacht wird, oder auch, wenn $m = n$, d. h. $l_1 = l_2 = l_3$ ist,

$$h(z) = f(x) + g(y). \tag{16c}$$

Wir haben also einen *Additionstyp* vor uns und in den Gln. (16b, c) die *Schlüsselgleichungen* für die darzustellende Beziehung zwischen drei Veränderlichen.

Wenn die Teilungen h und f identisch sind, also die obere Teilung entbehrlich ist, so ist $z$ unter $s$ auf der festen Teilung abzulesen bzw. einzustellen, und es gilt

$$f(z) = \mathfrak{f}(x) + \mathfrak{g}(y) \tag{17a}$$

oder auch

$$f(z) = \mathfrak{f}(x) + \mathfrak{f}(y), \tag{17b}$$

wenn alle drei Teilungen übereinstimmen[1].

Es ist selbstverständlich, daß ein *Subtraktions*typ durch Auflösung von Gl. (16) nach $\mathfrak{g}(y)$ entsteht oder, wenn $\mathfrak{h}(z) = \mathfrak{f}(x) - \mathfrak{g}(y)$ sein soll, daß dann entweder $v = v_0 - l_2\,\mathfrak{g}(y)$ aufgetragen oder die umgekehrte Einstellung gewählt wird.

*Beispiel:* Es soll ein Schieber für $z = \sqrt{x^2 + y^2}$, d. h. $z^2 = x^2 + y^2$ entworfen werden. Hier sind alle drei Funktionen einander gleich, so daß auch gleiche Maßstäbe, d. h. $m = n$, gewählt werden können und, da die Bereiche mit $x = y = z = 0$ beginnen sollen, $a = b = c = 0$ gesetzt wird. Wir benötigen nur zwei Funktionsleitern, vgl. Abb. 25.

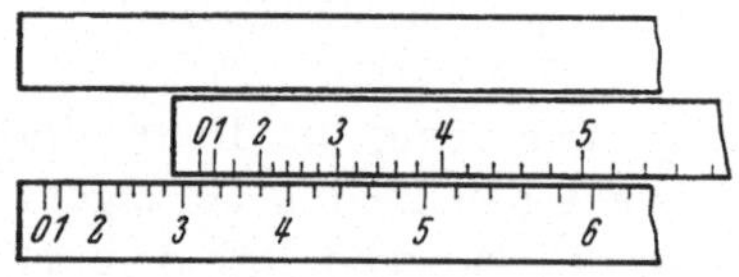

Abb. 25. Schieber für $z^2 = x^2 + y^2$; Beispiel: $3{,}2^2 + 4{,}6^2 \approx 5{,}6^2$.

**223 2 Multiplikationstyp.** Die oben erwähnten Konstanten $a$, $b$, $c$ sind u. a. zweckmäßig, wenn in den Funktionen konstante Glieder vorkommen und in jenen zusammengefaßt werden können (vgl. Beispiele). Dies zeigt sich auch besonders, wenn nicht die Teilungen der oben genannten Funktionen selbst aufgetragen werden, sondern ihre Logarithmen, d. h.

$$\left.\begin{aligned}
u &= l_1\,\lg[a\,\mathfrak{f}(x)] = l_1[\lg a + \lg\mathfrak{f}(x)] = u_0 + l_1\,\lg\mathfrak{f}(x),\\
v &= l_2\,\lg[b\,\mathfrak{g}(x)] = l_2[\lg b + \lg\mathfrak{g}(y)] = v_0 + l_2\,\lg\mathfrak{g}(y),\\
w &= l_3\,\lg[c\,\mathfrak{h}(z)] = l_3[\lg c + \lg\mathfrak{h}(z)] = w_0 + l_3\,\lg\mathfrak{h}(z).
\end{aligned}\right\} \tag{18}$$

Dann folgt nach Abb. 24 oder Gl. (16a), insbesondere wenn gleiche Maßstabsfaktoren $l_i$ vorausgesetzt werden,

$$\mathfrak{h}(z) = \lambda\,\mathfrak{f}(x)\,\mathfrak{g}(y), \qquad \lambda = ab/c, \tag{19a}$$

oder

$$\mathfrak{h}(z) = \mathfrak{f}(x)\,\mathfrak{g}(y) \quad \text{für} \quad \lambda = 1, \tag{19b}$$

d. h. ein *Multiplikations*typ, der in entsprechender Anordnung (s. o.) auch ein *Division*styp ist. Kommen in dieser Produktform gewisse konstante Faktoren vor, so lassen sich diese leicht durch geeignete Wahl

---

[1] Wenn die Teilungen einander unmittelbar gegenüberstehen (vgl. Beisp. 2, S. 20), ist oft der Läufer entbehrlich.

der Anfangspunkte berücksichtigen. Ist insbesondere $f(x) = x$, $g(y) = y$ und $h(z) = z$, d. h. sind rein logarithmische Skalen angebracht, so ergibt sich der besonders *wichtige* Funktionstyp

$$z = \lambda x^m y^n \quad \text{mit} \quad \lambda = a^m b^n / c, \tag{20}$$

woraus, s. u., für $m = n = 1$, d. h. bei gleichen Maßstabsfaktoren, auch $z = \lambda x y$ wird.

Wenn — und das gilt für *alle* Rechenstäbe — die Marke der Zunge auf einen festen Wert $x$ oder $z$ eingestellt ist, so haben wir eine Beziehung zwischen zwei Veränderlichen, und es liegt eine *Doppelleiter* für $y$ und $z$ oder $y$ und $x$ vor.

**223 3 Der logarithmische Rechenstab** stellt einen Sonderfall des oben geschilderten allgemeinen Rechenstabes dar und wird kurz „Rechenschieber" oder „Rechenstab" genannt, während andere, für besondere Zwecke gebaute Stäbe gern als „Sonderrechenstäbe" bezeichnet werden.

Beschränken wir uns beim log. Rechenstab zunächst auf die auf der Zunge und dem Körper angebrachten „Grundteilungen" $C$ und $D$, so ist auf diesen aufgetragen $l \lg x$ bzw. $l \lg y$, Abb. 26, und nach Gl. (20) wird mit

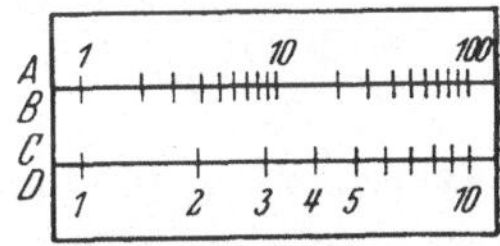

Abb. 26. Schema des logarithmischen Rechenschiebers.

$a = b = c = 1$ die bekannte Multiplikationsaufgabe $z = x y$ gelöst. — Auf den Teilungen $A$, $B$ ist aufgetragen $\frac{1}{2} l \lg t$. Bei Einstellung nach Abb. 24 und Gl. (20) für $\lambda = 1$ folgt dann, wenn dort $z$ durch $t$ ersetzt wird, $z = x^2 y^2 = (x y)^2$, da $l_3 = \frac{1}{2} l_1 = \frac{1}{2} l_2$, also $m = n = 2$ ist.

Obwohl eine gründliche Kenntnis des logarithmischen Rechenstabes den Entwurf von Sonderrechenstäben erleichtern mag, so kann es unsere Aufgabe hier nicht sein, jenen ausführlich zu schildern, zumal dies an anderer Stelle geschehen ist [*33, 34*]. Doch sei noch auf das Folgende hingewiesen:

Der moderne Rechenschieber, wie er in einfacher Ausführung im System „Rietz", in weitergehender Ausführung im System „Darmstadt" oder „Studio" vorliegt, trägt bereits eine Reihe von Leitern oder Skalen, so daß eine Verbindung zwischen je zwei Leitern jeweils eine Doppelleiter darstellt.

So stehen z. B. den Zahlen $x$ auf $D$ die Zahlen $z$ auf $A$ gegenüber, und es ist $z = x^2$. Oder wird die 1 der Zunge ($=$ Marke $O_2$) auf die konstante Zahl $a$ der Teilung $A$ gesetzt, so steht der Zahl $y$ auf $C$ die Zahl $z$ auf $A$ gegenüber, wobei $z = a y^2$ ist. Damit können allein durch Verschieben des Läufers sämtliche Wertepaare dieser Funktion abgelesen werden. Wir haben damit eine Unzahl von Doppelleitern — je nach System — auf dem Stab untergebracht.

Verbindet man drei Skalen, wie oben geschildert, so daß gegebenenfalls im letzten Beispiel $a = x$ veränderlich ist, so wird die Beziehung $z = x y^2$ zwischen *drei* Veränderlichen dargestellt, und auch hier ergeben sich bei der Vielfalt der Skalen außerordentlich viele Möglichkeiten (s. oben genanntes Schrifttum).

Wenn somit im praktischen Fall erwogen wird, einen Sonderrechenstab oder auch ein anderes nomographisches Hilfsmittel zu konstruieren, so sollte man erst prüfen, ob sich nicht durch geeignete Ausnützung eines vorhandenen logarithmischen Rechenschiebers eine Sonderkonstruktion erübrigt.

*Beispiel 1:* So findet sich bei Werkmeister [55] die Beziehung $c = a \sin^2\alpha$ nomographisch erörtert. Tatsächlich liefert aber beim Schieber „Darmstadt" bzw. „Studio" die folgende Einstellung die Lösung:

$$\text{„}aB \to 1A \quad \text{liefert} \quad \alpha S \to cB\text{";}$$

diese Symbolik [*33, 34*] sagt: Stelle die Zahl $a$ der Teilung $B$ gegenüber der Zahl 1 der Teilung $A$, bringe den Läufer, d. h. den Strich $s$, auf den Wert $\alpha$ der Sinusteilung $S$ (auf der $l \lg \sin\alpha$ aufgetragen ist) und lese auf der Teilung $B$ unter $s$ das Ergebnis $c$ ab.

*Beispiel 2:* E. Rauscher[1] entwirft einen Sonderrechenstab für die Schnittgeschwindigkeit $v = d\pi n/1000$ m/min, wobei $d$ den Durchmesser des Werkstückes in mm und $n$ die minutliche Umdrehungszahl bedeuten. Er schreibt

$$n = \frac{v}{d}\,\frac{1000}{\pi} \quad\text{bzw.}\quad \frac{1}{n} = \frac{d}{v}\,\frac{\pi}{1000}.$$

Dann ist nach Gl. (19a) hier $h(z) = \lg\dfrac{1}{n} = -\lg n$, $f(x) = \lg d$, $g(y) = \lg\dfrac{1}{v} = -\lg v$ und $\lambda = ab/c = \pi/1000$. Nun ist es aber keinesfalls erforderlich, diese Konstanten wirklich zu suchen, sondern es ist wesentlich einfacher — wie schon S. 18 angedeutet —, die relativen Verschiebungen der Anfangspunkte durch ein Zahlenbeispiel („Methode des Beispiels" nach Schwerdt [*46, 49*]) zu bestimmen. Dazu müssen noch die Bereiche bekannt sein, und es sei $n = 20 \div 2000$, $d = 5 \div 500$, $v = 1 \div 100$, so daß logarithmisch gesehen je 2 Einheiten erforderlich sind. So würde für $d = 100$ und $n = 100$ sich $v = 1000/\pi$ ergeben, d. h. aber, daß in der Einstellung $d = 100$ (Marke $M \equiv O_2$ der Zunge über $d = 100$) die Stellen $n = 1000$ und $v = 100$ sich um $l\,[(\lg 1000 - \lg 1000/\pi)]$ $= l \lg \pi$ unterscheiden, Abbildung 27. Dadurch kann der Teilstrich $n = 1000$ fixiert werden. Man merke $\lg \pi \approx 0{,}5$.

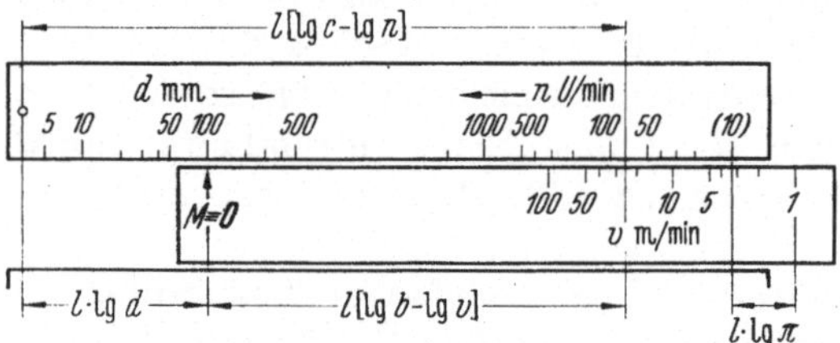


Abb. 27. Entwurf eines Rechenschiebers für die Schnittgeschwindigkeit $v = d\pi n/1000$ m/min.

Bei der praktischen Ausführung[2] war noch die Bedingung gestellt, daß die Teilungen für $d$ und $n$ auf dem gleichen Feld des Körpers (beide „oben") liegen. Damit diese sich nicht gegenseitig stören, muß die Marke $M$ genügend weit von $v = 100$ entfernt sein. Ein Läufer ist hier entbehrlich.

In der endgültigen Ausführung wurde der Schieber als Kreisrechenschieber (s. a. u.) ausgebildet, wodurch sämtliche Teilungen auf dem gleichen Kreis liegen, und unmittelbar auf die Maschine gesetzt. Die $v$-Skala ist dabei noch mit einer Materialskala versehen: Zu jedem Werkstoff gehört eine bestimmte

---

[1] Leistungsrechner der Magdeburger Werkzeugmaschinenfabrik. AWF.-Mitt. Bd. 22 (1940) S. 14—15.

[2] Und mit Rücksicht auf diese sind andere Möglichkeiten in der Ausführung hier nicht erörtert.

maximale, nicht zu überschreitende Geschwindigkeit, und an die betreffenden Werte von $v$ ist das Material angeschrieben — also *keine* Zahl. Ergänzend sei schließlich bemerkt, daß die Drehzahlen geometrisch abgestuft und die tatsächlich einstellbaren Drehzahlen der betreffenden Maschine eingetragen sind, welche dann auf der Skala als regelmäßige Teilung erscheinen (vgl. Normzahlen S. 96). — Weitere Beispiele vgl. Abs. 323.

**223 4 Erweiterungen.** 1. Wie schon im letzten Beispiel angedeutet, können die Träger der Leitern auch kreisförmig ausgebildet sein (s. a. 224): Die als Kreisring ausgebildete Zunge ist gegenüber dem Stabkörper, einem Zylinder, drehbar; es entsteht der *Kreisrechenschieber.*

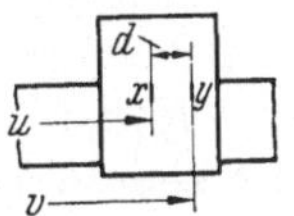

Abb. 28. Addition einer Konstanten bzw. Multiplikation mit dieser durch Teilstrich auf Läufer.

2. Additionen von *Konstanten* oder, logarithmisch gesehen, Multiplikationen mit solchen, können leicht durch einen besonderen Strich auf dem Läufer berücksichtigt werden. Beträgt der Abstand, Abb. 28, $d = lk$ mm, so ist $v = u + d$ oder $\mathrm{f}(y) = \mathrm{f}(x) + k$, falls auf der gleichen Skala abgelesen wird, andernfalls $\mathrm{g}(y) = \mathrm{f}(x) + k$. Bei logarithmischen Teilungen würde folgen $\mathrm{g}(y) = k\,\mathrm{f}(x)$, gegebenenfalls $y = kx$.

*Beispiel 1:* Praktisch durchgeführt ist dies beim Schieber „Darmstadt" bzw. „Studio" zur Umrechnung von PS auf kW (vgl. Beispiel 1, S. 15). Die Entfernung der Teilstriche beträgt bei $l = 250$ mm hier $l \lg 1{,}36 = 250 \cdot 0{,}1335 \approx 33{,}4$ mm.

*Beispiel 2:* In gleicher Weise kann beim logarithmischen Schieber die Berechnung des Kreisinhaltes $q = d^2\pi/4$ erfolgen: Der Teilstrich für $d$ wird auf $d$ der Grundteilung $D$ eingestellt, und unter dem linken Strich wird auf der Teilung $A$ der Wert $q$ abgelesen. Da auf $A$ der halbe Maßstabsfaktor gilt, muß hier der Abstand gleich $\dfrac{250}{2}\lg\dfrac{4}{\pi} = 125 \cdot 0{,}1049 \approx 13{,}1$ mm sein.

*Beispiel 3:* Ein Sonderrechenstab zur raschen Berechnung und Veranschlagung von elektrischen Leitungen hat auf dem Läufer Striche zur Multiplikation mit 2 und $\sqrt{3}\cos\varphi$ für $\cos\varphi = 0{,}7;\ 0{,}8;\ 0{,}9;\ 1{,}0$[1].

3. *Vier Leitern.* Es trage die Zunge noch eine weitere Teilung, so daß für die vier Veränderlichen $x_i$ $(i = 1, 2, 3, 4)$ die vier Teilungen $\mathrm{f}_i = \mathrm{f}_i(x_i)$ angebracht, also die Strecken $u_i = l_i[a_i + \mathrm{f}_i(x_i)]$ $= u_{oi} + l_i\,\mathrm{f}_i(x_i)$ von den Punkten $O_i$ aus aufgetragen sind, welche in der Grundstellung übereinander liegen

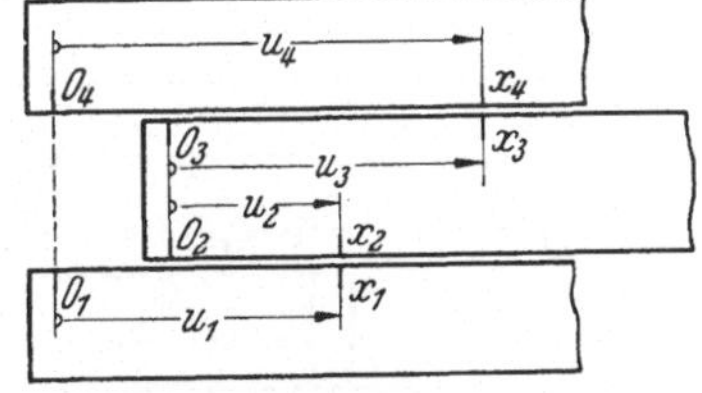

Abb. 29. Rechenschieber für vier Veränderliche.

sollen. Nach Abb. 29 ist dann $u_1 - u_2 + u_3 - u_4 = 0$ oder $u_1 + u_3 = u_2 + u_4$. Unter Beachtung der Teilungen selbst heißt dies aber

$$l_1(a_1 + \mathrm{f}_1) + l_3(a_3 + \mathrm{f}_3) = l_2(a_2 + \mathrm{f}_2) + l_4(a_4 + \mathrm{f}_4) \qquad (23\,\mathrm{a})$$

---

[1] BESSER, E.: Elektrotechn. Z. Bd. 46 (1925) S. 1511—1512.

oder, wenn wir die Maßstabsfaktoren als gleich ansehen und $a_1 + a_3 = a_2 + a_4$ machen, auch

$$f_1(x_1) + f_3(x_3) = f_2(x_2) + f_4(x_4). \qquad (23\,b)$$

Setzt man $u_2 = l(a_2 - f_2)$ und $u_4 = l(a_4 - f_4)$, so ist auch

$$\sum_1^4 f_i(x_i) = 0.$$

Hinsichtlich der Konstanten $a_i$ sei, auch im Hinblick auf unten, auf S. 17/18 verwiesen. Bei logarithmischen Funktionsleitern, wenn also $u_i = l_i \lg[a_i\, f_i(x_i)]$ als Strecken aufgetragen sind, ergibt sich nach Einsetzen in Gl. (23 b)

$$f_1(x_1)\, f_3(x_3) = f_2(x_2)\, f_4(x_4), \qquad (24\,a)$$

und wenn insbesondere $u_i = l_i \lg(a_i x_i)$ aufgetragen ist, so folgt nach Gl. (23 a), in der wir $l_1:l_2:l_3:l_4 = m:n:p:q$ setzen,

$$x_1^m x_3^p = \lambda\, x_2^n x_4^q, \qquad (24\,b)$$

mit $\lambda = a_2^n\, a_4^q / a_1^m\, a_3^p$ (vgl. a. Beispiel 2, S. 20).

Dadurch, daß gegebenenfalls $l_i[\lg a_i - \lg f_i(x_i)]$ aufgetragen werden kann, ergibt sich auch der *allgemeine* Typ $f_1\, f_2\, f_3\, f_4 = \text{konst.}$ oder $x_1^m\, x_2^n\, x_3^p\, x_4^q = \text{konst.}$

*Beispiel 1:* Wählt man für $x_1$, $x_2$ die Teilungen $D$ und $C$ des logarithmischen Rechenstabes, so entsteht, da $l_1 = l_4 = l$ und $l_3 = l_4 = l/2$ ist, also $m:n:p:q = 2:2:1:1$ wird, mit $\lambda = 1$ nach Gl. (24 b) $x_1^2 x_3 = x_2^2 x_4$ oder $x_3/x_4 = (x_2/x_1)^2$.

*Beispiel 2:* Hätte man $x_4$ auf der Teilung $K$ gewählt, auf der $\tfrac{1}{3} l_1 \lg x_4$ aufgetragen ist, so wird $m:n:p:q = 1:1:1/2:1/3$, d. h. es muß sein

$$x_1 x_3^{1/2} = x_2 x_4^{1/3} \quad \text{oder} \quad (x_1/x_2)^6 = x_4^2/x_3^3.$$

4. *Zwei Zungen:* Durch Hinzufügen einer zweiten Zunge, die wiederum zwei Leitern trägt, erhält man eine Beziehung zwischen *sechs* Veränderlichen. Dieser können wir nach Abb. 30 und den vorstehenden Bemerkungen die Gestalt

$$\sum_1^6 f_i(x_i) = \text{konst.}$$

oder bei Auftragung von $\pm \lg f_i(x_i)$ auch

$$f_1\, f_2\, f_3\, f_4\, f_5\, f_6 = \text{konst.}$$

geben. Die Einstellung ist aus Abb. 30 zu erkennen.

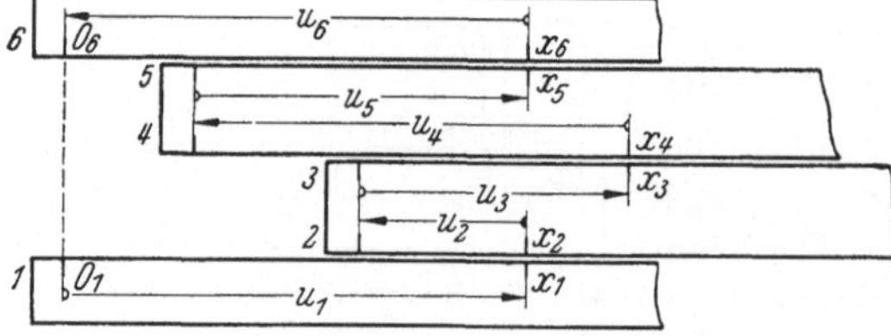


Abb. 30. Rechenschieber für sechs Veränderliche.

5. Über weitere Möglichkeiten durch Kopplung mit Netztafeln oder Fluchtlinientafeln vgl. Abs. 25 u. 36.

**2235 Genauigkeit.** Bei der Doppelleiter war bereits gesagt, daß dort durch Einstellung und Ablesung eine Verdoppelung des Fehlers $\Delta u$

in der Strecke $u$ auftritt. Bei $n$ Veränderlichen tritt entsprechend eine Ver-$n$-fachung auf, also beträgt der Fehler in $x_n$, der zuletzt abgelesenen Veränderlichen nach Früherem, $\varDelta x_n = n\,\varDelta u/l_n\,\mathfrak{f}'_n(x_n)$.

## 224 Gekrümmte Leiter.

**2241 Begriff.** Bei weiteren Problemen werden Leitern benötigt, deren Träger gekrümmt sind. Dann ist dieser und damit auch die Teilung durch eine Parameterdarstellung, z. B. in der Form

$$u = l\,\varphi(t), \quad v = l\,\psi(t),$$

gegeben, wobei $t$ die Veränderliche darstellt, für welche die Teilung benötigt wird. Man wird also die Koordinaten $u, v$ für *glatte* Werte $t$ bestimmen, entsprechende Teilstriche anbringen und die zugehörigen Werte $t$ anschreiben, Abb. 31. Wenn auch die Koordinaten selbst nicht anzugeben sind, so doch das Koordinatensystem. Auch wird man gegebenenfalls durch Elimination von $t$ den Kurvencharakter des Trägers ermitteln, um ihn besser zeichnen zu können oder seinen Verlauf, gegeben durch seine Gleichung $\varPsi(u, v) = 0$, zu erkennen.

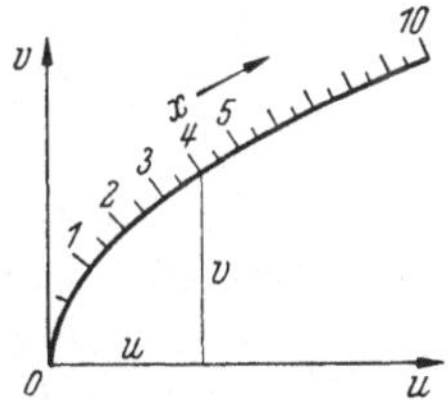

Abb. 31. Gekrümmte Leiter.

Sei z. B. $u = 0{,}5\,t$, $v = 1{,}25\sqrt{t}$, so ergibt sich Abb. 31, und der Träger ist eine Parabel mit der Gleichung $v^2 = 3{,}125\,u$.

Häufig ist es zum Aufzeichnen der Leiter zweckmäßig, diese als Schnitt einer Kurvenschar $\varPhi(u, v, t) = 0$ mit dem Träger $\varPsi(u, v) = 0$ darzustellen.

Im vorstehenden Beispiel wäre, da $u$ proportional $t$ ist, die Schar der Parallelen zur $v$-Achse ($u = $ konst. $= 0{,}5\,t$) eine solche Kurvenschar.

Vorteilhaft kann es auch sein, gekrümmte Leitern durch Strahlenbüschel zu erzeugen, u. U. dabei von einer geraden Leiter auszugehen, wie auch umgekehrt (vgl. Beispiel 3, Abs. 2222) aus einer (regelmäßigen) Kreis-

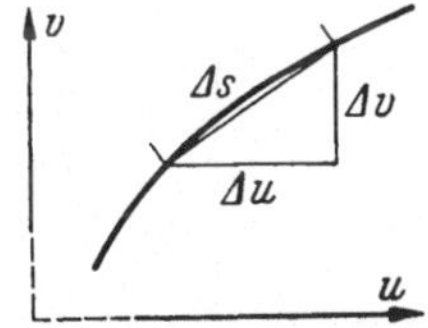

Abb. 32. Zur Fehlerbetrachtung bei einer gekrümmten Leiter.

teilung eine gerade, funktional geteilte Leiter erzeugt werden kann.

**2242 Genauigkeit.** Wie wirkt sich ein Fehler in der Ablesung der Teilstriche auf die Veränderliche $t$ aus? Für kleine Ablesefehler kann der Bogen durch die Sehne ersetzt werden, Abb. 32, so daß

$$\varDelta s = \sqrt{\varDelta u^2 + \varDelta v^2}$$

wird, oder wenn man die Differenzen durch die Differentiale ersetzt, d. h.

wenn $\Delta u \approx \mathrm{d}u = l\dot{u}\Delta t$, $\Delta v \approx \mathrm{d}v = l\dot{v}\Delta t$ gesetzt werden kann, so folgt $\Delta s \approx l\sqrt{\dot{u}^2 + \dot{v}^2}\,\Delta t$ oder

$$\Delta t = \Delta s / l \sqrt{\dot{u}^2 + \dot{v}^2}, \tag{26}$$

wobei die Punkte Ableitungen nach $t$ bedeuten.

So folgt für die Leiter nach Abb. 31 (vgl. o.) $\dot{u} = 0{,}5$ und $\dot{v} = 0{,}5 \cdot 1{,}25/\sqrt{t}$, d. h. in Gl. (26) eingesetzt

$$\Delta t = 2\,\frac{\Delta s}{l}\,\sqrt{\frac{t}{1{,}5625 + t}}\,.$$

Der absolute Fehler beträgt Null für $t = 0$ und nähert sich dem konstanten Wert $2\Delta s/l$ (regelmäßige Teilung), während der relative für $t = 0$ nach Unendlich geht, sich aber mit zunehmendem $t$ dem Wert Null nähert.

## 23 Funktionsnetze.

### 231 Transformation.

Bei Erörterung der graphischen Darstellung in kartesischen Koordinaten (212) war angenommen, daß beide Koordinatenachsen linear geteilt sind. Nun erhalten wir eine Erweiterung bei *funktionaler* Einteilung der Koordinatenachsen, d. h. wenn wir auf diesen die Strecken

$$u = l_1\,\mathrm{f}(x), \qquad v = l_2\,\mathrm{g}(y) \tag{27}$$

auftragen, Abb. 33. Hierbei werden die Scharen achsenparalleler Geraden $x = \text{konst.}$ bzw. $y = \text{konst.}$ in Scharen achsenparalleler Ge-

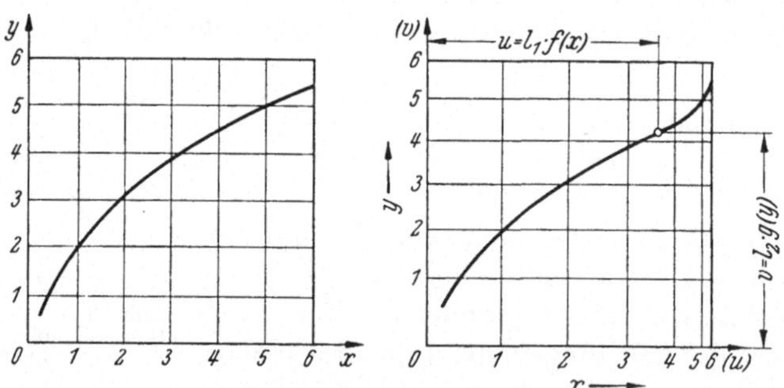


Abb. 33. Transformation durch Verzerrung der Koordinatenachsen (verzerrte Koordinaten, Funktionspapier).

raden $u = \text{konst.}$ bzw. $v = \text{konst.}$ übergeführt oder transformiert. Jedem Punkt der $x, y$-Ebene soll *ein* Punkt der $u, v$-Ebene entsprechen.

Es liegt hier der Sonderfall einer allgemeinen Abbildung vor, welche durch die Gleichungen

$$u = \mathrm{F}(x, y), \qquad v = \mathrm{G}(x, y)$$

dargestellt ist[1] und zu denen ebenso die *projektive* Abbildung gehört, auf die wir in Abs. 271 näher eingehen, wie auch die *konforme* Abbildung, die wir in den Anwendungen (S. 118, Beisp. 12) benutzen werden.

Bei der durch die Gl. (27) dargestellten Abbildung sprechen wir von (funktional) verzerrtem Koordinatennetz[2] oder, da bei linearen

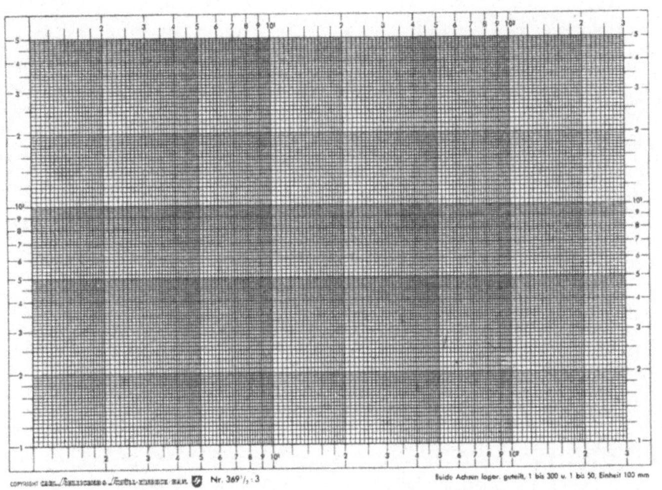

Abb. 34a. Ganzlogarithmisches Papier.

Teilungen das übliche Millimeterpapier erhalten wird, auch von *Funktionspapier*.

Die gleiche Transformation kann bei Polarkoordinaten ebenfalls vorgenommen werden, d. h. nach Abb. 5 werden die Strecken $\varrho = \lambda\,\mathrm{f}(r)$ bzw. $\lambda\,\mathrm{f}(x)$ und die Winkel $\omega = \mu\,\mathrm{g}(\varphi)$ bzw. $\mu\,\mathrm{g}(y)$ aufgetragen.

Von den zahlreichen handelsüblichen Papieren (vgl. Abs. 331, S. 103) sind die logarithmischen Papiere am bekanntesten: Bei dem einen, dem *Potenzpapier*[3] oder ganzlogarithmischen Papier, sind beide Achsen logarithmisch geteilt, Abb. 34a; bei dem anderen, dem *Exponentialpapier*[3] oder halblogarithmischen Papier, ist die eine Achse linear, die andere logarithmisch geteilt, Abb. 34b.

---

[1] Für umkehrbar eindeutige Abbildung darf deren Determinante nicht verschwinden, d. h. es darf

$$D = \begin{vmatrix} u_x & u_y \\ v_x & v_y \end{vmatrix} \neq 0$$

werden, wobei die Schreibweise $\dfrac{\partial u}{\partial x} = u_x$ usw. benutzt wurde. Bei der hier interessierenden Abbildung nach Gl. (27) hat $D$ den Wert $D = \mathrm{f}'(x)\,\mathrm{g}'(y)$.

[2] Schwerdt benutzt wie Lalanne die Bezeichnung „geometrisch verzerrte" Koordinaten.

[3] Erklärung dieser Bezeichnung vgl. Abs. 2321, Beisp. 2. u. 3.

Der Vorteil solcher Funktionspapiere kann verschieden begründet sein:

a) Die darzustellenden Funktionen nehmen in der einen oder anderen Richtung im linear geteilten Achsenkreuz eine zu große Länge ein. Wenn sich z. B. $x$ im Intervall $1 \div 10^7$ bewegt, aber $y$ im Intervall $0 \div 10^3$, der Bereich der einen Veränderlichen also $10^4$ mal so groß

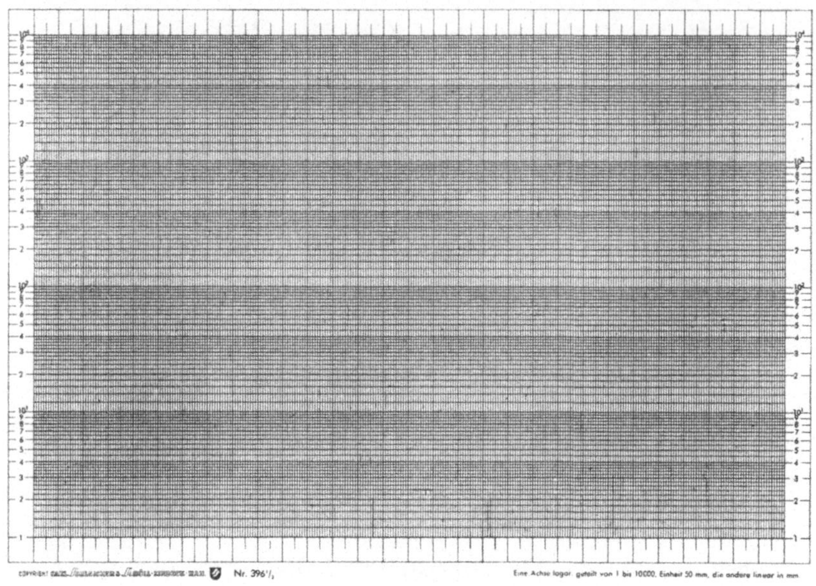

Abb. 34b. Halblogarithmisches Papier.

ist wie der der anderen, so wird es sich empfehlen, zur Darstellung halblogarithmisches Papier zu wählen. Denn damit wird die Strecke $1 \div 10^7$ durch $l_1 \lg 10^7 = 7 l_1$ mm dargestellt oder durch sieben logarithmische Einheiten. Vgl. Beispiele in Abs. 332, S. 103f.

b) Bei instrumenteller Auswertung von gewissen bestimmten Integralen, wie sie z. B. bei höheren Momenten auftreten, kann eine Transformation des zu befahrenden Bereiches zweckmäßig sein, um den Grad des benutzten Gerätes herabzusetzen [34].

c) Die darzustellenden Funktionen werden in ein solches Achsenkreuz übertragen, in dem sie als gerade Linien erscheinen — ein in unserem Zusammenhang besonders wichtiger Vorteil.

### 232 Verstreckung.

**2321 Formelmäßig.** Die Gleichung einer Geraden im $u$, $v$-System in der Normalform $v = mu + b$ mit $m$ als Richtungsfaktor oder Steigungsmaß und $b$ als Abschnitt auf der $v$-Achse bedeutet unter

Beachtung der funktionalen Einteilung $u = l_1\,\mathrm{f}(x)$, $v = l_2\,\mathrm{g}(y)$ die Beziehung

$$\mathrm{g}(y) = \lambda\,\mathrm{f}(x) + B_0, \qquad (28\,\mathrm{a})$$

worin $\lambda = m\,l_1/l_2$ und $b = l_2 B_0$ gesetzt ist. Das heißt: eine durch Gl. (28a) gegebene Beziehung zwischen $x$ und $y$ wird dann als *Gerade* erscheinen, wenn die Achsen gemäß $\mathrm{f}(x)$ bzw. $\mathrm{g}(y)$ funktional geteilt sind. Eine symmetrische Form wird erhalten, wenn die Abschnittsform $x/a + y/b = 1$ als Ausgang genommen und $a = l_1 A_0$ gesetzt wird:

$$\mathrm{f}(x)/A_0 + \mathrm{g}(y)/B_0 = 1 \qquad (28\,\mathrm{b})$$

oder wenn die reziproken Werte $\alpha_0 = 1/A_0$, $\beta_0 = 1/B_0$ (die Linienkoordinaten) eingeführt werden, auch

$$\alpha_0\,\mathrm{f}(x) + \beta_0\,\mathrm{g}(y) - 1 = 0. \qquad (28\,\mathrm{c})$$

*Beispiel 1:* Gesucht das verzerrte Achsenkreuz, in welchem die Funktion $y = c\,x^2$ als Gerade erscheint; $c =$ konst. Die Form stimmt mit Gl. (28a) überein, wenn $B_0 = 0$ gesetzt wird; d. h. wir wählen $\mathrm{g}(y) = y$, lineare Teilung, und $\mathrm{f}(x) = x^2$, quadratische Teilung, vgl. Abb. 35: Die Kurven $y = c\,x^2$ werden durch Geraden dargestellt, die durch den Ursprung gehen.

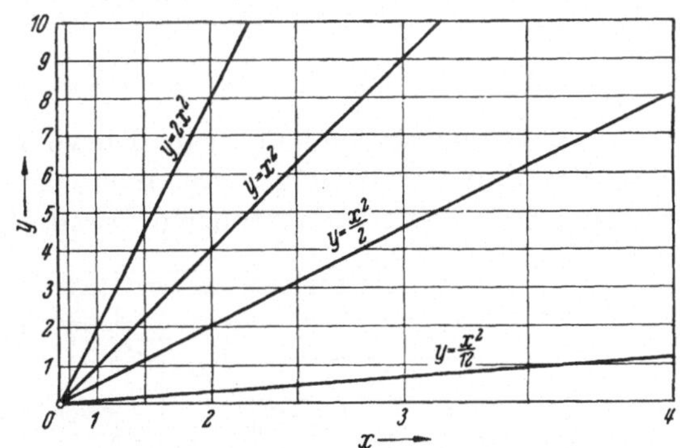


Abb. 35. Darstellung von $y = c\,x^2$ im quadratisch-linear geteilten Achsenkreuz.

*Beispiel 2:* Im *ganzlogarithmischen* Achsenkreuz ist $u = l_1\,\lg x$, $v = l_2\,\lg y$, also gilt nach Gl. (28a) mit $l_1 = l_2 = l$, also mit $\lambda = m$ und $B_0 = \lg y_0$

$$\lg y = m\,\lg x + \lg y_0 \quad \text{oder} \quad y = y_0\,x^m;$$

d. h. diese *Potenzkurve* erscheint im ganzlogarithmischen Papier als Gerade[1], und zwar von der Steigung des Exponenten, wobei für $x = 1$ die Ordinate $y = y_0$ bzw. $v = l\,\lg y_0$ wird. In Abb. 36 ist $y_0 = 1$, und es ergeben sich für verschiedene Exponenten die Geraden durch einen Punkt, vgl. hiermit Abb. 2. Die Funktionen $y = c\,x^2$ des vorigen Beispiels erscheinen auf Potenzpapier als parallele Geraden, die für $x = 1$ den jeweiligen Wert $y_0 = c$ haben.

*Beispiel 3:* Im *halblogarithmischen* Achsenkreuz sei, Abb. 37, die Abszissenachse linear, die Ordinatenachse logarithmisch geteilt, d. h. $u = l_1 x$ und $v = l_2\,\lg y$ gemacht; also wird nach Gl. (28a) mit $B_0 = \lg y_0$: $\lg y = \lambda x + \lg y_0$ oder $\lg(y/y_0) = \lambda x$ oder $y = y_0\,10^{\lambda x}$ oder wenn $10^\lambda = a = e^k$ gesetzt wird, auch $y = y_0 a^x = y_0 e^{kx}$; d. h. eine Exponentialfunktion wird auf diesem Papier als Gerade dargestellt, wonach auch der Name „*Exponentialpapier*" gewählt ist. Praktisch geht man so vor, daß man 2 Punkte festlegt und diese verbindet. Die Maßstabs-

---

[1] Daher auch der Name „Potenzpapier".

faktoren bzw. die Steigung $m$ spielen an sich keine Rolle, vgl. a. Abb. 37 mit $y = e^x$ bzw. $y = e^{-x}$ und der Zinseszinsformel $y = K/K_0 = (1 + p/100)^n$ für $p = 4\%$. Weitere Beispiele vgl. Abs. 24, 33, 34, 36[1].

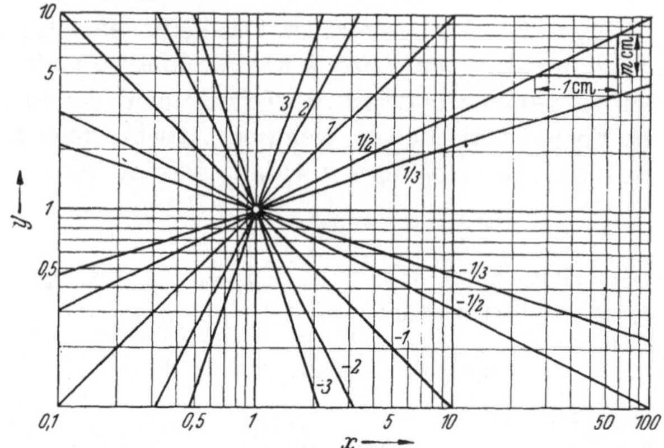


Abb. 36. Potenzfunktion $y = x^n$ auf ganzlogarithmischem Papier für verschiedene $n$.

**2322 Graphisch.** Soll nur *eine* Kurve verstreckt werden, so läßt sich dies durch Änderung *einer* Achsenteilung immer erreichen: So ist in Abb. 38b die transformierte Gerade beliebig angenommen und

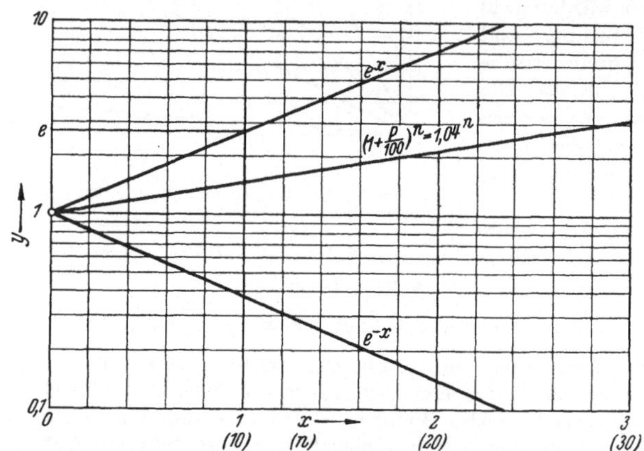


Abb. 37 Exponentialfunktion im halblogarithmischen Netz.

die lineare Teilung auf der Ordinatenachse beibehalten. Dann werden die Punkte der Kurve in Abb. 38a für äquidistante Werte $x$ auf die Gerade herübergeholt und von dort senkrecht nach unten projiziert, wodurch die Einteilung für $x$ auf der Abszissenachse festgelegt ist. Soll die Abszissenachse linear geteilt bleiben, so ist das Verfahren sinngemäß anzuwenden, nur legt man dann besser Abb. 38b *unter* Abb. 38a.

---

[1] Vgl. a. A. WALTHER, W. J. DREYER u. A. ESTENFELD: Modelle zum Logarithmenpapier. Z. techn. Phys. Bd. 20 (1939) S. 56—58.

Wie die Gerade im verzerrten Achsenkreuz liegen soll, ist durch die Bedürfnisse des Einzelfalls bestimmt, vgl. a. Beispiele.

Durch Verzerrung *beider* Achsenteilungen lassen sich *zwei* Kurven verstrecken [45, 52, 53, 57, 58]. Die beiden Kurven des linear

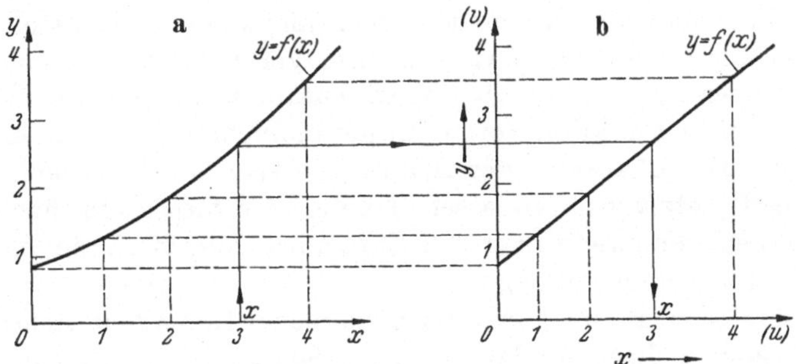

Abb 38 a, b. Graphische Verstreckung *einer* Kurve.

geteilten $x$, $y$-Systems sollen in die beiden an sich willkürlich zu wählenden Geraden des zunächst noch nicht bezifferten $u$, $v$-Systems verstreckt werden, Abbildung 39. Um zugehörige Punkte des verzerrten und des nicht verzerrten Systems zu bekommen, legt man durch die beiden Kurvenpaare je einen Treppenzug, wie durch Punktzuordnung und Stricharten aus Abb. 39 hervorgeht. Bringt man entsprechende Achsenparallele zum Schnitt, z. B. 12 und $1'2'$, 34 und $3'4'$ bzw. 23 und $2'3'$, 45 und $4'5'$, so liefern diese Schnittpunkte die Verzerrungskurven für den Übergang von der linearen zur verzerrten Teilung auf den Achsen $x$ und $u$ bzw. $y$ und $v$.

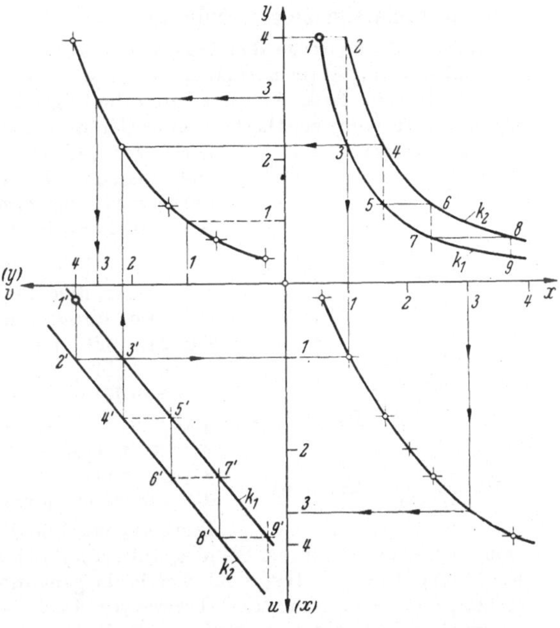

Abb. 39. Graphische Verstreckung von *zwei* Kurven.

Mit Hilfe dieser Verzerrungskurven kann die Achseneinteilung für glatte Werte $x$ bzw. $y$ im $u$, $v$-System konstruiert werden.

Eine derartige Verstreckung ist u. a. dann zweckmäßig, wenn eine Kurvenschar in eine Geradenschar transformiert werden soll (vgl. Abs. 242).

### 233 Verborgene Gesetzmäßigkeit.

Oft liegt ein durch Versuch oder anderweitige Feststellung ermittelter Zusammenhang zwischen zwei Veränderlichen $x$ und $y$ vor, ohne daß man einen formelmäßigen Zusammenhang sieht. Zunächst wird man $y$ in Funktion von $x$ im gewöhnlichen Koordinatensystem auftragen. Der Charakter der Kurve $y = f(x)$ kann hiernach ein bestimmtes Gesetz vermuten lassen. Häufig wird dieses aber noch besser zu erkennen sein, wenn man den Zusammenhang in einem verzerrten Koordinatensystem aufträgt.

Zeigt sich z. B. im ganz- bzw. halblogarithmischen Achsenkreuz eine Gerade, so liegt ein Potenz- bzw. Exponentialgesetz vor, dessen Konstanten leicht der Darstellung entnommen werden können; vgl. o., ferner Beispiele in Abs. 332, S. 103f.

Manchmal kann auch durch eine unmittelbar geometrisch durchgeführte Verzerrung das gesuchte Gesetz erkannt werden, wie die folgenden Beispiele zeigen sollen.

*Beispiel 1:* Es möge das Gesetz $y = \alpha/(\gamma + x)$ vermutet werden, das (vgl. Abs. 2214, Beisp. 3) im normalen Achsenkreuz durch eine gleichseitige Hyperbel dargestellt wird. Läßt sich nun durch die folgende Konstruktion die dargestellte Kurve genau (oder genähert) in eine Gerade transformieren, so liegt das hyperbolische Gesetz genau (genähert) vor [46, 60]. Durch den Kurvenpunkt $P$ ziehe man eine Ordinatenparallele bis zum Punkt $S$ auf der beliebig gezogenen Abszissenparallelen $s$, Abb. 40. Dann treffen sich der Strahl $OS$ und die Abszissenparallele durch $P$ im Bildpunkt $\overline{P}$ der Geraden $\overline{k}$, dem Bild der Kurve $k$. Die Gerade $\overline{k}$ geht im übrigen durch die Schnittpunkte der Kurve $k$ mit der Ordinatenachse und der Geraden $s$ (Fixpunkte).

Nach Konstruktion ist $y:u = c:x$ oder $x = uc/y$ und $v = y$. Setzt man in $v = \alpha/(\gamma + x)$ den Wert $x = uc/y$ ein, so bleibt $uc + v\gamma - \alpha = 0$ oder $uc/\alpha + v\gamma/\alpha - 1 = 0$ als Gleichung der Geraden, die, wie leicht zu erkennen, durch die angegebenen

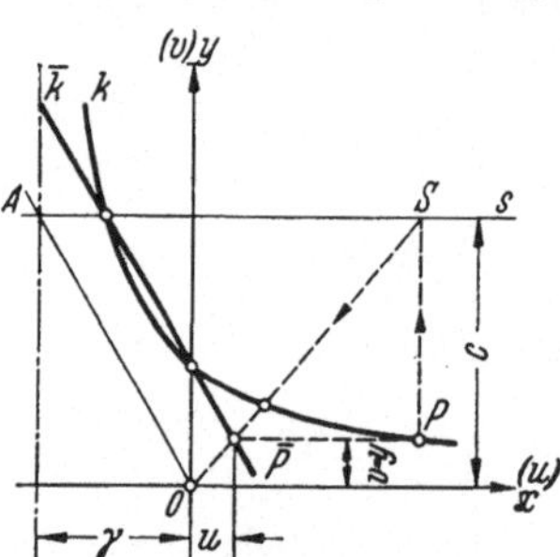

Abb. 40. Verstreckung einer Hyperbel (vgl. Text).

Punkte geht. Die Parallele zu $\overline{k}$ durch $O$ trifft zudem die Gerade $s$ in ihrem Schnittpunkt $A$ mit der Asymptote $x = -\gamma$. Die Konstruktion gilt für jede Hyperbel, welche die genannte Gleichung hat, und die Konstanten $\alpha$ und $\gamma$ folgen aus der Abszisse von $A$ und dem Abschnitt $\alpha/\gamma$ auf der Ordinatenachse. Es bleibt — beiläufig — die lineare Teilung auf der $y$-Achse erhalten, während sie auf der Abszissenachse projektiv wird.

Liegt die Form $y = q + \alpha/(\gamma + x)$ vor, welche daran zu erkennen ist, daß sich $y$ für große Werte $x$ einem konstanten Wert $q$ nähert, so kann die gleiche Konstruktion benutzt werden, nur ist $O$ durch den Schnittpunkt der Geraden $y = q$ mit der Ordinatenachse zu ersetzen.

Im übrigen können die unter Abs. 2214, Beisp. 3, gegebenen Herleitungen über projektive Teilungen benutzt werden.

*Beispiel 2:* In gleicher Weise kann festgestellt werden, ob eine vorgelegte Kurve die Parabel $y = ax + bx^2$ darstellt [46]. Aus der Konstruktion, Abb. 41, folgt, da $v : c = y : x$ oder $y = vx/c$ und $u = x$ ist, nach Einsetzung in die Parabelgleichung: $vu/c = au^2 + bu$ oder $\cdot v = c(au + b)$ als Gleichung der Geraden $\bar{k}$. Diese geht durch den zweiten Schnittpunkt der Parabel mit der Abszissenachse und durch ihren Schnittpunkt mit der Geraden $s$ (Fixpunkte), wodurch ähnlich wie oben die Konstanten $a$ und $b$ bestimmt sind.

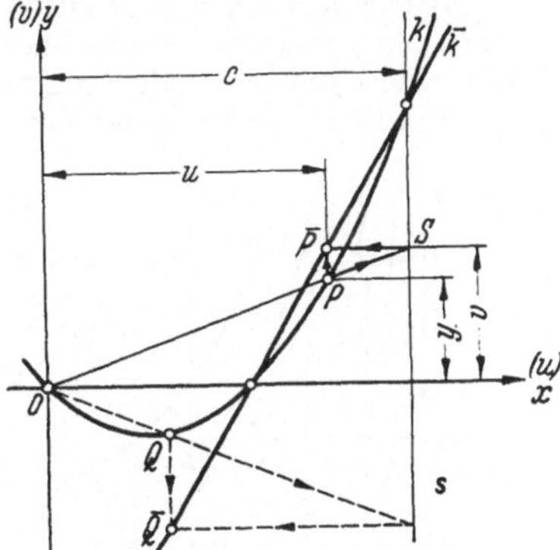

Abb. 41. Verstreckung einer Parabel (vgl. Text).

Geht die Kurve nicht durch den Ursprung, sondern liegt der erste Schnittpunkt im Punkt $O^*$ der $x$-Achse, so ist $O^*$ der Pol der Konstruktion, und die Kurve hat die Gleichung $y = a_0 + a_1 x + a_2 x^2$.

# 24 Kurventafeln.

## 241 Grundsätzliches.

Beim Rechenschieber (Abs. 223) wurde u. a. die Möglichkeit erörtert, mit diesem Beziehungen zwischen *drei* und mehr Veränderlichen darzustellen. Eine weitere Möglichkeit ergibt die Verwendung von Kurventafeln:

Sei die Beziehung zwischen den drei Veränderlichen $x, y, z$ zunächst in der Form

$$z = \mathrm{H}(x, y) \qquad (29\,\mathrm{a})$$

ausgedrückt, so würde ihre Darstellung im räumlichen Koordinatensystem eine Fläche ergeben; um sie der graphischen, ebenen Darstellung zugänglich zu machen, denke man sich Schnitte $z =$ konst. parallel der $x, y$-Ebene gelegt („Höhenlinien", „Schichtlinien") und in diese Ebene projiziert; dann

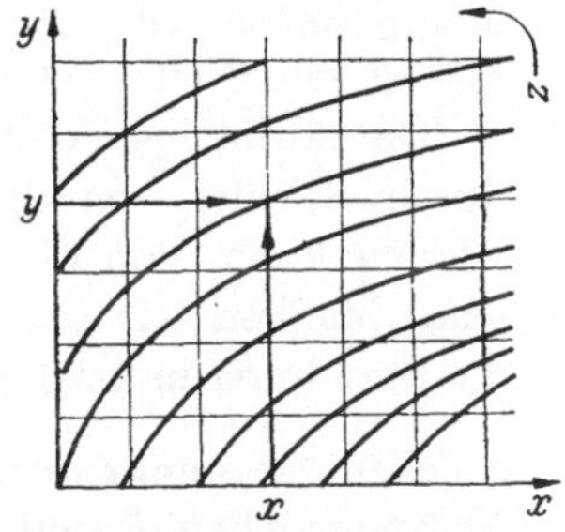

Abb. 42. Kurventafel, aus räumlicher Darstellung gewonnen.

erhält man eine Kurvenschar $z =$ konst., Abb. 42. Ein Wertetripel ist durch den Punkt $P$ in der angegebenen Weise festgelegt, d. h. als Schnitt von drei Kurven $x =$ konst., $y =$ konst., $z =$ konst. In gleicher Weise hätte man, von der räumlichen Darstellung ausgehend, die Fläche $z = \mathrm{H}(x, y)$ mit Ebenen $x =$ konst. bzw. $y =$ konst. schneiden können und hätte Kurven $x =$ konst. in der $y, z$-Ebene bzw. $y =$ konst. in der $x, z$-Ebene erhalten.

*Beispiel:* Es sei $z = xy$ darzustellen, wobei sowohl $z$ als auch $x$ bzw. $y$ die gesuchten Größen sein können.

a) Die Kurven $z =$ konst. sind gleichseitige Hyperbeln, Abb. 43a.

b) Die Kurven $x =$ konst. führen auf $z =$ konst.$\cdot y$, d. h. auf ein durch den Ursprung gehendes Geradenbüschel, Abb. 43b, dessen Strahlen die Steigung $x$ bzw. eine $x$ proportionale Steigung haben (auf einer Geraden $z =$ konst. schneiden die Strahlen eine Reziprokteilung aus). Wenn die Umstände es erfordern, kann

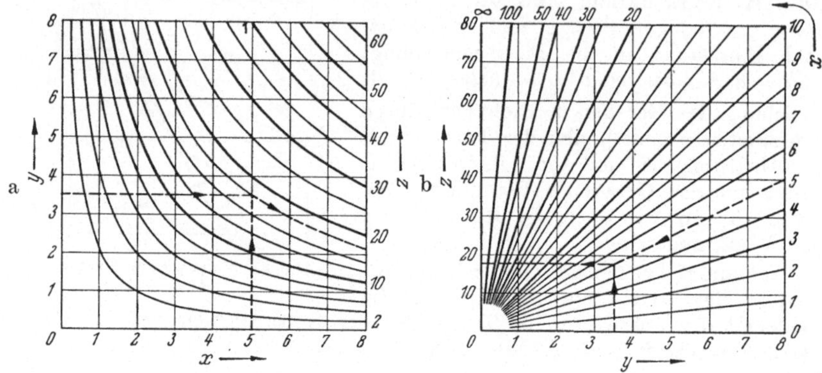

Abb. 43a, b. Multiplikations- bzw. Divisionstafeln für $z = xy$.

auch $y = z/x$ geschrieben werden, d. h. Abszissen- und Ordinatenachse werden vertauscht, wobei dann die Steigung der Strahlen gleich oder proportional $1/x$ ist.

c) Die Kurven $y =$ konst. führen auf $z =$ konst.$\cdot x$, d. h. wesentlich auf das gleiche Strahlenbüschel wie in Abb. 43b.

Der Anwendungsfall (vgl. Abs. 3) muß entscheiden, welche Form dieser *Multiplikations-* oder *Divisionstafel* zu wählen ist. In gleicher Weise ist auch vorzugehen, wenn $z = Cxy$ mit $C$ als konstantem Faktor darzustellen ist.

Die räumliche Vorstellung hatte gezeigt, daß ein Wertetripel $x$, $y$, $z$ durch Schnitt von drei Kurven aus drei Kurvenscharen bestimmt werden kann, von denen aber zwei Scharen achsenparallele Geraden sind. Machen wir uns von dieser speziellen Vorstellung frei und sei die Beziehung in der Form

$$\Phi(x, y, z) = 0 \tag{29b}$$

gegeben, so denke man sich diese Gleichung durch Elimination der Veränderlichen $\xi$ und $\eta$ aus den drei Gleichungen

$$\left.\begin{aligned}\Phi_1(\xi, \eta, x) &= 0, \\ \Phi_2(\xi, \eta, y) &= 0, \\ \Phi_3(\xi, \eta, z) &= 0\end{aligned}\right\} \tag{30}$$

entstanden. Sind nun $\xi$, $\eta$ die laufenden Koordinaten in einem Rechtwinkelkreuz, so stellt jede der drei Gln. (30) für verschiedene Werte $x$ bzw. $y$ bzw. $z$ je eine Kurvenschar dar, d. h. wir haben ein *dreifaches Kurvennetz*[1], Abb. 44. Sucht man zu gegebenen Werten $x_i$, $y_i$ den zu-

---

[1] Daher auch der Name *Netztafeln*. D'Occagne spricht von „abaques à entrecroisement", von Schilling [45] durch „Rechentafeln mit Kurvenkreuzung" übersetzt.

gehörigen Wert $z_i$, so ist dieser auf der durch den Schnittpunkt der Kurven $x_i$, $y_i$ gehenden Kurve $z = $ konst. $= z_i$ abzulesen (gegebenenfalls durch Interpolation, falls diese Werte selbst nicht in der Kurvenschar angegeben sind)[1]. Von drei Gln. (30) können zwei beliebig angenommen werden, die dritte folgt zwangläufig.

*Beispiel:* Es soll eine Kurventafel für den schrägen Wurf entworfen werden, d. h. es sollen die Wurfparabeln

$$y = x \operatorname{tg}\alpha - \frac{x^2}{4\,h\,\cos^2\alpha}$$

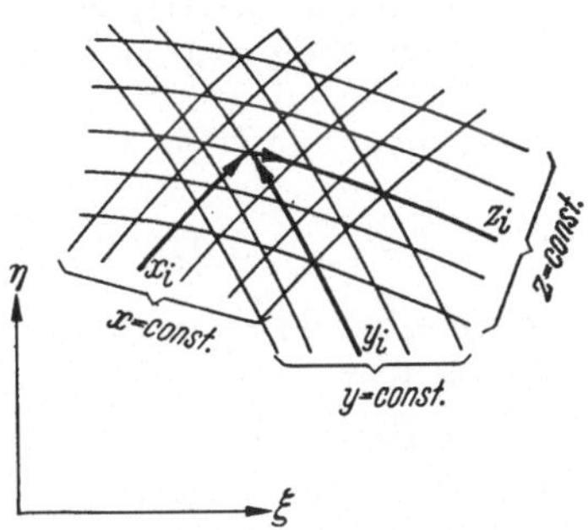


Abb. 44. Aufbau einer Kurventafel.

in geeigneter Weise dargestellt werden[2]. Hierin ist $h = v_0^2/2g$, die Steighöhe beim senkrechten Wurf, eine Konstante, so daß die drei Veränderlichen $x$, $y$, $\alpha$ übrigbleiben. Im $x$, $y$-System sind die Kurven $x = $ konst. bzw. $y = $ konst. durch Parallelen zu den Achsen, und die Kurven $\alpha = $ konst. eben durch die Wurfparabeln dargestellt. Bei geeigneter Aufspaltung der Beziehung gemäß Gl. (30) oder bei Abbildung auf ein $\xi, \eta$- bzw. $u, v$-System lassen sich die letzteren in Geraden durch den Ursprung transformieren, und zwar vermöge $\operatorname{tg}\alpha = u/v$; denn mit $1/\cos^2\alpha = 1 + \operatorname{tg}^2\alpha$ wird $y = xv/u - x^2/4\,h \cdot (1 + v^2/u^2)$. Sollen die Kurven $x = $ konst. Parallelen zur Ordinatenachse bleiben, so ist $u = x$ zu setzen. Dies liefert $y = v - (u^2 + v^2)/4\,h$ oder $u^2 + (v - 2h)^2 = 4\,h\,(h - y)$. Demnach ist die Kurvenschar $y = $ konst. eine Schar konzentrischer Kreise vom Mittelpunkt $u_0 = 0$, $v_0 = 2h$ und vom Radius $r = 2\sqrt{h(h - y)}$.

In Abb. 45 ist $h = 1$ angenommen, so daß $y \leq 1$ bleibt. Für einen beliebigen Wert $h$ sind die zusammengehörigen Werte $x$ und $y$ nur noch mit $h$ zu multiplizieren, da die Ausgangsgleichung auch dimensionslos geschrieben werden

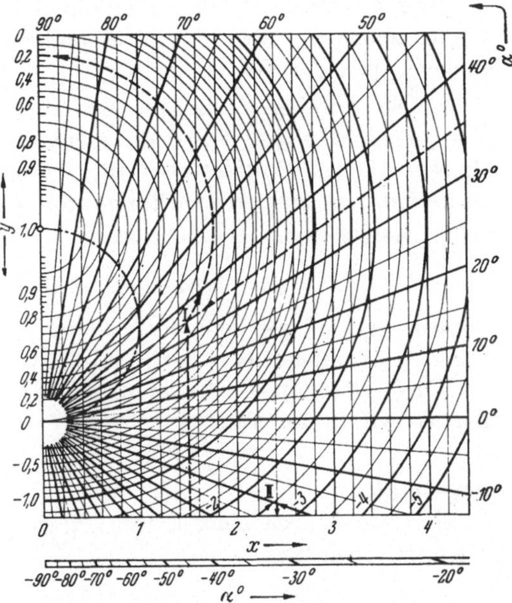

Abb. 45. Kurventafel für den schrägen Wurf (vgl. Text). Beispiele: I) $\alpha = 35°$, $x = 1{,}5$, $y = 0{,}2$. — II) $\alpha = -20°$, $y = -2{,}5$, $x = 2{,}4$. — III) $x = 1{,}6$, $y = 0{,}2$, $\alpha = 37°$ und $\alpha = 60°$ (nicht eingezeichnet).

---

[1] Betrachtet man übrigens nur *eine* Kurve $k_1$ der Schar 1 und ihre Schnittpunkte mit einer Kurvenschar $k_2$ in dicht benachbarter Umgebung der Kurve $k_1$, so daß wesentlich nur die Schnittpunkte beibehalten werden, so entsteht eine (gekrümmte) Funktionsleiter [*5, 24*].

[2] In Anlehnung an SCHWERDT [*46*].

kann $\dfrac{y}{h} = \dfrac{x}{h}\,\mathrm{tg}\,\alpha - \left(\dfrac{x}{h}\right)^2 \dfrac{1}{4\cos^2\alpha}$. Die Wurfweiten $w = 2h\sin 2\alpha$ für $\alpha \geqq 0$ sind bestimmt durch den Schnittpunkt des Strahls $\alpha = $ konst. mit dem Kreis $y = 0$. Die Schnittpunkte der Kurvenschar für $y \leqq 0$ mit dem Strahl $\alpha = 0$ liefern mit den $x$-Werten eine Doppelleiter für den waagerechten Wurf.

Da die Steighöhen, d. h. der jeweilige Wert $y_{max} = H$, für $x = w/2$ erscheint, liegen diese auf dem strichpunktierten Kreis, so daß zu jedem Winkel $\alpha > 0$ auch die größte Höhe abgelesen werden kann.

## 242 Verzerrung und Verstreckung.

Man wird nun nach Möglichkeit in den Kurventafeln leicht zu zeichnende Kurven, insbesondere Geraden und Kreise wählen (vgl. a. das letzte Beispiel). Ein geeignetes Hilfsmittel hierzu ist die Benutzung verzerrter Koordinatenachsen (Funktionspapier) oder allgemein gesprochen die Abbildung einer Ebene, in der die Kurvenscharen noch ungeeignete, auf eine andere, in welcher die Kurvenscharen geeignete Formen haben.

**2421 Geradliniennetze.** Ohne zunächst auf allgemeine Entwicklungen einzugehen, seien durch besondere Lagen der Geradenscharen einige Typen der Beziehung $\varPhi(x, y, z) = 0$ herausgehoben.

1. Die Abszissen- und die Ordinatenachsen seien verzerrt, d. h. $u = l_1\,\mathrm{f}(x)$, $v = l_2\,\mathrm{g}(y)$ und die Geraden $z = $ konst. sollen durch den Ursprung gehen (*Strahlentafel*); ihre Steigungen seien $m = \lambda\,h(z)$ mit $\lambda$ als geeignetem Proportionalitätsfaktor. Die Geradengleichung $v = mu$ liefert $l_2\,\mathrm{g}(y) = \lambda\,\mathrm{h}(z)\,l_1\,\mathrm{f}(x)$ oder

$$\mathrm{f}(x)\,\mathrm{h}(z) - \mu\,\mathrm{g}(y) = 0, \tag{31a}$$

worin $\mu = l_2/l_1\lambda$ gegebenenfalls gleich 1 zu setzen ist. Wir haben eine ähnliche Strahlentafel wie in Abb. 43b, vgl. a. Abb. 35, 36, 37.

Würde aber auf der Ordinatenachse $v = l_2/\mathrm{g}(y) = l_2\,\overline{\mathrm{g}}(y)$ aufgetragen, so würde der Typ

$$\mathrm{f}(x)\,\overline{\mathrm{g}}(y)\,\mathrm{h}(z) = \mu = \text{konst.} \tag{31b}$$

dargestellt.

Sind die Achsen nach $\lg\,\mathrm{f}(x)$, $\lg\,\mathrm{g}(y)$ geteilt, so liefert Gl. (31a) mit $\mu = 1$ den Typ

$$\mathrm{g}(y) = \mathrm{f}(x)^{\mathrm{h}(z)}, \tag{31c}$$

insbesondere

$$y = x^z, \quad \text{wenn} \quad \mathrm{f}(x) = x, \quad \mathrm{g}(y) = y, \quad h(z) = z$$

gesetzt wird, vgl. a. Abb. 36.

Entsprechend könnte auf halblogarithmischem Papier die Exponentialfunktion $y = Ce^{zx}$ oder $y = Ca^{zx}$ dargestellt werden (vgl. Anwendungen S. 111 u. S. 168).

Geht das Strahlenbüschel *nicht* durch den Ursprung, so hat die Funktion die Form

$$\mathrm{h}(z)\,[\mathrm{f}(x) - \overline{\alpha}] - \mu\,[\mathrm{g}(y) - \overline{\beta}] = 0, \qquad (31\,\mathrm{d})$$

worin $\overline{\alpha}, \overline{\beta}$ konstante Zahlen sind und das Strahlenzentrum die Koordinaten $\alpha = l_1\overline{\alpha}$, $\beta = l_2\overline{\beta}$ hat; vgl. a. Abs. $4\,\beta$, S. 37.

Auf die gleiche Form läßt sich auch

$$\mathrm{g}(y) = c_0 + c_1\,\mathrm{f}(x) + [\mathrm{f}(x) - c_2]\,\mathrm{h}(z) \quad (31\,\mathrm{e})$$

bringen, wenn man auf beiden Seiten $c_1 c_2$ subtrahiert. Es entsteht mit $c_1 + \mathrm{h}(z) = \mathrm{H}(z)$ und $\overline{\beta} = c_0 + c_1 c_2$, $\overline{\alpha} = c_2$ wiederum

$$\mathrm{H}(z)\,[\mathrm{f}(x) - \overline{\alpha}] - [\mathrm{g}(y) - \overline{\beta}] = 0, \quad (\mu = 1 \text{ gesetzt}).$$

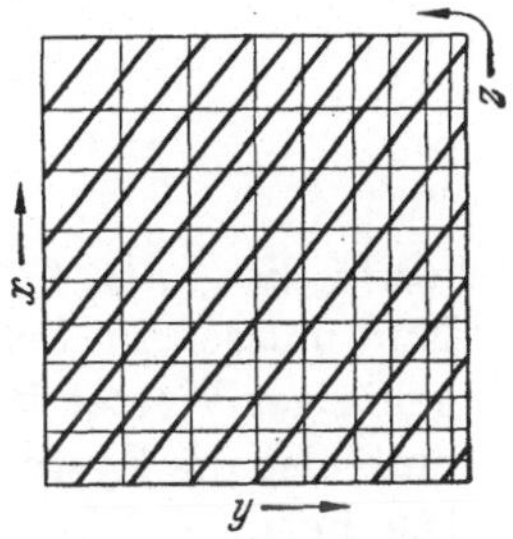

Abb. 46. Kurventafel für $\mathrm{g}(y) = \mu\,\mathrm{f}(x) + \lambda\,\mathrm{h}(z)$.

2. Die Achsen seien wie unter 1. geteilt, doch mögen die Geraden $z = \text{konst.}$ als *Parallelenschar* erscheinen, d. h. durch $v = mu + l_3\,\mathrm{h}(z)$, Abb. 46, mit $m$ als Richtungsfaktor dargestellt sein. Damit gilt

$$\mathrm{g}(y) = \mu\,\mathrm{f}(x) + \lambda\,\mathrm{h}(z), \qquad (32\,\mathrm{a})$$

worin die Konstanten $\mu = m l_1/l_2$ und $\lambda = l_3/l_2$ gegebenenfalls gleich Eins gesetzt werden können.

Werden wie oben logarithmische Teilungen benutzt, d. h. $\lg \mathrm{f}(x)$, $\lg \mathrm{g}(y)$, $\lg \mathrm{h}(z)$, so ergibt sich mit $\mu = \lambda = 1$ wieder ein Multiplikationstyp

$$\mathrm{g}(y) = \mathrm{h}(z)\,\mathrm{f}(x), \qquad (32\,\mathrm{b})$$

insbesondere im ganzlogarithmischen Papier die Form

$$\left.\begin{array}{l} y = x^\mu z^\lambda \quad \text{oder} \quad y = xz \\ \text{für} \quad \mu = \lambda = 1, \end{array}\right\} \quad (32\,\mathrm{c})$$

während auf halblogarithmischem Papier die Form

$$\left.\begin{array}{l} y = z e^{kx} \quad \text{mit} \quad \lambda = 1 \\ \text{und} \quad k = \ln 10 \end{array}\right\} \quad (32\,\mathrm{d})$$

erscheint.

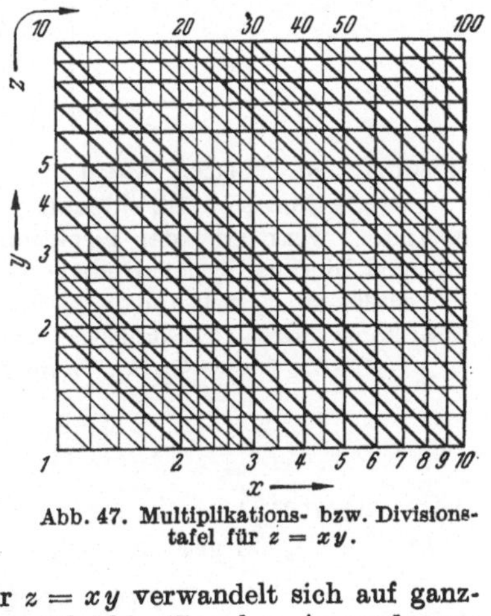

Abb. 47. Multiplikations- bzw. Divisionstafel für $z = xy$.

Die Multiplikationstafel aus Abb. 44 für $z = xy$ verwandelt sich auf ganzlogarithmischem Papier somit in eine Tafel gemäß Abb. 47, vgl. a. Anwendungen unter Abs. 34, S. 106f.

3. Die Achsen seien wie in 1. geteilt, die dritte Geradenschar sei beliebig. Unter Benutzung der Geradengleichung in der Abschnitts-

form $u/a + v/b = 1$ und Einführung von $a = l_1\, h_3(z)/h_1(z)$ und $b = l_2\, h_3(z)/h_2(z)$ folgt

$$f(x)\, h_1(z) + g(y)\, h_2(z) - h_3(z) = 0. \tag{33}$$

4. Bei *beliebigem* Verlauf der drei Geradenscharen schreiben wir die Gleichungen in der allgemeinen Form

$$\left.\begin{aligned}
A_1(x)\,u + B_1(x)\,v + C_1(x) &= 0, \\
A_2(y)\,u + B_2(y)\,v + C_2(y) &= 0, \\
A_3(z)\,u + B_3(z)\,v + C_3(z) &= 0,
\end{aligned}\right\} \tag{34}$$

worin die A, B, C Funktionen der Veränderlichen $x, y, z$ sein sollen. Nun müssen im Schnittpunkt $P(u, v)$ der Geraden für ein zusammengehöriges Wertetripel die drei Gleichungen gleichzeitig erfüllt sein; es muß also die Systemdeterminante verschwinden. Mit anderen Worten: Die Form

$$\begin{vmatrix}
A_1(x) & B_1(x) & C_1(x) \\
A_2(y) & B_2(y) & C_2(y) \\
A_3(z) & B_3(z) & C_3(z)
\end{vmatrix} = 0 \tag{35a}$$

stellt diejenige Funktion $\Phi(x, y, z) = 0$ der Veränderlichen $x, y, z$ dar, welche durch *drei Geradenscharen* dargestellt werden kann.

Haben die $C_i$ keine Nullstellen, so kann durch $C_i$ dividiert werden, so daß mit $C_i = 1$ auch

$$\begin{vmatrix}
A_1(x) & B_1(x) & 1 \\
A_2(y) & B_2(y) & 1 \\
A_3(z) & B_3(z) & 1
\end{vmatrix} = 0 \tag{35b}$$

geschrieben werden kann.

So ergeben sich Strahlenbüschel durch den Ursprung oder achsenparallele Geraden, wenn eine der Funktionen A, B, C gleich Null wird. Man kann im übrigen hieraus Typen finden, die den obigen ähnlich oder gleich sind.

$\alpha$) Es sei $B_1 \equiv 0$ und $A_2 \equiv 0$, so daß in Übereinstimmung mit 3. die Kurven $x = $ konst. bzw. $y = $ konst. Parallele zu den Koordinatenachsen sind, d. h. $u = -C_1/A_1$, $v = -C_2/B_2$. Dann folgt aus Gl. (35a)

$$\frac{A_1}{C_1} = \frac{B_2\,A_3}{B_2\,C_3 - C_2\,B_3|}, \tag{36a}$$

oder wenn $C_1/A_1 = -F(x) = -u$, $G_2/B_2 = -G(y) = -v$, $B_3/A_3 = H_{31}(z)$, $C_3/A_3 = -H_{32}(z)$ gesetzt wird,

$$F(x) + G(y)\, H_{31}(z) - H_{32}(z) = 0, \tag{36b}$$

woraus mit $H_{31} = 1$ ein reiner *Additionstyp* entsteht.

Die Einhüllende der Geraden $z = $ konst. hat, wie sich leicht in der üblichen Weise ergibt, die Parameterdarstellung $u = (H_{32}\,H_{31}' - H_{31}\,H_{32}')/H_{31}'$, $v = H_{32}'/H_{31}'$, worin die Striche Ableitungen nach $z$ bedeuten.

Wird $C_2 = 1$ und $C_3 = -1$ gesetzt, so bleibt mit $A_1/C_1 = -f(x)$

$$f(x) = \frac{B_2(y)\,A_3(z)}{B_2(y) + B_3(z)}\,.\tag{36c}$$

Wird hierin auch noch $B_3(z) \equiv A_3(z)$, so bleibt

$$1/f(x) = 1/B_2(y) + 1/A_3(z).\tag{36d}$$

$\beta$) Liegen allgemein *Strahlentafeln* vor, so müssen die $C_i$ lineare Kombinationen der $A_i$ und $B_i$ sein. Denn ein Strahlenbüschel vom Mittelpunkt $(\alpha, \beta)$ hat die Gleichung $(v - \beta)/(u - \alpha) = -A/B$, worin $m = -A/B$ die Steigung einer der Geraden bedeutet, oder auch mit $C = \alpha A + \beta B$

$$A u + B v + C = 0.$$

In den Gl. (34) bzw. (35a) sind die $C_i$ entsprechend einzusetzen. Bei einer Doppelstrahlentafel[1], bei der die Veränderliche $x$ durch Parallelen zur Ordinatenachse dargestellt sei, also $B_1 \equiv 0$ sein muß und $A_1 = 1$ gesetzt werden kann, ergibt sich mit $C_1 = -f(x)$, $A_2 = g_1(y)$, $B_2 = g_2(y)$, $A_3 = h_1(z)$, $B_3 = h_2(z)$ die Form

$$f(x) = \frac{g_2(y)\,H(z) - G(y)\,h_2(z)}{g_2(y)\,h_1(z) - g_1(y)\,h_2(z)}\,,\tag{37}$$

worin $G(y) = \alpha_2\,g_1(y) + \beta_2\,g_2(y)$, $H(z) = \alpha_3\,h_1(z) + \beta_3\,h_2(z)$ ist und $\alpha_2, \beta_2$ bzw. $\alpha_3, \beta_3$ die Koordinaten des Mittelpunktes des Büschels $y$ bzw. $x$ sind. Die Geraden selbst haben die Gleichungen $u = f(x)$ bzw.

$$g_1(y)u + g_2(y)v + G(y) = 0,$$
$$h_1(z)u + h_2(z)v + H(z) = 0.$$

Zum Aufzeichnen der letzteren sind die Achsenabschnitte zweckmäßig:

$$a_2 = -G/g_1 = -(\alpha_2 + \beta_2\,g_2/g_1), \qquad b_2 = -(\alpha_2\,g_1/g_2 + \beta_2),$$

bzw.

$$a_3 = -H/h_1 = -(\alpha_3 + \beta_3\,h_2/h_1), \qquad b_3 = -(\alpha_3\,h_1/h_2 + \beta_3).$$

5. Als Netztafel, die nur aus einem Strahlenbüschel, sonst aber aus Kurven besteht, ist der allgemeinere Typ

$$h(z) = \frac{\psi(x, y)}{\varphi(x, y)}\tag{38}$$

darstellbar. Dabei muß $u = \varphi(x, y)$ und $v = \psi(x, y)$ gemacht werden, so daß das durch den Ursprung gehende Büschel die Steigung $m = v/u = h(z)$ hat. Um die Kurven $x = $ konst. bzw. $y = $ konst. zu gewinnen, kann man aus $\varphi$ und $\psi$ die Werte $x$ und $y$ eliminieren, d. h. $x = F(u, v)$ und $y = G(u, v)$ gewinnen. Ist diese Elimination schlecht möglich, so nimmt man einen bestimmten Wert $x$, z. B. $x_0$, an und hat in $u = \varphi(x_0, y)$ und $v = \psi(x_0, y)$ die Kurve $x_0 = $ konst. in Parameterdarstellung (Parameter $y$). Vgl. hierzu das obige Beispiel über die Wurfparabel (S. 33), ferner Abs. 341.

Wenn auch die verschiedenen Beispiele der *Typenbildung* einige wichtige Funktionstypen $\Phi(x, y, z) = 0$ geliefert haben, so interessiert doch grundsätzlich, unter welchen Bedingungen sich eine Funktion durch Geradlinienscharen darstellen läßt. Die allgemeinen Bedingungen führen auf gewisse partielle Differentialgleichungen,

---

[1] Wenn irgend möglich, sollte man versuchen, im Einzelfall durch projektive Abbildung (Abs. 271) *ein* Strahlenbüschel in eine Parallelenschar zu verwandeln.

deren theoretische Bedeutung unverkennbar ist, deren praktische Auswirkungsmöglichkeit jedoch geringfügig bleibt [*16, 26, 46*].

Wohl ergeben sich relativ einfache Beziehungen bei funktional verzerrten Netzen, d. h. wenn zwei Geradenscharen bereits als Parallelen zu den Koordinatenachsen festgelegt sind — ohne daß die Teilungen von vornherein feststehen. Vgl. hierzu auch die Konstruktion der Verstreckung von *zwei* Kurven einer Kurvenschar in Abs. 2322.

Es sei im regelmäßig (linear) geteilten Netz die Kurvenschar $(z)$ entworfen. Bei der Abbildung bzw. Verzerrung wird $u = u(x)$ und $v = v(y)$ ohne Beachtung etwaiger Maßstabsfaktoren. Die Kurvenschar $(z)$ hat in der $x$, $y$-Ebene die Steigung $\mathrm{d}y/\mathrm{d}x$, in der $u$, $v$-Ebene aber die Steigung $\mathrm{d}v/\mathrm{d}u = v'(y)/u'(x) \cdot \mathrm{d}y/\mathrm{d}x$, da $\mathrm{d}u = u'(x)\,\mathrm{d}x$ und $\mathrm{d}v = v'(y)\,\mathrm{d}y$ ist. Soll nun die Kurve $(z)$ in der $u$, $v$-Ebene eine Gerade sein, so muß ihre Steigung unabhängig von den Werten $x$ und $y$ und nur abhängig von $z$ sein. Wir schreiben daher $\mathrm{d}v/\mathrm{d}u = -\mathrm{S}(z)$[1] und erhalten durch Einsetzen in die vorstehende Gleichung

$$\frac{\mathrm{d}y}{\mathrm{d}x} = -u'(x)\,\frac{1}{v'(y)}\,\mathrm{S}(z)\,. \tag{39}$$

Andrerseits folgt aus $\Phi(x, y, z) = 0$ die Steigung $\dfrac{\mathrm{d}y}{\mathrm{d}x} = -\dfrac{\partial\Phi/\partial x}{\partial\Phi/\partial y}$, so daß in Gl. (39) eingesetzt schließlich

$$\frac{\partial\Phi/\partial x}{\partial\Phi/\partial y} = u'(x)\,\frac{1}{v'(y)}\,\mathrm{S}(z) \tag{40}$$

folgt. Das heißt, die gesuchte Funktion $\Phi(x, y, z) = 0$ ist dann durch Geradenscharen im funktional geteilten Netz darstellbar, wenn $\dfrac{\partial\Phi/\partial x}{\partial\Phi/\partial y}$ als Produkt von drei Funktionen geschrieben werden kann, von denen jede aber nur von *einer* der Veränderlichen abhängig ist. Für konstante Steigung $\mathrm{d}v/\mathrm{d}u$, d. h. für einen konstanten Wert von $\mathrm{S}$, wird aus der Geradenschar eine Parallelenschar, so daß das Netz aus drei Parallelenscharen besteht.

Ausschließlich zur Erläuterung seien die folgenden Beispiele gebracht:

*Beispiel 1:* Bei der Funktion $\Phi(x, y, z) = x + yz + z^2 = 0$ wird $\dfrac{\partial\Phi}{\partial x} = 1$, $\dfrac{\partial\Phi}{\partial y} = z$, d. h. $\dfrac{\partial\Phi/\partial x}{\partial\Phi/\partial y} = \dfrac{1}{z}$, also z. B. $u'(x) = 1$, $v'(y) = 1$, $\mathrm{S}(z) = \dfrac{1}{z}$, d. h. $u(x) = x$, $v(y) = y$ — in Übereinstimmung mit Gl. (36b), wenn dort $\mathrm{F}(x) = x$, $\mathrm{G}(y) = y$ und $\mathrm{H}_{31}(z) = z$, $\mathrm{H}_{32}(z) = -z^2$ gesetzt wird.

Die Gleichung der Geradenschar $(z)$ lautet $u + zv + z^2 = 0$, und die Einhüllende ist die Parabel $v^2 = -4u$, Abb. 48. Wenn auch der Funktionstyp mit dem der quadratischen Gleichung $b + az + z^2 = 0$ übereinstimmt, so ist doch

---

[1] Vorzeichen aus Zweckmäßigkeitsgründen.

die Kurventafel weniger zu deren Lösung geeignet. Die Einhüllende stellt dann die Kurve der zusammenfallenden Lösungen dar (vgl. S. 64 u. S. 108).

*Beispiel 2:* Bei der Funktion $\Phi(x, y, z) \equiv a x^z z^{by} - c^z = 0$ wird $d\Phi/\partial x = a x^{z-1} z^{by+1}$, $\dfrac{\partial \Phi}{\partial y} = a x^z z^{by} b \ln z$, $\dfrac{\partial \Phi/\partial x}{\partial \Phi/\partial y} = \dfrac{1}{x}\dfrac{1}{b}\dfrac{1}{\ln z}$, also muß sein $u'(x) = 1/x$ oder $u = \ln x$, $v'(y) = b$ oder $v = by$, so daß auf diesem halblogarithmischen Koordinatennetz die Geradenschar, wie sich durch Logarithmieren der Ausgangsgleichung ergibt, die Gleichung $uz + v\ln z + (\ln a - z \ln c) = 0$ hat.

*Beispiel 3:* Beim einfachsten Funktionstyp, dem Multiplikationstyp $\Phi(x, y, z) \equiv xy - z = 0$, wird $\dfrac{\partial \Phi}{\partial x} = y$, $\dfrac{\partial \Phi}{\partial y} = x$, also $\dfrac{\partial \Phi/\partial x}{\partial \Phi/\partial y} = \dfrac{y}{x}$, d. h. nach Gl. (40) muß

$$u'(x)\frac{1}{v'(y)}S(z) = \frac{y}{x}$$

sein. Wählt man $u'(x) = x^n$, d. h. $u = \int x^n \mathrm{d}x$, so bleibt $v'(y) = x^{n+1} S(z)/y$ oder mit $xy = z$ und $S(z) = 1/z^{n+1}$ schließlich $v'(y) = y^{n+2}$ und $v(y) = \int y^{n+2}\,\mathrm{d}y$. Je nach Wahl von $n$ erhält man verschiedene Netztafeln bzw. verschiedene Verzerrungen der Achsen, vgl. die folgende Tafel (wesentlich nach [46]).

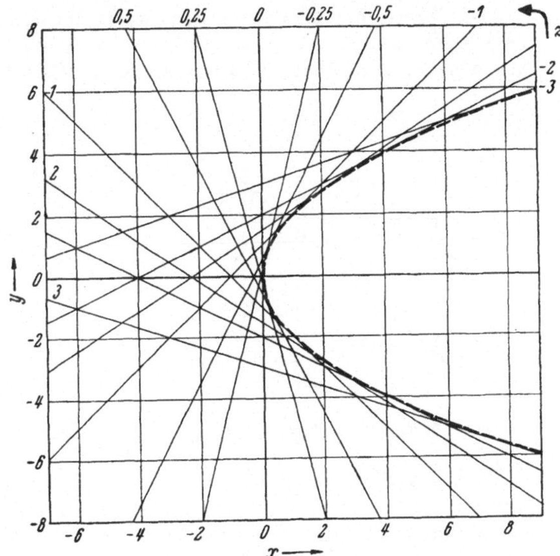



Abb. 48. Kurventafel für $x + yz + z^2 = 0$.

| $n$ | $u(x)$ | $v(y)$ | $-S(z)$ als Steigung der $z$-Kurven | Bemerkungen |
|---|---|---|---|---|
| $-2$ | $1/x$ | $y$ | $-z$ | Geradenschar = Büschel durch den Ursprung, $v + zu = 0$ |
| $-1$ | $\ln x$ | $\ln y$ | $-1$ | Ganzlogarithmisches Achsenkreuz. Geradenschar = Parallelenschar, $u + v - \ln z = 0$. Tafel von Lalanne, Abb. 47 |
| $-1/2$ | $2\sqrt{x}$ | $-2/\sqrt{y}$ | $-1/\sqrt{z}$ | Strahlenbüschel durch Ursprung, $u + v\sqrt{z} = 0$. Tafel von Fürle |
| $0$ | $x$ | $-1/y$ | $-1/z$ | Strahlenbüschel durch Ursprung, $u + vz = 0$ (invers zu $n = -2$). Grundform der Tafel von Crepin |
| $1$ | $x^2/2$ | $-1/2y^2$ | $-1/z^2$ | Strahlenbüschel durch Ursprung, $u + vz^2 = 0$ (invers zu $n = 1/2$) |

**2422 Geraden und Kreise.** Kurz soll auf einige Typen hingewiesen werden, die als Kurvenscharen nur einfach gelegene Geraden und Kreise enthalten, da diesen in Sonderfällen eine gewisse Bedeutung zukommt.

α) Beide Achsen seien funktional geteilt, $u = f(x)$, $v = g(y)$, und die Kreise haben die Radien $r = h(z)$ mit dem Ursprung als Mittelpunkt, Abb. 49. Es folgt $u^2 + v^2 = r^2$ oder

$$f(x)^2 + g(y)^2 = h(z)^2. \tag{41}$$

Die Kreisschar ist entbehrlich, wenn um den Ursprung ein Lineal drehbar angebracht ist, das nach $h(z)$ geteilt ist. Beim Teilungsgesetz $u = f(x)^2$ bzw. $v = g(y)^2$ unmittelbar erhält man eine Parallelenschar als $z$-Kurven.

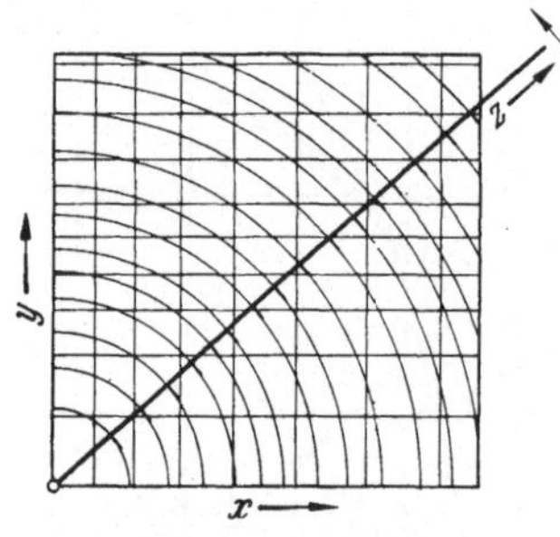

Abb. 49. Zur Darstellung von Gl. (41).　　　Abb. 50. Zur Darstellung von Gl. (43).

β) Wenn die Achsen wie unter α) geteilt sind, aber die Kreise durch den Ursprung gehen und ihre Mittelpunkte auf einer Achse, z. B. auf der Ordinatenachse, liegen, Mittelpunktsordinate $v_0$, so folgt mit $2v_0 = h(z)$ der Typ

$$f(x)^2 + g(y)^2 - g(y)\,h(z) = 0. \tag{42}$$

γ) Hat man für die $(z)$-Schar eine durch den Ursprung gehende Kreisschar gewählt, wobei die Mittelpunkte auf einer um $\pm 45°$ geneigten Geraden liegen, so erhält man bei verzerrten Achsen (wie unter α), Abb. 50, den Typ

$$h(z) = \frac{f(x)^2 + g(y)^2}{f(x) \pm g(y)}, \tag{43}$$

wobei die Mittelpunktskoordinaten durch $u_0 = \tfrac{1}{2}h(z)$, $v_0 = \pm\tfrac{1}{2}h(z)$ und die Radien durch $r = h(z)/\sqrt{2}$ bestimmt sind.

Für weitere Formen vgl. [55], ferner Beispiele S. 33, 112f., 126.

## 243 Verbundene Kurventafeln.

**2431 Grundsätzliches.** Ebenso wie beim Rechenschieber die Zahl der Veränderlichen durch weitere Zungen erhöht werden konnte, läßt sich auch durch Anfügen weiterer Bildebenen mit je drei Kurvenscharen die Zahl der Veränderlichen erhöhen, wenn gewisse Voraussetzungen erfüllt sind. Soll z. B. die Beziehung

$$F(x_1, x_2, x_3, x_4) = 0 \tag{44}$$

zwischen den vier Veränderlichen $x_i$ ($i = 1, 2, 3, 4$) in dieser Form dargestellt werden, so muß sich diese unter Einführung eines geeigneten Parameters $t$ durch die simultanen Funktionen

$$\varphi(x_1, x_2, t) = 0 \quad \text{und} \quad \psi(x_3, x_4, t) = 0 \tag{45}$$

ersetzen lassen; d. h. durch Elimination von $t$ aus diesen Gleichungen muß Gl. (44) gewonnen werden.

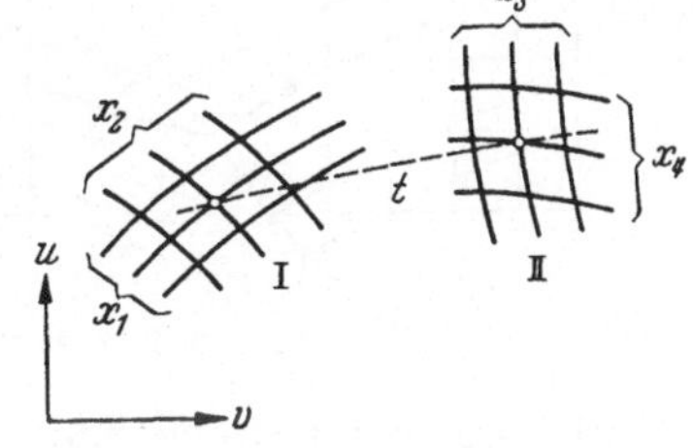


Abb. 51. Kurventafel für vier Veränderliche.

Man entwirft dann in der gleichen Ebene eine Kurventafel für $\varphi = 0$ und $\psi = 0$, Abb. 51. Ein Wertepaar $x_1$, $x_2$ liefert im Schnittpunkt der $x_1$-, $x_2$-Kurven einen gewissen Wert $t$ (dessen Zahlenwert an sich im allgemeinen ohne Interesse ist). Die hierdurch bestimmte $t$-Kurve und die $x_3$-Kurve schneiden sich in einem Punkt, durch den die gesuchte $x_4$-Kurve geht. Der dargestellte Rechnungsgang kann auch entsprechend umgekehrt werden.

Vorteilhaft ist es selbstverständlich, wenn die Hilfslinien oder „Rechenlinien" gerade Linien sind, insbesondere Parallele zu den Koordinatenachsen. Sei z. B. $t = v$ gesetzt, seien also die Rechenlinien Parallele zur Abszissenachse, so liefert Gl. (45), wenn jedesmal nach $v$ aufgelöst wird, $\varphi(x_1, x_2, v) = 0$ oder $v = F_{12}(x_1, x_2)$ und $\psi(x_3, x_4, v) = 0$ oder $v = F_{34}(x_3, x_4)$ oder schließlich nach Gleichsetzen der Werte $v$

$$F_{12}(x_1, x_2) - F_{34}(x_3, x_4) = 0. \tag{46}$$

Hierzu gehört auch der *Additionstyp*

$$f_1(x_1) + f_2(x_2) = f_3(x_3) + f_4(x_4), \tag{47}$$

der in Abb. 52 in der Form $f_1 - f_2 = f_3 + f_4$ dargestellt ist, ebenso

$$x_1^2 + x_2^2 = x_1 + x_2$$

oder

$$x_1^m x_2^n x_3^p x_4^q = \text{konst.},$$

wobei auf ganzlogarithmischem Papier Parallelscharen entstehen, oder

$$[f_1(x_1)]^{f_2(x_2)} \cdot [f_3(x_3)]^{f_4(x_4)} = \text{konst.},$$

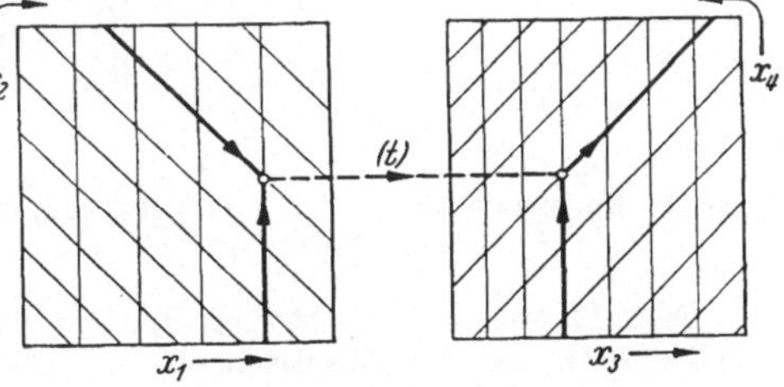


Abb. 52. Kurventafel für $f_1(x_1) - f_2(x_2) = f_3(x_3) + f(x_4)$.

welcher Typ auch auf Geradenscharen führt, wenn die Abszissenachse nach $\lg f_1$ bzw. $\lg f_2$ geteilt wird. — Ausführungsbeispiele vgl. u. und in Abs. 342.

**2432 Leitlinie.** Die Benutzung der Hilfskurvenschar $t$ führt nun leicht, wenn an der oben geschilderten Bedingung, daß die $t$-Kurven in beiden Bildebenen identisch sind, festgehalten wird, zu unübersichtlichem Aufbau[1]. Man kann sich davon frei machen durch Einführung einer Hilfskurve $L$, der Leitlinie, durch welche der Übergang von der $t$-Kurvenschar des einen Bildes zur $t$-Kurvenschar des anderen Bildes gewährleistet wird: Bilden z. B. die Kurven $t$ in der Ebene $I$ die mit $\tau_1$ bezeichnete Kurvenschar, in der Ebene $II$ die Kurvenschar $\tau_2$, Abbildung 53, so treffen sich gleichbezifferte Kurven auf einer bestimmten Kurve $L$, mittels welcher der Übergang von Abb. I zu Abb. II hergestellt

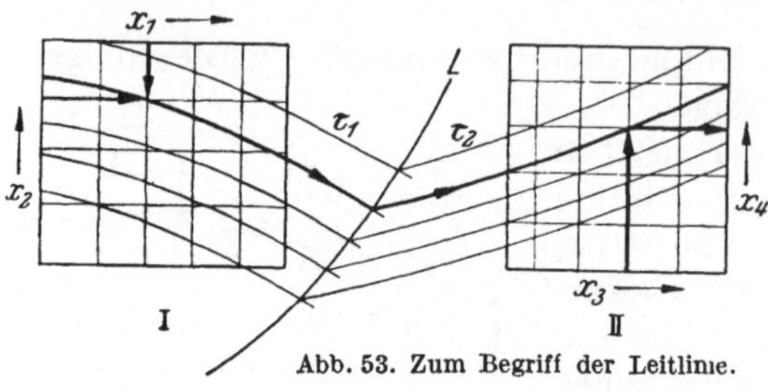

Abb. 53. Zum Begriff der Leitlinie.

wird. Die so erhaltene Kurve wird von SCHWERDT [46]) mit „Paarleiter" bezeichnet[2]. Die *Leitlinie* (der Begriff stammt von DIERCKS-EULER [7]) kann mit jener identisch sein, soll aber im allgemeinen eine Hilfskurve bedeuten, die den Übergang von der einen $t$-Schar zur anderen in geeigneter Weise vermittelt und sehr oft geradlinig sein wird. Mit Hilfe der Leitlinie kann der Übergang von einem Bild zum anderen übersichtlich gestaltet, und es können die in den Funktionen enthaltenen Operationen einzeln angezeigt werden.

Zur Erläuterung dessen einige Beispiele:

1. Gesucht $x_4 = x_1 x_2 + x_3$. Wir zerlegen in die Operationen $t = x_1 x_2$ und $x_4 = t + x_3$. Die Bereiche seien etwa $x_1 = 0 \div 70$; $x_2 = 0,25 \div 1,25$; $x_3 = 1 \div 60$. In beiden Feldern seien die Achsen linear geteilt und für $t = x_1 x_2$ sei die Strahlentafel I, Abb. 54, gewählt, d. h. die Kurvenschar $t$ bzw. $\tau_1$ ist die Schar der Parallelen zur Ordinatenachse (welche keine Bezifferung erfordern).

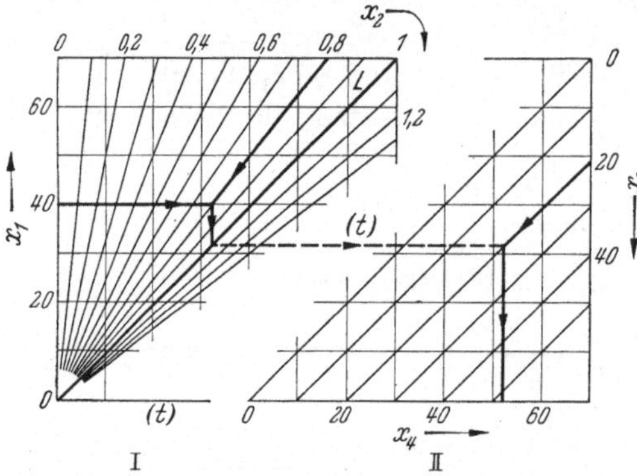

Abb. 54. Kurventafel für $x_4 = x_1 x_2 + x_3$; Beispiel: $x_1 = 40$, $x_2 = 0,8$, $x_3 = 20$, $x_4 = 52$.

In Abb. II sollen die $t$- bzw. $\tau_2$-Kurven Parallelen zur Abszissenachse sein, so daß z. B. $x_3$ auf der Abszissenachse abzulesen ist und die Kurven $x_4$ parallele Geraden darstellen ($t = x_4 - x_3$, $v = u - x_3$). Die Leitlinie $L$ ist hier identisch mit der „Paarleiter".

Wenn weitere Operationen angeschlossen werden sollen, so kann man nach [7] auch im Feld II die Parallelen zur Ordinatenachse als $t$-Kurven wählen, wodurch

---

[1] Wie überhaupt Kurventafeln eine gewisse Unübersichtlichkeit eigen ist, so daß es sich oft empfiehlt (s. Abs. 272), diese, wenn möglich, in eine Fluchtentafel überzuführen.

[2] D'OCCAGNE nennt die Punkte auf der Kurve $L$ „points condensés".

in jeder Abbildung eine Leitlinie erscheint, vgl. Abb. 55[1]. Vgl. a. Beispiele in
Abs. 342, ferner 361, S. 160f.

2. Es soll die bei der Sammellinse (und beim Hohlspiegel) geltende Beziehung
zwischen Brennweite $f$, Bildweite $b$, Bildgröße $B$ und Ding- (Gegenstands-)

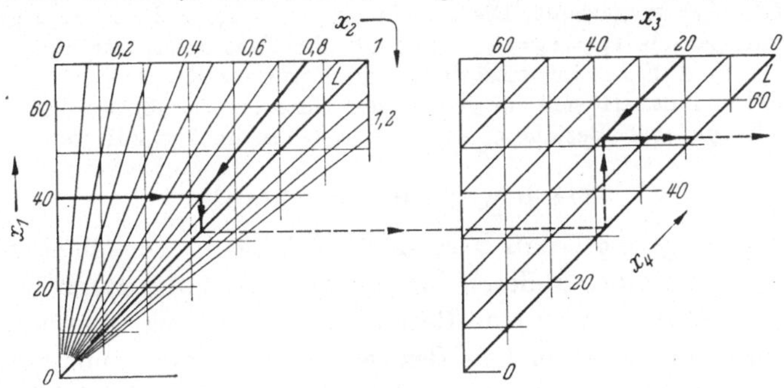

Abb. 55. Wie Abb. 54, nur andere Anordnung, vgl. Text.

Größe $G$ dargestellt werden. Ist $g$ die Dingweite, so gilt einerseits $B:G = b:g$,
andrerseits die Linsengleichung $1/g + 1/b = 1/f$, also zusammengefaßt

$$\frac{B}{G} = \frac{b}{f} - 1.$$

Die Bereiche seien etwa $G = 6 \div 14$ cm (Diapositiv), $B = 100 \div 1000$ cm,
$b = 500 \div 5000$ cm, $f = 5 \div 60$ cm.

Wir setzen $t = B/G$ (lineare Vergrößerung), so daß auch $t = f/b - 1$ oder
$f/b = t + 1$ wird. Wegen des Spielraums seien logarithmische Teilungen gewählt,

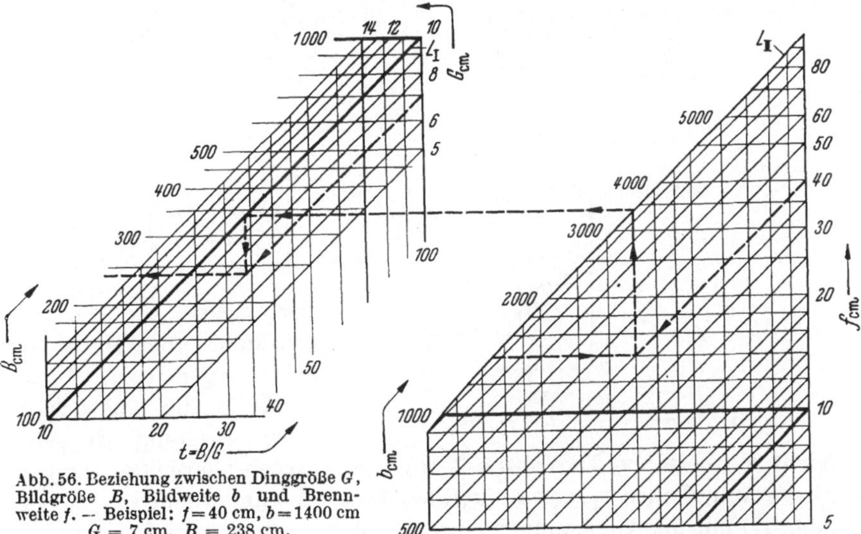

Abb. 56. Beziehung zwischen Dinggröße $G$,
Bildgröße $B$, Bildweite $b$ und Brennweite $f$. — Beispiel: $f = 40$ cm, $b = 1400$ cm
$G = 7$ cm, $B = 238$ cm.

und im Feld I stellt $t$ die Abszisse und $B$ die Ordinate dar: $u_1 = \lg t$, $v_1 = \lg B$,
so daß die Kurven $G$ in diesem ganzlogarithmischen Kreuz, Abb. 56, parallele

---

[1] Eine ähnliche Darstellung findet sich auch bei WERKMEISTER [56].

Geraden sind (unter 45° geneigt) und $t = \text{konst.}$ die ordinatenparallelen Geraden sind, deren Bezifferung hier eingefügt ist, weil das Vergrößerungsverhältnis interessieren könnte. Im Feld II ist $v_2 = \lg b$ und $u_2 = \lg(t + 1)$ gewählt, so daß wiederum eine Parallelenschar für $f = \text{konst.}$ entsteht. Als Leitlinie $L_\mathrm{I}$ wird die Gerade $G = 10$ gewählt. Die Leitlinie $L_\mathrm{II}$, die im Feld II zum gleichen $t$ führen soll, hat, da $v_1 = v_2 = u_1$ sein muß, die Parameterdarstellung $v = \lg t$, $u = \lg(t + 1)$, d. h. hat im wesentlichen die Form der MEHMKEschen Additionskurve [32] und nähert sich für große $t$ der Geraden $f = 100$. — Vgl. die Darstellung der gleichen Beziehung auf andere Weise in Abs. 361, S. 162.

## 244 Bewegliche Kurventafeln.

Oben war gezeigt, daß man durch Übergang von einer Kurventafel $(x_1, x_2)$ zu einer anderen für $(x_3, x_4)$, und zwar durch Bewegung längs gewisser Hilfslinien eine Beziehung zwischen vier Veränderlichen darstellen kann. Diese relative Bezogenheit kann aber auch auf Grund kinematischer Umkehrung durch Bewegung der Kurventafeln gegeneinander erreicht werden und führt im allgemeinsten Falle auf eine Beziehung zwischen sieben Veränderlichen:

Es sei $\Sigma$ die feste Zeichenebene mit dem Koordinatensystem $O, u, v$ und $E$ die bewegte Ebene (durchsichtiges Deckblatt od. ä.) mit dem Koordinatensystem $O^*, \xi, \eta$. Die letztere hat drei Freiheitsgrade: Verschiebungen parallel den Achsen $u, v$ und eine Drehung gegenüber

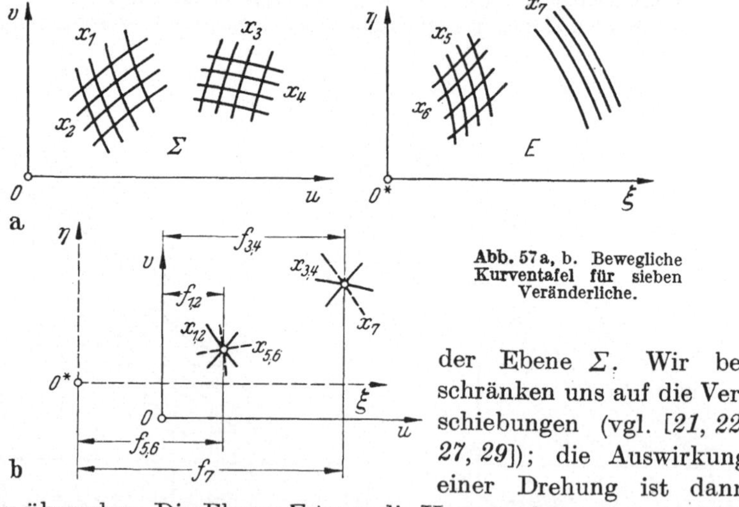

Abb. 57a, b. **Bewegliche Kurventafel für** sieben Veränderliche.

der Ebene $\Sigma$. Wir beschränken uns auf die Verschiebungen (vgl. [21, 22, 27, 29]); die Auswirkung einer Drehung ist dann leicht zu übersehen. Die Ebene $\Sigma$ trage die Kurvenscharen $(x_1)$, $(x_2)$ für die Veränderlichen $x_1, x_2$ und $(x_3)$, $(x_4)$ für die Veränderlichen $x_3, x_4$ (vgl. Abb. 57) mit den Gleichungen[1] $u = f_{12}$, $v = g_{12}$ bzw. $u = f_{34}$, $v = g_{34}$, und die Ebene $E$ trage die Kurvenscharen $(x_5)$, $(x_6)$ für die Veränderlichen $x_5, x_6$ und $(x_7)$ für die Veränderliche $x_7$, so daß $\xi = f_{56}$, $\eta = g_{56}$

---

[1] Die Abkürzung $f_{ik}$ bedeutet $f_{ik}(x_i, x_k)$ usw.

bzw. $\xi = f_7(x_7, t)$, $\eta = g_7(x_7, t)$ mit $t$ als Parameter oder $\eta = \varphi(\xi, x_7)$ oder auch $F(\xi, \eta, x_7) = 0$ als Gleichung der Kurvenschar $(x_7)$. Legt man nun das Blatt $E$ auf die feste Ebene $\Sigma$ derart, daß die Parallelität der Achsen gewahrt bleibt ($u$ parallel $\xi$, $v$ parallel $\eta$) und daß der Punkt $(x_5, x_6)$ auf den Punkt $(x_1, x_2)$ zu liegen kommt, so fällt der Punkt $(x_3, x_4)$ mit einem Punkt der Kurvenschar $(x_7)$ zusammen. Dann liest man aus Abb. 57b ohne weiteres für die Abszissendifferenzen $f_{34} - f_{12} = f_7 - f_{56}$ und entsprechend für die Ordinatendifferenzen $g_{34} - g_{12} = g_7 - g_{56}$ ab, so daß nach Einsetzen in die Gleichung für die Kurvenschar $(x_7)$ hier die Beziehung zwischen den sieben Veränderlichen $x_1$ bis $x_7$ die Form

$$F(f_{34} + f_{56} - f_{12},\ g_{34} + g_{56} - g_{12},\ x_7) = 0 \qquad (48\,\text{a})$$

bzw.

$$g_{34} + g_{56} - g_{12} = \varphi(f_{34} + f_{56} - f_{12},\ x_7) \qquad (48\,\text{b})$$

hat.

LUCKEY bezeichnet diese Tafeln als Flächenschieber, während die Wanderkurvenblätter von KRETSCHMER beiläufig Sonderfälle der Gl. (48) darstellen[1]. Von den möglichen Sonderfällen greifen wir die folgenden heraus:

1. Für *vier* Veränderliche seien $x_5$, $x_6$ als konstant angesehen, so daß die zugehörigen Kurvenscharen in einen Punkt, z. B. den Ursprung $O^*$ entarten. Ferner führt $x_7 =$ konst. auf *eine* Kurve, z. B. als Schablone ausgebildet, mit der Gleichung $F(\xi, \eta) = 0$ oder $\xi = \xi(t)$, $\eta = \eta(t)$ als Parameterdarstellung oder $\eta = \varphi(\xi)$. Dann wird

$$F(f_{34} - f_{12},\ g_{34} - g_{12}) = 0 \qquad (49)$$

oder $f_{34} - f_{12} = \xi(t)$ und $g_{34} - g_{12} = \eta(t)$ oder

$$g_{34} - g_{12} = \varphi(f_{34} - f_{12}).$$

Sind die Kurvenscharen Parallelen zu den Achsen, so folgt

$$u_3(x_3) - u_1(x_1) = \xi(t) \quad \text{und} \quad v_4(x_4) - v_2(x_2) = \eta(t)$$

oder auch, wenn die Netzlinien identisch sind, d. h. durch Parallelverschiebung ineinander übergehen,

$$u(x_3) - u(x_1) = \xi(t) \quad \text{und} \quad v(x_4) - v(x_2) = \eta(t).$$

Ist hierbei z. B. $\xi = \lambda_1 t$, $\eta = \lambda_2 t$, also $\eta = \lambda_2 t/\lambda_1 = m\xi$, demnach die bewegte Kurve eine Gerade durch den Ursprung $O^*$ und liegt ganzlogarithmisches Papier vor, so bleibt

$$\lg \frac{x_3}{x_1} = \lambda_1 t, \quad \lg \frac{x_4}{x_2} = \lambda_2 t \quad \text{oder} \quad x_4\, x_1^m = x_2\, x_3^m,$$

wobei ein variables $m$ ein Strahlenbüschel durch $O^*$ fordern würde.

2. Für *drei* Veränderliche sei auch noch $x_2$ als konstant angesehen. Dadurch entartet die Kurvenschar $(x_2)$ in *eine* Kurve, und da nur die Schnittpunkte der Schar $(x_2)$ mit dieser interessieren, bleibt letzten Endes eine gekrümmte Funk-

---

[1] Hinsichtlich Erweiterungen vgl. [*27*].

tionsleiter für $x_1$ mit den Gleichungen $u = \mathfrak{f}_1(x_1)$, $v = \mathfrak{g}_1(x_1)$ übrig. Jetzt muß der Punkt $O^*$ auf den Punkt $x_1$ dieser Leiter gebracht werden, und es gilt

$$\mathfrak{g}_{34} - \mathfrak{g}_1 = \varphi(\mathfrak{f}_{34} - \mathfrak{f}_1) \quad \text{oder} \quad \mathfrak{g}_{34} - \mathfrak{g}_1 = \eta(t) \quad \text{und} \quad \mathfrak{f}_{34} - \mathfrak{f}_1 = \xi(t).$$

Diese Form ist wesentlich bei KRETSCHMER behandelt. Legt man z. B. ganzlogarithmisches Papier zugrunde, d. h. setzt $u = \mathfrak{f}_{34} = \lg x_3$, $v = \mathfrak{g}_{34} = \lg x_4$ und wählt als gekrümmte Leiter eine Gerade von der Steigung $m$, d. h. $u = \lg x_1$

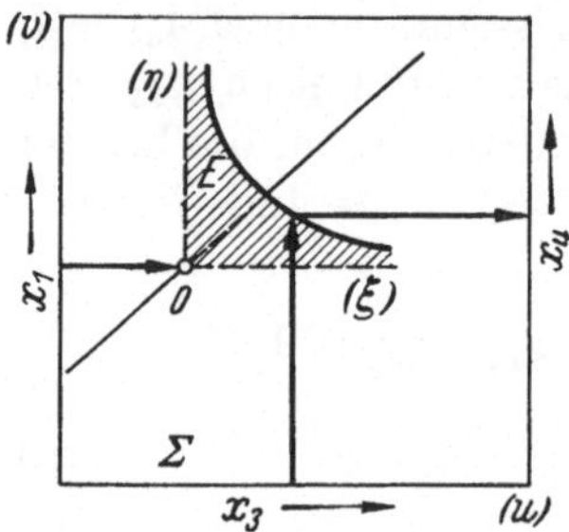

Abb. 58. Bewegliche Kurventafel für Gl. (50).

und $v = \lg C\,x_1^m$, schreibt die Gleichung der Schablone aber in logarithmischen Koordinaten, so wird $\lg \xi = \lg x_3 - \lg x_1$ und $\lg \eta = \lg x_4 - \lg C\,x_1^m$ oder $\xi = x_4/C\,x_1^m$, $\eta = x_3/x_1$ oder schließlich, da $\eta = \varphi(\xi)$ sein soll,

$$x_4 = C\,x_1^m \cdot \varphi(x_3/x_1).\,^1 \tag{50}$$

Die Schablone, Abb. 58, hat die Gleichung $\eta = \varphi(\xi)$, sie wird im ganzlogarithmischen Achsenkreuz eingetragen, und für die Teilung der Geraden wird die logarithmische Teilung auf der $u$- oder $v$-Achse benutzt.

Ob man (vgl. Abs. 34) bewegliche Tafeln dieser Form benutzt oder Fluchtentafeln vorziehen soll (vgl. Abs. 25), muß der Einzelfall zeigen. Man muß sich aber darüber klar sein, daß viele Kurvenscharen die Ablesung erschweren. Nur wenn, wie im letzten Sonderfall, z. B. Fluchtentafeln für drei Veränderliche versagen, wird man bewegliche Kurventafeln benutzen.

Diese enthalten im übrigen als Sonderfall den *eindimensionalen* Rechenschieber, bei dem, wie früher geschildert, nur Verschiebungen in *einer* Richtung möglich sind, dessen Anwendungen jedoch durch Benutzung von Kurventafeln erweitert werden können.

Als besonders einfachen Sonderfall führen wir eine Beziehung zwischen *drei* Veränderlichen an. Es sei $z = \Phi(x, y)$ darzustellen. Die Kurventafel auf dem Stabkörper, der Ebene $\Sigma$, enthalte als Kurven $z =$ konst. die Parallelen zur

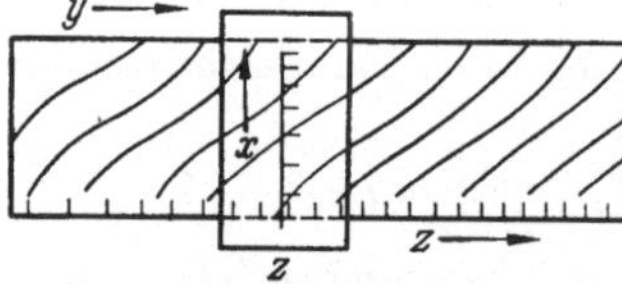

Abb. 59. Eindimensionaler Rechenschieber für $z = \mathfrak{f}(x, y)$.

Ordinaten-, als Kurven $x =$ konst. die Parallelen zur Abszissenachse, während die Kurvenschar $(y)$ im allgemeinen gekrümmte Kurven sind. Statt nun die Kurven $(z)$ und $(x)$ wirklich aufzutragen, beschränkt man sich auf eine Funktionsleiter für $z$ am Rande des Körpers, Abb. 59, und eine Funktionsleiter für $x$ auf dem Läufer, der Ebene $E$. Stellt man den Träger, d. h. den „Strich" des Läufers, auf $z$ ein, so liefert die durch den angenommenen Wert $x$ gehende Kurve $(y)$ den gesuchten Wert $y$ bzw. bei umgekehrter Einstellung wie in Abb. 59 den Wert $z$.

Ein etwas weitergehender Sonderfall für *vier* Veränderliche entsteht, wenn der Läufer eine Kurventafel mit Parallelen zu den Achsen als Kurven $x_4 =$ konst.

---

$^1$ Ist $m = 0$ und $C = 1$, so bleibt $x_4 = \varphi(x_3/x_1)$. Die Schablone oder Steuerkurve kann z. B. die Form der MEHMKEschen Additionskurve haben, so daß damit auch die Gleichung aus Beisp. 2, S. 43, dargestellt werden kann.

bzw. $x_1 =$ konst enthält (wie vorstehend, wenn dort $x$ durch $x_1$ ersetzt wird). Wenn dort weiter $y$ durch $x_2$ und $z$ durch $f_{12}$ ersetzt wird, so ergibt sich nach Abb. 60 die Beziehung

$$f_3(x_3) + f_4(x_4) = f_{12}(x_1, x_2), \quad (51)$$

eine Beziehung, die im übrigen, wenn $t = f_3 + f_4$ und $t = f_{12}$ eingeführt wird, auch durch zwei getrennte Tafeln mit Hilfe der Leitlinie dargestellt werden kann. Beispiele vgl. Abs. 343 u. S. 102.

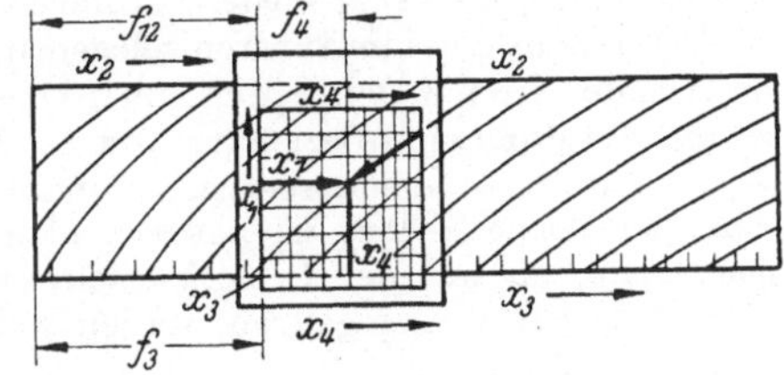

Abb. 60. Eindimensionaler Rechenschieber für Gl.(51).

## 245 Dreieckskoordinaten.

Eine spezielle Beziehung zwischen drei Veränderlichen vermittelt das käufliche Dreieckspapier. Bei diesem ist für einen im Inneren des gleichseitigen Dreiecks gelegenen Punkt $P$ die Summe seiner drei „Abstände" $x$, $y$, $z$ von den Dreiecksseiten, parallel zu den Dreiecksseiten gemessen, konstant, und zwar gleich der Dreiecksseite $a$, wie aus Abb. 61 hervorgeht:

$$x + y + z = a = \text{konst.} \quad (52)$$

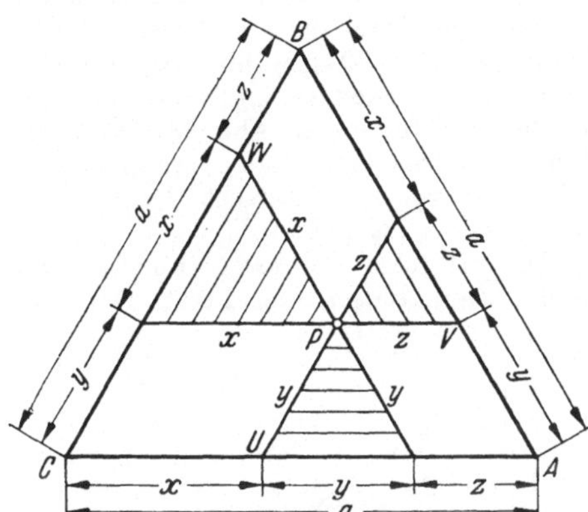

Abb. 61. Zur Herleitung der Gl. (52).

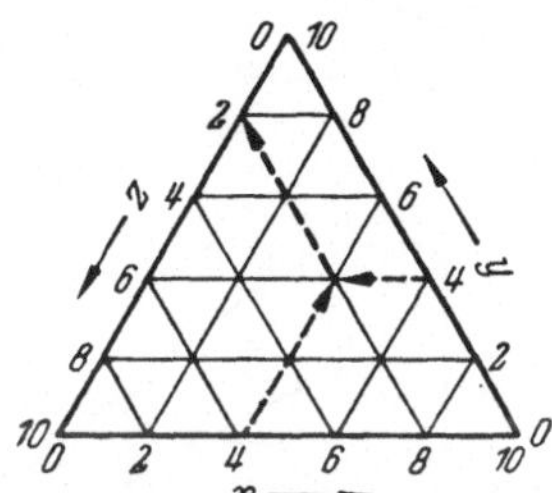

Abb. 62. Dreieckspapier; Beispiel:
$4 + 4 + 2 = 10$.

Die Kurvenscharen $(x)$, $(y)$, $(z)$ sind jeweils Parallelen zu den Dreiecksseiten $CB$, $CA$, $AB$, Abb. 62.

Bei Verwendung von Funktionsleitern derart, daß statt den Strecken $x$, $y$, $z$ die Strecken $f(x)$, $g(y)$, $h(z)$ aufgetragen werden, erhält man statt Gl. (52) die Beziehung

$$f(x) + g(y) + h(z) = \text{konst.}, \quad (53a)$$

welche bei logarithmischen Teilungen auf

$$x\,y\,z = \text{konst.} \quad (53b)$$

führt, vgl. Anwendungen in Abs. 341, Beisp. 15 u. 16 (vgl. a. [23], ferner [11]).

Es läßt sich zeigen, daß die üblichen Dreieckskoordinaten nur ein Sonderfall allgemeiner Dreieckskoordinaten sind: Das Dreieck $ABC$ sei beliebig. Die Kurven $(x)$, $(y)$, $(z)$ sind wieder Parallele zu jeweils einer Dreieckseite, die „schrägen" Abstände eines im Inneren gelegenen Punktes $P$ von den Seiten sind $x$, $y$, $z$, doch bilden sie mit den Seiten einen konstanten, an sich beliebigen Winkel. Es ergibt sich dann eine Beziehung von der Form $\lambda_1 x + \lambda_2 y + \lambda_3 z = 1$, wobei die $\lambda_i$ Konstante darstellen, aber nicht unabhängig voneinander sind, vgl. z. B. [2]. Eine praktische Bedeutung hat sich nicht ergeben, ebensowenig bei den *Hexagonaltafeln*, die aus den Dreieckstafeln entwickelt werden können und auf die hier nicht näher eingegangen werden soll [2] u. [38, 39].

## 216 Genauigkeit.

Die Genauigkeit von Kurventafeln, wie sie durch Auswirkung der Fehler beim Eingang auf das Endergebnis bedingt ist, muß im Einzelfall untersucht werden. Sie hängt vom Gesetz und vom Aufbau der Tafel ab.

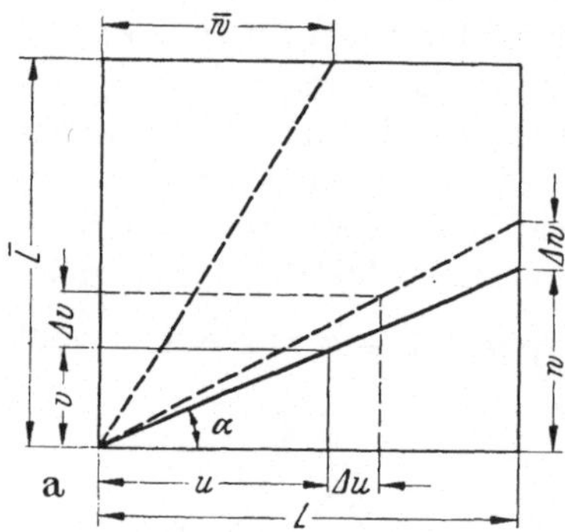

Um das Grundsätzliche zu zeigen, sei zunächst die Tafel für $z = xy$ gemäß Abbildung 43 b, S. 32 gewählt. Aufgetragen werden die Strecken $u = l_y y$, $v = l_z z$ und am Rande, d. h. für $u = L$, Abb. 63 a, $w = l_x x$. Dann ist tatsächlich $z = xy$, wenn gemäß $w/L = v/u$ (a) der Ausdruck $l_x l_y / l_z L = 1$ oder $l_x : L = l_z : l_y$ (b) ist.

Aus (a) folgt $v = uw/L$ und daraus durch Differentiation und Ersatz des Dif-

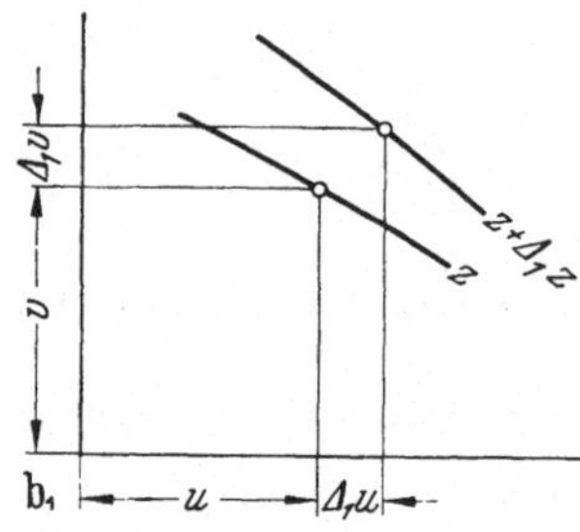

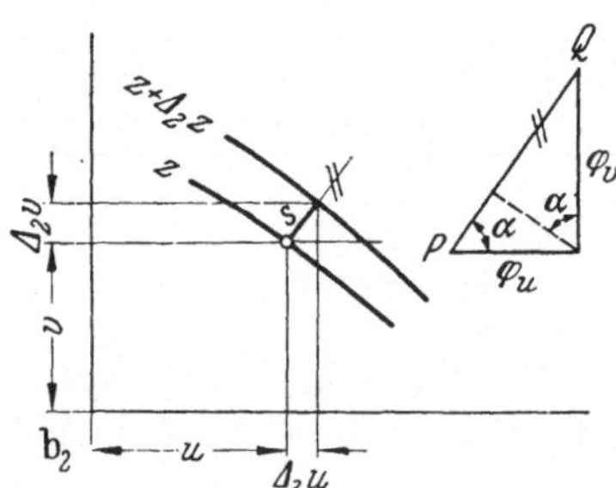

Abb. 63. Zur Genauigkeit einer Kurventafel.

ferentials durch die Differenz $\Delta v = \Delta u \cdot w/L + \Delta w \cdot u/L$. Da im ungünstigsten Fall die Ablesefehler $\Delta u$ und $\Delta w$ einander gleich sind, ist auch $\Delta v = \Delta u (w/L + u/L)$, wonach mit $w/L = \mathrm{tg}\,\alpha$ die Fehler für große $\alpha$ besonders groß sind. Beachtet man ferner, daß $\Delta v = l_z \Delta z$ ist, so wird schließlich der relative Fehler

$$\frac{\Delta z}{z} = \frac{\Delta u}{L} \left( \frac{l_x}{l_z} \frac{1}{y} + \frac{l_y}{l_z} \frac{1}{x} \right).$$

Dies ist nur der Fehler, der durch falsche Einstellung von $x$ und $y$ entsteht. Dazu kommt der Ablesefehler in der Skala für $z$, d. h. $\Delta z = \Delta v / l_z = \Delta u / l_z$.

Da für größere Werte $x$ die (projektive) Skala am oberen Rande benutzt wird, wo die Strecken $\overline{w}$ für $v = \overline{L}$ aufgetragen sein mögen, so ergibt sich für diese Werte $x$ eine andere Fehlerrechnung: Es ist $\operatorname{tg}\alpha = w/L = \overline{L}/\overline{w}$, d. h. es muß $\overline{w} = L\overline{L}/w$ $= L\overline{L}/l_x x = \overline{l}_x/x$ mit $\overline{l}_x = L\overline{L}/l_x$ und ferner $\overline{L}/\overline{w} = v/u$, d. h. $v = u\overline{L}/\overline{w}$ sein. Wie oben folgt $\Delta v = \Delta u \cdot \overline{L}/\overline{w} + \Delta \overline{w} \cdot u\overline{L}/(\overline{w})^2$ oder, da im ungünstigsten Fall $\Delta \overline{w} = -\Delta u$ wird, schließlich

$$\Delta v = \Delta u \, [\overline{L}/\overline{w} + u\overline{L} \cdot (\overline{L}/\overline{w})^2] = \Delta u (\operatorname{tg}\alpha + u/\overline{L} \cdot \operatorname{tg}^2\alpha),$$

wonach für große Winkel der Fehler auch im letzten Glied sehr groß wird.

Damit hat nach einigen Rechnungen der relative Fehler den Wert

$$\frac{\Delta z}{z} = \frac{u\overline{L}}{l_z \overline{l}_x} \left( \frac{1}{y} + \frac{l_y}{l_x} x \right),$$

d. h. während oben für zunehmende Werte $x$ der relative Fehler in $z$ abnahm, nimmt er hier zu!

Wie einfach und übersichtlich ist demgegenüber die Fehlerrechnung bei ganzlogarithmischem Achsenkreuz: Da $\lg z = \lg x + \lg y$ ist, führt $v = l \lg z$, $u = l \lg x$, $v_0 = l \lg y$ auf die Geradengleichung $v = u + v_0$, und die Ablesefehler $\Delta u$ in $u$ und $v_0$ liefern einen Gesamtfehler $\Delta v = 2\Delta u$. Nimmt man den Ablesefehler in $z$ bzw. $v$ hinzu, so ist der Gesamtfehler gleich $3\Delta u$, es tritt, wie zu erwarten, eine Verdreifachung des Ablesefehlers ein. Der relative Fehler im Ergebnis bleibt aber, wie bei der logarithmischen Teilung hergeleitet, konstant.

Enthält die Tafel wieder achsenparallele Geraden, aber für die dritte, die gesuchte Veränderliche $z$, gekrümmte Kurven, so ergibt sich mit $u = l_x \mathrm{f}(x)$, $v = l_y \mathrm{g}(y)$ und $\mathrm{F}(u, v, z) = 0$ oder $z = \varphi(u, v)$ als Gleichung der Kurvenschar (und damit als Gleichung des dargestellten Funktionstyps) das Folgende: Wie oben wirken sich die Eingangsfehler $\Delta_1 u$, $\Delta_1 v$ so aus, daß nicht die Kurve $z$, sondern die Kurve $z + \Delta_1 z$, Abb. 63 $\mathrm{b}_1$, getroffen wird. Nun ist mit den Abkürzungen $\partial \varphi/\partial u = \varphi_u$, $\partial \varphi/\partial v = \varphi_v$ der Fehler $\Delta_1 z = \varphi_u \Delta_1 u + \varphi_v \Delta_1 v$. Die Fehler in $u$ und $v$ können absolut einander gleichgesetzt werden, $\Delta_1 u = \Delta_1 v = \Delta u$, und im ungünstigsten Fall tritt eine Addition der Fehler ein, so daß

$$\Delta_1 z = (|\varphi_u| + |\varphi_v|) \, \Delta u$$

wird[1].

Hinzu kommt der Fehler durch Interpolieren im Ergebnis: Der Punkt $u, v$ fällt im allgemeinen nicht genau auf eine Kurve $z$, Abb. 63 $\mathrm{b}_2$, und man wird unwillkürlich auf einer Senkrechten zur nächstliegenden $z$-Kurve interpolieren. Der Fehler sei $s$. Hierdurch ist in $z$ ein Fehler $\Delta_2 z$ und in Abszisse bzw. Ordinate ein Fehler $\Delta_2 u$ bzw. $\Delta_2 v$ bedingt. Für die letzteren folgt $\Delta_2 u = s \cos\alpha$, $\Delta_2 v = s \sin\alpha$, also wird $\Delta_2 z = \varphi_u \Delta_2 u + \varphi_v \Delta_2 v = (\varphi_u \cos\alpha + \varphi_v \sin\alpha)s$. Da die Steigung der $z$-Kurve durch $-\varphi_u/\varphi_v$ bestimmt ist, hat die Senkrechte die Steigung $\operatorname{tg}\alpha = \varphi_v/\varphi_u$, so daß der vorstehende Klammerausdruck durch die Strecke $PQ$ (Nebenfigur zu Abb. 63 $\mathrm{b}_2$), d. h. durch $\sqrt{\varphi_u^2 + \varphi_v^2}$, dargestellt wird, also der gesuchte Fehler den Wert

$$\Delta_2 z = s \sqrt{\varphi_u^2 + \varphi_v^2}$$

hat, wobei $s > \Delta u$ sein wird.

---

[1] Ein etwas anderer Weg ist bei SCHWERDT bzw. VOGLER beschritten [46].

## 25 Fluchtlinientafeln.

### 251 Grundsätzliches.

In Abs. 244 war gezeigt worden (S. 45), daß im Sonderfall der Punkt $O' = O^*$ der bewegten Ebene $E$ auf einer Funktionsleiter der festen Ebene $\Sigma$ geführt wird, hier für die Veränderliche $z$. Wie in Abb. 58 sei ferner die Schar $(x_7)$ in *eine* Kurve, und zwar in eine Gerade $k$, entartet, doch sei ihr, dem Rest der Ebene $E$, noch ein weiterer Freiheits-

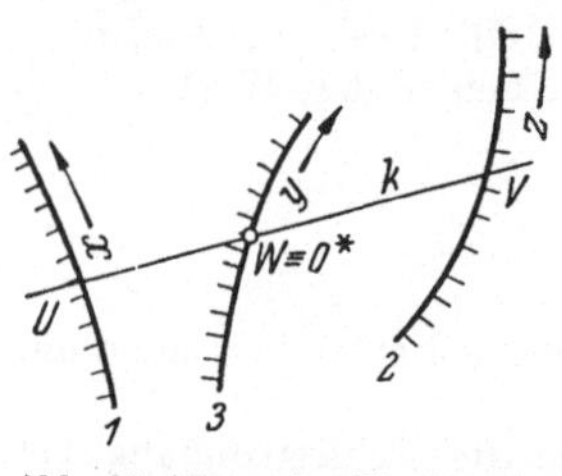

Abb. 64. Allgemeine Fluchtentafel.

grad, und zwar Drehung um $O^*$ (später mit $W$ bezeichnet), gegeben. Die Kurvenschar $(x_1, x_2)$ sei ebenfalls in eine Funktionsleiter (für die Veränderliche $x$) entartet, und schließlich trage die Ebene $\Sigma$ noch eine weitere Funktionsleiter (für die Veränderliche $y$), Abb. 64. Dann besteht zwischen den Veränderlichen $x$, $y$, $z$ gemäß der Bedingung, daß die Punkte $U(x)$, $V(y)$, $W(z)$ auf einer Geraden, der *Fluchtgeraden*, liegen, eine ganz bestimmte Beziehung. Wir stellen diese zunächst für einige besondere Formen der Skalenträger auf, um dann zum Allgemeinen überzugehen und auch den Fall zu betrachten, daß aus der Geraden $k$ eine Kurve wird.

Die so erhaltenen Tafeln heißen Fluchtlinientafeln oder *Fluchtentafeln*, sofern eben die 3 Punkte $U$, $V$, $W$ in einer Flucht liegen. Der Name ist jedoch auch auf die zuletzt erwähnten Tafeln übertragen. Es ist auch der Name *Leiter*tafeln gebräuchlich, doch trifft dies nicht den Kern, da ja auch Kurventafeln Leitern enthalten.

Die Fluchtgerade wird praktisch als eine in hartes, durchsichtiges Material eingeritzte Gerade ausgebildet.

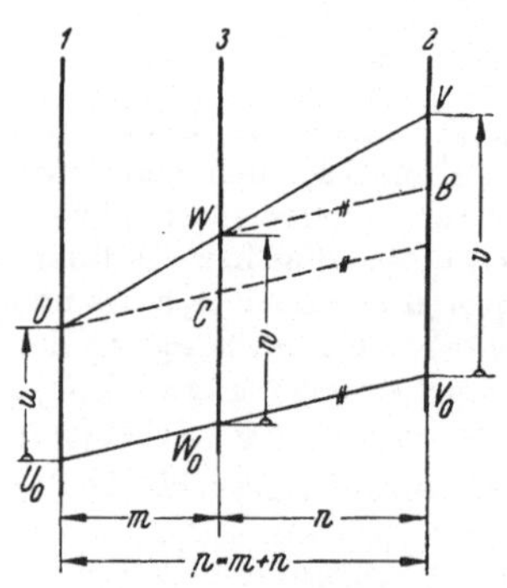

Abb. 65. Fluchtentafel zu den Gln. (54), (55) u. f.

### 252 Drei parallele Leitern.

**2521 Schlüsselgleichung.** Auf den drei parallelen Geraden $1$, $2$, $3$, Abb. 65, seien bzw. die Strecken $u$, $v$, $w$ aufgetragen. Bezeichnet man die Abstände der Geraden $1$ und $2$ von $3$ mit $m$ und $n$, so folgt aus der Ähnlichkeit der Dreiecke $UCW$ und $WBV$, daß $\overline{WC}:\overline{VB} = \overline{UC}:\overline{WB} = m:n$ oder $(w - u):(v - w) = m:n$ ist oder aufgelöst

$$w = \lambda_1 u + \lambda_2 v, \tag{54}$$

worin $\lambda_1 = n/p$, $\lambda_2 = m/p$, $\lambda_1:\lambda_2 = n:m$ $= 1/m : 1/n$, $p = m + n$ ist. Für $m = n$ wird $w = (u + v)/2$.[1]

---

[1] Über die getriebliche Ausführung vgl. [*33*] u. [*35*].

Stellen nun die Geraden *1, 2, 3* Funktionsleitern dar derart, daß
$u = l_1 \mathrm{f}(x)$, $v = l_2 \mathrm{g}(y)$, $w = l_3 \mathrm{h}(z)$ wird, so bleibt

$$\mathrm{h}(z) = \mathrm{f}(x) + \mathrm{g}(y) \tag{55a}$$

als dargestellter Funktionstyp, der in dieser Form einen *Additionstyp*
liefert. Hierbei ist gesetzt worden $n/p \cdot l_1/l_3 = 1$ und $m/p \cdot l_2/l_3 = 1$,
d. h.

$$m:n = l_1:l_2, \quad 1/l_3 = 1/l_1 + 1/l_2. \tag{55b}$$

Im Einzelfall (s. a. u.) erledigt sich die Frage nach den Maßstäben
und den Abständen einfacher, als es nach den letzten Formeln den
Anschein hat.

Setzen wir nun *logarithmische* Teilungen voraus derart, daß
$u = l_1 \lg \mathrm{f}(x)$, $v = l_2 \lg \mathrm{g}(y)$, $w = l_3 \lg \mathrm{h}(z)$ ist, so folgt der *Multi-plikationstyp*

$$\mathrm{h}(z) = \mathrm{f}(x)\,\mathrm{g}(y) \tag{56}$$

unter Beachtung von Gl. (55b).

Eine besonders häufig vorkommende Form stellt

$$z = x^\alpha y^\beta \tag{57a}$$

dar, welche Gl. (56) bzw. nach Logarithmieren Gl. (55) entspricht.
Gehen wir hierbei unmittelbar vor, so ist einerseits

$$\lg z = \alpha \lg x + \beta \lg y \tag{I}$$

und andrerseits nach Einsetzen der Teilungen für $u$, $v$, $w$ in Gl. (54)

$$l_3 \lg z = \lambda_1 l_1 \lg x + \lambda_2 l_2 \lg y. \tag{II}$$

Soll (II) nach Division durch $l_3$ mit (I) übereinstimmen, so muß

$$\alpha = \frac{\lambda_1 l_1}{l_3} = \frac{n}{p}\frac{l_1}{l_3} \quad \text{und} \quad \beta = \frac{\lambda_2 l_2}{l_3} = \frac{m}{p}\frac{l_2}{l_3} \; \Bigg]$$

sein, d. h.

$$\frac{m}{n} = \frac{\beta}{\alpha}\frac{l_1}{l_2} = \frac{l_1/\alpha}{l_2/\beta} \; \text{(a)}, \qquad \frac{1}{l_3} = \frac{\alpha}{l_1} + \frac{\beta}{l_2} \; \text{(b)} \; \Bigg\} \tag{58}$$

oder

$$l_3 = \frac{n\,l_1/\alpha}{p} = \frac{m\,l_2/\beta}{p} \; \text{(c)}.$$

Für $l_1 = l_2$ wird $m:n = \beta:\alpha$ oder $\alpha m = \beta n$ und $l_3 = l/(\alpha + \beta)$,
und schließlich liefert $\alpha = \beta = 1$ die einfache Multiplikationstafel für

$$z = x\,y, \tag{57b}$$

Abb. 66. Hier ist $l_1 = l_2 = l$ gemacht, also $m = n$ und $l_3 = l/2$.

Treten im Additionstyp konstante Summanden bzw. im Multi-plikationstyp konstante Faktoren auf, so läßt sich deren Einfluß leicht
durch eine Skalenverschiebung berücksichtigen (s. a. u.).

4*

Ein Anwendungs*beispiel* sei vorwegnehmend behandelt, und zwar soll ein Nomogramm für das Widerstandsmoment eines rechteckigen Stabes gegen Biegung entworfen werden. Es gilt für die Achse *11*, Abb. 67b, vgl. a. [*10*],

$$W = b\,h^2/6 \ (\text{cm}^3),$$

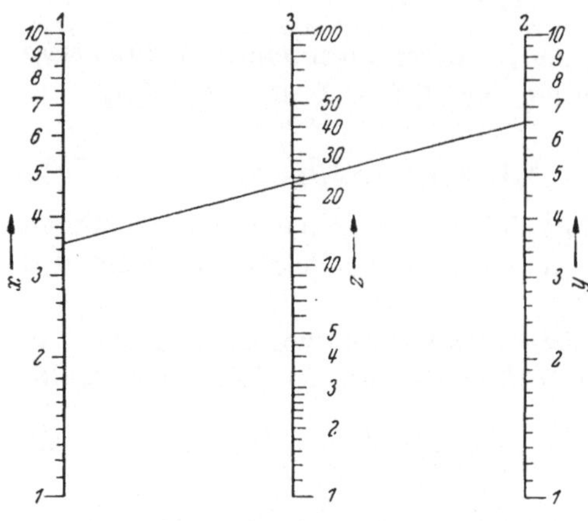

Abb. 66. Fluchtentafel für $z = xy$; Beispiel: $3{,}5 \cdot 6{,}5 = 22{,}8$.

wenn die Höhe $h$ und die Breite $b$ in cm eingesetzt werden.

Wir schreiben, um den konstanten Faktor 1/6 zunächst unbeachtet zu lassen, $\overline{W} = W/6$ mit $\overline{W} = b\,h^2$ und erkennen, daß $\overline{W}$ dem Typ (57) entspricht. Da —ganz abgesehen von dem für $h$ und $b$ vorgesehenen Bereich — diese Größen gleiche Bedeutung haben, wählen wir für diese gleiche Maßstäbe, d. h. $l_1 = l_2 = l$. Dann wird nach Gl. (58) $m:n = 2:1$, ist also die Lage der Leiter *3* für $W$ festgelegt (vgl. Entwurfsskizze gemäß Abb. 67a), ferner wird $l_3 = l/3$.

Dieser Wert folgt auch *ohne* Rechnung unmittelbar aus einem Zahlen*beispiel* — ein Verfahren, das sich oft empfiehlt: Für $h = 1$ und $b = 10$ wird $\overline{W} = 10$, die Fluchtgerade schneidet den Faktor $l_3$ aus, Abb. 67a. — Vor Festlegung des Maßstabes $l$ und des Abstandes $p$, wobei als Ergebnis eine möglichst quadratische

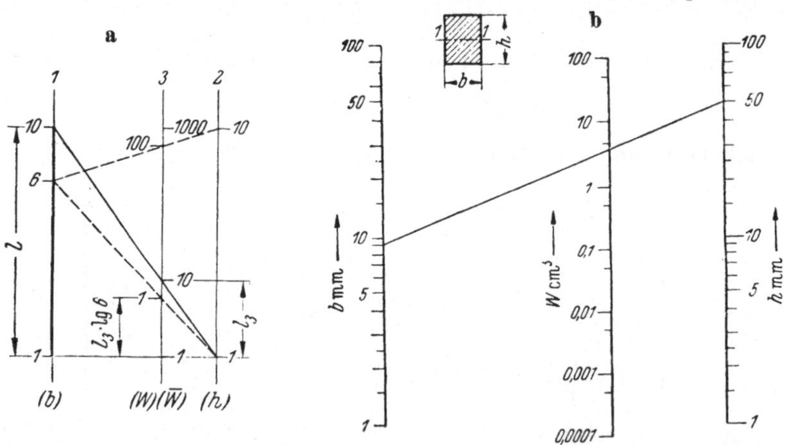

Abb. 67a, b. Widerstandmoment eines rechteckigen Trägers gegen Biegung: $W = b\,h^2/6$. a) Entwurf, b) Ausführung mit Beispiel: $b = 9$ mm, $h = 50$ mm liefert $W = 3{,}75$ cm³.

Form entstehen soll, damit flache Schnitte vermieden werden, muß noch die Konstante 6 bzw. 1/6 berücksichtigt werden: Es ist $\lg W = \lg(\overline{W}/6) = \lg\overline{W} - \lg 6$, d. h. die Teilung für $W$ ist gegenüber der von $\overline{W}$ um $\lg 6$ bzw. $l_3 \lg 6$ verschoben Dies ergibt sich auch wiederum durch ein *Beispiel*: Für $b = 6$ und $h = 1$ wird $W = 1$, wodurch der Beginn der Teilung für $W$ festgelegt wird. In der Ausführung, Abb. 67b, sind, der praktischen Bedeutung entsprechend, die Werte von $b$ und $h$ in mm angegeben. Benutzt man das Nomogramm für andere Bereiche, so ist zu beachten: Eine Verschiebung um eine Zehnerpotenz in $b$ wirkt sich mit der gleichen Potenz auf $\overline{W}$ aus, eine entsprechende Verschiebung in $h$ wirkt sich mit der doppelten Potenz in $W$ aus. — Weitere Beispiele vgl. Abs. 3511, S. 123.

Die Lage der mittleren Leiter und ihr Maßstabsfaktor gemäß Gl. (58) läßt sich übrigens leicht geometrisch mit „Kraft"- und „Seileck" bestimmen, was besonders bei unglatten Werten von $\alpha$ und $\beta$ von Vorteil sein kann:

Zeichne, Abb. 68, ein Krafteck mit den „Kräften" $P_1 = l_1/\alpha$, $P_2 = l_2/\beta$ und dem Polabstand $p$ (waagerecht gelegen[1]). Ziehe durch einen Punkt $A$ der Leiter $1$ die Parallele $s$ zu $s'$ bis zum Punkt $B$ auf $2$ und die Parallele $a$ zu $a'$,

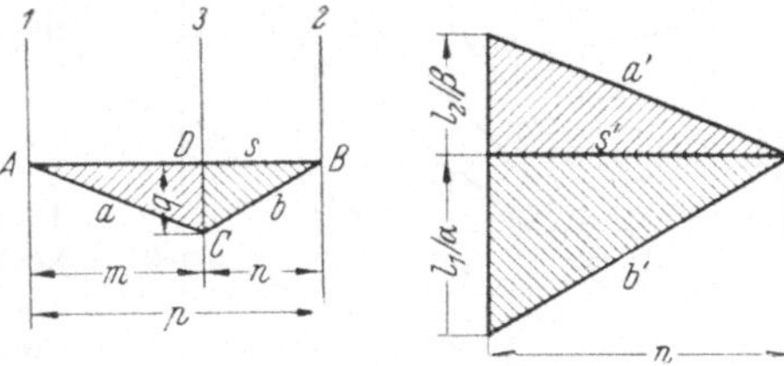

Abb. 68. Graphische Entwicklung von Lage und Maßstab der mittleren Leiter.

durch $B$ die Parallele $b$ zu $b'$. Dann geht die Leiter $3$ durch den Schnittpunkt $C$ von $a$ und $b$. Gleichzeitig ist $\overline{DC} = l_3$.

Beweis: Aus der Ähnlichkeit der schraffierten Dreiecke folgt mit $\overline{DC} = q$ zunächst $\dfrac{q}{m} = \dfrac{l_2/\beta}{p}$ und $\dfrac{q}{n} = \dfrac{l_1/\alpha}{p}$, d. h. $q$ ist gleich $l_3$ in Übereinstimmung mit Gl. (58c), und ferner ist hiernach $m l_2/\beta = n l_1/\alpha$ in Übereinstimmung mit Gl. (58a)[2].

**2522 Genauigkeit.** Zunächst treten Fehler durch ungenaues Einstellen und Ablesen ein. Ist $\Delta u$ der Fehler in $u$, $\Delta v$ der Fehler in $v$, so folgt für den in $w$ hierdurch bedingten Fehler nach Gl. (54) $\Delta_1 w = \lambda_1 \Delta u + \lambda_2 \Delta v$. Da aber im ungünstigsten Fall die Ablesefehler $\Delta u$ und $\Delta v$ einander gleich sind, wird $\Delta_1 w = \Delta u \cdot (\lambda_1 + \lambda_2) = \Delta u$! Der Ablesefehler in $w$ beträgt ebenfalls $\Delta u$ (mm), so daß mit $w = l_3\,\mathrm{h}(z)$ der gesamte Fehler in $z$ durch $\Delta z = 2\,\Delta u/l_3\,\mathrm{h}'(z)$ nach S. 9 gegeben ist, der relative Fehler also bei logarithmischer Teilung konstant bleibt.

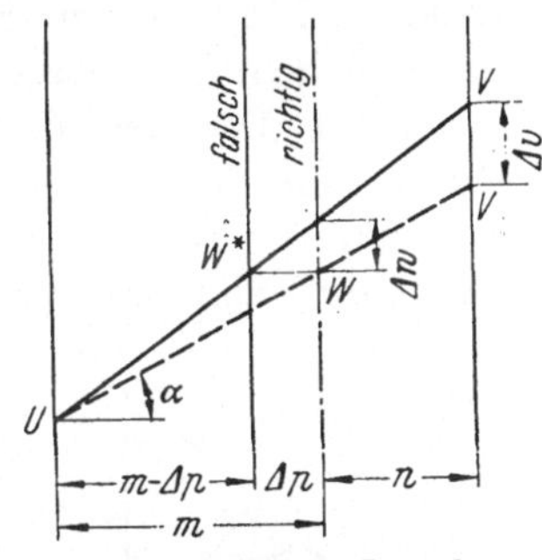

Abb. 69. Falsche Lage der mittleren Leiter.

Ein weiterer Fehler kann nun dadurch entstehen, daß die mittlere Leiter zwar parallel zu den anderen gezeichnet ist, doch um den Betrag $\Delta p$ mm von der richtigen Lage abweicht, Abb. 69, bei der der richtigen Lage entsprechenden Teilung. Der hierdurch in $w$ entstehende Fehler liest sich sofort zu

$$w = p \,\mathrm{tg}\,\alpha \qquad\qquad (59\,\mathrm{a})$$

ab, d. h. bei steiler Lage der Fluchtgeraden (bei *flachen* Schnitten) ist er besonders groß.

---

[1] Dies ist zweckmäßig, jedoch nicht notwendig.

[2] Ein ähnlicher Weg ist von Th. Pöschl angegeben: Über die Anlage von Fluchtlinientafeln. Z. angew. Math. Mech. Bd. 20 (1940) S. 59—61.

Ist umgekehrt $u$ richtig eingestellt und wird die Fluchtgerade durch den
— scheinbar richtigen — Punkt $W^*$ gelegt, Linie $UW^*V^*$, so entsteht in $v$ ein Fehler $\Delta v$. Dieser ergibt sich mit Hilfe von
(Gl. 54), wenn dort $m$ durch $m - \Delta p$,
$n$ durch $n + \Delta p$ und $v$ durch $v + \Delta v$
ersetzt wird. Dies liefert schließlich,
wenn man beachtet, daß für kleine
Fehler $\Delta p \cdot \Delta v \approx 0$ ist, als Verhältnis
der Fehler den Wert

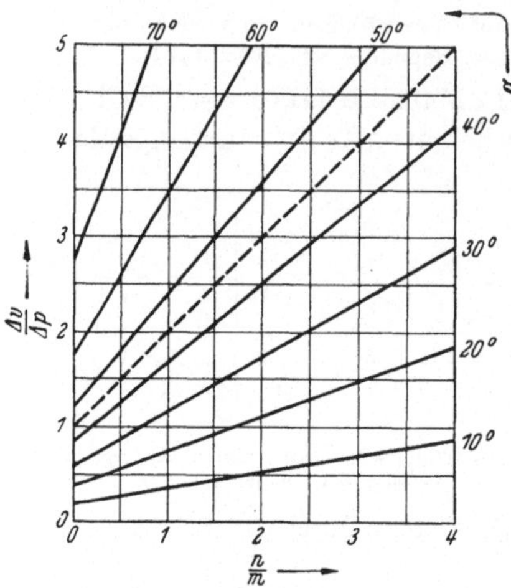

$$\frac{\Delta v}{\Delta p} = \left(1 + \frac{n}{m}\right) \operatorname{tg}\alpha. \qquad (59\,\mathrm{b})$$

Dieser hängt also vom Tangens des Winkels $\alpha$ und vom Verhältnis $n/m$ ab, wie
auch die Kurventafel Abb. 70 veranschaulicht[1]. Bei gleichem Winkel $\alpha$ wird
der Fehler um so größer, je größer $n/m$
ist, wobei jedoch in entsprechender
Weise beim Übergang von der $v$- zur
$w$-Leiter der relative Fehler $\Delta u/\Delta p$
$= (1 + m/n)\operatorname{tg}\alpha$ kleiner wird. Gleiche
Genauigkeit wäre bei $m/n = 1$ ge-
geben[2].

Abb. 70. Fehlerkurven gemäß Abb. 69
und Gl. (59 b).

## 253 Drei gerade Leitern durch einen Punkt.

**2531 Schlüsselgleichung.** Durch den Punkt $O$ gehen die drei Skalenträger *1, 2, 3* mit den Strecken $u, v, w$, deren Endpunkte in einer
Flucht liegen. Die Beziehung zwischen den Strecken sei unmittelbar
hergeleitet: Dazu ergänzen wir die Figur durch das gestrichelte Dreieck,
Abb. 71a, in dem $EV$ parallel $OW$ ist. Aus Ähnlichkeit folgt einerseits
$s:w = (u + r):u$ oder $s = w(1 + r/u)$, andrerseits aus Dreieck $OEV$
nach dem Sinussatz $s:v = \sin(\alpha + \beta):\sin\alpha$ und $r:v = \sin\beta:\sin\alpha$.

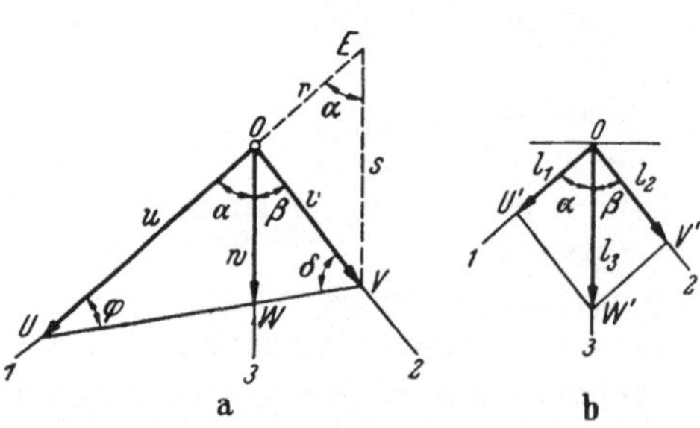

Setzt man die Werte von $s$
und $r$ in die vorhergehende
Gleichung ein, so wird

$$\frac{v\sin(\alpha + \beta)}{w\sin\alpha} = 1 + \frac{v\sin\beta}{u\sin\alpha}$$

oder umgeformt

$$\left.\frac{1}{u\sin\alpha} + \frac{1}{v\sin\beta} = \frac{1}{w}\frac{\sin(\alpha + \beta)}{\sin\alpha\sin\beta}.\right\} \quad (60\mathrm{a})$$

Abb. 71a, b. Fluchtentafel zu den Gln. (60a—c).
a) Aufbau,  b) Maßstäbe.

---

[1] Als Beispiel zum N-Typ auf S. 60 dargestellt.
[2] Vgl. auch Zuschrift des Verf. in Konstruktion Bd. 2 (1951) S. 351—52 zu
G. DITTMAR: Die Leitertafel als Rechenhilfe. Konstruktion Bd. 2 (1951) S. 21—24.

Beachtet man weiter, daß die Strahlen *1, 2, 3* bzw. die Funktionsleitern $u = l_1\,\mathrm{f}(x)$, $v = l_2\,\mathrm{g}(y)$, $w = l_3\,\mathrm{h}(z)$ tragen, so folgt, wenn

$$l_1 \sin\alpha = \mu_1,\; l_2 \sin\beta = \mu_2,\; l_3 \frac{\sin\alpha \sin\beta}{\sin(\alpha+\beta)} = l_3 \frac{1}{\operatorname{ctg}\alpha + \operatorname{ctg}\beta} = \mu_3 \qquad (60\,\mathrm{b})$$

gesetzt wird,

$$1/\mu_1\,\mathrm{f} + 1/\mu_2\,\mathrm{g} = 1/\mu_3\,\mathrm{h} \qquad (60\,\mathrm{c})$$

oder auch mit $\mu_1 = \mu_2 = \mu_3$ schließlich

$$\frac{1}{\mathrm{f}(x)} + \frac{1}{\mathrm{g}(y)} = \frac{1}{\mathrm{h}(z)} \qquad (61)$$

als wesentliche Schlüsselgleichung.

Die Bedingung $\mu_1 = \mu_2 = \mu_3$ heißt auch $l_1/\sin\beta = l_2/\sin\alpha = l_3/\sin(\alpha+\beta)$ und liefert gemäß Sinussatz die in Abb. 71b dargestellte Beziehung zwischen den Maßstabsfaktoren, welche auch vektoriell in der Form $\mathfrak{l}_3 = \mathfrak{l}_1 + \mathfrak{l}_2$ geschrieben werden kann.

Eine einfache Herleitung ergibt sich mit Hilfe schiefwinkliger Koordinaten, Abb. 72: Die Abschnittsgleichung der Fluchtgeraden $UWV$ lautet $\xi/u + \eta/v = 1$ (a). Die Gleichung der Geraden *3* wird $\eta/\xi = \sin\alpha/\sin\beta$ (b), und für die Strecke $\overline{OW} = w$ gilt $w/\xi = \sin(\alpha+\beta)/\sin\beta$ (c). Einsetzen der Gln. (c) und (b) in (a) ergibt Gl. 60a.

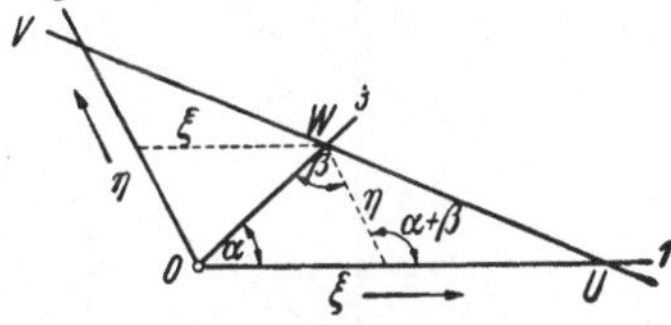

Abb. 72. Zur Herleitung von Gl. (60a).

Ist $\alpha = \beta$, so muß $l_1 = l_2$ (gleich $l$ gesetzt) und $l_3 = 2l\cos\alpha$ sein, während für $\alpha = \beta = 60°$ der wichtige Sonderfall $l_1 = l_2 = l_3 = l$ folgt.

Viele Anwendungsbeispiele führen bei linearen Teilungen auf die einfachste Form

$$1/z = 1/x + 1/y, \qquad (62\,\mathrm{a})$$

bzw. bei dem zuletzt erwähnten Sonderfall auch für die Strecken auf

$$1/w = 1/u + 1/v \quad \text{oder} \quad w = u\,v/(u+v). \qquad (62\,\mathrm{b})$$

Häufig ist es zweckmäßig, diese Tafelform zur Darstellung eines *Additionstyps* zu benutzen: Trägt man hier die Strecken

$$u = \frac{l_1}{a_1 + b_1\,\mathrm{f}(x)}, \quad v = \frac{l_2}{a_2 + b_2\,\mathrm{g}(y)}, \quad w = \frac{l_3}{a_3 + b_3\,\mathrm{h}(z)} \qquad (63\,\mathrm{a})$$

auf, worin die $a_i$, $b_i$ Konstante sind, die im Einzelfall (s. u.) geeignet zu wählen sind, so folgt nach Gl. (62b)

$$(a_1 + b_1\,\mathrm{f})/l_1 + (a_2 + b_2\,\mathrm{g})/l_2 = (a_3 + b_3\,\mathrm{h})/l_3$$

oder wenn $a_1/l_1 + a_2/l_2 = a_3/l_3$ und $b_1/l_1 = b_2/l_2 = b_3/l_3$ gesetzt wird, schließlich

$$\mathrm{f}(x) + \mathrm{g}(y) = \mathrm{h}(z), \qquad (63\,\mathrm{b})$$

also ein Typ, der bereits in Abs. 252 behandelt war (vgl. Abs. 271).

Diese Darstellung empfiehlt sich dann, wenn gewisse Bereiche der Veränderlichen interessieren und diese unter günstigen Bedingungen abgelesen werden sollen.

Zur Erläuterung sei hier schon (vgl. a. Abs. 351) ein Beispiel formaler Art herausgegriffen: Es soll

$$z^2 = x^2 + y^2$$

dargestellt werden, und zwar für die Bereiche $x$ bzw. $y = 4 \div 10$. Zunächst setzen wir gemäß Gl. (55a) an: $m = n$, $u = l\,(x^2 - 16)$, $v = l\,(y^2 - 16)$, $w = \frac{1}{2}\,l\,(z^2 - 32)$ und finden die vorgelegte Gleichung bestätigt, vgl. Abb. 73a mit $l = 1\,\mathrm{mm}$ in der Originalfigur. Die Genauigkeit einer Skala, z. B. für $x$, ergibt sich nach Gl. (11), S. 9, mit $\mathrm{f}'(x) = 2x$ zu $F_{rel} = \Delta x / 2\,l\,x^2$, d. h. der relative Fehler nimmt mit $x^2$ ab. So hat er für $x = 4$ bzw. $x = 10$ die Werte $\Delta u / 32$ bzw. $\Delta u / 200$, aber diese verhalten sich rund wie $1 : 6$.

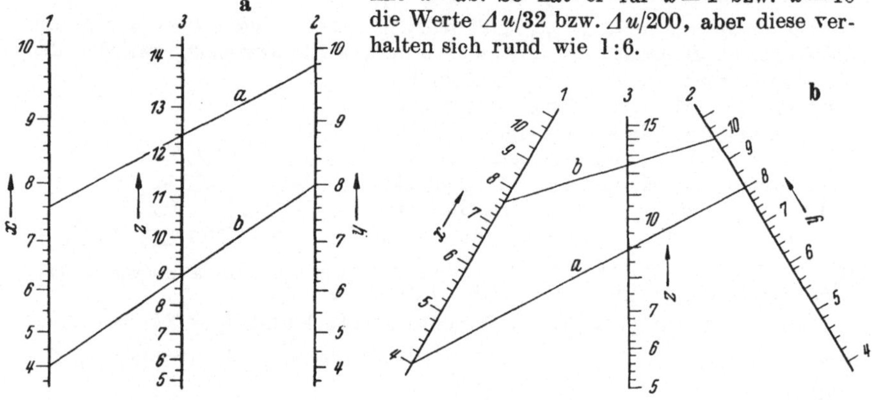

Abb. 73a, b. Darstellung von $x^2 + y^2 = z^2$. — a) mit parallelen Leitern, b) mit Leitern durch einen Punkt.

Dies ändert sich, wenn man drei durch einen Punkt gehende Leitern mit den Teilungen $u = l/(a + x^2)$, $v = l/(a + y^2)$, $w = l/(2a + z^2)$ wählt, so daß nach Gl. (63) (zunächst $\alpha = \beta = 60°$ angenommen) tatsächlich die vorgelegte Gleichung erfüllt wird. Die Zahl $a$ wird, wie unten begründet, gleich 40 gewählt, und wenn die Gesamtlänge der Skala $L$ mm betragen soll, so muß

$$L = \frac{l}{40 + 4^2} - \frac{l}{40 + 10^2} = l\,\frac{94}{56 \cdot 140} \quad \text{oder} \quad l = \frac{56 \cdot 140}{94}\,L$$

sein. Damit $L$ (in der Originalfigur) etwa 80 bis 100 mm beträgt, wird der bequeme Faktor $l = 8000$ mm gewählt (welcher $L \approx 96$ mm liefert). Das Ergebnis zeigt Abb. 73b, in welcher aber $\alpha = \beta = 30°$ gewählt, also $l_3 = l\sqrt{3}$ wurde. Der Schnittpunkt der Leitern selbst braucht nicht angegeben zu werden.

Nun zur *Genauigkeit*: Da $u = l/(a + x^2)$ war, muß in Gl. (10), S. 9, $\mathrm{f}(x) = 1/(a + x^2)$, also $\mathrm{f}'(x) = 2x/(a + x^2)^2$ gesetzt werden, und damit wird der relative Fehler

$$F_{rel} = \frac{\Delta x}{x} = \frac{\Delta u}{2l}\left(\frac{a}{x} + x\right)^2.$$

Dieser hat, wie eine einfache Rechnung liefert, ein Minimum für $x = \sqrt{a}$ mit $F_{rel} = u \cdot 2a/l^1$. Man kann nun $a$ so wählen, daß $F_{rel}$ für $x = 4$ und für $x = 10$

---

[1] Übrigens tritt die in der Klammer stehende Funktion u. a. auch bei der reduzierten Pendellänge eines physischen Pendels auf (S. 112, 135).

den gleichen Wert hat. Dies bedingt $a/4 + 4 = a/10 + 10$ und liefert $a = 40$. Danach gilt für $x = \sqrt{a} \approx 6{,}32$ der Wert $\min F_{\text{rel}} \approx 0{,}01 \cdot \varDelta u$ und für $x = 4$ sowohl wie für $x = 10$ der Wert $F_{\text{rel}} \approx 0{,}0125\,\varDelta u$.

Man erkennt hieraus den *wesentlichen* Vorteil von Abb. 73b gegenüber Abb. 73a infolge der besseren Skalen: Das Verhältnis zwischen größtem und kleinstem relativen Fehler beträgt nur 1,25:1 und nicht mehr 6:1!

Über die Transformation von Abb. 73a in Abb. 73b vermöge projektiver Abbildung vgl. Abs. 271, S. 84; weitere Beispiele Abs. 351 1.

**253 2 Genauigkeit.** Die im vorigen Beispiel betrachtete Genauigkeit bezog sich nur auf die der benutzten Skalen. Für den Typ unter 253 1 sei zunächst wie unter 252 2 angenommen, daß die Strecken $u$ und $v$ mit den Fehlern $\varDelta u$ und $\varDelta v$ behaftet seien, wobei wie oben $|\varDelta u| = |\varDelta v|$ gesetzt werden kann. Wir gehen von der Form $1/w = 1/u + 1/v$ aus und erhalten infolge der falschen Einstellung den Fehler $\varDelta w$. Dann ist auch $1/(w + \varDelta w) = 1/(u + \varDelta u) + 1/(v + \varDelta v)$ oder, da die Fehler klein sind, liefert die Fehlerrechnung nach einigen Umformungen unter Benutzung der Ausgangsgleichung schließlich

$$\varDelta w = \varDelta u\,\frac{1 + (u/v)^2}{(1 + u/v)^2}\,. \tag{64a}$$

Nun ist nach Abb. 71a mit $\alpha + \beta = \omega$ das Verhältnis $u:v = \sin\delta:\sin\varphi$ $= \sin(\varphi + \omega):\sin\varphi = \cos\omega + \sin\omega\,\operatorname{ctg}\varphi = 0{,}5\,(\sqrt{3}\,\operatorname{ctg}\varphi - 1)$ für $\omega = 120°$; es sei gleich $\varPhi(\varphi)$ gesetzt. Damit wird auch

$$\varDelta w = \varDelta u\,\frac{1 + \varPhi^2}{(1 + \varPhi)^2} = \varDelta u\left[1 - \frac{2\varPhi}{(1 + \varPhi)^2}\right], \tag{64b}$$

d. h. der Fehler hängt wesentlich vom Schnittwinkel $\varphi$ ab. Für sehr kleine Winkel $\varphi$ (genau für $\varphi = 0°$) wird $\varDelta w = \varDelta u$, für $\varphi = 30°$ (d. h. Fluchtgerade senkrecht Träger 3) hat $\varDelta w$, wie auch anschaulich leicht einzusehen, den Wert $\varDelta w = \varDelta u/2$ (Minimum), um für $\varphi = 60°$ wieder auf $\varDelta u$ anzusteigen (übrigens einem Winkel, für den $v$ nach $\infty$ geht). In ähnlicher Weise läßt sich Gl. (64b) für andere Winkel $\omega$ bzw. $\alpha$ und $\beta$ deuten, auch die Auswirkung eines in $u$ und $w$ gemachten Fehlers auf $v$.

Schließlich sei noch der Einfluß einer unrichtigen Lage der mittleren Leiter für den gleichen Typ erörtert: Ihre Abweichung sei durch den Winkel $\varepsilon$, Abb. 74, gekennzeichnet. Das heißt, es gilt jetzt für die falsche Strecke $\overline{w} = w + \varDelta w$ die Gl. (60a), hier in der Form

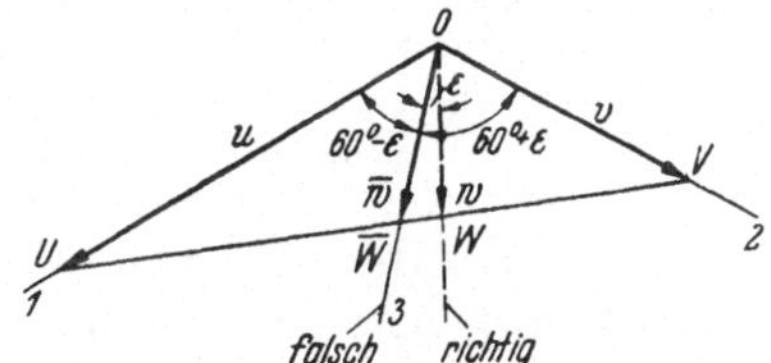

Abb. 74. Fehlerbetrachtung zu Tafel 71.

$$\frac{\sin\beta}{u} + \frac{\sin\alpha}{v} = \frac{\sin(\alpha + \beta)}{\overline{w}}$$

benutzt, wobei aber $\alpha = \gamma - \varepsilon$, $\beta = \gamma + \varepsilon$ zu setzen ist, wenn für die richtige Lage Symmetrie angenommen wird. Da für kleine Winkel $\varepsilon$ die Näherungsformel $\sin(\gamma \pm \varepsilon) \approx \sin\gamma \pm \varepsilon\cos\gamma$ gilt und $1/\overline{w} = 1/w - \varDelta w/w^2$ wird, ergibt sich nach einigen Rechnungen der relative *Streckenfehler*

$$\frac{\varDelta w}{w} = \frac{\varepsilon}{2\sin\gamma}\,\frac{u - v}{u + v} = \frac{\varepsilon}{2\sin\gamma}\left(1 - \frac{2}{1 + \varPhi}\right), \tag{65}$$

welcher also auch vom Winkel $\varphi$ abhängt, z. B. für $\varphi = 0$, $30°$, $60°$ bei $\gamma = 60°$ die Werte $\varepsilon$, $0$, $-\varepsilon$ hat. Der Fehler in der Veränderlichen $z$ findet man hieraus durch Multiplikation mit $h(z)/h'(z)$.

In gleicher Weise läßt sich auch der Fehler $\Delta v$ berechnen, wenn die Fluchtgerade durch den falsch gelegenen Punkt $\overline{W}$ gezogen wird, wobei aber $O\overline{W}$ die richtige Länge $OW$ haben soll. Dann ist oben $\overline{w}$ durch $w$ und $v$ durch $v + \Delta v$ zu ersetzen.

### 254 Der N-Typ.

Die Tafel beim N-Typ besteht aus drei geraden Trägern, von denen zwei parallel sind, Abb. 75a[1]. Für die eingetragenen Strecken $u$, $v$, $w$ gilt mit $\overline{O_1 O_2} = c$ nach dem Strahlensatz $u:v = w:(c - w)$ oder

$$w = c\,\frac{u}{u + v} = \frac{c}{1 + v/u}\,. \tag{66}$$

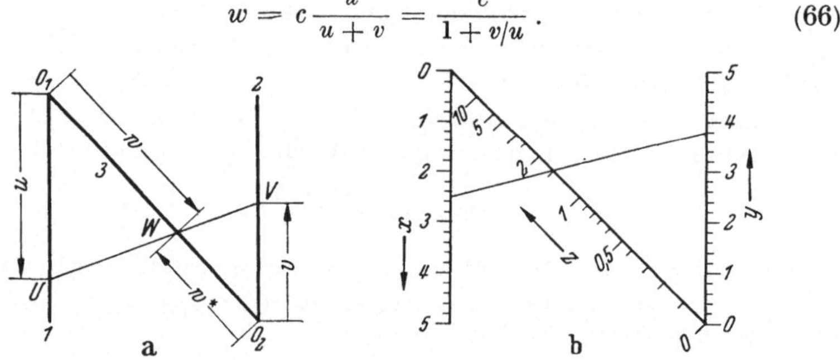

Abb. 75a, b.  N-Tafel gemäß Gl. (66). — a) Allgemeiner Aufbau, b) Tafel für $z = y/x$; Beispiel: $1{,}52 = 3{,}8/2{,}5$.

Sei $u = lx$, $v = ly$ und

$$z = y/x\,, \tag{67a}$$

so ist dieser Funktionstyp dargestellt, wenn auf dem Träger $3$ eine projektive Teilung für $z$, und zwar

$$w = \frac{c}{1 + z} \quad \text{bzw.} \quad w^* = c - w = \frac{cz}{1 + z} \tag{67b}$$

wie in Abb. 75b angebracht wird, eine Teilung, die übrigens leicht in der Figur konstruiert werden kann (vgl. a. S. 10), so z. B. wenn der Punkt $x = 1$ mit den Punkten der $y$-Teilung verbunden wird. Die Strecke $\overline{O_2 O_1}$ enthält die Werte $z = 0$ bis $z = \infty$.

Sind auf den Trägern $1$ und $2$ bzw. die Funktionsleitern $u = l_1\,f(x)$ und $v = l_2\,g(y)$ angebracht, so wird

$$h(z) = \frac{g(y)}{f(x)} \tag{68a}$$

dargestellt, wenn gemäß Gl. (66) auf dem Träger $3$ die Teilung

$$w = \frac{c}{1 + \lambda\,h(z)} = \frac{\mu c}{\mu + h(z)} \tag{68b}$$

---

[1] Und trägt wegen der entstehenden N-Form ihren Namen.

mit $\lambda = l_2/l_1 = 1/\mu$ angebracht wird. Obwohl dieser Funktionstyp bereits oben (Abs. 252) behandelt wurde, so können hier doch manchmal die Bereiche besser untergebracht werden.

Ist $f(x) = \lg x$, $g(y) = \lg y$, so bleibt $h(z) = \lg y/\lg x$ oder

$$y = x^{h(z)} \quad \text{bzw.} \quad y = x^z \tag{69}$$

wenn $h(z) = z$ ist. Dabei muß auf dem Träger $3$ die Teilung nach Gl. (68 b) angebracht werden.

Wenn aber der Träger $3$ unmittelbar die Leiter $w = c\, h(z) = l_3\, h(z)$ trägt, wobei $u = l\, f(z)$ und $v = l\, g(y)$ sein soll, so ist auch der Typ

$$h(z) = \frac{f(x)}{f(x) + g(y)} \tag{70}$$

dargestellt, der, auf die Form $1/h - 1 = g/f$ gebracht, natürlich die Gestalt (68 a) hat.

Wenn man, etwas allgemeiner gefaßt, auf den drei Leitern die Strecken $u = l_1 x + a_1$, $v = l_2 y + a_2$, $w = l_3 z + a_3$ aufträgt (lineare Skalen)[1], so gilt nach Gl. (66)

$$z = \frac{A\,x + B\,y + C}{D\,x + E\,y + F}\,, \tag{71}$$

wobei sich für die konstanten Strecken $l_i$, $a_i$ durch Vergleich das Folgende ergibt: $l_1$ willkürlich, $l_2 = l_1\, E/D$, $l_3 = -\,c\, ED/\Delta$, $a_1 = l_1\,(EC - BF)/\Delta$, $a_2 = (AF - DC)/\Delta$, $a_3 = c\, AE/\Delta$, wobei $\Delta = AE - DB \neq 0$ ist[2].

Die *Genauigkeit* bei der vorliegenden Tafel infolge falscher Einstellung der Werte $u$ und $v$ bzw. $x$ und $y$ läßt sich leicht aus der Grundform $z = y/x = v/u$ nach der Fehlerrechnung oder unmittelbar aus

$$dz \approx \Delta z = \frac{\partial z}{\partial u}\, \Delta u + \frac{\partial z}{\partial v}\, \Delta v = \frac{1}{u}\left(\Delta v - \Delta u\, \frac{v}{u}\right)$$

bestimmen. Da die maximalen Einstellfehler $\Delta u$, $\Delta v$ in den Strecken $u, v$ absolut gleich sind, müssen wir ihnen für den ungünstigsten Fall entgegengesetztes Vorzeichen geben, d. h. es wird $\Delta z = \Delta u \cdot (u + v)/u^2$ oder mit $z = v/u$ auch der relative Fehler

$$\Delta z/z = \Delta u(1/u + 1/v) = \Delta u(1 + z)/v. \tag{72a}$$

Wird jedoch auf Gl. (68 a) Bezug genommen, so ergibt sich, wie leicht zu übersehen

$$\frac{\Delta z}{z} = \frac{u}{l\, h'(z)}\left[\frac{1}{f(x)} + \frac{1}{g(y)}\right]. \tag{72b}$$

---

[1] Oder auch statt $x, y, z$ die Funktionen $f(x)$, $g(y)$, $h(z)$.

[2] Vgl. a. projektive Abbildung, Abs. 271.

*Beispiel:* Es soll die Fehlergleichung (59b), S. 54, dargestellt werden. Wir schreiben diese mit $\Delta v/\Delta p = x$, $1 + n/m = y$ in der Form $z = \operatorname{ctg}\alpha = y/x$, haben also den N-Typ mit linearen Teilungen für $x$ und $y$. Für die Teilung auf dem Träger $3$ ergibt sich

$$w = \frac{c}{1 + \operatorname{ctg}\alpha} = \frac{c\,\operatorname{tg}\alpha}{1 + \operatorname{tg}\alpha} \quad \text{oder} \quad w^* = c - w = \frac{1}{1 + \operatorname{tg}\alpha},$$

d. h. wir haben in $w^*$ die gleiche Teilung, wie sie in Beisp. 3, S. 15, auftrat. Im Ergebnis, Abb. 76, ist der Bereich durch Verzifferung (eingeklammerte Zahlen) erweitert worden.

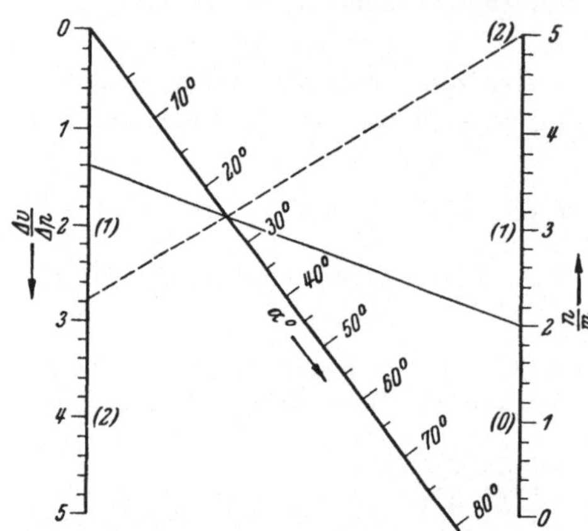


Abb. 76. Fehlergleichung (59b) als Fluchtentafel; Beispiel: $n/m = 2$, $\alpha = 25°$ liefert $\Delta z/\Delta p \approx 1{,}4$.

Bei den praktischen Anwendungen wird man gelegentlich den grundsätzlich gleichen Tafelaufbau wie oben, doch in Form von Abb. 77 nehmen. Man hat oben $u$ durch $-u$ und $w$ durch $-w$ zu ersetzen, und es bleibt dann

$$w = \frac{c\,u}{v - u} \tag{73}$$

mit den gleichen Variationen wie oben.

Ob man für die Darstellung von Gl. (67a) oder (68a) die N-Form benutzen wird oder statt dessen parallele Leitern mit logarithmischen Teilungen usw., muß der Einzelfall entscheiden. Treten insbesondere Nullstellen in $x$, $y$, $z$ bzw. $f(x)$, $g(x)$, $h(z)$ auf, so wird die letzte Form ungeeignet sein, und man wird zum N-Typ greifen.

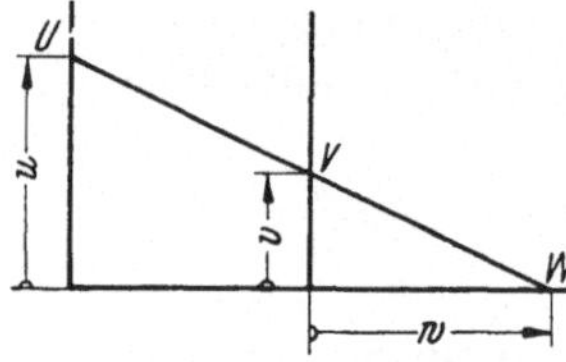


Abb. 77. Tafel zu Gl. (73).

Um für die Gleichung $z = y/x$ gewisse Zahlenbereiche besser darstellen zu können, wird man dieser die Form $z^n = y^n/x^n$ geben [46], d. h. Potenzteilungen für $x$ und $y$ und für $z$ die Teilung $w = c\,(1 + z^n)$ wählen. Diesen Weg wird man aber nur dann beschreiten, wenn drei parallele Leiter mit logarithmischen Teilungen nicht benutzt werden können.

### 255 Zwei gerade Leitern und eine gekrümmte.

**2551 Die Fluchtgerade.** Die Aufstellung der in den vorigen Abschnitten behandelten Schlüsselgleichungen ging vom Einzelfall aus, benutzte aber immer die Bedingung, daß die drei Punkte $U$, $V$, $W$ auf einer Geraden liegen. Diese Bedingung läßt sich jedoch, wenn wir die Leitertafel in ein rechtwinkliges oder schiefwinkliges $\xi, \eta$-System einbetten und den Punkten $U$, $V$, $W$ bzw. die Koordinaten $\xi_1, \eta_1$;

$\xi_2$, $\eta_2$, ; $\xi_3$, $\eta_3$ zuordnen, bekanntlich in der Form[1] $(\eta_1 - \eta_2)/(\xi_1 - \xi_2)$ $= (\eta_3 - \eta_1)/(\xi_3 - \xi_1)$ oder

$$\begin{vmatrix} \xi_1 & \eta_1 & 0 \\ \xi_2 & \eta_2 & 0 \\ \xi_3 & \eta_3 & 0 \end{vmatrix} = 0 \tag{74}$$

schreiben, einer Form, von der wir in den weiteren Entwicklungen Gebrauch machen werden.

So ist z. B. in Abs. 252, Abb. 65, $\xi_1 = 0$, $\eta_1 = u$, $\xi_2 = p$, $\eta_2 = v$, $\xi_3 = m$, $\eta_3 = w$ zu setzen, d. h. es muß

$$\begin{vmatrix} 0 & u & 1 \\ p & v & 1 \\ m & w & 1 \end{vmatrix} = 0$$

sein, und die Auswertung liefert die dort hergeleitete Gleichung.

**255 2 Erster Typ.** Die geradlinigen Leitern für die Funktionen $f(x)$ und $g(y)$ seien einander parallel, Abb. 78. Dann ist zunächst $\xi_1 = 0$, $\eta_1 = l_1 \, f(x)$, $\xi_2 = p$, $\eta_2 = l_2 \, g(y)$; dies liefert in Gl. (75) eingesetzt, wobei $\xi_3 = \xi$ und $\eta_3 = \eta$ als Koordinaten der gekrümmten Leiter vereinfacht geschrieben werden,

$$\begin{vmatrix} 0 & l_1 \, f & 1 \\ p & l_2 \, g & 1 \\ \xi & \eta & 1 \end{vmatrix} = 0. \tag{75}$$

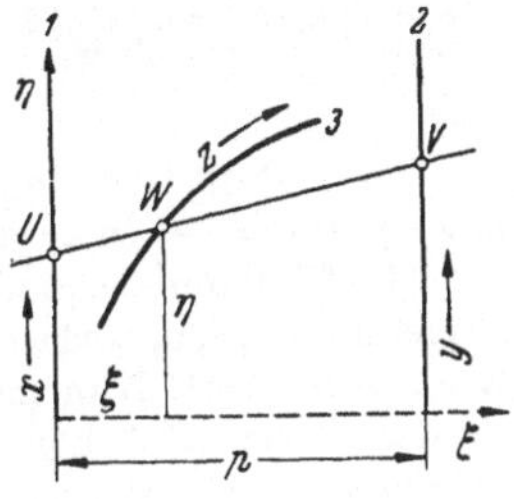

Dies ergibt

$$f + \frac{l_2}{l_1} \frac{g\,\xi}{p - \xi} - \frac{p}{l_1} \frac{\eta}{p - \xi} = 0,$$

oder wenn man

Abb. 78. Tafel zu Gl. (75).

$$\frac{l_2}{l_1} \frac{\xi}{p - \xi} = h_1(z), \qquad - \frac{p}{l_1} \frac{\eta}{p - \xi} = h_2(z) \tag{76a}$$

setzt, schließlich den Typ

$$f(x) + g(y)\,h_1(z) + h_2(z) = 0. \tag{76b}$$

Soll umgekehrt dieser Funktionstyp durch ein Nomogramm nach Abb. 78 dargestellt werden, so sind die oben gegebenen Teilungen für $u$ und $v$ zu benutzen, und es ergibt sich die Parametergleichung[2] der gekrümmten Leiter aus den Gl. (76a), wenn man aus der ersten $\xi$ ausrechnet und in die zweite einsetzt:

$$\xi = \frac{p\,l_1\,h_1(z)}{l_2 + l_1\,h_1(z)}, \qquad \eta = - \frac{l_1\,l_2\,h_2(z)}{l_2 + l_1\,h_1(z)}. \tag{76c}$$

---

[1] Vgl. Lehrbücher der Analytischen Geometrie.

[2] Parameter ist $z$; die Elimination von $z$ aus den beiden Gl. (76c) würde die Kurvenform $\eta = \eta(\xi)$ liefern.

Durch geeignete Wahl der Faktoren $l_1$, $l_2$ bei einem der Größe des Nomogramms entsprechend gewählten Wert $p$ können die Bereiche geeignet dargestellt werden.

Ist $l_1 = l_2$, so wird $\xi = p\,h_1/(1+h_1)$, $\eta = -l\,h_2/(1+h_1)$, und für $h_1 = \text{konst.} = 1$ bzw. $h_2 = 1$ erkennt man den in Abs. 252 bzw. 254 dargestellten Typ.

Funktionen der Form (76 b) treten häufig auf. Auch die Behandlung der quadratischen Gleichung $z^2 + az + b = 0$ führt hierauf; vgl. Abs. 351 2, aber auch 255 3.

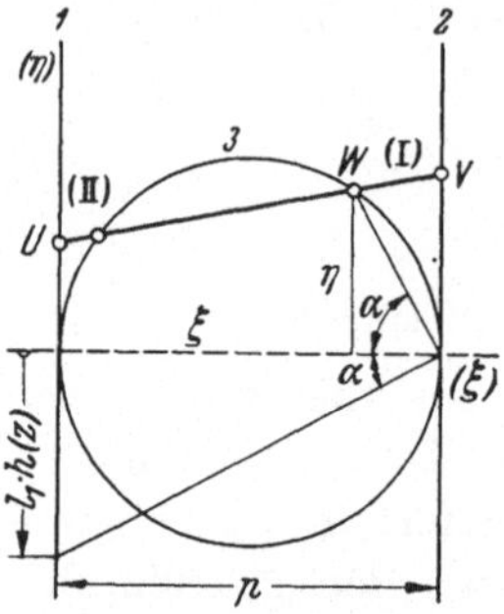

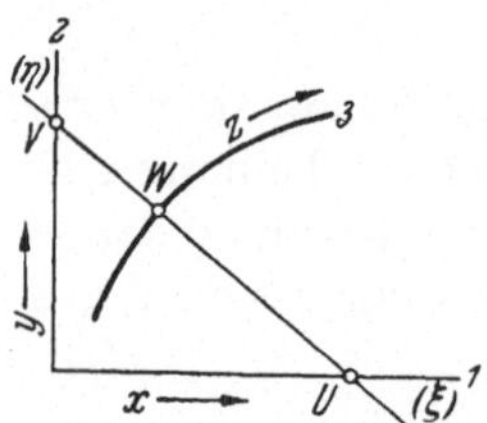

Abb. 79. Träger *3* von Abb. 78 entartet in einen Kreis, Gl. (77).

Ohne im einzelnen auf die möglichen Formen des gekrümmten Leiters einzugehen, sei noch die *Kreisform* hervorgehoben, und zwar möge der Kreis die geraden Leitern berühren, Abb. 79.

Die Trägergleichung wird $\eta^2 = \xi(p - \xi)$. Da hiernach $\xi/(p - \xi) = (\xi/\eta)^2$ und $\eta/(p - \xi) = \xi/\eta$ in Gl. (76 a) eingesetzt werden muß, ergibt sich nach einfachen Rechnungen die Form

$$f(x) + g(y)\,h^2(z) + h(z) = 0, \qquad (77)$$

wobei $l_1 l_2 = p^2$ gemacht sein muß; andernfalls ist der Träger eine Ellipse mit den Achsen $p/2$ und $l_1 l_2/2$.

Die Teilung auf dem Kreis läßt sich leicht wegen $\operatorname{tg}\alpha = \xi/\eta = -l_1\,h(z)/p$ bzw. $p\operatorname{tg}\alpha = -l_1/h(z)$ oder $l_1\operatorname{ctg}\alpha = -p/h(z)$ konstruieren.

Gl. (77) kann als quadratische Gleichung in $h$ mit den Lösungen $h(z_1)$ und $h(z_2)$ aufgefaßt werden, was sich auch durch die beiden Schnittpunkte I und II mit dem Kreis ausdrückt. Nun muß nach dem Wurzelsatz von VIETA, wenn wir Gl. (77) in der Form $h^2 + h/g + f/g = 0$ schreiben und nur die Summenbeziehung benutzen

$$h(z_1) + h(z_2) = -1/g(y)$$

bzw. gleich $G(y)$ sein, wenn $\eta_2 = -l_2/G(y)$ aufgetragen wird. Die Gleichung stellt eine Beziehung zwischen *drei* Veränderlichen dar, nur sind die Veränderlichen $z_1$, $z_2$, die zu der gleichen Funktion gehören, auf dem gleichen Träger zu finden.

Im Nomogramm sind die Punkte II, I, V zu benutzen; die Teilung für $x$ fällt dabei fort[1].

**255 3 Zweiter Typ.** Wenn auch durch projektive Abbildung (Abs. 271) erreicht werden kann, daß die parallelen Leitern von Abb. 78 sich in zwei durch einen Punkt gehende Geraden transformieren, so sei doch die Form, bei der sich die geraden Träger senkrecht schneiden, besonders hervorgehoben, Abb. 80. Setzt man

Abb. 80. Tafel zu den Gln. (78/80).

---

[1] Wie S. 63 bei einem ähnlichen Typ ausgeführt, kann auch der Kreis als Träger von *zwei* Funktionen $H_1(z_1)$, Punkt I, und $H_2(z_2)$, Punkt II, aufgefaßt werden, so daß dann $H_1(z_1) + H_2(z_2) = G(y)$ wird.

in Gl. (74) $\eta_1 = 0$ und $\xi_2 = 0$ oder benutzt die Abschnittsform der Fluchtgeraden (Abschnitte $\xi_1$ und $\eta_2$), so hat man unmittelbar

$$\xi_3/\xi_1 + \eta_3/\eta_1 = 1 \qquad (78\,\mathrm{a})^1$$

und kann durch geeignete Funktionsleitern für $\xi_1(x)$ und $\eta_2(y)$ verschiedene Formen erhalten, welche dann auch die Gestalt der gekrümmten Leiter für die dritte Veränderliche $z$ vorschreiben. Ist z. B. $\xi_1 = l_1/\mathrm{f}(x)$ und $\eta_2 = l_2/\mathrm{g}(y)$, so entsteht der Funktionstyp (76), nur hat der gekrümmte Träger die Parameterdarstellung

$$\xi = -l_1/\mathrm{h}_2(z), \quad \eta = -l_2\,\mathrm{h}_1(z)/\mathrm{h}_2(z). \qquad (78\,\mathrm{b})$$

Man kann aber auch dem Funktionstyp die Form

$$\mathrm{f}(x)\,\mathrm{H}_1(z) + \mathrm{g}(y)\,\mathrm{H}_2(z) = 1 \qquad (79\,\mathrm{a})$$

geben, wenn bei gleichen geraden Leitern die gekrümmte das Gesetz

$$\xi = l_1\,\mathrm{H}_1(z), \quad \eta = l_2\,\mathrm{H}_2(z) \qquad (79\,\mathrm{b})$$

befolgt. Steht in Gl. (79 a) auf der rechten Seite der Faktor $C$, so brauchen nur die Maßstabsfaktoren $l_1$, $l_2$ bzw. durch $l_1/C$, $l_2/C$ ersetzt zu werden.

Trägt man schließlich unmittelbar auf den Leitern *1* und *2* die Skalen $\xi_1 = l_1\,\mathrm{F}(x)$ und $\eta_2 = l_2\,\mathrm{G}(y)$ auf, so ergibt sich die Gleichung

$$\mathrm{H}_1(z)/\mathrm{F}(x) + \mathrm{H}_2(z)/\mathrm{G}(y) = 1 \qquad (80)$$

mit Gl. (79 b) als Gleichung des gekrümmten Trägers, woraus für $\mathrm{H}_1 = \mathrm{H}_2$ der Typ unter *253* folgt (vgl. a. Abs. 271).

Bemerkenswert ist wiederum der *Sonderfall*, daß der gekrümmte Träger einen Kreis mit der in Abb. 81 gezeigten Lage darstellt. Seine Polargleichung lautet

$$\varrho = OW = p\,\cos\varphi,$$

so daß auch $W$ die Koordinaten $\xi_3 = \xi = p\,\cos^2\varphi$, $\eta_3 = \eta = p\,\cos\varphi\,\sin\varphi$ hat. Setzt man dies in Gl. (78)

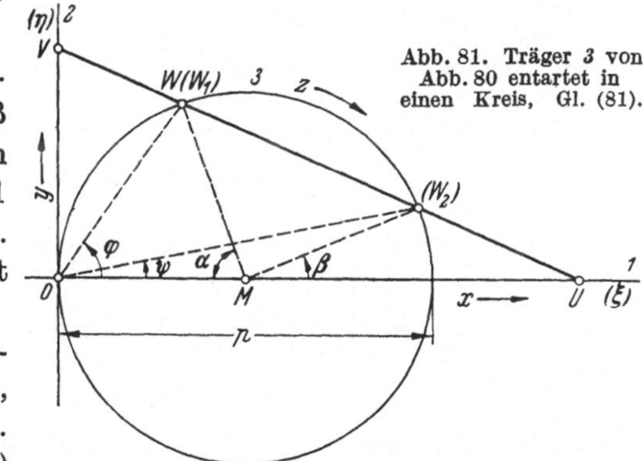


Abb. 81. Träger *3* von Abb. 80 entartet in einen Kreis, Gl. (81).

ein, so folgt mit der Abkürzung $\omega = \mathrm{tg}\,\varphi$ und der Formel $1/\cos^2\varphi = 1 + \mathrm{tg}^2\varphi$ die Gleichung

$$\omega^2 - \omega p/\eta_2 + (1 - p/\xi_1) = 0.$$

---

[1] Wird $\dfrac{1}{\xi_1} + \dfrac{1}{\eta_2}\dfrac{\eta_3}{\xi_3} - \dfrac{1}{\xi_3} = 0$ geschrieben, so hat man die Form $\mathrm{F}(x) + \mathrm{G}(y)\,\mathrm{H}_1(z) + \mathrm{H}_2(z) = 0$, d. h. gleiche Form wie in Gl. (76 b), wie infolge der projektiven Abbildung (Abs. 271) auch zu erwarten war.

Durch Wahl von $\omega = \operatorname{tg}\varphi = m\,\mathrm{h}(z)$ mit $m$ als geeignetem Proportionalitätsfaktor ergibt sich

$$\mathrm{h}^2 - \mathrm{h}\,p/m\,\eta_2 + (1 - p/\xi_1)/m^2 = 0,$$

und man erhält die Funktion

$$\mathrm{h}^2(z) + \mathrm{h}(z)\,\mathrm{g}(y) + \mathrm{f}(x) = 0, \tag{81a}$$

wenn auf den geraden Trägern die folgenden Teilungen benutzt werden:

$$\xi_1 = p/[1 - m^2\,\mathrm{f}(x)], \quad \eta_2 = -p/m\,\mathrm{g}(y). \tag{81b}$$

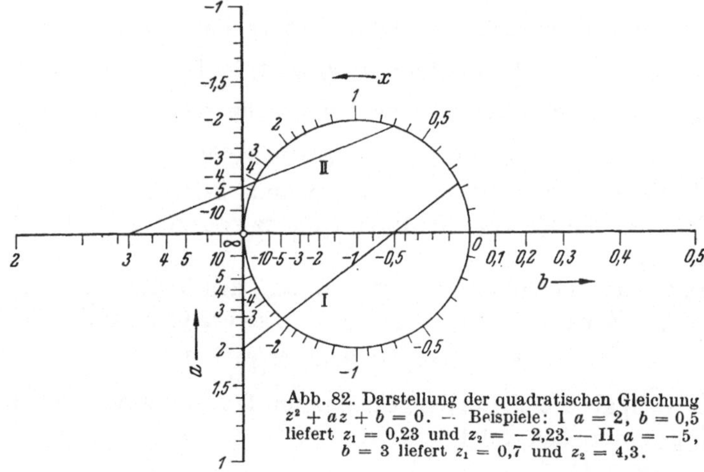

Abb. 82. Darstellung der quadratischen Gleichung $z^2 + az + b = 0$. — Beispiele: I $a = 2$, $b = 0{,}5$ liefert $z_1 = 0{,}23$ und $z_2 = -2{,}23$. — II $a = -5$, $b = 3$ liefert $z_1 = 0{,}7$ und $z_2 = 4{,}3$.

Zur Herstellung der Kreisteilung kann die durch den Strahl $OW$ auf der Geraden $\xi = p$ abgeschnittene Strecke $p\,\operatorname{tg}\varphi = p\,m\,\mathrm{h}(z)$ oder für gute Schnitte auch der Zentriwinkel $\alpha$ herangezogen werden: $\alpha = 180° - 2\varphi$, also

$$\operatorname{tg}\alpha = 2m\,\mathrm{h}(z)/[m^2\,\mathrm{h}^2(z) - 1]^{\ast}. \tag{81c}$$

Der Faktor $m$ dient wieder dazu, einen gewünschten Bereich besonders günstig darzustellen.

Wegen gewisser grundsätzlicher Folgerungen sei hier die quadratische Gleichung

$$z^2 + az + b = 0$$

behandelt, welche aus (Gl. 81a) für $\mathrm{h}(z) = z$, $\mathrm{g}(y) = a$ und $\mathrm{f}(x) = b$ folgt. Die Teilungen sind bestimmt durch $\xi_1 = p/(1 - m^2 b)$, $\eta_2 = -p/ma$, $\operatorname{tg}\varphi = mz$ oder auch $\operatorname{tg}\alpha = 2mz/(m^2 z^2 - 1)$ und $\operatorname{ctg}\varphi = 1/mz^{\ast\ast}$. In Abb. 82 wurde $m = 1$ gewählt.

---

* Vgl. a. Abs. 256 1, S. 66.

** Zieht man nicht durch $O$, sondern durch den zweiten Schnittpunkt des Kreises mit der Abszissenachse Strahlen zu den Teilpunkten auf dem Kreis, so schneiden diese auf der Ordinatenachse die Strecken $p\,\operatorname{ctg}\varphi = p/m\,\mathrm{h}(z)$, d. h. hier $p/mz$, ab (projektive Teilung).

Man kann nun aber noch die gleiche Abb. 81 zur Darstellung von *Additions- und Multiplikationstyp* benutzen: Ordnet man den Schnittpunkten $W_1$, $W_2$ der Fluchtgeraden mit dem Kreis die Werte $z_1$, $z_2$ zu und denkt sich auf dem Kreis *zwei* Skalen für die Veränderlichen $z_1$ und $z_2$ aufgetragen, so daß

$$\operatorname{tg}\varphi = m\,\mathrm{H}_1(z_1), \quad \operatorname{tg}\psi = m\,\mathrm{H}_2(z_2)$$

ist, so muß nach Gl. (81) und der vorhergehenden Entwicklung sowie dem Wurzelsatz von VIETA

$$\mathrm{H}_1(z_1)\,\mathrm{H}_2(z_2) = \mathrm{f}(x) \quad (82)$$

sein, d. h. die Verbindung der Punkte $W_1$, $W_2$, $U$ liefert diese Beziehung zwischen den *drei* Veränderlichen $x$, $z_1$, $z_2$.

So würde der Sonderfall $z_1 z_2 = x$ oder $XY = Z$ mit anderen Bezeichnungen grundsätzlich wieder auf Abb. 82 führen. Für die praktische Ausführung werden jedoch die Vorzeichen umgetauscht, d. h. $\xi_1 = p/(1 + m^2 Z)$, $\operatorname{tg}\varphi = mX$, $\operatorname{tg}\psi = -mY$ angesetzt, wodurch die Teilungen für

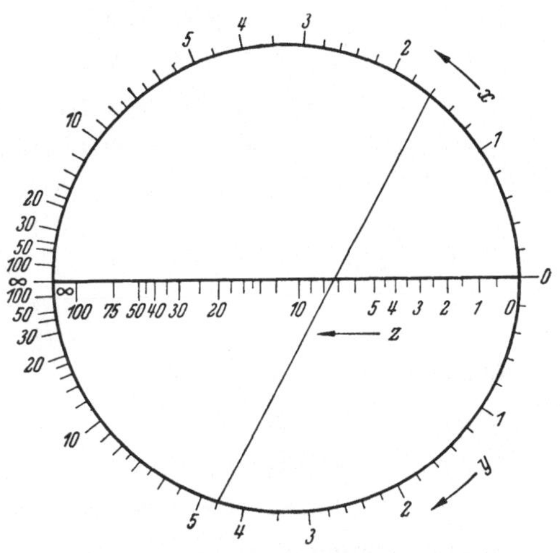

Abb. 83. Multiplikationstafel $Z = XY$.
Beispiel: $1,6 \cdot 4,5 = 7,2$.

$X$ und $Y$ auf verschiedenen Seiten der $Z$-Teilung liegen. Eine praktische Ausführung (und zwar mit $m = 0,3$) zeigt Abb. 83 (vgl. Abs. 351 2, Beisp. 2.8).

Ebenso folgt ein *Additionstyp*, da $\mathrm{H}_1(z_1) + \mathrm{H}_2(z_2) = -\mathrm{g}(y)$ sein muß oder

$$\mathrm{H}_1(z_1) + \mathrm{H}_2(z_2) = \mathrm{g}(y), \tag{83}$$

wenn $\eta = p/m\,\mathrm{g}(y)$ gemacht wird.

Damit ließe sich auch der Sonderfall $1/X + 1/Y = 1/Z$ darstellen, wenn auf der senkrechten Leiter $\eta_2 = pZ/m$ aufgetragen und $\operatorname{tg}\varphi = m/X$ und $\operatorname{tg}\psi = -m/Y$ bzw. $\operatorname{ctg}\varphi = X/m$ und $\operatorname{ctg}\psi = -Y/m$ gemacht werden.

## 256 Erweiterungen.

**256 1 Die allgemeine Form.** Wird als bewegliches, die Punkte $U, V, M$ verbindendes Element die bislang benutzte Fluchtgerade verwendet (im Gegensatz zu Abs. 256 2), so ist der allgemein durch drei krummlinige Leitern dargestellte Typ durch Gl. (74) gegeben, d. h. wenn die Koordinaten jeweils proportional einer Funktion von $x$ bzw. $y$ bzw. $z$ sind, so hat der Typ die Form

$$\begin{vmatrix} \mathrm{f}_1(x) & \mathrm{f}_2(x) & 1 \\ \mathrm{g}_1(y) & \mathrm{g}_2(y) & 1 \\ \mathrm{h}_1(z) & \mathrm{h}_2(z) & 1 \end{vmatrix} = 0 \tag{84}$$

— ohne Beachtung der Maßstäbe. Bemerkenswert ist der *Sonderfall*, daß *ein* geradliniger Träger vorhanden ist, Abb. 84. Setzt man in Gl. (74) $\xi_1 = 0$ ein, so folgt, nach $\eta_1$ aufgelöst,

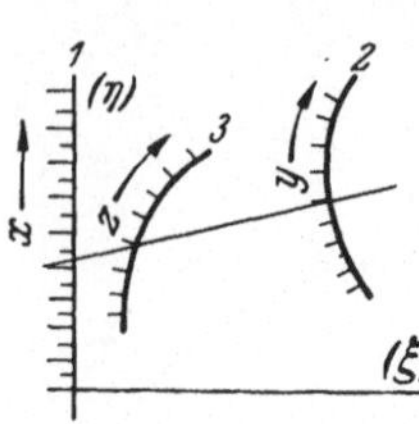

$$\eta_1 = \frac{\xi_2\eta_3 - \xi_3\eta_2}{\xi_2 - \xi_3} = \frac{\eta_2/\xi_2 - \eta_3/\xi_3}{1/\xi_2 - 1/\xi_3}, \tag{85a}$$

oder wenn man die Teilungen bzw. Leitern

$$\begin{aligned}
\xi_1 &= 0 \ (\text{s. o.}), & \eta_1 &= l\,\mathrm{f}(x); \\
\xi_2 &= p/\mathrm{g}_2(y), & \eta_2 &= l\,\mathrm{g}_1(y)/\mathrm{g}_2(y); \\
\xi_3 &= -p/\mathrm{h}_2(z), & \eta_3 &= l\,\mathrm{h}_1(z)/\mathrm{h}_2(z)
\end{aligned} \right\} \tag{85b}$$

wählt, auch als dargestellter Funktionstyp

Abb. 84. Tafel zu Gl. (85).

$$\mathrm{f}(x) = \frac{\mathrm{g}_1(y) + \mathrm{h}_1(z)}{\mathrm{g}_2(y) + \mathrm{h}_2(z)}. \tag{85c}[1]$$

Man kann aber diesem, von Gl. (85a) ausgehend, noch die Form

$$\mathrm{F}(x) = \frac{\mathrm{G}_1(y)\,\mathrm{H}_2(z) + \mathrm{G}_2(y)\,\mathrm{H}_1(z)}{\mathrm{G}_1(y) + \mathrm{H}_1(z)} \tag{86a}$$

geben, wenn die Leitern

$$\begin{aligned}
\xi_1 &= 0, & \eta_1 &= l\,\mathrm{F}(x): \\
\xi_2 &= p\,\mathrm{G}_1(y), & \eta_2 &= l\,\mathrm{G}_2(y); \\
\xi_3 &= -p\,\mathrm{H}_1(z), & \eta_3 &= l\,\mathrm{H}_2(y),
\end{aligned} \right\} \tag{86b}$$

gewählt werden

Vorwegnehmend sei hier schon darauf hingewisen, daß die Form (85c) auch durch einen projektiven Ansatz für die Teilungen befriedigt wird, wie sich durch Einsetzen der folgenden Teilungen ergibt (vgl. a. Abs. 271).

$$\begin{aligned}
\xi_1 &= 0, & \eta_1 &= \frac{a_{22}\mathrm{f} + a_{23}}{a_{32}\mathrm{f} + a_{33}}; \\
\xi_2 &= \frac{a_{11}}{a_{32}\mathrm{g}_1 + a_{33}\mathrm{g}_2 + a_{31}}, & \eta_2 &= \frac{a_{22}\mathrm{g}_1 + a_{23}\mathrm{g}_2 + a_{21}}{a_{32}\mathrm{g}_1 + a_{33}\mathrm{g}_2 + a_{31}}; \\
\xi_3 &= \frac{-a_{11}}{a_{32}\mathrm{h}_1 + a_{33}\mathrm{h}_2 - a_{31}}, & \eta_3 &= \frac{a_{22}\mathrm{h}_1 + a_{23}\mathrm{h}_2 - a_{21}}{a_{32}\mathrm{h}_1 + a_{33}\mathrm{h}_2 - a_{31}}.
\end{aligned} \right\} \tag{87}$$

Die Konstanten $a_{ik}$ sind an sich frei wählbar, doch im praktischen Fall durch die Bereiche und die Genauigkeit bedingt.

Häufig führen die Anwendungen darauf, daß die beiden gekrümmten Träger in *einen* zusammenfallen, gegebenenfalls mit verschiedener Bezifferung. Dies wurde für den Fall des Kreises bereits oben (S. 64/65) fast beiläufig gewonnen. Doch mögen hier noch einige Bemerkungen angeschlossen werden, und zwar unmittelbar aus der Figur, Abb. 85, mit etwas anderen Bezeichnungen wie oben: Der Durchmesser sei der gerade Träger, $OW = w$; ferner $OV = OU = r = p/2$ und $OC \perp UV$.

---

[1] $p$ und $l$ sind Maßstabsfaktoren.

Dann gilt mit den eingetragenen Winkeln $OC = r \sin\dfrac{\beta+\alpha}{2} = w \cos\dfrac{\beta-\alpha}{2}$
oder

$$w/r = \sin\frac{\beta+\alpha}{2}\Big/\cos\frac{\beta-\alpha}{2} = \left(\operatorname{tg}\frac{\alpha}{2} + \operatorname{tg}\frac{\beta}{2}\right)\Big/\left(1 + \operatorname{tg}\frac{\alpha}{2}\operatorname{tg}\frac{\beta}{2}\right), \qquad (88)$$

worin $\sphericalangle OBU = \alpha/2$ und $\sphericalangle OAV = \beta/2$ ist. Führt man die Teilungen

$$\operatorname{tg}\frac{\alpha}{2} = \mathrm{f}(x); \qquad \operatorname{tg}\frac{\beta}{2} = \mathrm{g}(y); \qquad w = -r\,\mathrm{h}(z) \qquad (89\text{a})$$

ein, so entsteht

$$\mathrm{f}(x)\,\mathrm{g}(y)\,\mathrm{h}(z) + \mathrm{f}(x) + \mathrm{g}(y) + \mathrm{h}(z) = 0^{1,\,2}. \qquad (89\text{b})$$

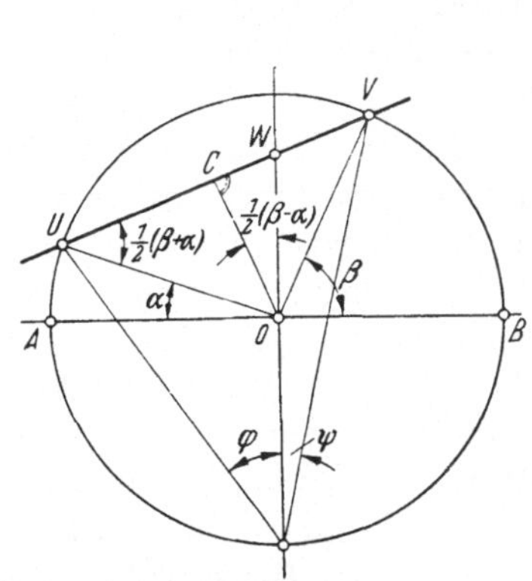

Abb. 85. Eine geradlinige Leiter und zwei zusammenfallende kreisförmige Leitern.

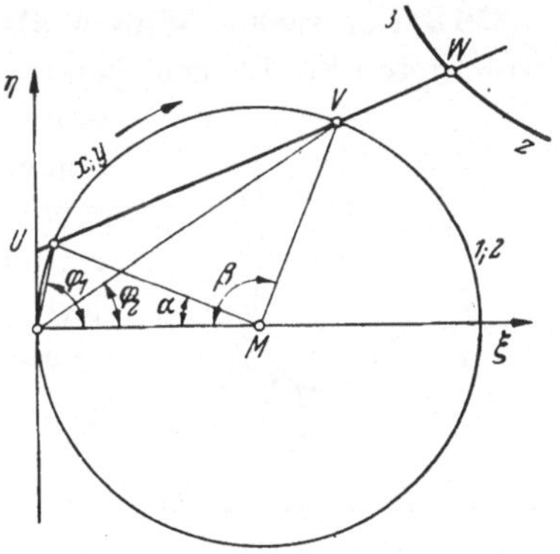

Abb. 86. Eine gekrümmte und zwei zusammenfallende kreisförmige Leitern.

Wenn aber die Winkel $\varphi = 90° - \alpha/2$, $\psi = 90° - \beta/2$ eingeführt werden, d. h. $\alpha/2 = 45° - \varphi$, $\beta/2 = 45° - \psi$, so ergibt sich mit $\operatorname{tg}\alpha/2 = (1 - \operatorname{tg}\varphi)/(1 + \operatorname{tg}\varphi)$ usw.

$$w/r = (\operatorname{tg}\varphi\,\operatorname{tg}\psi - 1)/(\operatorname{tg}\varphi\,\operatorname{tg}\psi + 1).$$

a) Der Ansatz $\operatorname{tg}\varphi = m\,\mathrm{F}(x)$, $\operatorname{tg}\psi = n\,\mathrm{G}(y)$ mit $m$, $n$ als konstanten Faktoren liefert den bereits oben hervorgehobenen *Multiplikationstyp* $\mathrm{F}(x)\,\mathrm{G}(y) = \mathrm{H}(z)$, wenn $w = r\,[mn\,\mathrm{H}(z) - 1]/[mn\,\mathrm{H}(z) + 1]$ gemacht wird.

b) Demgegenüber liefert, wie leicht ersichtlich, der reziproke Ansatz für $\mathrm{F}(x)$, d. h. $\operatorname{tg}\varphi = m\,\mathrm{F}(x)$ oder $\operatorname{ctg}\varphi = \mathrm{F}(x)/m$ den *Divisionstyp* $\mathrm{H}(z) = \mathrm{G}(y)/\mathrm{F}(x)$ bei ungeänderter Teilung für $y$ und $z$. Geeignete Wahl der Konstanten $m$ und $n$ läßt den gewünschten Bereich der Veränderlichen im Einzelfall günstig darstellen.

Ein weiterer bemerkenswerter Sonderfall ergibt sich, wenn als Träger für die Veränderlichen $x$ und $y$ wieder ein und derselbe Kreis, für die dritte Veränderliche $z$ aber eine gekrümmte Leiter genommen wird, Abb. 86.

---

[1] Oder $1/\mathrm{fg} + 1/\mathrm{gh} + 1/\mathrm{hf} + 1 = 0$.

[2] Der Kreis kann als das Erzeugnis projektiver Strahlenbüschel dargestellt werden. Diese Eigenschaft dient gelegentlich zur Erzeugung der Teilungen [2, 9].

Es folgt

$$f(x)\, g(y)\, h_1(z) + f(x) + g(y)\, h_2(z) + h_3(z) = 0, \qquad (90\text{a})$$

wenn die Teilung des Kreises vom Durchmesser $p$ durch $\operatorname{tg} \varphi_1 = f(x)/\lambda$ $\operatorname{tg} \varphi_2 = g(y)/\lambda$ und die des dritten Trägers durch

$$\xi_3 = p\lambda^2 h_1/(\lambda^2 h_1 + h_3), \quad \eta_3 = -l\, h_2/(\lambda^2 h_1 + h_3) \qquad (90\text{b})$$

bestimmt ist. Dabei muß $\lambda p = l$ mit $\lambda$ als willkürlichem Zahlenfaktor sein. Die oben erörterten Sonderfälle sind hierin enthalten. Beispiel vgl. Abs. 351 2, Nr. 3.4 u. 3.5, S. 141.

**256 2 Der rechte Winkel als Ablesemittel.** Eine Erweiterung der betrachteten Funktionstypen ergibt sich — von Abs. 251 ausgehend —, wenn wir der sich um $O' = W$ drehenden Kurve, der „Weiserlinie", eine andere Form geben. Unter diesen ist die geknickte Form, vor allem in der Rechtwinkelform, besonders wichtig. Der Winkel $\gamma$, Abb. 87, wird so auf die drei zunächst beliebigen Leitern $1, 2, 3$ gelegt, daß sein Scheitelpunkt $W$ auf $3$ liegt, während seine Schenkel die anderen Leitern in $U$ und $V$ treffen. Da $\sphericalangle\, UWV = \gamma = 180° - (\alpha + \beta)$ ist, wird auch $\operatorname{tg}\gamma + \operatorname{tg}(\alpha + \beta) = 0$. Entwickelt man

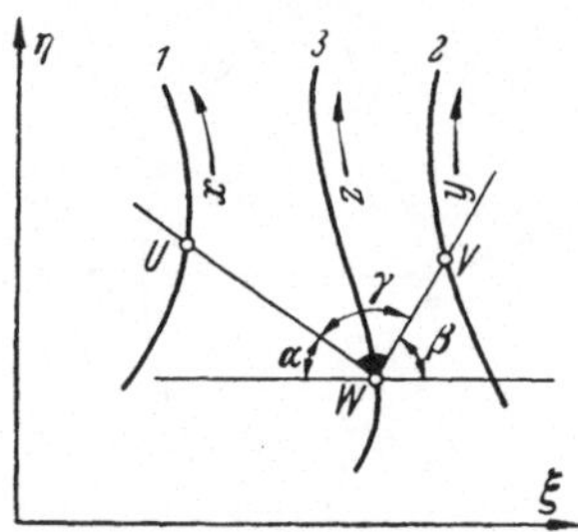

Abb. 87. Geknickte Weiserlinie.

diese Formel goniometrisch, so folgt unter Beachtung von $\operatorname{tg}\alpha = (\eta_1 - \eta_3)/(\xi_3 - \xi_1)$, $\operatorname{tg}\beta = (\eta_2 - \eta_3)/(\xi_2 - \xi_3)$ mit $\operatorname{tg}\gamma = \lambda$ die Form

$$\begin{vmatrix} \xi_1 & \eta_1 & 1 \\ \xi_2 & \eta_2 & 1 \\ \xi_3 & \eta_3 & 1 \end{vmatrix} + \lambda \begin{vmatrix} (\xi_1 - \xi_3) & (\eta_2 - \eta_3) \\ (\eta_1 - \eta_3) & (\xi_2 - \xi_3) \end{vmatrix} = 0. \qquad (91)$$

Für $\lambda = 0$ erkennt man die bekannte Form für gerade Weiserlinie, während für den üblichen Winkel $\gamma = 90°$ die Bedingung durch Nullwerden der zweiten Determinante ausgedrückt ist oder auch durch

$$\frac{\eta_1 - \eta_3}{\xi_1 - \xi_3} + \frac{\xi_2 - \xi_3}{\eta_2 - \eta_3} = 0. \qquad (92)$$

Je nach Form der Träger bzw. der Leitern ergeben sich hieraus eine Reihe von Typen, die aber infolge der quadratischen Glieder $\xi_3^2$, $\eta_3^2$ zweckmäßig nur nach $z$ oder $y$ aufgelöst werden.

Einige Sonderfälle seien hervorgehoben:

1. Für drei parallele Leitern mit $\xi_1 = 0$, $\eta_1 = l\,f(x)$; $\xi_2 = p$, $\eta_2 = l\,g(y)$; $\xi_3 = m$, $\eta_3 = -l\,h(z$ folgt

$$h^2 + h(f + g) + fg = C, \quad C = mn/l^2. \qquad (93\text{a})$$

2. Für zwei aufeinander senkrechte Leitern und eine gekrümmte mit $\xi_1 = l\,\mathrm{f}(x)$, $\eta_1 = 0$; $\xi_2 = 0$, $\eta_2 = l\,\mathrm{g}(y)$, $\xi_3 = l\,\mathrm{h}_1(z)$, $\eta_3 = l\,\mathrm{h}_2(z)$ folgt

$$\mathrm{h}_1^2 + \mathrm{h}_2^2 = \mathrm{h}_1\,\mathrm{f} + \mathrm{h}_2\,\mathrm{g}. \tag{93b}$$

3. Fällt der Träger *3* mit der $\xi$-Achse zusammen, so wird $\xi_1 - \xi_3 + \eta_1\eta_3/(\xi_2 - \xi_3)$ $= 0$, und ist z. B. noch $\xi_1 = 0$ ($\eta$-Achse), ferner $\eta_1 = l\,\mathrm{f}(x)$; $\xi_2 = -l\,\mathrm{g}_1(y)/\mathrm{g}_2(y)$, $\eta_2 = -l/\mathrm{g}_2(y)$; $\xi_3 = l\,\mathrm{h}(z)$, so wird

$$\mathrm{f} = \mathrm{g}_1\,\mathrm{h} + \mathrm{g}_2\,\mathrm{h}^2. \tag{93c}$$

In der skizzierten Form werden selten praktische Anwendungen auftreten, wohl aber dann, wenn das ganze Rechtwinkelkreuz benutzt wird, vgl. Abs. 2572. Hinsichtlich einer Kreisform der Weiserlinie, d. h. des Ablesemittels, vgl. [*19*] u. [*55*].

### 257 Mehr als drei Veränderliche.

Drei Veränderliche erfordern drei Leitern, $n$ Veränderliche erfordern $n$ Leitern — sofern der Funktionstyp überhaupt durch eine Fluchtentafel im erweiterten Sinne darstellbar ist. Doch erfordern diese gleichzeitig mehrere Fluchtgeraden, sei es, daß diese mit veränderlichem Knick ineinander übergehen, sei es, daß die Fluchtgeraden fest miteinander verbunden sind.

**2571 Die Zapfenlinie.** Bei den Kurventafeln wurde geschildert, daß bereits vier Veränderliche eine zweite Kurventafel notwendig machen. Es wurde hierbei eine Hilfsveränderliche $t$ eingeführt und mit Hilfe der Linien $t =$ konst. (gegebenenfalls unter Verwendung der Leitlinie) der Übergang von einer Kurventafel zur anderen gewonnen. Der Kurvenschar für eine Veränderliche entspricht aber bei Fluchtentafeln (s. a. Abs. 272) eine neue Leiter, eine *Hilfsleiter*. Ist z. B. die Funktion $\mathrm{F}(x_1,\, x_2,\, x_3,\, x_4) = 0$ darzustellen, so muß diese in der Form $\mathrm{f}_{12}(x_1,\, x_2,\, t) = 0$ und $\mathrm{f}_{34}(x_3,\, x_4,\, t) = 0$ aufspaltbar und jede dieser Funktionen durch je eine Fluchtentafel darstellbar sein. Die Leiter für $t$ — mit gleichem Träger und gleicher Teilung — muß beiden Tafeln gemeinsam sein. Es liegen dann die Punkte $x_1$, $x_2$, $t$ und $x_3$, $x_4$, $t$ je in einer Flucht.

Die Hilfsleiter heißt *Zapfenlinie* (s. u.) und braucht nur dann, wenn die Größe $t$ selbst praktische Bedeutung hat, mit der Teilung versehen zu werden. Ein sehr einfaches Beispiel möge das Gesagte erläutern:

Es soll die Beziehung $x_1 - x_2 + x_3 - x_4 = 0$ dargestellt werden. Führt man $t = x_2 - x_1$ ein, so muß auch $t = x_3 - x_4$ sein. Jede Gleichung kann durch den in Abs. 252 geschilderten Typ mit parallelen Leitern dargestellt werden. Nun ist es im allgemeinen unzweckmäßig (besonders, wenn noch weitere Veränderliche angeschlossen werden sollten), die Leiter $Zl$ für $t$, die Zapfenlinie, zwischen die Leitern *1* und *2* bzw. *3* und *4* zu legen. So kommt einmal $x_2 = t + x_1$ in die Mitte, das andere Mal $x_3 = t + x_4$, Abb. 88. Die Fluchtgerade durch $x_1$, $x_2$ liefert den Punkt $Z$ der Zapfenlinie, und die Verbindung von $Z$ mit $x_3$ schneidet auf *4* den Wert $x_4$ aus. Entsprechend ist vorzugehen, wenn z. B. $x_2$ gesucht wird[1].

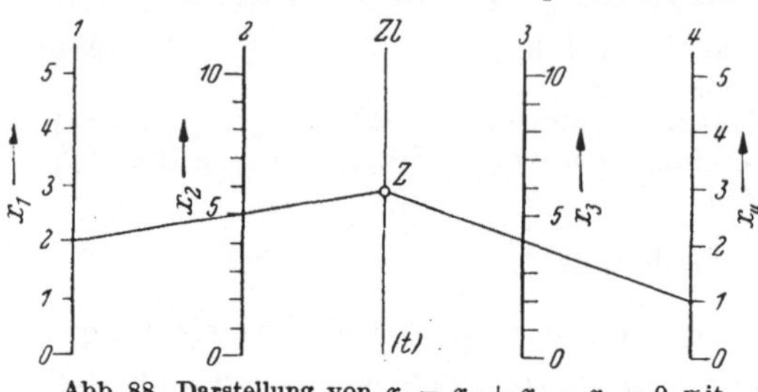

Abb. 88. Darstellung von $x_1 - x_2 + x_3 - x_4 = 0$ mit Zapfenlinie. Beispiel: $2 - 5 + 4 - 1 = 0$.

Wenn also allgemein der Typ

$$f_1(x_1) + f_2(x_2) + f_3(x_3) + f_4(x_4) = 0$$

dargestellt werden soll[2], so erhält man Abb. 89. Kommt aber noch eine weitere Veränderliche hinzu, d. h. soll z. B. $\sum_{i=1}^{i=5} f_i(x_i) = 0$ dargestellt werden, so kommt noch eine weitere Zapfenlinie hinzu, Abb. 90. Doch

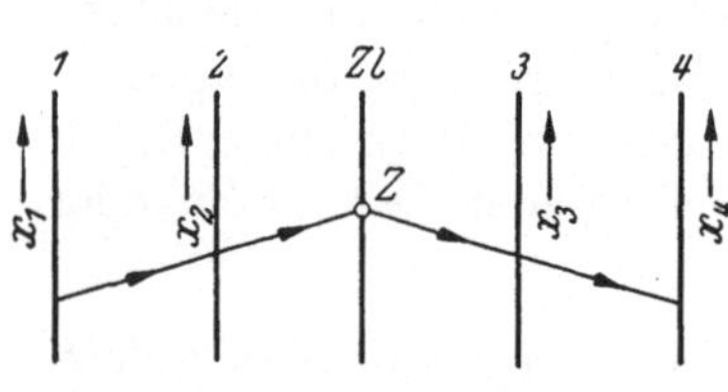

Abb. 89. Darstellung von $\sum_{i=1}^{i=4} f_i = 0$.

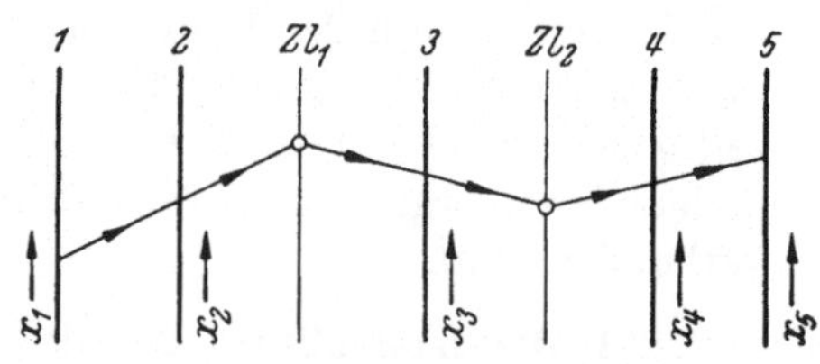

Abb. 90. Darstellung von $\sum_{i=1}^{i=5} f_i = 0$.

wird man hier, wenn die Art der Funktionen und ihre Bereiche es erlauben, doch auch versuchen, z. B. die Zapfenlinie $Zl_1$ zwischen *1* und *2* und damit gleichzeitig zwischen *3* und *4* zu legen, um das Nomogramm in der Waagerechten sich nicht zu stark ausdehnen zu lassen (vgl. Anwendungen unter Abs. 352.)

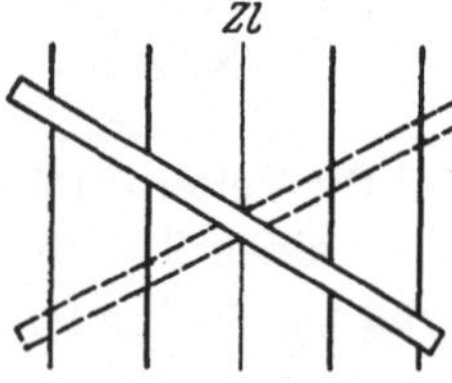

Abb. 91. Vgl. Text.

Beim praktischen Gebrauch wird man die Kante eines Lineals als Fluchtgerade benutzen, den Zapfenpunkt auf $Zl$ mit einer Nadel festhalten und um diese das Lineal drehen, Abb. 91. Es läßt sich auch gelegentlich eine getriebliche Form benutzen: Der Punkt $Z$ (vgl. auch Abb. 90) ist wirklich als Zapfen ausgebildet und wird in seiner (geraden oder gekrümmten) Führung bewegt, während sich die Fluchtgerade, körperlich ausgebildet, um den Zapfen $Z$ (daher auch der Name „Zapfenlinie") drehen kann. Vgl. a. [35].

Wenn auch in den Anwendungen (vgl. Abs. 352) bei Verwendung von Zapfenlinien Tafeln mit parallelen Leitern bevorzugt werden, so

---

[1] Vgl. hierzu die Lösung in Abb. 95.
[2] Wir schreiben weiterhin kürzer $f_i(x_i) = f_i$. Der Index $i$ in $f_i$ oder auch $F_i$, $G_i$ usw. weist auf die Veränderliche hin.

beschränkt sich ihre Anwendungsmöglichkeit durchaus nicht nur auf diese Formen. Einige allgemeine Beispiele sollen dies hier bereits zeigen:

1. Es soll mit $C$ als konstanter Größe die Funktion

$$\mathbf{f_1 f_2 + f_3 f_4 = C}, \tag{92}$$

dargestellt werden. Man setzt $t_{12} = \mathbf{f_1 f_2}$ und $t_{34} = \mathbf{f_3 f_4}$, d. h. auch $\mathbf{f_2} = t_{12}/\mathbf{f_1}$ bzw. $\mathbf{f_3} = t_{34}/\mathbf{f_4}$. Dann muß $t_{12} + t_{34} = C$ sein oder $t_{34} = C - t_{12}$. Als Teiltafeln werden N-Tafeln benutzt[1]. Nur müssen die schrägen Leitern für $x_2$ und $x_3$ so hin-

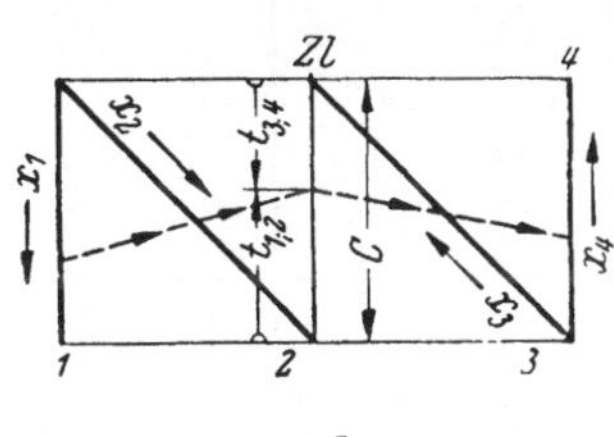
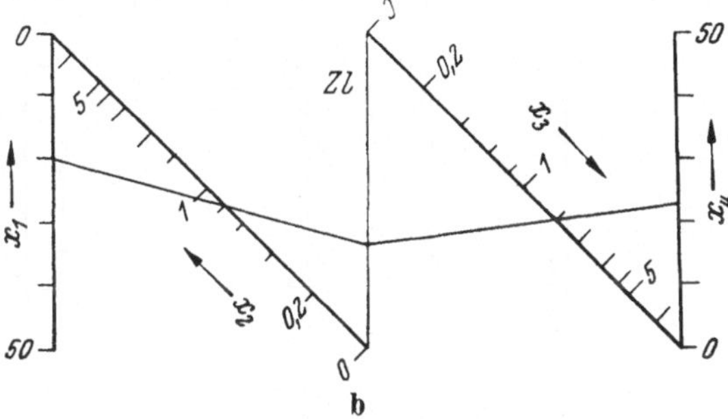

a        b

Abb. 92a, b. a) Zu Gl. (92); b) Tafel für $x_1 x_2 + x_3 x_4 = 50$ oder $x_4 = (50 - x_1 x_2)/x_3$.
Beispiel: $(50 - 20 \cdot 0,8)/1,5 = 22,3$.

gelegt werden, daß für $\mathbf{f_2} = 0$ die Hilfsgröße $t_{12} = 0$, aber $t_{34} = C$ und daß für $\mathbf{f_3} = 0$ auch $t_{34} = 0$, aber $\mathbf{f_{12}} = C$ wird. Dann ist immer $t_{12} + t_{34} = C$; vgl. Abb. 92a für die allgemeine Entwicklung, Abb. 92b für $x_1 x_2 + x_3 x_4 = 50$.

Koppelt man zwei parallele und zwei durch einen Punkt gehende Leitern, Abb. 93, so gilt nach Früherem mit $OZ = t$ und $U_{i0} U_i = u_i$ ($i = 1, 2, 3, 4$)

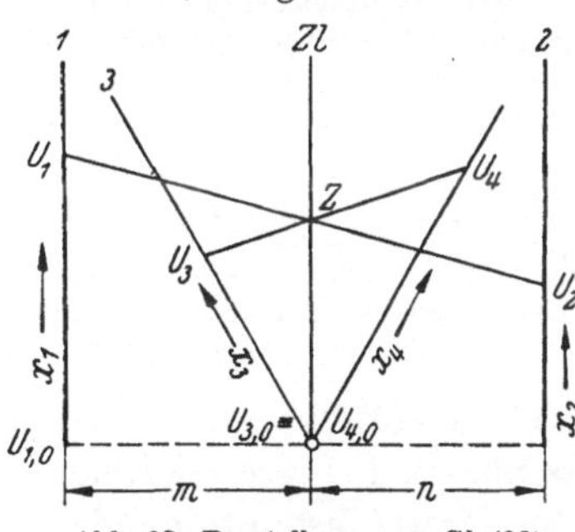

Abb. 93. Darstellung von Gl. (93).

$t = \lambda_1 u_1 + \lambda_2 u_2$ und $\mu/t = 1/u_3 + 1/u_4$, worin $\mu = 2\cos\alpha$, oder wenn z. B. $u_1 = l\,\mathbf{f_1}/\lambda_1$, $u_2 = l\,\mathbf{f_2}/\lambda_2$, $u_3 = l\,\mathbf{f_3}$, $u_4 = l\,\mathbf{f_4}$ gesetzt wird,

$$(\mathbf{f_1} + \mathbf{f_2})(1/\mathbf{f_3} + 1/\mathbf{f_4}) = \mu = \text{konst.} \tag{93a}$$

Wird aber gegebenenfalls $u_3 = l/\mathbf{f_3}$, $u_4 = l/\mathbf{f_4}$ aufgetragen, so gilt auch

$$(\mathbf{f_1} + \mathbf{f_2})(\mathbf{f_3} + \mathbf{f_4}) = \mu = \text{konst.,} \tag{93b}$$

wobei durch geeignete Maßstäbe jeder Wert der Konstanten verwirklicht werden kann. Wird den Funktionen $\mathbf{f_3}$ und $\mathbf{f_4}$ z. B. der Faktor $L$ statt $l$ gegeben, so ist die Konstante auf der rechten Seite gleich $2L/l \cdot \cos\alpha = L/l$ für $\alpha = 60°$.

3. Vier durch einen Punkt gehende Leitern lassen, wie leicht ersichtlich, die Form $1/\mathbf{f_1} + 1/\mathbf{f_2} = 1/\mathbf{f_3} + 1/\mathbf{f_4}$ erkennen.

Häufig sind die darzustellenden Funktionen insofern *einfach*, als sie nur *zwei* Träger, oft auch nur zwei Teilungen erfordern. Wenn z. B. $\mathbf{f_1} + \mathbf{f_2} = \mathbf{f_3} + \mathbf{f_4}$ sein soll, so genügen die beiden parallelen

---

[1] Diese Form ist einfacher als die von PFLIEGER-HAERTEL angegebene [Z. angew. Math. Mech. Bd. 3 (1923) S. 79—80].

Leitern *1* und *2*, zwischen denen sich die Zapfenlinie befindet, Abb. 94;
Leiter *1* trägt aber die Skalen für $x_1$ *und* $x_3$ und Leiter *2* die für $x_2$
*und* $x_4$. Sind die Funktionen z. T. gleich, d. h. ist

$$F(x_1) + f(x_2) = F(x_3) + f(x_4),$$

so sind auch nur zwei Teilungen (für $x_1$, $x_3$ und $x_2$, $x_4$) vorhanden.
Dies ist z. B. der Fall für $x_1 x_2 = x_3 x_4$, wie sich durch Logarithmieren
ergibt: $\lg x_1 + \lg x_2 = \lg x_3 + \lg x_4$. Auch das in Abb. 88 dargestellte

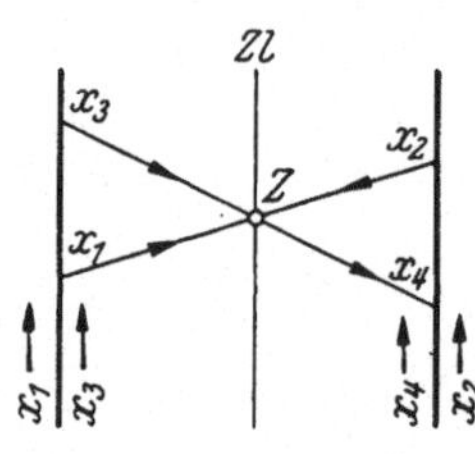

Abb. 94. $f_1 + f_2 = f_3 + f_4$.

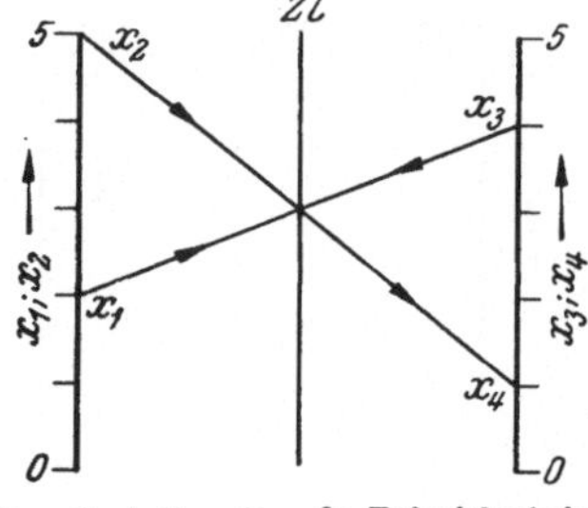

Abb. 95. $x_1 - x_2 + x_3 - x_4 = 0$; Beispiel wie in Abb. 88.

Nomogramm läßt sich auf diese Art gestalten, vgl. Abb. 95[1], wenn wir
$x_1 + x_3 = x_2 + x_4$ schreiben.

Beisp. 1.4, Abs. 352 1, S. 142, zeigt, daß auch alle vier Veränderlichen auf einer Flucht liegen können!

Gelegentlich ist vorgeschlagen worden, bei 3 Veränderlichen eine Zapfenlinie zu benutzen[2], wohl aus dem Bestreben heraus, parallele und logarithmische
Leitern zu erhalten. Doch sollte man die zusätzliche Einführung der Zapfenlinie
hier vermeiden. Denn es bestehen keine Schwierigkeiten, gekrümmte Leitern zu
benutzen bzw. herzustellen. — So schlägt auch Konorski [*19*] vor, die
Funktion $z = xu^2/(a - u)^2$ mit $t = z(a - u)^2 = xu^2$ zu zerlegen, so daß $u$ zweimal abgelesen werden muß. Viel einfacher ist es, $u/(a - u) = \sqrt{z}/\sqrt{x}$ zu schreiben.
Dies liefert den N-Typ, und die Teilung für die schräge Leiter, d. h. für $u$, wird
hier linear!

**257 2 Rechtwinkelkreuz als Ablesemittel (Kreuztafeln).** Den vier
Veränderlichen $x_i (i = 1 \div 4)$ mögen die vier Skalen $1 \div 4$ zugeordnet
sein. Eine Verbindung zwischen diesen wird durch zwei *fest* miteinander
verbundene, aufeinander senkrecht stehende Geraden, d. h. durch ein
Rechtwinkelkreuz, hergestellt, vgl. Abb. 96 (in Fortsetzung von Abb. 87).
Die Herleitung der Beziehungen könnte in ähnlicher Weise wie dort
von einem beliebigen Winkel $\gamma$ zwischen den Geraden ausgehen.
Dies empfiehlt sich jedoch nicht, weil ein rechter Winkel die ein-

---

[1] Mit dem Vorteil gleicher Maßstäbe.

[2] Hak: Über eine neue Art von Rechentafeln. Z. angew. Math. Mech. Bd. 1
(1921) S. 154—161.

fachste Form ist und als Zeichengerät zur Verfügung steht. Wenn das ganze Kreuz benutzt wird, kann man dieses auf eine durchsichtige Platte ritzen.

Haben die Punkte $U_i$ die Koordinaten $\xi_i$, $\eta_i$, so folgt aus der Bedingung, daß sich die Geraden $U_1 U_2$ von der Steigung $m$ und $U_3 U_4$ von der Steigung $n$ senkrecht schneiden mit $mn = -1$ die Ausgangsgleichung

$$\frac{\eta_1 - \eta_2}{\xi_1 - \xi_2} + \frac{\xi_3 - \xi_4}{\eta_3 - \eta_4} = 0\,, \qquad (94\,\text{a})$$

oder auch, wenn $\xi_i = \mathfrak{f}_i(x_i)$, $\eta_i = \mathrm{F}_i(x_i)$ gesetzt wird,

$$\frac{\mathrm{F}_1 - \mathrm{F}_2}{\mathfrak{f}_1 - \mathfrak{f}_2} + \frac{\mathfrak{f}_3 - \mathfrak{f}_4}{\mathrm{F}_3 - \mathrm{F}_4} = 0\,. \qquad (94\,\text{b})$$

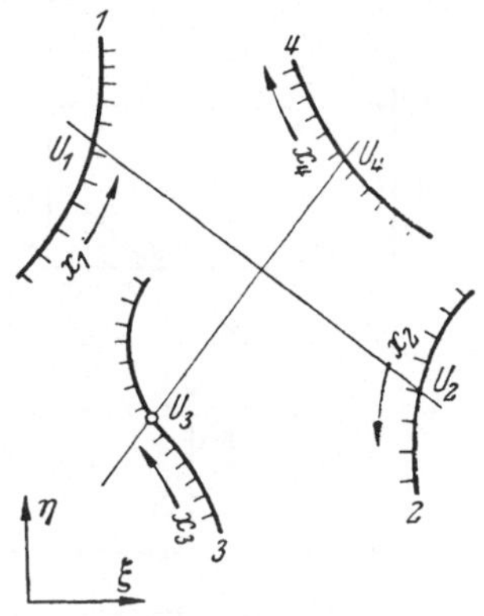

Abb. 96. Erläuterung zu Gl. (94a).

Im einzelnen ergeben sich einfache Typen, wenn geeignete, einfache Skalen genommen werden:

1. Bei vier parallelen, geraden Leitern führt der Ansatz $\xi_1 = 0$, $\xi_2 = p$, $\xi_3 = q$, $\xi_4 = r$ $(r > q > p)$ und $\eta_1 = l_{12}\mathrm{F}_1$, $\eta_2 = -l_{12}\mathrm{F}_2$, $\eta_3 = -l_{34}\mathrm{F}_3$, $\eta_4 = l_{34}\mathrm{F}_4$ nach Gl. (94a) auf

$$(\mathrm{F}_1 + \mathrm{F}_2)\,(\mathrm{F}_3 + \mathrm{F}_4) = C\,, \qquad (95)$$

worin die Konstante $C = p(r - q)/l_{12} l_{34}$ durch geeignete Wahl der Maßstäbe und der Abstände verwirklicht werden kann. Vgl. hierzu Gl. (93b), dort mit Zapfenlinie dargestellt.

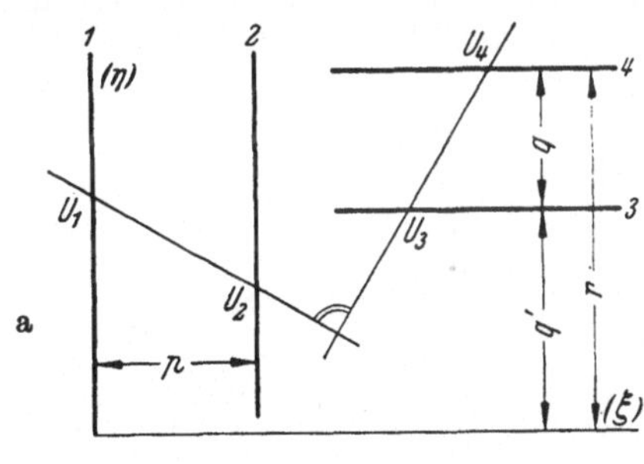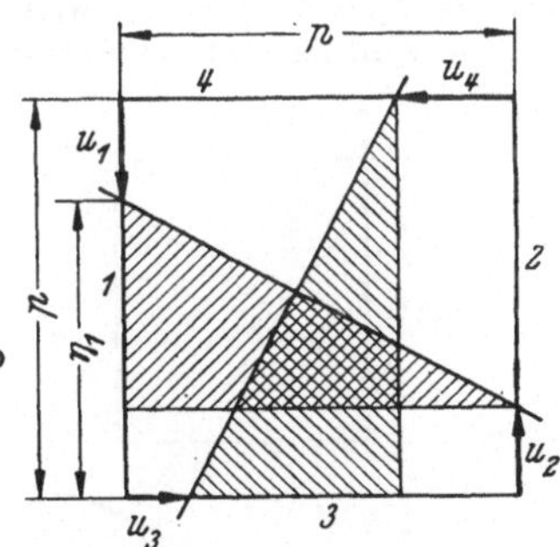

Abb. 97a, b. Zu Gl. (96) u. f.; Kreuztafel.

2. Von den Leitern sind je zwei parallel, Abb. 97a. Wir machen den etwas allgemeineren Ansatz:

$$\xi_1 = 0, \quad \eta_1 = l_1\mathrm{F}_1 + b_1; \quad \xi_3 = l_3\mathfrak{f}_3 + a_3, \quad \eta_3 = q';$$
$$\xi_2 = p, \quad \eta_2 = l_2\mathrm{F}_2 + b_2; \quad \xi_4 = l_4\mathfrak{f}_4 + a_4, \quad \eta_4 = p.$$

Dieser liefert, wenn noch $l_1 = -l_2 = -l$, $l_3 = -l_4 = l$ und $b_1 = b_2$, z. B. $= p$, ferner $a_3 = a_4$, z. B. $= q$ und $p/q = \lambda$ gesetzt wird,

$$\mathrm{F}_1 + \mathrm{F}_2 = \lambda\,(\mathfrak{f}_3 + \mathfrak{f}_4) \qquad (96)$$

(vgl. a. Abb. 94). Ist noch $p = q$, so erhält man das speziell als *Kreuztafel* bezeichnete Nomogramm, Abb. 97b. Die einzelnen den Funktionen proportionalen Strecken sind dort mit $u_i$ bezeichnet, und die Kongruenz der schraffierten Dreiecke zeigt auch unmittelbar, daß $u_1 + u_2 = u_3 + u_4$ ist.

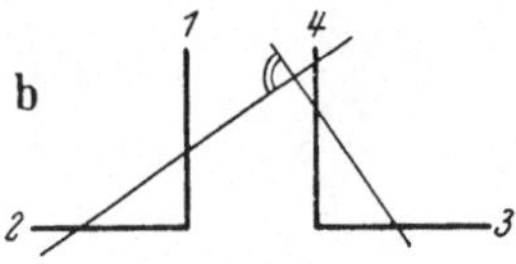

Sind wiederum logarithmische Teilungen angebracht, d. h. ist $u_i = l \lg x_i$ oder $= l \lg f_i(x_i)$, so ergibt Gl. (96) die so oft auftretende Form

$$x_1 x_2 = x_3 x_4 \quad \text{bzw.} \quad f_1 f_2 = f_3 f_4. \tag{97}$$

3. Ein *unmittelbarer* Multiplikations- bzw. Divisionstyp *ohne* logarithmische Teilungen ergibt sich mit den Ansätzen (Abb. 98a):

$$\xi_1 = 0, \qquad \eta_1 = l F_1; \quad \xi_2 = l f_2, \quad \eta_2 = 0;$$
$$\xi_3 = p - l f_3, \quad \eta_3 = 0; \quad \xi_4 = p, \quad \eta_4 = l F_4.$$

Diese liefern

Abb. 98. Zu Gl. (98).

$$F_1 F_4 = f_2 f_3 \quad \text{oder} \quad F_1 : f_2 = f_3 : F_4, \tag{98}$$

wie unmittelbar abzulesen ist. Der Funktionstyp kann auch gemäß Abb. 98b dargestellt werden oder auch, wenn die Leitern *1* und *2* bzw. *3* und *4* einen spitzen Winkel bilden, aber *1* $\perp$ *3* und *2* $\perp$ *4* steht[1].

4. Die Anordnung gemäß Abb. 99 führt, da $\xi_1 = 0$, $\xi_2 = p$, $\eta_3 = 0$ ist, zunächst, wenn (94a) nach $\eta_1$ aufgelöst wird, auf

$$\eta_1 = \eta_2 + p\,(-\xi_3/\eta_4 + \xi_4/\eta_4).$$

Wählt man darin die Teilungen $\eta_1 = p F_1$, $\eta_2 = p F_2$, $\xi_3 = l F_3 + L$, $\xi_4 = -l G_4 F_4 + L$, $\eta_4 = -l F_4$, so bleibt

$$F_1 = F_2 + F_3/F_4 + G_4, \tag{99}$$

bzw. $F_1 = F_2 + f_3 F_4^* + G_4$, wenn $F_4$ durch $1/F_4^*$ ersetzt wird. Ist $G_4$ eine Konstante, so wird aus der gekrümmten Leiter eine Gerade; $l$ und $L$ sind Konstante.

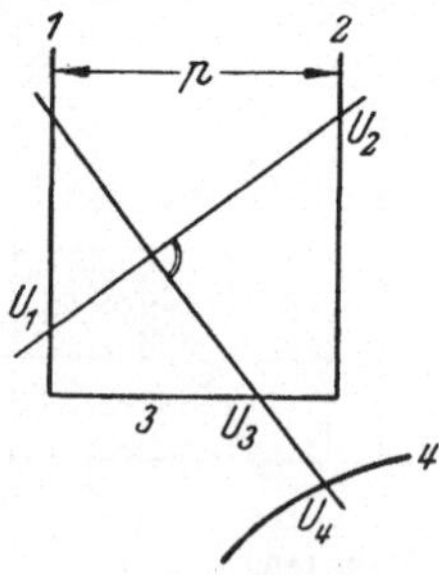

Abb. 99. Zu Gl. (99).

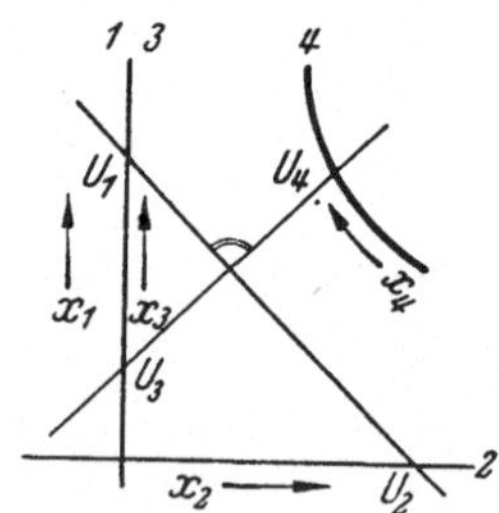

Abb. 100. Zu Gl. (100).

5. Bemerkenswert ist noch der Fall, wenn zwei zusammenfallende Leitern vorliegen (wir legen sie in die Ordinatenachse), eine dazu senkrechte und eine gekrümmte, Abb. 100. Mit $\xi_1 = 0$, $\eta_2 = 0$, $\xi_3 = 0$ folgt zunächst aus Gl. (94a)

$$\eta_3 - \eta_4 + \xi_2\,\xi_4/\eta_1 = 0.$$

---

[1] Die Verwendung der Zapfenlinie führt auf die Kopplung zweier N-Tafeln für $t = F_1 : F_2$ und $t = f_3 : f_4$; Zapfenlinie ist die geneigte Leiter.

Setzt man hierzu z. B. $\eta_1 = l_1/F_1$, $\xi_2 = l_2 f_2$, $\eta_3 = l_3 F_3$, $\xi_4 = l_4 f_4$, $\eta_4 = l_3 F_4$, so folgt

$$F_1 f_2 f_4 + F_3 - F_4 = 0, \qquad (100)^1$$

wenn $l_2 l_4/l_1 l_3 = 1$ gemacht wird.

A. FISCHER[2] behandelt ebenso wie MAURER[2] hiernach die Gleichung

$$384\, a\, A\sqrt{k} + d^2 - 24 a^2 = 0$$

mit den vier Veränderlichen $A$, $k$, $d$ und $a$.

A. FISCHER [11/14] bezeichnet die eine Gerade des Kreuzes (z. B. $U_1 U_2$) mit „Einstellfaden", die andere ($U_3 U_4$) mit „Ablesefaden" — obwohl die Richtungen sich auch umkehren können. Die gekrümmte Kurve heißt bei ihm „lösende Kurve".

Über Anwendungsbeispiele und Ergänzungen hierzu vgl. Abs. 353.

Welche Form im einzelnen zu wählen ist, wird vom Einzelfall abhängen. *Nachteilig* ist auf jeden Fall, daß der rechte Winkel des Geradenpaars bei einer projektiven Abbildung nicht erhalten bleibt und daher oft das gewählte Nomogramm schlecht den Bereichen der Veränderlichen angepaßt werden kann.

**257 3 Verschiedenes.** Es ist vorgeschlagen worden, als Ablese- und Einstellmittel das Parallellineal zu benutzen; d. h. die Verbindungsgerade der Punkte $x_1$, $x_2$ der zugehörigen Skalen ist parallel der Verbindungslinie der Punkte $x_3$, $x_4$. Ausführliche Zusammenstellung vgl. [19]. Die praktische Bedeutung ist gering, ebenso die der Stechzirkelnomogramme (ebenda).

Auch haben die besonders von SCHWERDT [47] hervorgehobenen und von ihm so bezeichneten *Gleitkurventafeln* keine praktische Bedeutung gefunden (wenn auch schon bei LALANNE, D'OCCAGNE, SOREAU zu finden). Die Verbindungsgerade $x_1$, $x_2$ muß so gelegt werden, daß sie eine bestimmte Kurve, den Träger der Veränderlichen $x_3$, berührt.

## 26 Kopplung zwischen Kurven- und Fluchtentafeln.

So wie ein Kopplung zwischen Schieber und Kurventafel möglich ist und auch leicht eine Beziehung zwischen mehr als drei Veränderlichen möglich macht, so auch eine Kopplung der letzteren mit einer Fluchtentafel. Hierbei können die Elemente fest oder beweglich sein.

### 261 Feste Tafeln.

Eine Funktionsleiter kann, wie bereits früher erwähnt, als Rudiment von zwei Kurvenscharen für zwei Veränderliche aufgefaßt werden, d. h. drei Funktionsleitern sind die Rudimente von $3 \cdot 2$ Kurvenscharen für sechs Veränderliche. Sind nun diese Scharen tatsächlich noch vorhanden, Abb. 101, so daß ein Punkt der Kurvenschar $x_1$, $x_2$ die Koordinaten $\xi_{12} = \xi_{12}(x_1, x_2)$, $\eta_{12} = \eta_{12}(x_1, x_2)$ hat, so gilt mit

---

[1] Der Typ kann auch mit Zapfenlinie behandelt werden, wenn man $t = F_1 f_2$ setzt (Typ 254), d. h. $F_3 = F_4 - t\,f$ (Typ 255).

[2] Elektrotechn. Z. Bd. 49 (1928).

entsprechenden Bezeichnungen für die Punkte $U_{34}$, $U_{56}$, sofern diese mit $U_{12}$ in einer Flucht liegen, gemäß Gl. (74) (S. 61) die Beziehung

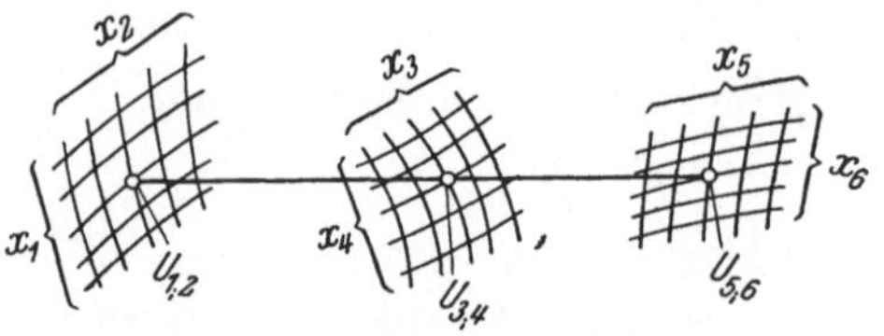

$$\begin{vmatrix} \xi_{12} & \eta_{12} & 1 \\ \xi_{34} & \eta_{34} & 1 \\ \xi_{56} & \eta_{56} & 1 \end{vmatrix} = 0 \qquad (101)$$

Abb. 101. Kopplung zwischen Kurven- und Fluchtentafel; Gl. (100).

zwischen *sechs* Veränderlichen[1]. Je nach Art der Kurvenscharen ergeben sich verschiedene, besondere Formen.

Vor allen Dingen kann auch eine Beziehung zwischen *vier* Veränderlichen dargestellt werden:

a) Reduziert sich die Schar $x_5$, $x_6$ auf einen Punkt, der als Nullpunkt gedacht werden kann ($\xi_{56} = 0$, $\eta_{56} = 0$), so bleibt die Form $\xi_{12}\eta_{34} - \eta_{12}\xi_{34} = 0$ oder, wenn wir die $\xi_{ik}$ proportional $f_{ik}(x_i, x_k)$ und die $\eta_{ik}$ proportional $F_{ik}(x_i, x_k)$ setzen,

$$F_{12}/f_{12} = F_{34}/f_{34}. \qquad (102\,a)$$

b) Ist in Bild 101 $x_6 =$ konst. und ebenso $x_1$, so reduzieren sich die Scharen $x_5$, $x_6$ bzw. $x_1$, $x_2$ auf eine Funktionsleiter für $x_5$ bzw. für

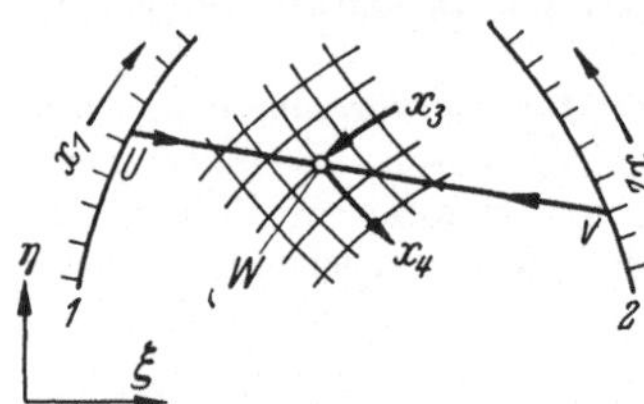

Abb. 102. Sonderfall von Abb. 100; Gl. (102).

$x_2$, so daß zwei Kurvenscharen und zwei Funktionsleitern übrigbleiben. Um gemäß den noch vorhandenen *vier* Veränderlichen die Ziffernfolge 1 bis 4 beizubehalten, seien diese jetzt wieder mit $x_1$ bis $x_4$ bezeichnet, Abb. 102. Beachtet man, daß eine Kurve $x_4$, von den Kurven $x_3$ geschnitten, eine Funktionsleiter bildet, so stellen alle Kurven $x_4$ Funktionsleitern dar — nur mit veränderlicher Teilung und veränderlicher Lage.

Die Leitern sind jetzt gegeben durch $\xi_1 = f_1(x_1)$, $\eta_1 = F_1(x_1)$; $\xi_2 = f_2(x_2)$, $\eta_2 = F_2(x_2)$ und die Scharen wieder durch $\xi_{34} = f_{34}(x_3, x_4)$, $\eta_{34} = F_{34}(x_3, x_4)$, so daß der Funktionstyp jetzt durch

$$\begin{vmatrix} \xi_1 & \eta_1 & 1 \\ \xi_2 & \eta_2 & 1 \\ \xi_{34} & \xi_{34} & 1 \end{vmatrix} = 0 \quad \text{oder} \quad \begin{vmatrix} f_1 & F_1 & 1 \\ f_2 & F_2 & 1 \\ f_{34} & F_{34} & 1 \end{vmatrix} = 0 \qquad (102\,b)$$

gegeben ist (gleiche Maßstabsfaktoren angenommen).

Es lassen sich ähnliche Typen wie unter 255f. herleiten, nur ist zu beachten, daß der Leiter *3* (früher $\xi_3$, $\eta_3$) jetzt eine Kurvenschar $x_3, x_4'$ entspricht.

---

[1] Vgl. a. hierzu die „Wanderkurvenblätter" bzw. „Flächenschieber" S. 46.

Sind z. B. zwei Leitern wie in Abs. 255 2 zueinander parallel, so ergibt sich ähnlich wie dort der Typ

$$F_1(x_1) = F_2(x_2)\,G_{34}(x_3, x_4) + H_{34}(x_3, x_4), \qquad (103\,a)$$

wenn $\xi_1 = 0$, $\eta_1 = l_1 F_1$; $\xi_2 = p$, $\eta_2 = -l_2 F_2$;

$$\xi_{34} = \frac{p\,l_1\,G_{34}}{l_2 + l_1\,G_{34}}, \qquad \eta_{34} = \frac{l_1\,l_2\,H_{34}}{l_2 + l_1 G_{34}} \qquad (103\,b)$$

für die Leitern bzw. für die Kurvenscharen angesetzt wird. Hierbei müssen die Funktionen $G_{34}$ und $H_{34}$ voneinander abhängig sein: $G_{34} \neq \Phi(H_{34})$. Dies fordert, daß $\dfrac{\partial H}{\partial x_3} : \dfrac{\partial H}{\partial x_4} \neq \dfrac{\partial G}{\partial x_3} : \dfrac{\partial G}{\partial x_4}$ ist (Indizes weggelassen).

Ist nun $G_{34}$ *nur* eine Funktion $G_3$ von $x_3$ allein, so bleibt

$$F_1(x_1) = F_2(x_2)\,G_3(x_3) + H_{34}(x_4), \qquad (104\,a)$$

und die Kurven $x_3 = $ konst. sind Parallelen zu den Leitern. Jede dieser Parallelen stellt, wie erwähnt, gewissermaßen eine Leiter für sich dar, so daß jedesmal eine Tafel mit drei parallelen Leitern (Abs. 252) vorliegt, nur daß die Abstände $m$ und $n$ veränderlich sind. Dies läßt sich auch unmittelbar herleiten, Abb. 103. Es gilt nach Früherem S. (61) für die Strecken $u, v, w$ die Gleichung $w = u(1 - m/p) + vm/p$ oder mit $q = p/2$ und $\zeta = m - q$ auch

$$2qw = u(q - \zeta) + v(q + \zeta) \qquad (104\,b)$$

mit den vier Veränderlichen $u, v, w, \zeta$.

Einige Beispiele hierzu:

1. Der cosinus-Satz am ebenen Dreieck soll dargestellt werden:

$$c^2 = a^2 + b^2 - 2ab\cos\gamma. \qquad (\mathrm{I})$$

Setzt man $x_1 = c$, $x_2 = \gamma$, $x_3 = a$, $x_4 = b$, also $F_1 = c^2$, $F_2 = -\cos\gamma$, $G_{34} = 2ab$, $H_{34} = a^2 + b^2$, so erkennt man die Übereinstimmung mit Gl. (103). Der linke Träger hat die quadratische Teilung für $c$, die rechte, nach oben positiv, die cos-Teilung für $\gamma$. Die

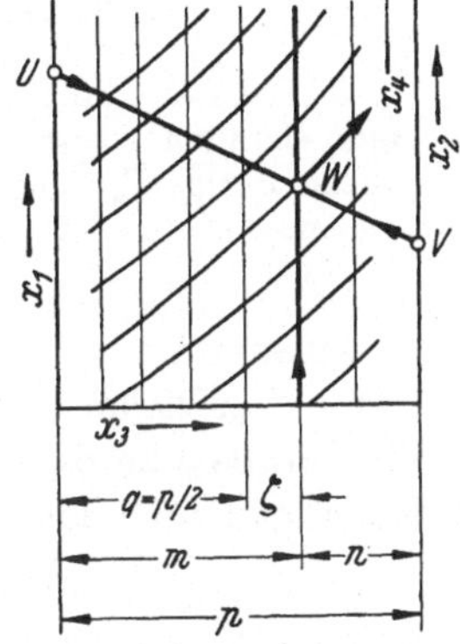



Abb. 103. Zur Herleitung von Gl. (104b).

Kurvenscharen $a = $ konst. und $b = $ konst. sind hierbei identisch, so daß, wenn $a = b$ ist, die Fluchtgerade die betreffenden Kurven berühren muß.

Eine wesentlich einfachere Form erhält man jedoch, wenn — ähnlich wie bei Rechenschieberrechnungen [34] — eine Umformung der gegebenen Gleichung (a) vorgenommen wird [49].

$$2c^2 = (a + b)^2\,(1 - \cos\gamma) + (a - b)^2\,(1 + \cos\gamma), \qquad (\mathrm{II})$$

und man die einfache Addition und Subtraktion im Kopf erledigt, wobei $a \gtreqless b$ sein soll. Dann stimmt Gl. (II) unmittelbar mit Gl. (104b) überein; es ist zu setzen

$$u = l(a + b)^2, \quad v = l(a - b)^2, \quad w = lc^2, \quad \zeta = q\cos\gamma,$$

und es entsteht grundsätzlich Abb. 104a. Durch projektive Abbildung läßt sich daraus, wie unter 27 entwickelt wird, Abb. 104b herleiten.

2. Ein beliebtes Beispiel ist die *kubische* Gleichung

$$z^3 + a z^2 + b z + c = 0 \quad \text{oder} \quad c = -b z - z^2(a + z).$$

Der Vergleich mit Gl. (103) zeigt, daß $F_1 = c$, $F_2 = -b$, $G_{34} = G_3 = z$ und $H_{34} = -z^2(a + z)$ wird. Näheres vgl. Abs. 361, Beisp. 2.6.

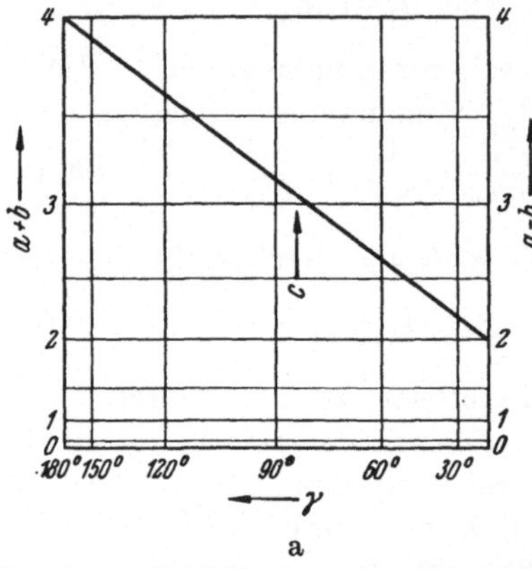
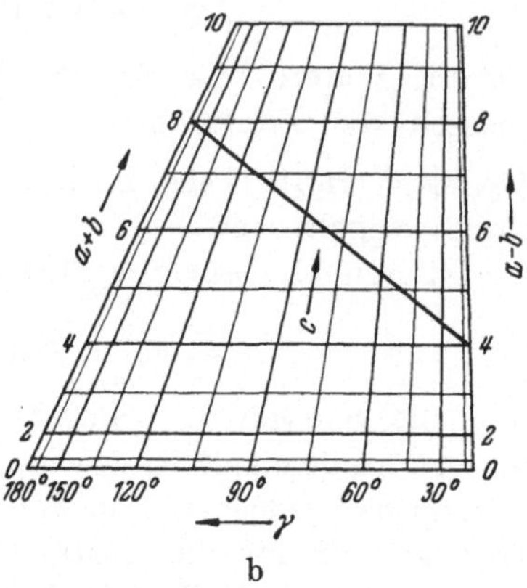

a                                        b

Abb. 104a, b. Tafel für den cosinus-Satz (vgl. Text): a) parallele Leitern ($a = 3$, $b = 1$, $\gamma = 60°$ $c = 2{,}65$); b) projektiv abgebildet ($a = 6$, $b = 2$, $\gamma = 60°$, $c = 5{,}3$).

3. Die Beziehung $c = a \cos\varphi + b \sin\varphi$ — bei der HESSESCHEN Normalform einer Geraden ebenso auftretend wie bei Schwingungsproblemen[1] — hat die gleiche Form: $F_1 = c$, $F_2 = a$, $G_{34} = G_3 = \cos\varphi$, $H_{34} = b \sin\varphi$.

## 262 Bewegliche Tafeln.

Oben war der Sonderfall erörtert worden, daß die Tafel aus zwei festen parallelen Leitern bestand und die Kurven $x_3 = $ konst. sich als Parallele zu diesen darstellten. Der Veränderlichkeit dieser Leitern kann man auch dadurch Rechnung tragen, daß man die Kurvenscharen

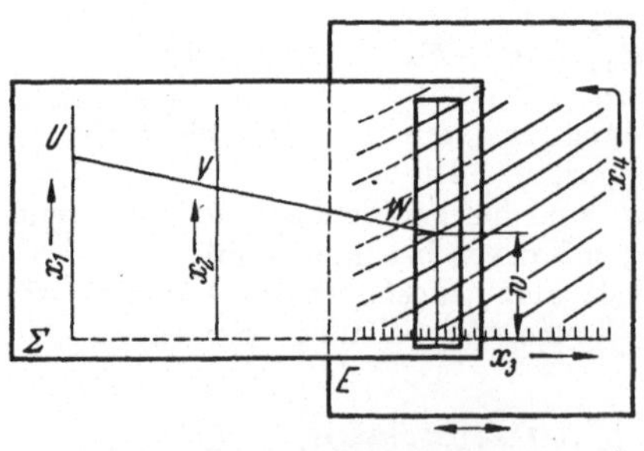

Abb. 105. Fluchtentafel ($\Sigma$) gekoppelt mit beweglicher Kurventafel ($E$); zu Gl. (105).

$x_3 = $ konst. und $x_4 = $ konst. auf einer beweglichen Ebene $E$ unterbringt und diese entsprechend dem Wert $x_3$ einstellt. In der Form, die wie in Abb. 105 mit konstanten Abständen $m$, $n$ arbeitet[2], kann sofort auf Gl. (55), S. 51, zurückgegriffen werden, wenn dort f$(x)$ durch f$_1(x_1)$, g$(y)$ durch f$_{34}(x_3, x_4)$ — es ist $w = l\,\mathrm{f}_{34}$ — und h$(z)$ durch f$_2(x_2)$ ersetzt wird.

---

[1] Instrumentelle Ausführung vgl. [34].
[2] [46] und [51] (unabhängig vom ersteren).

Demnach gilt

$$f_2(x_2) = f_1(x_1) + f_{34}(x_3, x_4) \tag{105}$$

unter Beachtung der dort gegebenen Maßstäbe, da $m$ und $n$ Konstante sind.

Wenn der Ebene $E$ (Schiebeblatt)[1] noch eine Bewegungsmöglichkeit in der Vertikalen gegeben wird, entsprechend einer Veränderlichen $x_5$, um $f_5(x_5)$, so erhält man $f_2 = f_1 + f_{34} + f_5$.

Die Leitern *1* und *2* können auch gekrümmt sein, ohne daß sich grundsätzlich etwas ändert.

Über weitere Möglichkeiten vgl. [*51*]. — Im übrigen läßt sich Gl. (105) ebenso bequem mit zwei festen Kurventafeln darstellen, wenn man (vgl. S. 41) $f_2 - f_1 = t$ und $t = f_{34}$ setzt. Ebenso kann die Ebene $E$ in Abb. 105 als fest angesehen werden, wenn auf der Waagerechten durch $W$ bis zu der Geraden $x_3 =$ konst. weitergegangen wird.

Über weitere Kopplungen vgl. a. Abs. 362.

## 27 Allgemeine Bemerkungen.

### 271 Projektive Abbildung.

Bei Behandlung der Kurventafeln war bereits der Begriff der Transformation (vgl. a. [*10*]) oder der *Abbildung* einer Ebene auf eine andere erörtert. Von besonderer Wichtigkeit und Nützlichkeit sowohl für die Netz- als auch für die Fluchtentafeln hat sich dabei die *projektive* Abbildung erwiesen. Eine solche liegt z. B. vor bei der Zentralprojektion (-perspektive) und ihrem Sonderfall der Parallelprojektion (-perspektive).

Abb. 106 zeigt die Projektion der in der Grundrißebene $E$ gelegenen Figur von Punkt $P$ aus auf die vertikale Ebene $\bar{E}$: Die unendlich fernen Punkte der

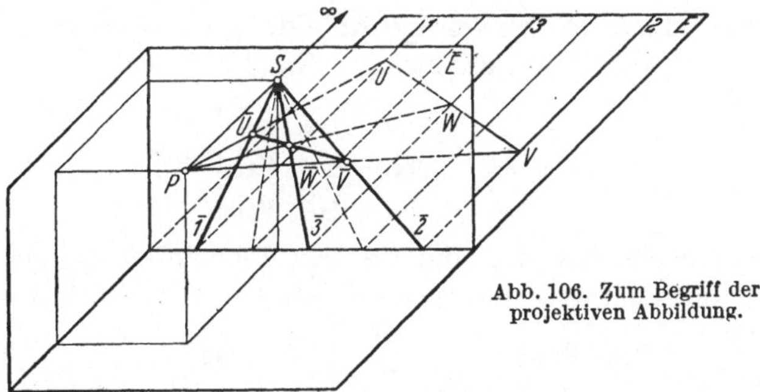


Abb. 106. Zum Begriff der
projektiven Abbildung.

parallelen Geraden *1, 2, 3* projizieren sich in einen Punkt $S$, während die Schnittgerade *4* von $E$ und $\bar{E}$ in sich selbst übergeht. Die unendlich ferne Gerade wird in

---

[1] Dieses kann nach TROCHE als Walze ausgebildet werden, welche das Kurvenblatt trägt.

die Parallele durch $S$ zu $4$ abgebildet[1]. Alle Geraden werden wieder in Geraden übergeführt. Würden die Geraden $1, 2, 3$ parallele Leitern einer Fluchtentafel sein, so wäre ihr Bild eine Fluchtentafel mit drei in einem Punkt zusammenlaufenden Leitern, bei denen sich allerdings auch die Teilung, aber nicht der dargestellte Zusammenhang zwischen den Veränderlichen geändert hat.

In dem skizzierten Beispiel sind die gegebene Figur und ihre Abbildung nicht nur projektiv bezogen, sondern sie befinden sich auch zueinander in projektiver Lage. Im allgemeinen ist das aber nicht der Fall: Die allgemeine projektive Abbildung ist dadurch gekennzeichnet [4, 9, 36], daß bei ihr das *Doppelverhältnis* von *vier* Elementen, d. h. Punkten oder Geraden, *invariant* bleibt. Sie ist für die Nomographie bedeutsam, weil bei ihr Geraden in Geraden und Kegelschnitte in Kegelschnitte, welche ja als Erzeugnis projektiver Strahlenbüschel aufgefaßt werden können, übergehen.

So ist z. B. das Doppelverhältnis der auf einer Geraden liegenden Punktfolge $A, B, C, D$ mit $A, B$ als Fundamentalpunkte gegeben durch $\dfrac{AC}{BC} : \dfrac{AD}{BD}$ und wird für ein Strahlenbüschel ähnlich definiert.

*1.* Sei nun $E$ die Grundebene mit den Koordinaten $\xi, \eta$ und $\bar{E}$ die Bildebene mit den Koordinaten $u, v$, so läßt sich zeigen — die Herleitung würde hier zu weit führen —, daß die Abbildung durch lineare gebrochene Funktionen vermittelt wird. Das Transformationsgesetz lautet mit den Konstanten $a_{ik}$.

$$u = \frac{a_{11}\xi + a_{12}\eta + a_{13}}{a_{31}\xi + a_{32}\eta + a_{33}}, \qquad v = \frac{a_{21}\xi + a_{22}\eta + a_{23}}{a_{31}\xi + a_{32}\eta + a_{33}} \qquad (106)$$

oder, wenn nach $\xi$ und $\eta$ aufgelöst wird, also die Umkehrung betrachtet wird,

$$\xi = \frac{A_{11}u + A_{21}v + A_{31}}{A_{13}u + A_{23}v + A_{33}}, \qquad \eta = \frac{A_{12}u + A_{22}v + A_{32}}{A_{13}u + A_{23}v + A_{33}}. \qquad (107)$$

Diese umkehrbar eindeutige Abbildung ist aber nur dann möglich, wenn die Systemdeterminante der Gl. (106)[2] nicht verschwindet:

$$D = \begin{vmatrix} a_{11} & a_{12} & a_{13} \\ a_{21} & a_{22} & a_{23} \\ a_{31} & a_{32} & a_{33} \end{vmatrix} \neq 0. \qquad (108)$$

Die Konstanten $A_{ik}$ sind die den Elementen $a_{ik}$ *komplementären* Unterdeterminanten, multipliziert mit $(-1)^{i+k}$, so daß z. B.

$$A_{11} = + \begin{vmatrix} a_{22} & a_{23} \\ a_{32} & a_{33} \end{vmatrix}, \quad A_{12} = - \begin{vmatrix} a_{21} & a_{23} \\ a_{31} & a_{33} \end{vmatrix}, \quad A_{31} = + \begin{vmatrix} a_{12} & a_{13} \\ a_{22} & a_{23} \end{vmatrix}$$

ist.

---

[1] Das Bild des Horizontes.

[2] Man denke sich die Gln. (106) nach $\xi$ und $\eta$ aufgelöst. Dann ist die Systemdeterminante durch Gl. (108) gegeben.

Durch *Homogenisierung* der Koordinaten[1] lassen sich die Gleichungen leichter übersehen, auch die weiteren Herleitungen. Wir setzen

$$\xi = \xi'/\zeta', \quad \eta = \eta'/\zeta', \quad u = u'/w', \quad v = v'/w' \tag{109}$$

und erhalten

$$\left.\begin{aligned} u' &= a_{11}\xi' + a_{12}\eta' + a_{13}\zeta', \\ v' &= a_{21}\xi' + a_{22}\eta' + a_{23}\zeta', \\ w' &= a_{31}\xi' + a_{32}\eta' + a_{33}\zeta'. \end{aligned}\right\} \tag{110}$$

Dieses Gleichungssystem ist eindeutig nach den Unbekannten $\xi'$, $\eta'$, $\zeta'$ nur dann auflösbar, wenn ihre Systemdeterminante $D$ (s. o.) nicht verschwindet. Für jene folgt

$$\left.\begin{aligned} \xi' &= A_{11}u' + A_{21}v' + A_{31}w', \\ \eta' &= A_{12}u' + A_{22}v' + A_{32}w', \\ \zeta' &= A_{13}u' + A_{23}v' + A_{33}w', \end{aligned}\right\} \tag{111}$$

ein System, dessen Systemdeterminante gleich $D^2$ ist.

Für manche Überlegungen ist auch die folgende Schreibweise der Gln. (106) und (107) nützlich (ähnlich wie bei der projektiven Teilung, S. 10):

$$\left.\begin{aligned} u &= a_{13}/a_{33} + (A_{22}\xi - A_{21}\eta)/a_{33}N, \\ v &= a_{23}/a_{33} - (A_{12}\xi - A_{11}\eta)/a_{33}N, \end{aligned}\right\} \tag{112}$$

mit $N = a_{31}\xi + a_{32}\eta + a_{33}$, ferner

$$\left.\begin{aligned} \xi &= A_{31}/A_{33} + D(a_{22}u - a_{12}v)/A_{33}\overline{N}, \\ \eta &= A_{22}/A_{33} - D(a_{21}u - a_{11}v)/A_{33}\overline{N} \end{aligned}\right\} \tag{113}$$

mit $\overline{N} = A_{13}u + A_{23}v + A_{33}$.

Die Gleichungen für die Abbildung enthalten, da durch $a_{33}$ gekürzt werden kann, acht wesentliche Konstante bzw. Parameter $(a_{ik})$, so daß man sich also für vier Punkte der Grundebene $E$ vier Punkte der Bildebene geben kann, wobei von den ersteren nicht drei auf einer Geraden liegen dürfen (s. a. u.).

2. Die *Zuordnung* für einige wesentliche Punkte und Geraden läßt die folgende *Zusammenstellung* erkennen:

| Grundebene $E$ | Bildebene $\overline{E}$ |
|---|---|
| $\xi = 0$, $\eta = 0$ (Ursprung $O$) | $u = a_{13}/a_{33}$, $v = a_{23}/a_{33}$ |
| $\xi = A_{31}/A_{33}$, $\eta = A_{32}/A_{33}$ | $u = 0$, $v = 0$ (Ursprung $\overline{O}$) |
| Ursprung wird in Ursprung übergeführt, wenn $a_{13} = a_{23} = 0$ ist. | |
| $\eta = 0$ ($\xi$ Achse) | Gerade $A_{12}u + A_{22}v + A_{32} = 0$, insbesondere die $u$-Achse, wenn $a_{21} = a_{23} = 0$ ist. |
| $\xi = 0$ ($\eta$-Achse) | Gerade $A_{11}u + A_{21}v + A_{31} = 0$, insbesondere die $v$-Achse, wenn $a_{12} = a_{13} = 0$ ist. |

---

[1] $\zeta' = 1$ liefert $\xi = \xi'$ usw.; aber $\zeta' = 0$ stellt den unendlich fernen Punkt der $\xi$, $\eta$-Ebene und $w' = 0$ den unendlich fernen Punkt der $u$, $v$-Ebene dar.

| Grundebene $E$ | Bildebene $\overline{E}$ |
|---|---|
| Gerade $a_{21}\xi + a_{22}\eta + a_{23} = 0$ | $v = 0$ ($u$-Achse) |
| Gerade $a_{11}\xi + a_{12}\eta + a_{13} = 0$ | $u = 0$ ($v$-Achse) |
| $\xi \to \infty$, $\eta \to \infty$ oder $\zeta' \to 0$ (unendlich ferne Gerade) | Gerade $A_{13}u + A_{23}v + A_{33} = 0$. |
| Gerade $a_{31}\xi + a_{32}\eta + a_{33} = 0$ | $u \to \infty$, $v \to \infty$ oder $w' \to 0$ (unendlich ferne Gerade) |
| $\eta = \xi \cdot A_{22}/A_{21}$ (Strahl durch $O$, Steigung $A_{22}/A_{21}$) | $u = a_{13}/a_{33}$ (Parallele zur $v$-Achse; die einzelnen Werte $\xi$ liefern auf dieser eine projektive Teilung) |
| $\eta = \xi \cdot A_{12}/A_{11}$ (Strahl durch $O$, Steigung $A_{12}/A_{11}$) | $v = a_{23}/a_{33}$ (Parallele zur $u$-Achse; die einzelnen Werte $\xi$ liefern auf dieser eine projektive Teilung) |
| $\xi = A_{31}/A_{33}$ (Parallele zur $\eta$-Achse) | $v = u \cdot a_{22}/a_{12}$ (Strahl durch $\overline{O}$, Steigung $a_{22}/a_{12}$) |
| $\eta = A_{32}/A_{33}$ (Parallele zur $\xi$-Achse) | $v = u \cdot a_{21}/a_{11}$ (Strahl durch $\overline{O}$, Steigung $a_{21}/a_{11}$) |
| Parallelenschar[1] $\eta = m\xi + b$ ($m$ = konst., $b$ variabel) | Strahlenbüschel durch den Punkt $\overline{S}(u_0, v_0)$, wobei $u_0 = (a_{11} + m a_{12})/(a_{31} + m a_{32})$, $v_0 = (a_{21} + m a_{22})/(a_{31} + m a_{32})$. |
| Wenn $m = m_0 = -a_{31}/a_{32}$ ist, | so sind die Bildgeraden einander parallel ($\overline{S} \to \infty$) und haben die Steigung $M_0 = -A_{13}/A_{23}$. |
| Insbesondere wird aus der Geraden $\eta = m_0\xi = -a_{31}/a_{32} \cdot \xi$ | die Gerade $A_{13}u + A_{23}v - (a_{13}A_{13} + a_{23}A_{23})/a_{33} = 0$. |
| Für $m = -a_{11}/a_{12} = -a_{21}/a_{22}$, d. h. $A_{33} = 0$, | fällt $\overline{S}$ in den Ursprung $\overline{O}$. |
| Strahlenbüschel durch den Punkt $T(\xi_0, \eta_0)$, wobei $\xi_0 = (A_{11} + M A_{21})/(A_{13} + M A_{23})$, $\eta_0 = (A_{12} + M A_{22})/(A_{13} + M A_{23})$. | Parallelenschar[1] $v = Mu + B$ ($M$ = konst., $B$ variabel) |

---

[1] Die entsprechenden Beziehungen lassen sich leicht mit Hilfe der Gln. (109) bis (111) finden.

| Grundebene $E$ | Bildebene $\overline{E}$ |
| --- | --- |

$T$ rückt unendlich fern, wobei die parallelen Geraden die Steigung $m_0 = -a_{31}/a_{32}$ haben,

wenn $M_0 = -A_{13}/A_{23}$ ist.

insbesondere entspricht die Gerade
$$a_{31}\xi + a_{32}\eta - (a_{13}A_{13} + a_{23}A_{23})/A_{33} = 0$$

der Geraden
$$v = M_0 u = -u A_{13}/A_{23}$$

$T$ fällt in den Ursprung $O$

für $M = -A_{11}/A_{21} = -A_{12}/A_{22}$, d. h. $a_{33} = 0$.

*3.* Zur Darstellung der Transformationen, insbesondere auch der von Geraden, ist die Schreibweise mit *Linienkoordinaten* zweckmäßig: Die Gleichung einer Geraden $g$ kann mit den Linienkoordinaten $p, q$ in der Form

$$p\xi + q\eta + 1 = 0$$

oder mit homogenen Koordinaten $p = p'/\varrho'$, $q = q'/\varrho'$ auch

$$p'\xi' + q'\eta' + \varrho'\zeta' = 0 \tag{*}$$

geschrieben werden. Dabei sind $p$ und $q$ die reziproken negativen Achsenabschnitte $a = -1/p$, $b = -1/q$, und $\xi, \eta$ sind die *Punktkoordinaten*. Die transformierte Gerade läßt sich ebenfalls in Linienkoordinaten $P, Q$ angeben:

$$Pu + Qv + 1 = 0 \quad \text{oder} \quad P'u' + Q'v' + R'w' = 0,$$

wobei $P' = P/R'$, $Q' = Q/R'$ ist. Durch Vergleich ergibt sich

$$P = (A_{11}p + A_{12}q + A_{13})/N^*, \qquad P' = A_{11}p' + A_{12}q' + A_{13}\varrho',$$
$$Q = (A_{21}p + A_{22}q + A_{23})/N^*, \quad \text{oder} \quad Q' = A_{21}p' + A_{22}q' + A_{23}\varrho',$$
$$N^* = A_{31}p + A_{32}q + A_{33}, \qquad R' = A_{31}p' + A_{32}q' + A_{33}\varrho'.$$

*4.* Beim Sonderfall der *affinen* Verzerrung werden alle Parallelenscharen wieder in Parallelenscharen transformiert. Dies ist nach der Zusammenstellung nur dann möglich, wenn $u_0$ und $v_0$ stets nach Unendlich gehen, d. h. wenn $a_{31} = a_{32} = 0$ ist. Dann sind die Transformationsgleichungen durch *ganze* Funktionen ausgedrückt, und es wird, wenn der Einfachheit halber $a_{33} = 1$ gesetzt wird,

$$u = a_{11}\xi + a_{12}\eta + a_{13}, \quad v = a_{21}\xi + a_{22}\eta + a_{23}.$$

Diese Transformation bedeutet Verschiebung + Drehung + Streckung.

*5. Invarianten:* Es läßt sich zeigen, daß mindestens eine Gerade invariant bleibt, d. h. bei der Abbildung in sich selbst übergeht, gegebenenfalls können auch drei Geraden invariant bleiben. Ebenso ist mindestens ein Punkt invariant, gegebenenfalls können es auch drei (reelle) Punkte sein.

Hieraus ergibt sich für die *praktische Anwendung in der Nomographie:* Bei projektiver Abbildung einer Tafel auf eine andere Ebene kann man drei beliebige Punkte festhalten und die Endlage, d. h. das Bild eines vierten Punktes vorschreiben, wobei aber von diesen vier Punkten nicht drei auf einer Geraden liegen dürfen.

Ebenso kann man statt dessen drei beliebige Geraden festhalten und das Bild einer weiteren vorschreiben. Von diesen vier Geraden dürfen aber nicht drei durch einen Punkt gehen.

6. *Beispiele:* 1. Die Parallelfluchtentafel von Abs. 252 soll in eine Tafel mit zusammenlaufenden Leitern transformiert werden, Abb. 107a, und zwar in die Form von Abb. 107bI oder bII. In beiden Fällen geht $O$ in $\overline{O}$ über, d. h. $O$ bleibt invariant. Dies fordert nach Tafel $a_{13} = 0$ und $a_{23} = 0$. Die $\xi$-Achse ($\eta = 0$) geht in

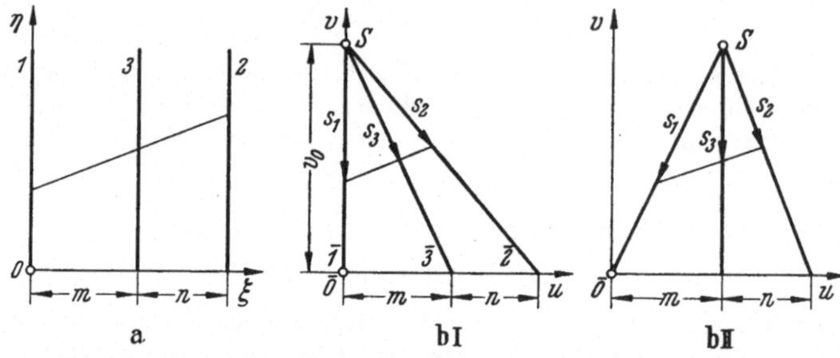

Abb. 107a, b. Projektive Transformation der Fluchtentafel a in die Fluchtentafeln b I und b II.

die $u$-Achse ($v = 0$) über, d. h. es ist zudem $a_{21} = 0$. Da aber die Abszissenachsen invariant bleiben sollen, so folgt aus Gl. (106) durch Gleichsetzen von $u$ und $\xi$, daß $a_{31} = 0$ und $a_{11} = a_{33}$ sein muß. Für $\eta \to \infty$ soll $v \to v_0$ gehen, d. h. es muß $v_0 = a_{22}/a_{32}$ sein. Es kann $a_{32} = 1$ gesetzt werden, so daß $a_{22} = v_0$ wird. Damit lautet die Abbildung:

$$u = (a_{11}\xi + a_{12}\eta)/(\eta + a_{11}), \qquad v = v_0 \eta/(\eta + a_{11})$$

oder

$$D = \begin{vmatrix} a_{11} & a_{12} & 0 \\ 0 & v_0 & 0 \\ 0 & 1 & a_{11} \end{vmatrix}.$$

Im Fall I soll nun für $\eta \to \infty$ auch $u = 0$ bleiben (Leiter $\overline{1}$ liegt auf der $v$-Achse). Dies fordert $a_{12} = 0$.

Beachtet man, daß $\eta_1 = l_1 \mathrm{f}(x)$, $\eta_2 = l_2 \mathrm{g}(y)$ und $\eta_3 = l_3 \mathrm{h}(z)$ war [Maßstäbe s. Gl. (55b), S. 51[1]], so folgt für die Teilung auf $\overline{1}$: $v_1 = v_0 l_1 \mathrm{f}(x)/[a_{11} + l_1 \mathrm{f}(x)]$ oder nach Abb. 107b auch $s_1 = L_1 - v_1 = v_0 - v_1 = a_{11} v_0/[a_{11} + l_1 \mathrm{f}(x)]$ $= \overline{a}_{11} v_0/[\overline{a}_{11} + \mathrm{f}(x)]$, so wie sie in Abb. 104b, S. 78 benutzt wurde! Dort waren aufgetragen die Strecken $200 p/(100 + t^2)$, d. h. es war $\overline{a}_{11} = 100$ und $v_0 = 2p$ $= 2 \cdot 80 = 160$ mm. Die anderen Leitern ergeben sich dadurch zwangläufig.

Im Fall II soll für $\eta \to \infty$ aber $u = m$ werden. Das fordert $a_{12} = m$. Dies ändert den Wert von $D$ nicht, noch sonst etwas Grundsätzliches: Für die Leiter $\overline{1}$ ($\xi = 0$) folgt zunächst

$$u_1 = m l_1 \mathrm{f}(x)/[a_{11} + l_1 \mathrm{f}(x)] \quad \text{und} \quad v_1 = v_0 l_1 \mathrm{f}(x)/[a_{11} + l_1 \mathrm{f}(x)].$$

---

[1] Dort sind bei der ursprünglichen, speziellen Herleitung die Strecken auf den Leitern mit $u$, $v$, $w$ bezeichnet worden. Dafür ist jetzt sinngemäß zu setzen $\eta_1, \eta_2, \eta_3$.

Führt man wieder die unmittelbar auf den Skalen vom Zentrum $S$ aufgetragenen Strecken $s_1$, $L_1$ ein, so folgt aus $s_1 : L_1 = (m - u_1) : m$ der Wert $s_1 = a_{11} L_1 / [a_{11} + l_1 \, \mathrm{f}(x)] = \bar{a}_{11} L_1 [\bar{a}_{11} + \mathrm{f}(x)]$, d. h. gegenüber oben ist nur $v_0$ durch $L_1$ zu ersetzen. Entsprechend ergeben sich auf den Leitern $\bar{2}$ und $\bar{3}$ die Teilungen

$$s_2 = L_2 \, \frac{a_{11}/l_2}{a_{11}/l_2 + \mathrm{g}(y)} \,, \qquad s_3 = L_3 \, \frac{a_{11}/l_3}{a_{11}/l_3 + \mathrm{h}(z)} \,.$$

Unter Beachtung der S. 51 angegebenen Beziehungen zwischen den Abständen $m$ und $n$ sowie den Faktoren $l_i$ ist also der Typ $\mathrm{h}(z) = \mathrm{f}(x) + \mathrm{g}(y)$ dargestellt, nur sind die neuen Teilungen projektiv zu den ursprünglichen und könnten nach S. 11 auch zeichnerisch aus diesen gewonnen werden.

So war in Abb. 72 die Beziehung $x^2 + y^2 = z^2$ dargestellt worden mit $m = n$ und $l_1 = l_2 = l$, $l_3 = l/2$, und damit ergeben sich nach den vorstehenden Herleitungen ebenso wie dort die Strecken $s_1 = 8000/(40 + x^2)$, entsprechend für $y$, ferner $s_3 = 8000 \sqrt{3}/(40 + z^2)$. Es ist $L_1 = L_2 = 200$ mm und $L_3 = 100/\sqrt{3}$ mm, da der Winkel zwischen den Leitern $30°$ betrug.

Wenn der Schnittpunkt $S$ ungünstig gelegen ist, so können auch die Strecken $L_i - s_i$ oder sonst von einem beliebigen Punkt der Skala aus gerechneten Strecken aufgetragen werden.

2. Der Leser vergleiche hiermit die projektive Abbildung gemäß Abb. 106.

3. Da sich eine Leitertafel mit zwei parallelen und einer gekrümmten Leiter so transformieren läßt, daß die ersteren in zwei zueinander senkrechte Geraden übergehen, so ist dieser S. 62 geschilderte Typ letzten Endes nichts Neues. Dies gilt auch, wenn die dritte Leiter ebenfalls eine Gerade wird (die hierbei auftretenden Beziehungen lassen sich auch unmittelbar herleiten). Ist die gekrümmte Leiter ein Kegelschnitt, so geht dieser, wie gesagt, ebenfalls in einen Kegelschnitt über, und es läßt sich erreichen, daß dieser ein *Kreis* wird (vgl. S. 63).

4. Eine Kurventafel mit geraden Linien als Kurvenscharen läßt sich durch projektive Abbildung so transformieren, daß wieder eine Geradentafel entsteht. So kann aus einer Tafel mit zwei Strahlenbüscheln eine Tafel mit zwei Parallelenscharen entstehen. Anwendungen vgl. Abs. 35.

7. Setzt man in die Gl. (74), S. 61, welche die Bedingung für eine Fluchtentafel ausdrückt und sowohl für die Grundebene $E$ als auch für die Bildebene $\bar{E}$ gilt, also in dieser die Form

$$\begin{vmatrix} u_1 & v_1 & 1 \\ u_2 & v_2 & 1 \\ u_3 & v_3 & 1 \end{vmatrix} = 0$$

hat, die Transformationsgleichungen (106) ein, so wird, wenn die Koordinaten $\xi_i$, $\eta_i$ in üblicher Weise proportional den Funktionen $\mathrm{f}$, $\mathrm{g}$, $\mathrm{h}$ gesetzt werden (Maßstabsfaktoren $l_i = 1$ gesetzt), d. h. $\xi_1 = \mathrm{f}_1(x)$, $\eta_1 = \mathrm{f}_2(x)$ usw., so gewinnt man die Form

$$\begin{vmatrix} a_{11}\,\mathrm{f}_1 + a_{12}\,\mathrm{f}_2 + a_{13} & a_{21}\,\mathrm{f}_1 + a_{22}\,\mathrm{f}_2 + a_{23} & a_{31}\,\mathrm{f}_1 + a_{32}\,\mathrm{f}_2 + a_{33} \\ a_{11}\,\mathrm{g}_1 + a_{12}\,\mathrm{g}_2 + a_{13} & a_{21}\,\mathrm{g}_1 + a_{22}\,\mathrm{g}_2 + a_{23} & a_{31}\,\mathrm{g}_1 + a_{32}\,\mathrm{g}_2 + a_{33} \\ a_{11}\,\mathrm{h}_1 + a_{12}\,\mathrm{h}_2 + a_{13} & a_{21}\,\mathrm{h}_1 + a_{22}\,\mathrm{h}_2 + a_{23} & a_{31}\,\mathrm{h}_1 + a_{32}\,\mathrm{h}_2 + a_{33} \end{vmatrix} = 0\,.$$

Nach den Regeln der Determinantenrechnung [*37*] stellt diese Determinante aber nichts anderes dar als das Produkt der Determinante

$$\begin{vmatrix} f_1 & f_2 & 1 \\ g_1 & g_2 & 1 \\ h_1 & h_2 & 1 \end{vmatrix}$$

mit der Determinante $D$ gemäß Gl. (108). Daher genügt es, wenn wir die Abbildung im Einzelfall durch Aufschreiben der Matrix [*68*]

$$\begin{pmatrix} a_{11} & a_{12} & a_{13} \\ a_{21} & a_{22} & a_{23} \\ a_{31} & a_{32} & a_{33} \end{pmatrix} \tag{114}$$

angeben.

Eine Abbildung an sich hat für die nomographische Praxis u. a. den *Vorteil*, daß dadurch gewisse Bereiche der Veränderlichen — also im Einzelfall die besonders interessierenden Bereiche — besser dargestellt werden können. Bei der *projektiven* Abbildung kommt hinzu, daß sie wegen der Linearität der Abbildungsgesetze besonders einfach zu handhaben ist und besondere Schmiegsamkeit besitzt. Oft kann auch, wie die Beispiele zeigen, durch Umformung der vorgelegten Beziehungen die Schmiegsamkeit erhöht werden (s. u. a. S. 55/56), ohne daß es der Formeln der projektiven Abbildung selbst bedarf.

## 272 Dualität.

**2721 Begriff.** In der projektiven Geometrie spielt der wesentlich auf PONCELET zurückgehende Begriff der Dualität, welcher letzten Endes wieder eine Art Abbildung darstellt, eine wichtige Rolle, wie in ihrer Bedeutung für die Nomographie bereits D'OCCAGNE erkannte.

Es seien zwei Ebenen $E_1$ und $E_2$ gegeben und in der ersteren zwei Punkte $A$, $B$, in der letzteren zwei Geraden $a$, $b$. Verbinden wir $A$ und $B$, so erhalten wir eine Gerade $(A, B)$, bringen wir die Geraden $a$, $b$ zum Schnitt, so erhalten wir einen Punkt $(a, b)$: Der Operation des Verbindens zweier Punkte in der einen Ebene ist die Operation des Schneidens in der anderen Ebene zugeordnet. Liegen in der ersten Ebene drei Punkte $A$, $B$, $C$ auf einer Geraden $g$, so entsprechen diesen in der zweiten Ebene drei Geraden $a$, $b$, $c$, die durch einen Punkt $G$ gehen. Einem Viereck entspricht ein Vierseit. So gilt ein Satz, der in der einen Ebene für gerade Linien und Punkte ausgedrückt ist, in gleicher Fassung für Punkte und gerade Linien in der anderen Ebene. Dieses Prinzip ist insofern für die projektive Geometrie wichtig, da ein Satz immer den ihm dual entsprechenden hat, so der Satz von PASCAL den von BRIANCHON oder der Satz von CEVA den von MENELAUS (vgl. z. B. [*9*]).

Der Begriff der Dualität ist in der elementaren Geometrie der Kegel-schnitte durch die Beziehungen zwischen *Pol* und *Polare* bereits be-kannt, vgl. Abb. 108 für den Kreis:

Zieht man von einem Punkt $P$ aus die Tan-genten an den Kreis und verbindet die Be-rührungspunkte, so ist diese Verbindungsgerade $p$ die Polare zum Punkt $P$. Wandert nun der Punkt $P$ auf der Geraden $r$, so drehen sich die zu-gehörigen Polaren um einen Punkt $R$. Der Folge der Punkte $P$ auf der Geraden $r$ ist der Punkt $R$, der Pol, zugeordnet. Wird umgekehrt die Gerade $p$ um den Punkt $R$ gedreht, so entspricht diesem Ge-radenbüschel die Punktfolge auf der Geraden $r$.

Allgemein ergibt sich für die *duale Beziehung* zwischen zwei Ebenen die folgende Gegenüberstellung[1]:

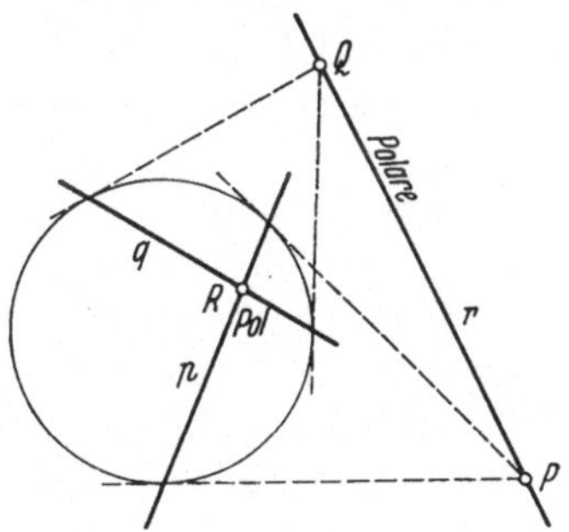

Abb. 108. Pol und Polare als duale Gebilde.

| Punkt $A$ | ⟷ | Gerade $a$ |
|---|---|---|
| Zwei Punkte $A$ und $B$ bestim-men eine Verbindungslinie $(AB)$. | | Zwei Geraden $a$ und $b$ bestimmen einen Schnittpunkt $(ab)$. |
| Drei Punkte $A, B, C$, die auf einer Geraden $g$ liegen. | | Drei Geraden $a, b, c$, die durch einen Punkt $G$ gehen. |
| Punktreihe auf Gerade $g$ oder: ein Punkt durchläuft seinen Träger. | | Strahlenbüschel durch $G$ oder: eine Gerade dreht sich um einen Punkt. |

Formal läßt sich die Dualität auch leicht durch Darstellung in homogenen Koordinaten gemäß Abs. 271 3, S. 81, erkennen. Gibt man sich ein Wertetripel, z. B. 3, 2, 1, so können wir dieses auf S. 83 in Gl. (*) als Werte $\xi'$, $\eta'$, $\zeta'$ ein-setzen und fassen die Zahlen damit als *Punkt*koordinaten auf. Deutet man die Zahlen aber als *Linien*koordinaten $p'$, $q'$, $\varrho'$, so bedeutet das Wertetripel eine Gerade, und zwar $3\xi' + 2\eta' + \zeta' = 0$. Das heißt, dem Punkt (3, 2, 1) ist diese Gerade dual zugeordnet (vgl. z. B. [*36*])[2].

**272 2 Anwendung auf die Nomographie.** Die Bedeutung der Dualität liegt nun darin, daß Kurventafeln mit geraden Linien in Fluchten-tafeln verwandelt werden können. Formal ist dies nicht überraschend: Die Bedingung dafür, daß eine Beziehung zwischen drei Veränderlichen durch eine Kurventafel mit geraden Linien dargestellt werden kann, Gl. (35 b), S. 36, stimmt völlig mit der Gl. (74), S. 61, oder Gl. (84), S. 65, überein, welche die Bedingung der Darstellbarkeit durch eine Fluchtentafel ausdrücken. Sind in der einen Form die Funktionen als Linienkoordinaten deutbar, so in der anderen als Punktkoordinaten.

---

[1] Die Anwendung der Dualität auf den Raum interessiert in unserem Zu-sammenhang nicht.

[2] Ferner: R. GRAMMEL: Plückersche Koordinaten als Hilfsmittel bei tech-nischen Aufgaben. Ing.-Arch. Bd. 12 (1941) S. 169/89.

Ein Wertetripel in einer solchen Kurventafel war dargestellt durch den Schnitt von drei Geraden. Im dualen Bild entspricht diesem eine Folge von drei Punkten (Fluchtgerade) Einer Geraden in einer Kurventafel entspricht ein Punkt in der Fluchtentafel, der Teilpunkt des Trägers. Einer Geradenschar entspricht eine Punktfolge, d. h. eine Funktionsleiter. Enthält z. B. eine Kurventafel ein Strahlenbüschel für eine Veränderliche, z. B. $z$, so entspricht dieser Folge von Geraden im dualen Bild eine Folge von Punkten auf einer Geraden, d. h. dieser Geradenschar entspricht ein gerader Träger mit der Funktionsleiter für $z$. Jedem Strahl $z$ entspricht ein Punkt $z$ auf dem Träger. Rückt der Mittelpunkt des Strahlenbüschels ins Unendliche, d. h. haben wir eine Parallelenschar, so ändert sich grundsätzlich nichts.

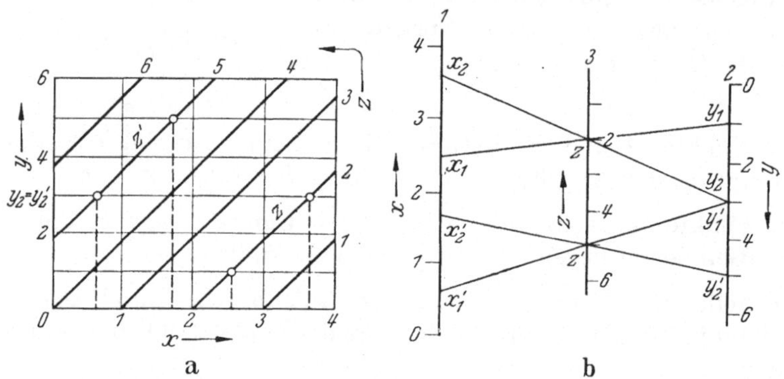

a                    b

Abb. 109a, b. Umwandlung einer Geradentafel mit drei Parallelenscharen in eine Fluchtentafel.

Bei einer Geradenschar, die nicht durch einen Punkt geht, entspricht zwar jeder Geraden ein Punkt, aber die Folge dieser Punkte liegen *nicht* auf einer Geraden; wir erhalten als duales Bild eine *gekrümmte* Leiter.

Die Verwandlung einer Kurven- in eine Leitertafel beansprucht dann Interesse, wenn eine Kurventafel bereits vorliegt — oft ohne daß das Gesetz bekannt ist — und die Fluchtentafel vorgezogen werden soll, was im allgemeinen erwünscht ist. Aber diese Transformation kann nur dann durchgeführt werden, wenn die Kurventafel aus Geraden besteht oder gegebenenfalls vorhandene Kurven verstreckt werden können (s. S. 28 u. 160).

Für die *praktische* Durchführung sei noch auf das Folgende hingewiesen:

a) Tafel mit parallelen Geraden, Abb. 109a, b: Wir wissen von Früherem [S. 35, Gl. (32a)], daß hierdurch die Beziehung $g(y) = f(x) + h(z)$ oder $h(z) = g(y) + [-f(x)]$ dargestellt wird. Die entsprechende Leitertafel kann aber gemäß Abs. 252 aus drei parallelen Leitern bestehen. So werden die Träger *1* und *2* für $x$ bzw. $y$ als Parallele in geeigneten Abständen angenommen und auf diese die Teilungen für $x$ bzw. $y$ unmittelbar aus der Kurventafel — u. U. verkleinert oder vergrößert — übernommen. Die Lage des Trägers *3* für $z$ und seine Teilung ergibt sich durch die Übertragung entsprechender Wertetripel: Auf der Geraden $z = $ konst. werden zwei Wertepaare $x_1, y_1$ und $x_2, y_2$ angenommen. Die Verbindung der zugehörigen Leiterpunkte schneiden sich im Punkt $z$ der Leiter *3*. Wiederholung für andere Werte $z$ ($z', x_1', y_1'$ und $x_2', y_2'$) liefern weitere Teilpunkte, wobei allerdings immer *ein* Wertetripel genügt, da die Lage der Leiter ja festliegt. Das Gesetz der Teilungen braucht gar nicht bekannt zu sein[1].

Daß gemäß dem Dualitätsprinzip die dritte Leiter bei Annahme paralleler Leitern *1* und *2* auch parallel zu diesen verläuft, zeigt die folgende Gegenüberstellung:

| Kurventafel | entspricht | Fluchtentafel |
|---|---|---|
| Unendlich ferner Schnittpunkt der Geraden $x$ | Träger *1* | |
| Unendlich ferner Schnittpunkt der Geraden $y$ | Träger *2* | |
| Verbindungsgerade dieser Schnittpunkte (unendlich ferne Gerade $g_\infty$) | Schnittpunkt von *1* und *2* (unendlich ferner Punkt) | |
| Unendlich ferner Schnittpunkt der Geraden $z$ | Träger *3* | |
| liegt auch auf $g_\infty$ | geht auch durch Schnittpunkt von *1* und *2* (unendlich fern), daher *3* parallel zu *1* und *2*. | |

Sollen die Leitern für $x$ und $y$ außen liegen, was man im allgemeinen erstreben wird, so werden bei steigenden Geraden $z$ die äußeren Leitern gegenläufig, andernfalls gleichläufig beziffert, da dann $h(z) = g(y) + f(x)$ ist.

b) Tafel mit zwei Parallelenscharen und einem Strahlenbüschel, Abb. 110a, b. Für die Scharen $x = $ konst. und $y = $ konst. wird wie oben verfahren. Da der Mittelpunkt des Büschels $z$ im Endlichen bleibt, muß auch Träger *3* die anderen Träger im Endlichen schneiden. Er ist die Verbindungsgerade derjenigen Punkte $x_0, y_0$ auf den Leitern *1* bzw. *2*, welche dem Schnittpunkt des Büschels entsprechen[2]. Die Teilung wird wie oben gefunden. Es ergibt sich der N-Typ, wie auch die Deutung der Gl. (35) bzw. (84) ergibt.

---

[1] SCHWERDT zeigt, wie die betrachtete Kurventafel mit Hilfe des Gesetzes von Pol und Polare an der Parabel unmittelbar in die Fluchtentafel übergeführt werden kann. Kurventafel und Fluchtentafel sind dann nicht nur dual zueinander, sondern befinden sich auch in dualer Lage.

[2] Ist dieser nicht erreichbar, so wird der Träger durch die Teilpunkte bestimmt.

c) Eine Kurventafel mit zwei Parallelenscharen und einer beliebigen Geradenschar wird in eine Fluchtentafel mit wiederum zwei parallelen Leitern, wie oben, aber mit einer gekrümmten Leiter übergeführt, deren Form und deren Teilpunkte durch entsprechende Wertetripel gefunden werden.

Hüllen beiläufig die Geraden eine Kurve $n$-ter Klasse ein, so wird der duale Träger eine Kurve $n$-ter Ordnung sein. Ist z. B. die Hüllkurve ein Kegelschnitt, so wird der zugeordnete Träger auch ein Kegelschnitt.

Auf weitere Formen wird in den Anwendungen (Abs. 354) eingegangen. Im übrigen kann jede der genannten Fluchtentafeln durch

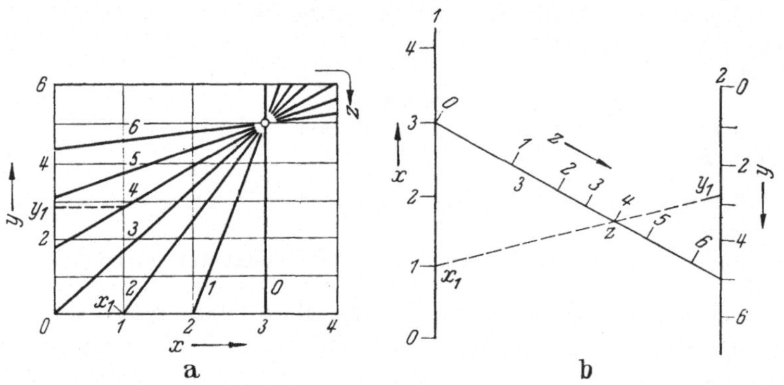

Abb. 110 a, b. Umwandlung einer Geradentafel mit zwei Parallelenscharen in eine Fluchtentafel.

projektive Transformation, wie unter 271 beschrieben, gegebenenfalls in eine andere Form gebracht werden.

*Beispiele:* 1. Eine Anwendung zu b) war bereits in Abb. 70, S. 54, und Abb. 76, S. 60, gegeben worden, und zwar unmittelbar aus der Form der darzustellenden Gleichung.

2. Bei H. J. SCHULTZE[1] findet sich eine gekoppelte Kurventafel für die Berechnung der Induktivität einlagiger Zylinder- oder Flachspulen, Abb. 111 a[2]. Den waagerechten Hilfslinien, welche die Verbindung zwischen beiden Kurventafeln herstellen, ist jetzt die *Zapfenlinie* dual zugeordnet. Diese muß parallel zu den Leitern sein, welche den Parallelenscharen der Kurventafeln entsprechen. Der rechte Teil liefert die Form a), der linke die Form c), da die geneigten Geraden im $l$-$D$-Bild nicht durch einen Punkt gehen. Beim Entwurf dieser Fluchtentafel, Abb. 111 b, muß man sich die Zapfenlinie von oben nach unten steigend beziffert denken, d. h. die von der Abszissenachse aus senkrecht nach oben gemessenen Strecken sind auf der Zapfenlinie von ihrem Anfangspunkt aus nach *unten* aufzutragen.

Nachteilig dürfte es in dieser Ausführung sein, daß die Skalen für $w$ und $l$ sehr kurz geraten. Man vermeidet dies, wenn man die Zapfenlinie nicht jeweils außerhalb, sondern innerhalb hinlegt, mit allerdings geändertem Maßstab, hier

---

[1] SCHULTZE, H. J.: Nomogramme der Fernmeldetechnik. Teil I, Schwingungskreise. München 1944.

[2] Stark verkleinert.

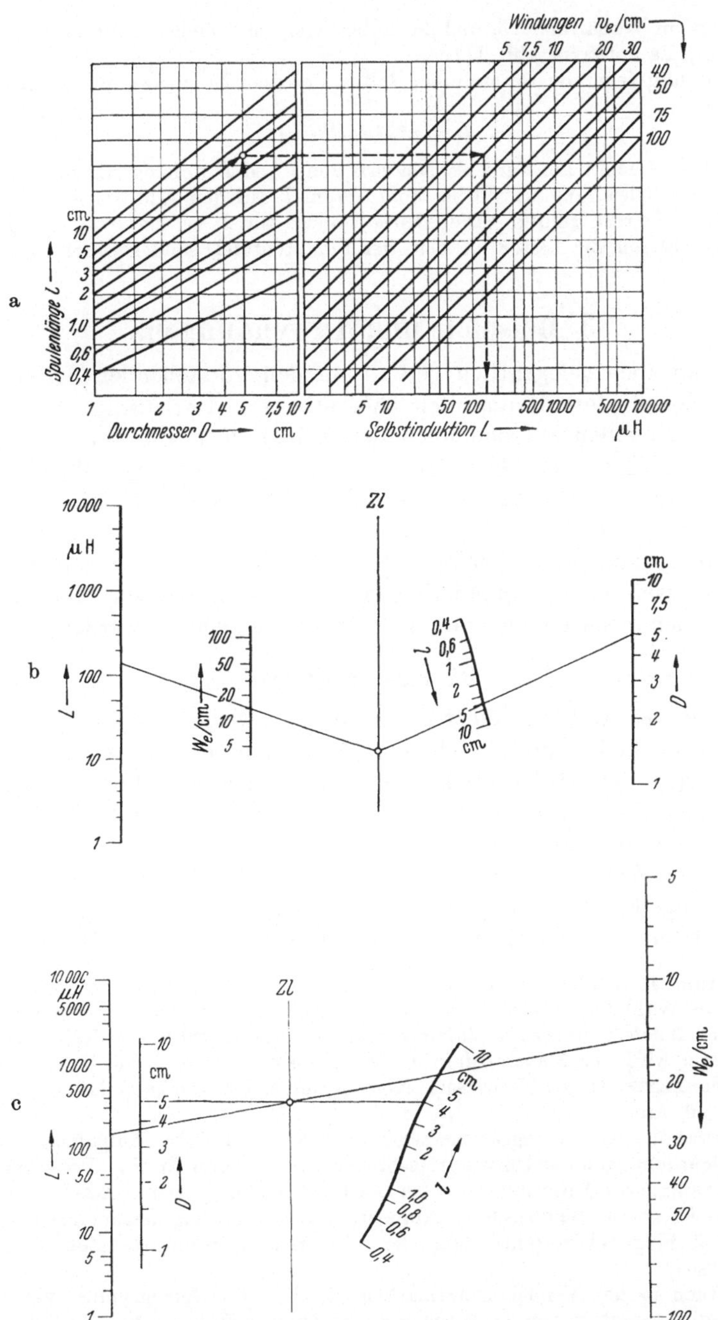



Abb. 111 a—c. Umwandlung einer gekoppelten Geradentafel in eine Fluchtentafel mit Zapfenlinie (vgl. Text). — Beispiel: $D = 5$ cm, $l = 4$ cm, $w_e = 15$ Windungen/cm liefert $L = 140\,\mu$H.

verkürzt im Verhältnis 2:3, und dann die Strecken jeweils von unten nach oben aufträgt. Es entsteht Abb. 111 c[1].

Beiläufig zeigt die Darstellung, daß in der dem Nomogramm* beigegebenen Formel

$$L = \pi^2 k l w_e^2 D^2 \cdot 10^{-3}$$

der Faktor $k$ nicht konstant ist, sondern von $l$ und $D$ abhängt. Denn Logarithmieren der Gleichung würde bei konstantem $k$ auf den Additionstyp mit vier parallelen Leitern führen. (Die Abszissenachse für $L$ ist logarithmisch geteilt, daher nicht nur die Leiter für $L$ in der Fluchtentafel, sondern auch die Leiter für $w_e$.)

# 3 Beispiele und Anwendungen.

Wenn auch gelegentlich bereits auf den vorstehenden Seiten Beispiele zur Unterstützung der theoretischen Herleitungen gebracht wurden, so sollen auf den folgenden Seiten noch zur Vertiefung eine Reihe vcn Beispielen behandelt oder Hinweise auf ausgeführte Nomogramme gegeben werden — obwohl hier in keiner Weise eine Vollständigkeit erreicht werden soll. Denn es gibt ebenso Sammlungen von Nomogrammen aus der Funktechnik[2] wie auch aus der Astronomie[3], um nur zwei weit auseinanderliegende Gebiete zu nennen[4]. Gleichzeitig sollen auch noch einige praktische Hinweise gegeben werden.

## 31 Konstruktives.

Wird der Entwurf einer Rechentafel erwogen, so muß überlegt werden, ob nicht durch geschickte Ausnutzung des normalen Rechenstabes (in der einfacheren oder der modernsten Form, [34]) die Rechnung ebensogut erledigt werden kann, zumal wenn die Rechnung nicht allzuoft vorkommt.

Liegen Beziehungen nur zwischen zwei Veränderlichen vor, so wird eine Doppelleiter das Gegebene sein, selten eine Fluchtentafel, in der eine Leiter in einen Punkt zusammenschrumpft (S. 167). Bei drei

---

* Anm. 1, S. 90.

[1] Die Wahl der anderen Lage der Zapfenlinie und ihre Verkleinerung im Verhältnis 2:3 liefert für ihre Abstände von den Leitern $L$ und $w_e$ ein Verhältnis 1:2, außerdem wird der Maßstabsfaktor für $w_e$ viermal so groß wie in Abb. 111 b.

[2] SCHULTZE, H. J.: Technische Nomogramme. Funktechnik. München 1948, s. a. S. 90, Anm. 1.

[3] STRASSL, H.: Nomogramme zur Lösung astronomischer Aufgaben, 1. Folge (Veröffentlichungen der Universitäts-Sternwarte zu Bonn Nr. 36). Bonn 1949. — Nomogramme zur Auflösung der KEPLERschen Gleichung. Astron. Nachr. Bd. 279, H. 1. — Ferner: K. TERHEYDEN: Nomogramme zur Lösung astronomischer Aufgaben 2. Folge (Veröffentlichung der Universitäts-Sternwarte Bonn Nr. 38). Bonn 1951.

[4] Auch in der Versicherungsmathematik hat die Nomographie, vor allem durch die Arbeiten von G. WÜNSCHE, Eingang gefunden; vgl. [61/65], ferner (vom gleichen Verf.): AWF-Mitt. Bd. 20 (1938) S. 79—92; Bd. 21 (1939) S. 40—43. — Hinsichtlich eines Beispiels aus der Medizin vgl. S. 158.

und mehr Veränderlichen wird man dann, wenn die vorgelegte Beziehung durch eine Fluchtentafel im weitesten Sinn dargestellt werden *kann*, dieser gegenüber einer Kurventafel den Vorzug geben, besonders wenn die Rechentafel auf dem Schreibtisch oder im Büro benutzt werden soll. Bei Verwendung im Betrieb werden Kurventafeln meistens bevorzugt, weil das zusätzliche Ablesemittel fortfällt.

Die Herstellung einer Kurventafel dürfte auch oft schwieriger sein, besonders dann, wenn das erforderliche Koordinatennetz erst neu gezeichnet werden muß.

Hat man sich zu der einen oder der anderen Form entschlossen, so muß man sich über die *Bereiche* der darzustellenden Veränderlichen klar sein, um diese möglichst genau darzustellen und um die hierdurch bedingten Maßstabsfaktoren — innerhalb der zur Verfügung stehenden Zeichenfläche — festzulegen.

Die Genauigkeit einer Tafel wurde mehrfach berührt. Sie kann durch Veränderungen im Papier gestört werden, doch bedingen diese keinen Fehler, sofern sie als projektive Transformationen angesehen werden können und es sich um Kurven- oder eigentliche Fluchtentafeln handelt.

Eine wichtige Frage ist die der *Unterteilung*: Während man die Teilstriche auf den Leitern (Rechenstäben, Doppelleitern, Fluchtentafeln) nicht unter 1 mm wählen sollte, bei Rechenstäben vielleicht auch noch herunter bis 0,5 mm, so empfehlen sich bei Kurventafeln wesentlich größere Abstände zwischen den Kurven, möglichst größer als 2 mm[1]. Ein bestimmtes Intervall von $u = 0{,}5$ bis 1 mm z. B. bei einer Leiter

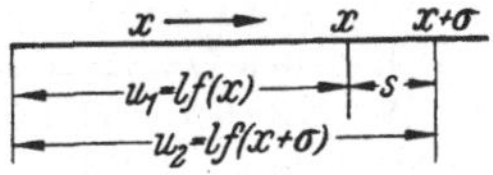

Abb. 112. Zur Schrittlänge.

schreibt bereits die Unterteilung vor: Es war $u = l\,\mathrm{f}(x)$ die der Funktion $\mathrm{f}(x)$ entsprechende Strecke: Einem Intervall $\Delta u = u_2 - u_1$ ist ein Schritt der Veränderlichen um $\Delta x = \sigma$ zugeordnet, Abb. 112, und die Reihenentwicklung liefert unter Vernachlässigung höherer Potenzen von $\sigma$: $\Delta u = l\,\mathrm{f}(x + \sigma) - \mathrm{f}(x) \approx l[\mathrm{f}(x) + \sigma\,\mathrm{f}'(x) - \mathrm{f}(x)]$ $= l\sigma\,\mathrm{f}'(x)$; d. h. zum Intervall $\Delta u = s$ gehört in der Veränderlichen ein Schritt um

$$\sigma = \frac{s}{l\,\mathrm{f}'(x)},$$

sofern der Schritt so klein ist, daß auch die Näherungsformel benutzt werden kann. Ist ein bestimmter Wert $\sigma$ vorgeschrieben, so kann aus dieser Gleichung der erforderliche Maßstabsfaktor $l$ ermittelt werden.

Die Unterteilung erfolgt nach Zehnerpotenzen von 1, 2, 5, so daß z. B. zwischen 1 und 2 folgende Unterteilungen möglich sind: 1,1; 1,2;

---

[1] Es ist selbstverständlich, daß man erst die Hauptpunkte markieren wird und danach die weiteren Teilpunkte. — Wenn die Richtlinien in den Abbildungen dieses Buches nicht immer erfüllt sind, so liegt das an der oft starken Verkleinerung der Bilder.

$\dots$ ; 1,8; 2,0 oder 1; 1,5; 2,0 oder 1,01; 1,02; $\dots$ ; 1,98; 2,00 oder 1,05; 1,1; 1,15; 1,20; $\dots$ ; 1,95; 2,00 usw. Zweifellos wird man sich für eine der Unterteilungen im Einzelfall entscheiden, vielleicht auch von 1 bis 1,5 anders als von 1,5 bis 2,0. Dies mögen im einzelnen die folgenden Beispiele beleuchten:

1. Der *logarithmische* Rechenstab trägt $u = 250 \lg x$ mit $l = 250$ mm. Es sei $s = 0,5$ mm angenommen, dann folgt mit $f'(x) = 1/2,3\,x$, wobei $\ln 10 = 2,3$ abgerundet geschrieben ist, für den Schritt nach der obigen Formel $\sigma = 0,5 \cdot 2,3\,x/250 \approx x/200$, und für die Unterteilung ergibt sich die folgende Tabelle, wie sie auch der tatsächlichen Ausführung entspricht:

| $x$ | $\sigma$ | |
|---|---|---|
| 2 | 0,01 | d. h von $x = 1 \div 2$ die Unterteilung 1,01; 1,02; $\dots$; 1,99; 2,00 . |
| 3 | 0,015⎫ | |
| | $\approx 0,02$ ⎬ | d. h. von $x = 2 \div 4$ die Unterteilung 2,02; 2,04; $\dots$; 3,98; 4,00. |
| 4 | 0,02 ⎭ | |
| 5 | 0,025⎫ | |
| | $\approx 0,05$ | |
| 6 | 0,03 | d. h. |
| | $\approx 0,05$ | von $x = 4 \div 10$ die Unterteilung 4,05; 4,10; $\dots$; 9,90; 9,95; 10,0. |
| . | . | |
| 10 | 0,05 | |

Man kann auch $\sigma$ vorgeben und den zugehörigen Wert $x$ aus $f'(x) = s/l'\sigma$, d. h. hier aus $1/2,3\,x = 0,5/250\,\sigma$ oder $x \approx 200\,\sigma$ berechnen. So folgt für $\sigma = 0,01$ der Wert $x = 2$ und für $\sigma = 0,02$ der Wert $x = 4$.

Der Leser verfahre entsprechend für $l = 125$ mm.

2. *Potenzteilung*, z. B. $u = 10\sqrt{x}$ mit $s = 1$ mm. Es folgt $u' = 10/2\sqrt{x}$, also $\sigma = 0,2\sqrt{x}$ oder $x = (5\,\sigma)^2$ und damit:

| $x$ | $\sigma$ | |
|---|---|---|
| 0,2 | 1 | d. h. von $x = 0$ bis $x = 1$ Schrittlänge 0,2: 0,0; 0,2; $\dots$; 0,8; 1,00. |
| 0,5 | 6,25⎫ | d. h. bis $x = 6$ Schrittlänge 0,5: 1,5; 2,0; $\dots$; 5,5; 6,0. |
| | $\approx 6,00$⎭ | |
| 1,0 | 25 | d. h. von $x = 6$ bis $x = 20$ (s. u.) Sprung um 1,0: 6,0; 7,0; $\dots$; 20,0. |
| 2,0 | 100 | d. h. von $x = 20$ bis $x = 100$ Sprung um je 2: 20; 22; 24; $\dots$; 98; 100. |

3. *Reziprok*teilung $u = l/x$, $x = 1 \div 25$, $l = 100$ mm, $s = 1$ mm. Die aufzutragenden Strecken sind $u_1 - u_x = l - l/x$, so daß die Gesamtstrecke $100 - 100/25 = 96$ mm wird. Da hier $f'(x) = -1/x^2$ wird, folgt $\sigma = s\,x^2/l = x^2/100$ (abgesehen vom Vorzeichen) und im einzelnen:

Von $x = 1$ bis 2 Sprung um $\sigma = 0,05$; von 2 bis 3 um je 0,1; von 3 bis 4 um je 0,2; von 4 bis 7 um je 0,5; von 7 bis 10 um je 1. Weiterhin ergibt sich die Unterteilung 10, (15), 20, 30. Damit aber $x = 25$ noch $\sigma = 5$ liefert, also die Unterteilung 10, 15, 20, 25 gewählt werden kann, müßte $l$ größer gemacht werden, und zwar $l = 125$ mm. Denn dann liefert $\sigma = 5$ den Wert $x = \sqrt{500}$ oder aufgerundet $x = 25$.

4. *Sinus*teilung $u = l \sin x$, $l = 100$ mm und $s = 2$ mm mit Rücksicht auf eine Verkleinerung. Es wird $f'(x) = \cos x$, also $\sigma = s/l \cos x$, aber in Bogenmaß,

und daraus durch Multiplikation mit $180°/\pi = 1/\varrho$ (auf dem Rechenschieber) der Schritt in Grad zu

$$\sigma° = \frac{2 \cdot 180°}{100\,\pi \cos x} \approx 1{,}145/\cos x\,.$$

Es resultiert die Teilung von Abb. 120 links, d. h. Sprung um je 2° von 0° bis 50° (0, 2, 4, . ., 48, 50), um je 5° von 50° bis 80° (50, 55, 60, . . ., 75, 80). Der Sprung von 80° bis 90° entspricht einem Streckenzuwachs von $\Delta u = 1{,}5$ mm, liegt also bereits unter 2 mm, so daß gegebenenfalls $l$ größer gemacht werden muß[1].

Wenn die gewünschten Bereiche nicht günstig dargestellt werden, kann eine geeignete projektive Transformation dies erreichen oder auch eine andere Transformation.

Beim *praktischen* Entwurf wird man zunächst sehen, ob die vorliegende Funktion auf einen der behandelten Typen zurückgeführt werden kann; vgl. Zusammenstellung S. 171/72.

Nachdem eine Form gewählt ist, wird man zum Rohentwurf schreiten, so wie es im Beispiel auf S. 52 u. a. dargestellt wurde. Hiernach wird zu entscheiden sein, ob die Genauigkeit ausreicht, ob die Bereiche praktisch dargestellt sind und ob durch Wahl anderer Maßstäbe oder durch projektive Transformation u. a. eine Verbesserung erreicht werden kann. Möglichst glatte Maßstäbe zu nehmen, dürfte nützlich, doch nicht immer zu verwirklichen sein.

Dem fertigen Nomogramm sollte ein Beispiel eingezeichnet sein, oder es sollte in einer Nebenfigur der Einstell- und Ableseweg erläutert werden. Auch sollte die dargestellte Formel angegeben werden — sofern eine solche überhaupt zugrunde gelegt ist. Denn oft kann es sich um Wiedergabe von Tabellen handeln oder auch um Zusammenhänge, die rein experimentell oder nur durch graphische Schaubilder gegeben sind.

## 32 Funktionsleitern.

### 321 Einige besondere Teilungen.

1. *Logarithmische* Teilung. Da diese sehr häufig vorkommt, sind noch einige Bemerkungen zu machen:

a) Die verschiedenartigen Maßstäbe lassen sich durch eine Strahlentafel aus einer Teilung für glatte Maßstäbe herleiten, Abb. 113; es ist $l = \lambda L, \lambda \leqq 1$[2].

b) Die Verzifferung, d. h. eine Verschiebung um eine Zehnerpotenz, war erwähnt. Oft kann aber auch eine Verschiebung um einen konstanten Faktor nützlich sein: Ist z. B. der Bereich von $x = 7 \div 15$ gegeben, d. h. geht er über zwei Zehnerpotenzen, so führt eine Multiplikation mit 2 auf $\lg 2x$, d. h. auf $\lg 14$ bis $\lg 30$, so daß der Bereich in nur *einer* Zehnerpotenz liegt, jedoch mit $7 \div 15$ zu beschriften ist. Logarithmisch gesehen bedeutet ferner eine Ver-$n$-fachung bzw.

$n$-Teilung die Darstellung von $x^n$ bzw. $\sqrt[n]{x}$.

---

[1] Da $f'' = 0$ ist für $x = 0$, liegt in der Umgegend von $x = 0$ eine fast lineare Teilung vor.

[2] Der AWF (Ausschuß für wirtschaftliche Fertigung) liefert eine Sammlung verschiedener logarithmischer und anderer Maßstäbe.

c) Beim *Rohentwurf* genügt die Kenntnis von *zwei* Logarithmen: $\lg 2 = 0{,}3010 \approx 0{,}3$ und $\lg 3 = 0{,}4771 \approx 0{,}48$. Denn $\lg 4 = 2\lg 2 \approx 0{,}6$; $\lg 5 = \lg 10 - \lg 2 = 0{,}6990 \approx 0{,}7$; $\lg 6 = \lg 2 + \lg 3 \approx 0{,}78$ (genauer $0{,}7782$);

$\lg 7 \approx \lg \sqrt{50} = \tfrac{1}{2}\lg 50 = \tfrac{1}{2}\cdot 1{,}6990 \approx 0{,}85$; $\lg 8 = 3\lg 2 \approx 0{,}9$ (genauer $0{,}9031$); $\lg 9 = 2\lg 3 = 0{,}9542 \approx 0{,}95$. Man beachte auch $\lg \pi \approx \lg \sqrt{10} = 0{,}5$; ferner könnte $\lg 1{,}5$ aus $\lg 3 - \lg 2$ gewonnen werden usw.

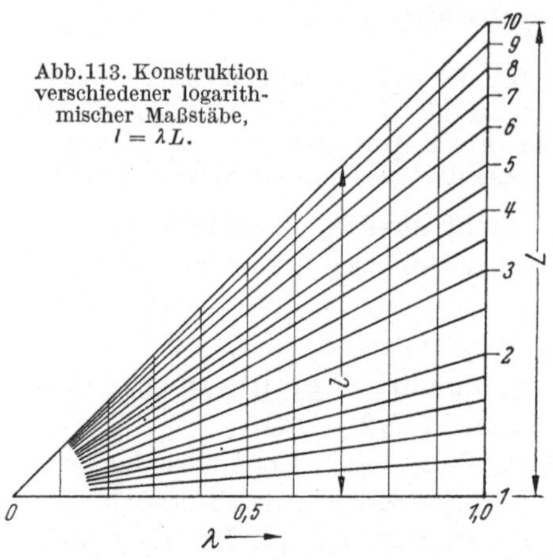

Abb. 113. Konstruktion verschiedener logarithmischer Maßstäbe, $l = \lambda L$.

d) Schließlich kann eine logarithmische Leiter auch leicht mit *Normzahlen*[1] entworfen werden, sofern diese — wenigstens in Rundwerten — zur Verfügung stehen oder dem Normzahlbewanderten gedächtnismäßig bekannt sind: Viele Größen der Technik und verwandter Gebiete sind nach einer bestimmten geometrischen Reihe abgestuft. Für die Reihe R 40 beträgt der Quotient $q_{40} = \sqrt[40]{10} = 1{,}0693$ bzw. $1{,}06$ als sogenannter „Hauptwert",

für R 20 ist $q_{20} = (q_{40})^2 = \sqrt[20]{10} = 1{,}1220$ bzw. $1{,}12$ als Hauptwert,

für R 10 ist $q_{10} = (q_{40})^4 = \sqrt[10]{10} = 1{,}2589$ bzw. $1{,}25$ als Hauptwert,

für R 5 ist $q_5 = (q_{40})^8 = \sqrt[5]{10} = 1{,}5849$ bzw. $1{,}60$ als Hauptwert.

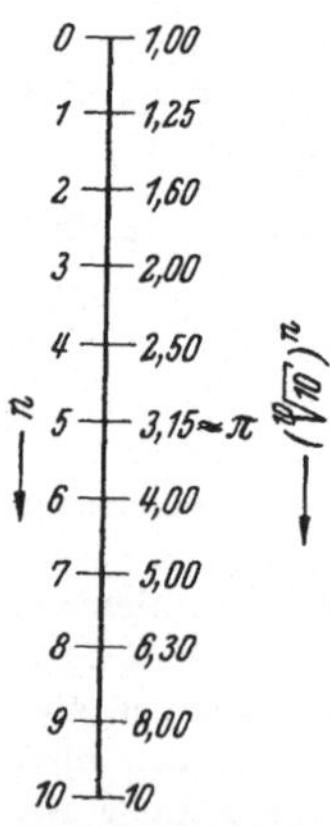

Abb. 114. Logarithmische Teilung mit Normzahlen.

Wenn nun bei einem Nomogramm die darzustellenden Größen gemäß den Normzahlen (oder allgemein gesprochen geometrisch) abgestuft sind, so ergeben sich bei logarithmischen Leitern oder auf logarithmischen Papieren regelmäßige Abstufungen, vgl. Abb. 114.

2. Die *projektive* Leiter kann wegen ihrer Schmiegsamkeit und ihrer leichten zeichnerischen Ermittlung zur genäherten, doch praktisch ausreichenden genauen Unterteilung einer sonst lästig zu ermittelnden Teilung herangezogen werden, worauf MEHMKE[2] bereits hingewiesen hat. Es soll also in der Umgebung des Punktes $x_0$, d. h. für $x = x_0 + h$ die Funktion $u = l\,\mathrm{f}(x) = ly = \mathrm{F}(x)$ durch eine projektive Teilung ersetzt werden. Da nur die Umgebung interessiert, setzen wir sofort für

$$\mathrm{F}(x+h) - \mathrm{F}(x) \qquad \text{(a)}$$

eine projektive Teilung von der Form

$$\bar{u} = bh/(c+h) \qquad \text{(b)}$$

an (S. 11), da für $h = 0$ auch $\bar{u} = 0$ sein soll, was $a = 0$ fordert. Aus der Reihenentwicklung von (a) und (b) folgt

$$\mathrm{F}(x+h) - \mathrm{F}(x) = \mathrm{F}'(x_0) + \frac{h^2}{2}\mathrm{F}''(x_0) + \cdots \quad \text{und} \quad u = \frac{b}{c}h - \frac{b}{c^2}h^2 + - \cdots,$$

---

[1] Vgl. [*3, 17*]; ferner W. MEYER ZUR CAPELLEN: Über Normungszahlen. Z. math. naturw. Unterr. Bd. 73 (1943) S. 75—81.

[2] MEHMKE: Z. VDI Bd. 33 (1899) S. 583.

also durch Vergleich $b/c = F'(x_0)$, $b/c^2 = F''(x_0)$, oder auch

$$c = -2y_0'/y_0'' \quad \text{und} \quad b = -2ly_0'^2/y_0''.$$

Der Fehler, der durch den Ersatz, d. h. durch Vernachlässigung höherer Potenzen von $h$, entsteht, beträgt $l\,\dfrac{h^3}{3!}\,y_0'''(\xi)$, wobei $\xi = x_0 + \vartheta h$, $-1 \leqq \vartheta \leqq 1$.

*Beispiel:* $y = \operatorname{tg} x$ für $x_0 = \pi/4$, d. h. $y_0 = 1$, $y_0' = 1 + \operatorname{tg}^2 x_0 = 2$, $y_0' = 2\operatorname{tg} x_0(1 + \operatorname{tg}^2 x_0) = 4$. Also folgt $b = -2l \cdot 4/4 = -2l$ und $c = -2 \cdot 2/4 = -1$. Damit lautet der Ersatz

$$\bar{u} = -2lh/(h-1) = 2lh/(1-h),$$

wobei $h$ in Bogenmaß einzusetzen ist, $h = h° \pi/180° = 0{,}01745\,h°$. Zur zeichnerischen Ermittlung dieser Hilfsteilung ist allerdings der Pol so weit entfernt ($h = \infty$ liefert $\bar{u} = -2l$, und zu $h = 1$, d. h. $h = 180°/\pi$ gehört $\bar{u} = \infty$, Abb. 115, mit $l = 100$ mm), daß ebensogut gerechnet werden kann $\bar{u} \approx 2lh(1 + h)$. Der tatsächliche Fehler ist bei 50° durch $0{,}002l$ gegeben, wie leicht rechnerisch festzustellen ist. Soll der Ablesefehler kleiner als 0,1 mm sein, so muß $0{,}002l \leqq 0{,}1$ oder $l \leqq 50$ mm sein[1].

WILLERS [59] zeigt, daß für den Fehler ein kleinerer Wert angegeben werden kann, wenn die

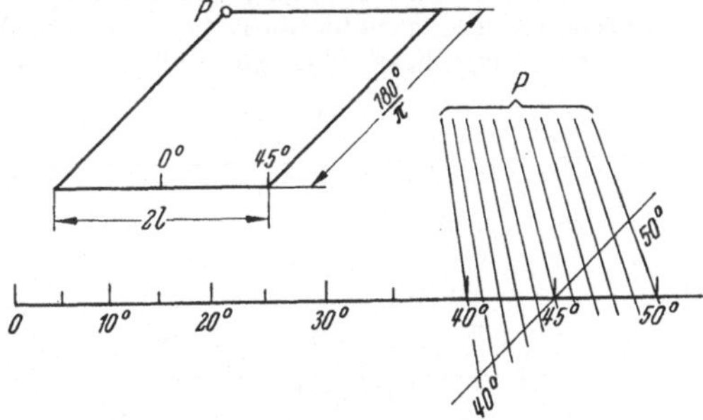



Abb. 115. Ersatz durch projektive Teilung (vgl. Text).

Ersatzfunktion durch drei endlich benachbarte Punkte gehen soll. Die Fehlerformel ist zwar unhandlich, die Bestimmung der Konstanten ebenso einfach wie vorstehend: Betrachten wir die Punkte $y_2$, $y_0$, $y_1$, wobei $y_2 < y_0 < y_1$ ist, so gilt in der Umgebung von $x_0$ der gleiche Ansatz wie oben, nur muß, mit den Abkürzungen $y_1 - y_0 = \Delta_1$ und $y_0 - y_2 = \Delta_2$, zunächst $bh_1/(c + h_1) = l\Delta_1$ und $bh_2/(c - h_2) = l\Delta_2$ sein, und daraus folgt

$$b = l\,\frac{\Delta_1 \Delta_2 (h_1 + h_2)}{h_1 \Delta_2 - h_2 \Delta_1}, \qquad c = \frac{h_1 h_2 (\Delta_1 + \Delta_2)}{h_1 \Delta_2 - h_2 \Delta_1}.$$

Im Zahlenbeispiel ist $h_1 = h_2 = 5° \cdot \pi/180°$; $y_2 = \operatorname{tg} 40°$; $y_0 = \operatorname{tg} 45°$; $y_1 = \operatorname{tg} 50°$, d. h. $\Delta_1 = 0{,}1917$ und $\Delta_2 = 0{,}1609$. Daraus folgt fast die gleiche Formel (vierstellige Tafeln, Rechenmaschine)

$$\bar{u} = 2{,}0029\,lh/(0{,}9988 - h) = 2{,}0029\,lh°/(57{,}24° - h°),$$

aber der Fehler wird kleiner[2].

## 322 Doppelleitern.

*Beispiele:* 1. Bei KOLLER [18] findet man eine Reihe von Beziehungen zwischen *zwei* Veränderlichen durch Doppelleitern dargestellt, da der Platzbedarf gering und Interpolation ohne Rechnung möglich ist. So enthält das Buch u. a.

---

[1] Die Fehlerberechnung nach der angegebenen Formel würde $0{,}003l$ liefern.

[2] Nach WILLERS ist das Restglied oder der Fehler gegeben durch

$$\frac{R(x)}{l} = \frac{h(h - h_1)(h + h_2)}{3!}\,\frac{d^3}{d\xi^3}[f(\xi)(c + \xi)^2];\ \xi\ \text{s. o.}$$

eine Doppelleiter für die Quadratzahlen, d. h. für $x$ und $x^2 = y$ oder auch $x = \sqrt{y}$, und zwar auf Grund logarithmischer Teilungen, $\lg y = 2\lg x$, vgl. a. Abb. 116. Die Doppelleiter ist mehrfach unterteilt, so daß etwa $l = 1000$ mm wird.

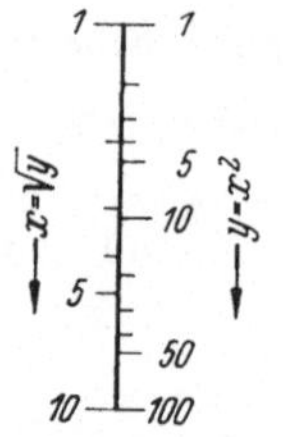

2. ROHRBERG baut sein Buch [43] ganz auf Doppelleitern auf (s. a. S. 14), so z. B. für $y = \lg x$ oder $x = 10^y$. Die Logarithmen sind in linearer Teilung, die Numeri in logarithmischer Teilung wie beim Rechenschieber angebracht, vgl. Abb. 117a (Ausschnitt aus dem Buch). Der Maßstabsfaktor dürfte etwa $l = 10000$ mm betragen; denn es ist z. B. die Strecke $\lg 2,06 - \lg 2 = \lg 1,03 = 0,0128372$ durch 130 mm dargestellt.

Abb. 116. Doppelleiter für $x$ und $x^2$.

Einen Ausschnitt aus der Tafel für $y = \sin x$ zeigt Abb. 117b[1]. Die Teilung entspricht der oben (S. 94/95) geschilderten: $y$ linear, $x$ nicht linear ($x = \arcsin y$), $l$ hat den gleichen Wert wie vorstehend. Man liest z. B. ab, daß $\sin 17°34' = 0,3018$ ist. Durch die großen Maßstabsfaktoren ist der Fehler so klein, daß vier Stellen nach dem Komma ohne Interpolation abgelesen werden können.

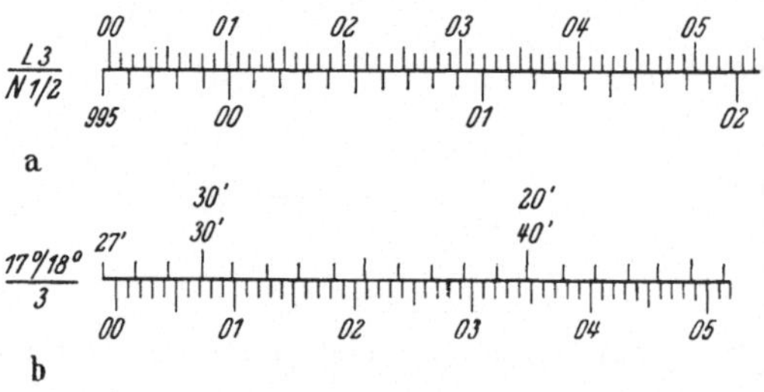

a

b

Abb. 117a, b. Ausschnitt aus den graphischen Tafeln von ROHRBERG.

3. Integraldarstellung oder *Hyperbelfunktion*: Integralformeln, sofern die die Form $y = f(x)$ haben, also keinen weiteren Parameter enthalten, können durch eine Doppelleiter dargestellt werden. So ist z. B.[2]

$$y = \int \frac{dx}{1 - x^2} = \frac{1}{2} \ln \frac{1 + x}{1 - x} = \operatorname{Ar\,Tg} x \quad \text{oder auch} \quad x = \operatorname{Tg} y.$$

Die bei KOLLER (s. Beisp. 1) angegebene Doppelleiter ist in fünf Teiltafeln zerlegt bei etwa $l = 900$ mm, vgl. Abb. 118, in welcher links $u = lx$ und rechts $u = l\operatorname{Tg} y$, nach $x$ bzw. $y$ beziffert, aufgetragen sind.

In gleicher Weise ließe sich $y = \int \dfrac{dx}{1 + x^2} = \arctg x$ oder $x = \operatorname{tg} y$ darstellen, wobei sich $x$ von 0 bis $\infty$ und $y$ von 0 bis $\pi/2$ erstrecken soll. Daher ist hier eine lineare Teilung für $y$ und eine ungleichmäßige Teilung für $x$ notwendig. Beiderseits ungleichmäßige Teilungen würden aus der Umformung $\cos y = 1/\sqrt{1 + x^2}$ oder $\sin y = x/\sqrt{1 + x^2}$ folgen.

4. Bei der *Torsion* rechteckiger Stäbe (Seiten $a$ und $b$) gilt für den spezifischen Drehungswinkel die Formel $\vartheta = M_t/J^*G$; $M_t = $ Torsionsmoment kg cm, $J^* = \psi b^4$ = Drillungswiderstand in cm$^4$, $G = $ Gleitmodul kg/cm$^2$. Der Faktor $\psi$ hängt in lästiger Weise vom Seitenverhältnis $n = a/b$ ab. Eine Erleichterung bietet eine Doppelleiter für $\psi = f(n)$, und zwar in der Form $u = l \lg \psi = l \lg f(n)$.[3]

---

[1] Die untenstehenden Zahlen beziehen sich auf $\cos x$.

[2] MEYER ZUR CAPELLEN, W.: Integraltafeln. Berlin/Heidelberg/Göttingen: Springer 1950.

[3] MEYER ZUR CAPELLEN, W.: Über die Torsion rechteckiger Stäbe. Konstruktion Bd. 3 (1951) S. 127—130.

5. Bei BERL-LUNGE[1] ist für die zwischen dem $p_H$-Wert und der *Ionenkonzentration* $[H']$ bestehende Beziehung $p_H = -\lg[H']$ eine Doppelleiter angegeben. Da auch $p_H = \lg 1/[H']$ ist, reicht an sich der normale Rechenschieber aus: $H'$ auf der Reziprokteilung einstellen und auf der linearen Teilung ablesen, Kennziffer dazusetzen. So liefert $[H'] = 0,00327 = 0,327 \cdot 10^{-2}$ den Wert $p_H = \lg 10^2/0,327 = 2 + \lg 1/0,327 = 2,485$. Die gleiche Doppelleiter bringt das Buch, und ebenso werden im Einzelfall die Kennziffern dazugesetzt, nur ist die Maßstabseinheit $l = 250$ mm auf dem Rechenschieber größer, wodurch genauere Ablesung bedingt ist.

6. Die *barometrische* Höhenformel lautet $h = 18,4\,(\lg b - \lg b_0)$, worin $b_0 = 760$ mm Hg, $b = $ Luftdruck in der Höhe $h$ (km) ist, oder auch $b = b_0 e^{-h/8}$.

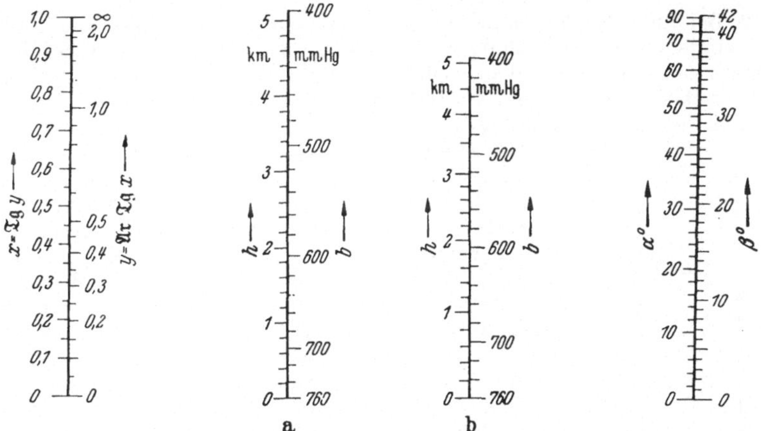

Abb. 118. Doppelleiter
für $y = \mathfrak{Ar}\,\mathfrak{Tg}\,x$
$= \dfrac{1}{2}\ln\dfrac{1+x}{1-x}$.

Abb. 119a, b. Doppelleiter für die barometrische Höhenformel: $h = $ Höhe in km, $b = $ Luftdruck in mm Hg.

Abb. 120. Doppelleiter
für Brechungsgesetz,
$n = 1,5$ (vgl. Text.)

Die Darstellung zeigt Abb. 119a, b mit linearer Teilung für $h$ bzw. für $b$. Für einen anderen Wert $b_0$ am Boden könnte man eine Fluchtentafel wählen. Doch ergibt sich für die Korrektur mit $b_1$ als Luftdruck am Boden die gleiche Formel $\varDelta h = 18,4\,(\lg b_0 - \lg b_1)$, so daß die scheinbare, nach der üblichen Höhenformel gewonnene Höhe $h_s$ um $\varDelta h$ zu vermindern ist, um die wahre Höhe $h_w$ zu finden: $h_w = h_s - \varDelta h$.

7. Ein beliebtes Beispiel stellt das SNELLIUSsche Brechungsgesetz dar: $\sin\alpha = n\sin\beta$, $\alpha = $ Einfallswinkel, $\beta = $ Ausfallswinkel, $n = $ Brechungsquotient. Hier stehen sich die Teilungen $l\sin\alpha$ und $nl\sin\beta$ gegenüber, vgl. Abb. 120 mit $n = 1,5$. — Die Art der Unterteilung war für $l = 100$ mm bereits auf S. 94/95 besprochen. Für die Teilung kann z. T. stärker unterteilt werden, da als Maßstabsfaktor jetzt $1,5 l = 150$ mm angesehen werden kann. Die Teilung für $\beta$ endet mit dem Grenzwinkel $\beta_t$ der totalen Reflexion. — Für veränderliches $n$ vgl. S. 131.

8. Der Leser stelle sich eine Doppelleiter für die Umrechnung von minutlicher Drehzahl auf Winkelgeschwindigkeit her. Es ist $\omega = \pi n/60$, und es kann lineare oder logarithmische Teilung gewählt werden.

9. Entsprechend verfahre man für die Umrechnung von Gradmaß auf Bogenmaß.

---

[1] Taschenbuch der anorganischen Großindustrie.

10. Für den Rundfunktechniker ist eine Doppelleiter zur Umrechnung der Frequenz $f$ in kHz (oder MHz) auf die Wellenlänge $\lambda$ in m zweckmäßig, so daß beide Seiten der Doppelleiter *glatte* Werte aufweisen[1]. Es ist $\lambda = c/f$, $c = $ Lichtgeschwindigkeit, also $\lambda = 300000/f$ ($\lambda$ in m und $f$ in kHz). Man könnte die eine Seite linear, die andere projektiv teilen. Besser sind jedoch logarithmische Teilungen, auch wegen mehrfacher Zehnerpotenzen, so daß leicht nach MHz verziffert werden kann.

11. In dem bei Beispiel 5 angeführten Buch ist auch eine Doppelleiter teils linearer, teils projektiver Form für die Umrechnung von $n°$ Beaumé in spezifisches Gewicht $\gamma$ kg/dm³, wie sie häufig bei Säuren auftritt, angegeben. Es gilt $\gamma = 144{,}3/(144{,}3 \pm n)$, oberes Vorzeichen für leichte, unteres für schwere Flüssigkeiten.

12. Bei einer Stoßmaschine gilt für das Verhältnis der größten zur kleinsten Geschwindigkeit die Beziehung $v = v_{max}/v_{min} = (1 + \lambda)/(1 - \lambda)$, worin $\lambda = f/e$ ein bestimmtes Streckenverhältnis darstellt. Für $v = \mathrm{f}(\lambda)$ ergibt sich eine Doppelleiter, deren einer Teil projektiv geteilt ist. — Die gleiche Formel tritt u. a. als das Verhältnis der Beschleunigungen in den Totlagen eines Schubkurbeltriebes auf.

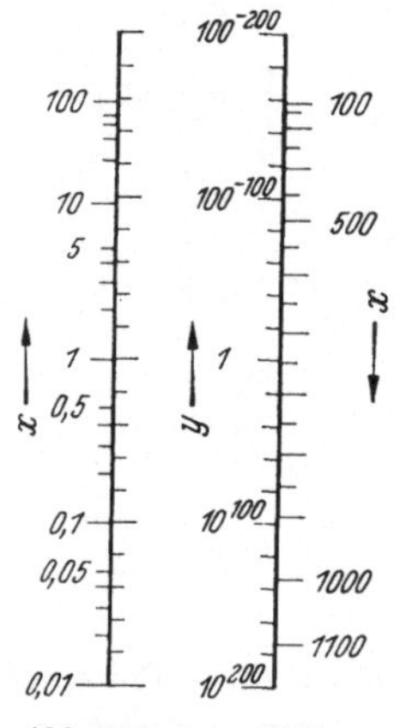

Abb. 121. Doppelleiter für $y = e^x/x^{100}$.

13. Bei der WHEATSTONEschen Brücke gilt bei Verwendung der Nullmethode zwischen dem unbekannten Widerstand $R_x$, dem bekannten Widerstand $R$, der Drahtlänge $l$ und der Teilungslänge $x$ (vgl. Physikbücher) die Gleichung $R_x : R = x : (l - x)$ oder mit $y = R_x/R$, wobei $R = 1$, 10 oder ähnlichen glatten Werten ist, $y = x/(l - x)$. Bei bekanntem $l$ kann diese Beziehung leicht durch eine Doppelleiter, deren eine Seite projektiv geteilt ist, dargestellt werden.

14. J. FISCHER weist darauf hin, daß oft die Berechnung einer komplizierten Funktion durch nomographische Methoden erleichtert werden kann. Er behandelt u. a.[2] die Funktion

$$y = e^x/x^{100}.$$

Logarithmierung, d. h. $u/l = \lg y = x \lg e - 100 \lg x$, weist auf eine Doppelleiter hin. Nun hat aber $y$ ein Minimum für $x = 100$, d. h. zu *einem* Wert $y$ kann es *zwei* Werte $x$ geben. Daher wird — in Gegensatz zu FISCHER — die Doppelleiter gewählt und in zwei Teile zerlegt, Abb. 121, und zwar für $x \leqq 100$ und $x \geqq 100$. Da die Leiter für $y$ nach Zehnerpotenzen geordnet ist, hat sie lineare Teilung, ist also leicht herzustellen.

## 323 Sonderrechenstäbe[3].

*Beispiele:* 1. BAHLECKE entwickelt einen Sonderrechenstab für die Bremsverzögerung[4]. Ist $v$ die Geschwindigkeit in km/h, $b$ die Beschleunigung bzw.

---

[1] Im Gegensatz zu dem „Nomogramm" in der volkstümlichen Darstellung: H. RICHTER: UKW-FM, Stuttgart 1950.

[2] Das Nomogramm erleichtert die Bestimmung eines Funktionsverlaufes. Z. angew. Math. Mech. Bd. 31 (1951) S. 54—56. — Vgl. a. Bd. 29 (1949) S. 55 u. 56.

[3] Eine Reihe von Sonderstäben wird durch den Ausschuß für wirtschaftliche Fertigung geliefert.

[4] AWF-Mitt. Bd. 22 (1940) S. 15 u. 16.

Verzögerung in m/s², $t$ die Zeit in sec und $s$ der Bremsweg in m, so gilt

$$b = \frac{v^2}{2s} \left(\frac{1000}{3600}\right)^2 \quad \text{oder} \quad b = \frac{v^2}{c_1 s} \text{ aus Bremsweg,} \qquad c_1 = 2c_2^2$$

und

$$b = \frac{v}{t} \cdot \frac{1000}{3600} \quad \text{oder} \quad b = \frac{v}{c_2 t} \text{ aus Bremszeit,} \qquad c_2 = \frac{18}{5}.$$

Die Berechnung kann an sich auf dem normalen Rechenstab recht gut durchgeführt werden: $s\mathrm{B} \to v\mathrm{D}$ liefert $c_1\mathrm{B} \to b\mathrm{D}$ oder $t\mathrm{C} \to v\mathrm{D}$ liefert $c_2\mathrm{C} \to b\mathrm{D}$. Doch kann auch ein Sonderstab bequem sein (vgl. a. Fluchtentafel S. 127 u. 142). Wir gehen von den Gln. (18) u. (19), S. 18, aus und schreiben die erste Formel oben $(\tfrac{1}{2}\lg s + \tfrac{1}{2}\lg c_1) + \tfrac{1}{2}\lg b$ $= \lg v$, so daß sich die Anordnung von Abb. 122 links ergibt, wobei die Maßstabsfaktoren für $s$, $c_1$, $b$ halb so groß sind wie der Maßstabsfaktor von $v$, d.h.

$$u_s = \frac{l}{2}(\lg s + \lg c_1), \quad u_b = \frac{l}{2}\lg b,$$

$$u_v = l\lg v.$$

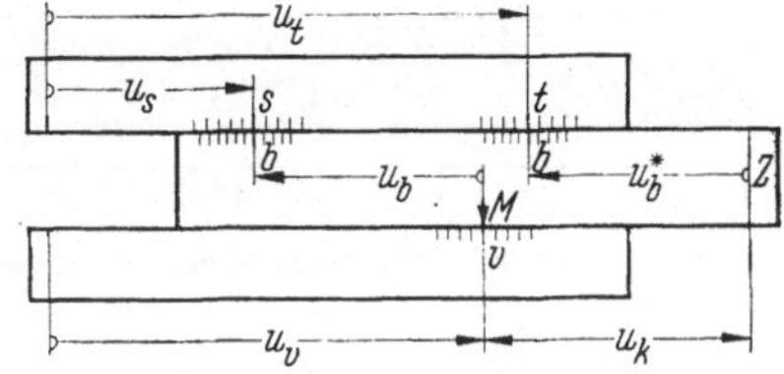

Abb. 122. Rechenschieber für Bremsweg $s$, Zeit $t$ und Verzögerung $b$.

Die zweite Formel führt ebenso auf $\lg b = \lg v - \lg c_2 - \lg t$ oder unter Hinzufügen einer geeigneten Konstanten $k$ auf $\lg v + \lg k = \lg b + \lg t + \lg(c_2 k)$ oder $u_v + u_k = u_b^* + u_t$, worin $u_b^* = l\lg b$ und $u_t$ den beiden letzten Gliedern entspricht. Sämtliche Größen haben aber den *gleichen* Maßstabsfaktor, vgl. Abb. 122 rechts.

2. WINGLER entwickelt einen Stab mit fünf Veränderlichen für Ringkernspulen[1], bei denen $L = \pi w^2 d^2/D \cdot 10^{-10}$ berechnet werden soll, worin

$L$ = Selbstinduktion der Ringkernspule in Henry,

$\mu$ = Permeabilität des Kernmaterials,

$w$ = Anzahl der Windungen,

$d$ = mittlerer Kerndurchmesser in mm,

$D$ = mittlerer Spulendurchmesser in mm.

Die Formel entspricht der Gleichung unter Abs. 223 4, Nr. 4, nur daß fünf Veränderliche vorliegen, und man kann sich die Formel geschrieben denken

$$l\lg\frac{\mu}{\mu_0} - l\lg\frac{D}{D_0} + 2l\lg\frac{d}{d_0} + 2l\lg\frac{w}{w_0} = l\lg\frac{L}{L_0},$$

worin die mit dem Index 0 versehenen Größen Konstante sind, die so beschaffen sein müssen, daß

$$-\lg\mu_0 + \lg D_0 - 2\lg d_0 - 2\lg w_0 + \lg L_0 = \lg 10^{10} - \lg\pi$$

ist. Auszuwerten braucht man diese Gleichung an sich nicht. Es genügt *ein* Beispiel, um die Lage der Marke festzulegen; so liefert $L = 1$, $w = 1000$, $\mu = 100$, $D = \pi$ den Wert $d = 100$ mm. Den Entwurf zeigt Abb. 123a, die praktische Einteilung Abb. 123b.

Bei Zylinderspulen oder anderen Spulen gilt mit $q_e$ cm² als Eisenquerschnitt und $l_e$ cm als Gesamtlänge im magnetischen Kreis $L = q_e \cdot 4\pi \cdot \mu w^2/l_e \cdot 10^{-9}$. Dann kann in der obigen Anordnung $D$ durch $l_e$ ersetzt werden (Abb. 123b rechts) und muß noch statt $d$ die Leiter für $q_e$ mit dem Faktor $l$ (nicht $2l$) aufgetragen werden.

---

[1] AWF-Mitt. Bd. 26 (1944) S. 11 u. 12.

3. E. Besser[1] entwirft einen log. Rechenstab zur Berechnung von Leitungsquerschnitt und Leistungsverlust gemäß der Formel $q = \dfrac{\varrho\, l N}{p/100 \cdot U^2 \cos^2 \varphi}$ mit *sieben* Veränderlichen, deren Bedeutung im einzelnen hier nicht angegeben werden soll. Die schematische Skizze, Abbildung 124, zeigt die gewählte Anordnung, wobei die Pfeile die Logarithmen der betreffenden Größen bedeuten.

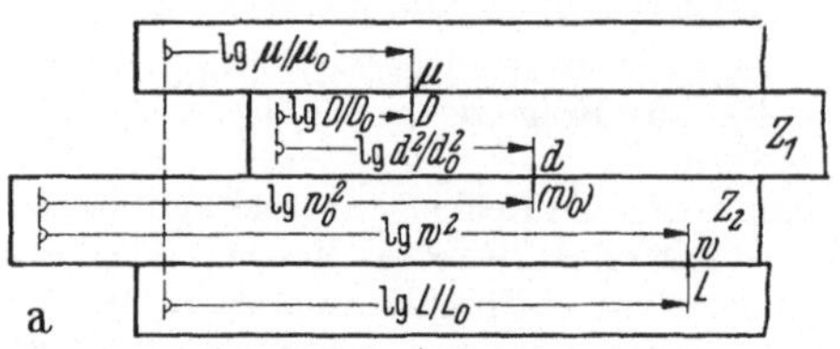

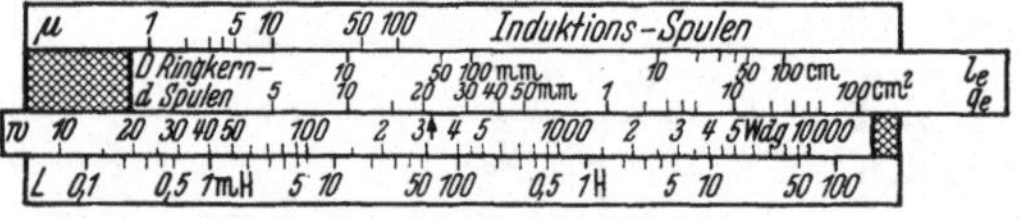

b    Abb. 123 a, b. Rechenstab für Ringspulen.

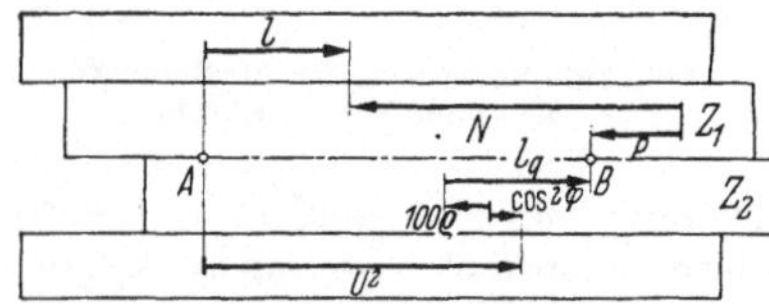

Abb. 124. Rechenstab für Formel in Beisp. 3.

5. W. Sandmann zeigt einen Schieber für vier Veränderliche, aber mit beweglicher Kurventafel[2]. Dargestellt wird $U = 2{,}5\,f t + 0{,}05\,G$, worin $U =$ Gesamtkosten eines Gußstückes, $f =$ Formerlohn je Stunde, $t =$ Formzeit, $G =$ Gewicht des Stückes bedeuten und die Bereiche durch $G = 0 \div 8000$ kg, $U = 0 \div 400$ DM, $t = 0 \div 120$ Stunden, $f = 0{,}80 \div 1{,}60$ DM/Stde gegeben sind[3].

Die darzustellende Gleichung entspricht Gl. (51) (S. 47) und Abb. 60, so daß sich das Schema von Abb. 125 a ergibt, worin $\varphi(f, t) = f t$ ist. Wählen wir $l_1 = 0{,}025$ mm, so daß 800 kg durch 200 mm, $l_2 = 0{,}5$ mm, so daß 400 DM durch 200 mm dargestellt werden, so folgt $l_3$ durch Einsetzen: $u_1 + u_3 = u_2$ oder $0{,}025\,G + l_3 f t = 0{,}5\,U$ oder $0{,}05\,G + 2 l_3 f t = U$, d. h. $2 l_3 = 2{,}5$ oder $l_3 = 1{,}25$, so daß max $u_3 = 1{,}25 \cdot 1{,}6 \cdot 120 = 240$ mm wird. — Für die Kurventafel auf der Zunge ergibt sich ein Netz von geraden Linien, Abb. 125 b, so daß Abb. 125 c als Teilskizze des Schiebers mit Läufer entsteht (vgl. Beispiel in der Abbildung)[4].

6. Mehrfach sind Sonderschieber für das Rechnen mit komplexen Zahlen entworfen worden[5].

7. Die „Neue Kosmos-Sternkarte mit Planetenzeiger" ist, nomographisch gesehen, ein Sonderrechenstab in Kreisform.

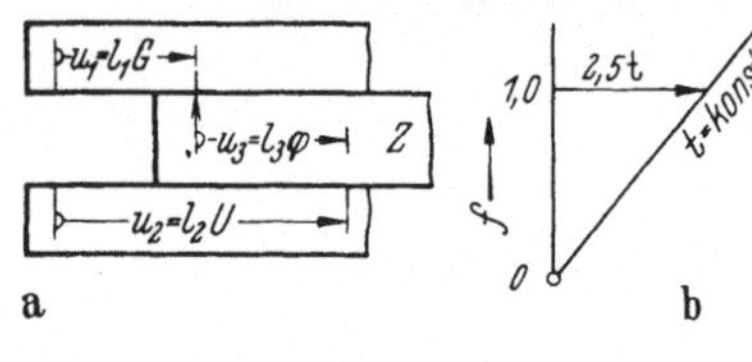

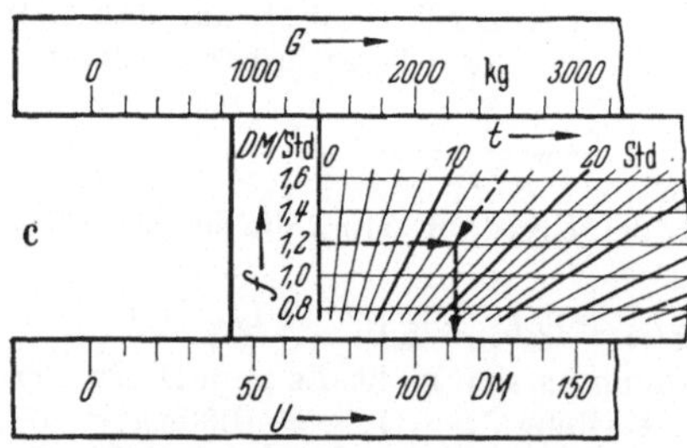

Abb. 125 a—c. Rechenstab für Unkosten beim Gießen (vgl. Text); — Beispiel: $G = 1400$ kg; $f = 1{,}20$ DM/Std.; $t = 12$ Std. liefern $U = 112$ DM.

---

[1] Besser, E.: Elektrotechn. Z. Bd. 53 (1932) S. 511—513.

[2] AWF.-Mitt. Bd. 23 (1942) S. 20 u. 21.

[3] Zahlenwerte aus der Zeit der Mitteilung (RM = DM).

[4] Die in den Beisp. 1 bis 6 behandelten Formeln lassen sich auch durch Fluchten- oder Kurventafeln darstellen.

[5] Elektrotechn. Z. Bd. 45 (1924) S. 849—852; Bd. 51 (1930) S. 1401—1407.

8. Eine Schieberanordnung, bei der die Zungen in zwei zueinander senkrechten Richtungen verschiebbar sind, gibt H. Schminke[1], und zwar für

$$F\left[\varphi(x_1) + \psi(x_2)\right] + G(x_3) = H(x_1, x_2. x_3).$$

## 33 Funktionspapiere.

### 331 Käufliche Papiere.

Eine vollständige Aufzählung sämtlicher Funktionspapiere soll hier nicht gegeben werden[2], doch ist es für den Leser wichtig, zu wissen, was etwa an fertigen Koordinatennetzen zu erhalten ist, um der Mühe enthoben zu sein, selbst ein Netz zu entwerfen.

1. *Logarithmische* Teilungen:

a) Auf den üblichen ganz- oder halblogarithmischen Papieren sind die Maßstabsfaktoren $l = 50$; $62,5$; $250/3 = 83,33$; $90$; $100$; $250$ mm zu finden — z. T. mit Rücksicht auf normiertes Papierformat.

b) Das ,,Prozentpapier'' ist halblogarithmisches Papier, bei welchem die Abszissenachse einerseits logarithmisch geteilt ist, andrerseits die prozentuale Zu- oder Abnahme trägt: Von 2 bis 3 wächst $x = 2$ um $50\%$, von 2 bis 6 um $200\%$ usw., während von $10^2$ aus die Zahl 90 einer Abnahme um $10\%$, 80 um $20\%$ entspricht usw.

c) Auch Polarkoordinatenpapier mit logarithmisch geteilten Radienvektoren wird herausgebracht ($l = 250/3$).

d) Thermodynamische und ähnliche Papiere sind letzten Endes logarithmische Papiere, doch in der Bezifferung und der Einteilung dem speziellen thermodynamischen oder aerologischen Bedürfnis angepaßt (auch mit verschiedenen Maßstabsfaktoren in beiden Richtungen), vgl. [54][3].

2. Bei *trigonometrischem* ,,Potenzpapier'' sind die Achsen nach $\sin x$ oder $\operatorname{tg} x$ bzw. $\lg \sin x$ oder $\lg \operatorname{tg} x$ geteilt — zweiachsig oder auch nur einachsig.

3. Bemerkenswert ist noch neben dem oben, S. 47, erwähnten Dreieckspapier das Hartmannsche *Dispersionspapier* für Spektraluntersuchungen. Bei letzterem ist die eine Achse linear, die andere nach der Funktion $y = 10^6/(x - 2000)$, also projektiv geteilt. — *Statistischen* Zwecken dient das ,,Wahrscheinlichkeitspapier'', bei welchem eine Achse linear oder logarithmisch und die andere nach dem Gaussschen Fehlerintegral geteilt ist[4].

### 332 Einzelne Anwendungen.

1. Zur Ermittlung der *Dauerfestigkeit* eines Materials wird ein Probestab einer bestimmten, periodisch wechselnden Belastung unterworfen, und es wird fest-

---

[1] Schminke, H.: Z. angew. Math. Mech. Bd. 22 (1942) S. 169 u. 170.

[2] Im gegebenen Fall empfiehlt sich eine Anfrage bei der Firma Schleicher und Schüll, Düren.

[3] Die Darstellung einer Funktion $y = f(x)$ auf Funktionspapier bedeutet ja eine Transformation der $x$, $y$-Ebene auf die $u$, $v$-Ebene. Bei manchen Aufgaben der Meteorologie, z. B. der Auswertung eines Druck-Volumen-Diagramms, muß flächentreue Abbildung gefordert werden, d. h. der Inhalt einer Figur im $x$, $y$-System muß gleich oder proportional dem Inhalt der transformierten Figur im $u$, $v$-System sein.

[4] Vgl. z. B. U. Graf u. H. J. Hennig: Zur Anwendung statistischer Methoden in der textilen Praxis: Glockenkurve, Wahrscheinlichkeitsnetz und Kontrollkarte. Das deutsche Textilgewerbe Bd. 52 (1950) S. 494f.

gestellt, bei welcher Belastung er bricht. Da die Lastspiele sich bis zu $10 \cdot 10^6$ erstrecken, die Spannung jedoch nicht innerhalb einiger Zehnerpotenzen schwankt, empfiehlt sich halblogarithmisches Papier: Abszissenachse logarithmisch geteilt, bis 7 Einheiten, Ordinatenachse linear geteilt.

2. Umgekehrt ist bei Ermittlung der *Viskosität E* eines Öles in Englergraden in Abhängigkeit der Temperatur $t°$ C die Abszissenachse linear (Temperatur), die Ordinatenachse aber logarithmisch zu teilen, da $E$ sich zwischen mehreren Zehnerpotenzen bewegt.

3. Wenn eine Funktion in einem bestimmten Funktionsnetz mehr oder weniger gestreckt erscheint, so kann man durch die Meßpunkte in diesem Netz eine Gerade legen. Der *Ausgleich* kann bei geringen Ansprüchen an Genauigkeit nach Augenmaß, andernfalls nach der Methode der kleinsten Quadrate erfolgen, wobei aber zweckmäßig die in mm eingetragenen Koordinaten zu nehmen sind.

4. Bei Ermittlung der Abhängigkeit der *Lichtstärke J* (NK) von der zugeführten Leitung $L$ (Watt) ergaben sich[1] die folgenden Werte (Ausschnitt aus einer größeren Tabelle):

| $L$ Watt | 24,46 | 28,49 | 32,48 | 37,10 | 42,43 | 46,40 | 52,08 | 57,65 |
|---|---|---|---|---|---|---|---|---|
| $J$ NK | 1,61 | 2,60 | 4,05 | 6,23 | 9,05 | 12,66 | 18,88 | 25,53 |

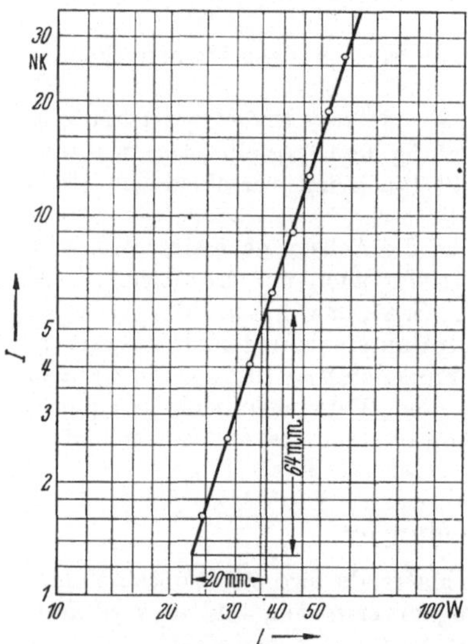


Abb. 126. Lichtstärke und Leistung einer Glühlampe.

Die Übertragung auf Potenzpapier, Abb. 126, ergibt innerhalb der Messungen eine Gerade mit der Steigung $64:20 = 3,2$. Das heißt, es gilt $J = $ konst. $L^{3,2}$. Durch Betrachtung eines auf der Geraden liegenden Punktes $J$ ergibt sich die Konstante aus $\lg C = \lg J - 3,2 \lg L$, und zwar zu $C = 5,9 \cdot 10^{-5}$.

5. Überträgt man die Expansions- oder Kompressionskurve des Indikatordiagramms einer Dampfmaschine, einer Brennkraftmaschine oder eines Kompressors auf Potenzpapier, so zeigt sich, ob ein Potenzgesetz $p v^k = $ konst. innerhalb gewisser Grenzen erfüllt ist und wie groß der Exponent $k$ wird, insbesondere, ob eine adiabatische oder isotherme Zustandsänderung stattgefunden hat. Der Leser untersuche dies bei den folgenden Werten aus der Expansionslinie im Hoch- bzw. Niederdruckteil einer Dampfmaschine:

| $p$ in at | 6,7 | 5,0 | 4,0 | 3,3 | 2,5 | 2,2 | 1,8 | 1,74 | 1,6 | 1,5 | 1,33 | 1,2 |
|---|---|---|---|---|---|---|---|---|---|---|---|---|
| $v$ in $l$ | 1,5 | 2,0 | 2,5 | 3,0 | 4,0 | 4,4 | 4,6 | 5,0 | 5,6 | 6,0 | 7,0 | 8,0 |
| | Hochdruckzylinder | | | | | | Niederdruckzylinder | | | | | |

6. Für die Absorption von Gasen durch Holzkohle kann man die folgende Formel aufstellen: $v = k \sqrt[n]{p}$, worin $v$ das spezifische Volumen des absorbierenden

---

[1] Nach W. H. WESTPHAL: Physikalisches Praktikum, 4. Aufl. Braunschweig 1943.

Materials in $cm^3/g$ und $p$ den Druck in mm Hg, $n$ und $k$ aber Konstante bedeuten, die vom Gas abhängen. Bei T = 353° K ergab sich für Stickstoff:

| $p$ in at | 35,3 | 73,9 | 183,1 | 310,8 | 454,0 | 611,5 | 727,3 |
|---|---|---|---|---|---|---|---|
| $v$ in $l$ | 0,0217 | 0,0446 | 0,1097 | 0,1778 | 0,2538 | 0,3413 | 0,4011 |

Der Leser ermittele auf Potenzpapier für diese Versuchsreihe die Werte $k$ und $n$.

7. Für die Torsionsspannung eines auf Verdrehung beanspruchten Stabes mit rechteckigem Querschnitt (Seiten $a$ und $b$) ergibt sich $\tau = M_t/W^*$ mit $M_t$ als Torsionsmoment und $W^*$ als eine dem Widerstandsmoment beim Kreisquerschnitt entsprechende Größe in $cm^3$. Es ist $W^* = \varkappa b^3$, wobei $\varkappa = c_1 n/c_2$ ist mit $n = a/b \geqq 1$ als Seitenverhältnis und $c_1$, $c_2$ als Zahlen, die von $n$ abhängen [10]: Da $\varkappa$ lästig zu berechnen ist, kann man versuchen, diesen Wert auf Potenzpapier aufzutragen, Abb. 127[1], und es zeigt sich, daß bis $n = 5$ in guter Näherung eine Gerade genommen werden kann, und zwar von der Steigung 48,6 : 40 = 1,215. Damit ist $\varkappa = 0,208\, n^{1,215}$ oder $W^* = \varkappa b^3 = 0,208\, a^{1,215}\, b^{1,785}$ (Fluchtentafel hierzu vgl. Fußnote 1 und Abs. 351 1, Beisp. 1.14).

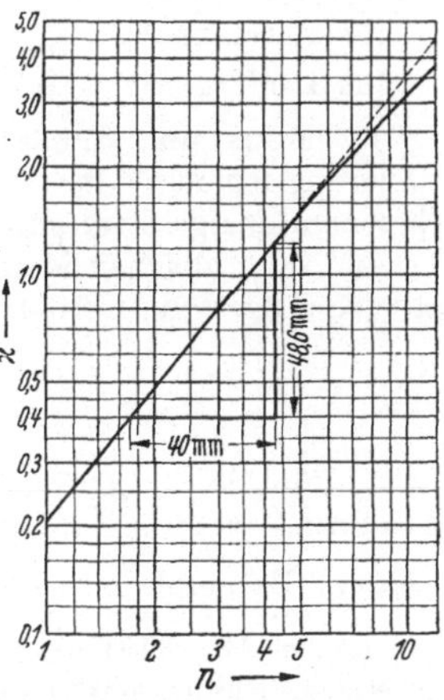


Abb. 127. Zu Beispiel 7.

8. Bei Entladung eines mit der Spannung $E_0$ (= 90 Volt) geladenen Kondensators hatte man[2] die folgende Spannung $E_t$ nach den Zeiten $t$ gemessen:

Da aus allgemeinen Gründen ein Exponentialgesetz zu erwarten ist, trägt man die Wertepaare in halblogarithmischem Papier auf, Abb. 128, und erhält eine fallende Gerade, d. h. es gilt $E_t = E_0 e^{-kt}$. Da $e^{kt} = E_0/E_t$ ist, kann leicht aus einem Wertepaar oder aus mehreren auf dem Rechenschieber (System „Darmstadt" oder „Studio") der Wert $k$ ermittelt werden; $k = 0,205$ im Mittel. Aus allgemeinen Herleitungen folgt aber $k = 1/rC$, worin $C$ die Kapazität des Kondensators und $r$ der Isolationswiderstand ist.

| $E_t$ V | $t$ min |
|---|---|
| 90 | 0,0 |
| 84 | 0,4 |
| 69 | 1,4 |
| 60 | 1,95 |
| 54 | 2,55 |
| 34 | 4,85 |

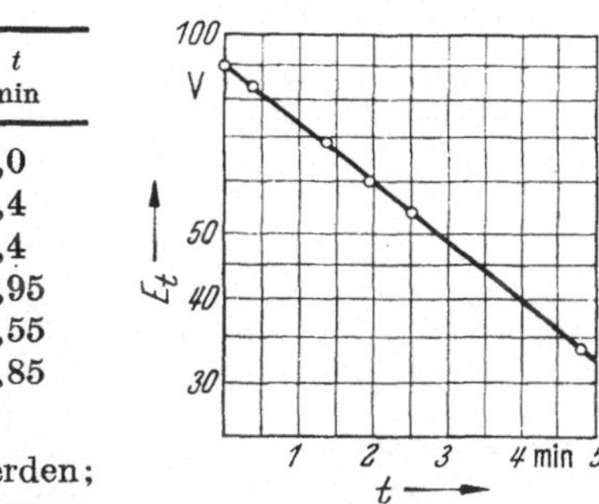


Abb. 128. Entladung eines Kondensators.

Oft interessiert nicht $k$, sondern $r$, welcher Wert auch leicht mit dem Schieber zu ermitteln ist: Man stellt auf der lg-lg-Teilung $E_0/E_t$ ein, dann erscheint auf der Grundteilung D am Ende oder Beginn der Zunge der Wert $x = 1/kt$, so daß $r = xt/C$ wird: Multiplikation mit $t$, Division durch $C$ liefern $r$. Für häufige Auswertungen kann eine Kreuztafel, vgl. Abs. 353, Beisp. 1.2, benutzt werden.

9. Ein Körper kühlt sich nach dem NEWTONschen Gesetz gemäß $T = c_0 + c e^{-kt}$ ab ($T$ = absolute Temperatur, $t$ = Zeit). Für große Zeiten wird $T = T_\infty = c_0$.

---

[1] Abb. 1 aus der in Fußnote 3, S. 98, angeführten Mitteilung.

[2] Vgl. H. RÜHLEMANN: Ermittlung der Entladekurven von Kondensatoren. Elektrotechn. Z. Bd. 50 (1929) S. 530 u. 531.

kann also leicht aus dem Versuch ermittelt werden. Trägt man dann $T - T_\infty = T - c_0$ auf halblogarithmischem Papier auf, so können die Konstanten $k$ und $c$ ermittelt werden.

10. RAUSCH gibt auf Grund ausgeführter Maschinenfundamente gewisse Gebrauchsformeln, die sich durch Auftragung der Werte in ganzlogarithmischem Papier ergaben, z. B.

für Maschinenlast $G_m$ und Maschinenleistung $M$ in kW: $G_m = 0{,}16 M^{0,7}$,

für Läufergewicht $L$ in $p$ v.H. der Maschinenlast $G_m$: $p = 35{,}5 M^{-0,07}$.

11. MOON und SPENCER[1] behandeln Beleuchtungsprobleme: Hier werden Näherungsformeln durch Auftragung auf halblogarithmisches Papier, also Exponentialgesetze, gewonnen und dann durch Fluchtentafeln dargestellt.

12. Nach gleichen Methoden sind auch in der Hydraulik zahlreiche Potenzgesetze aufgestellt worden.

# 34 Kurventafeln.

## 341 Drei Veränderliche.

1. Für die durch Rechenschieber in Beisp. 2, S. 20, dargestellte Beziehung $v = d\pi n/1000$ m/min (Schnittgeschwindigkeit) soll eine Kurventafel aufgestellt werden. Es empfiehlt sich die logarithmische Form, d. h. $\lg v = \lg d + \lg \dfrac{\pi n}{1000}$, welche der Gl. (32a), S. 35, entspricht. Wir erhalten, gleiche Maßstäbe vorausgesetzt, auf ganzlogarithmischem Papier parallele Geraden mit der Steigung eins für die Kurven $n = \mathrm{konst.}$ Die Bereiche seien die gleichen wie oben, nur seien die Drehzahlen $n$ geometrisch nach Normzahlen abgestuft, und zwar nach der Reihe R 5 (S. 96) entsprechend, so daß $n = 20 \left(\sqrt[5]{10}\right)^m$, $m = 0, 1, 2, \ldots, 10$, wird. Die Geraden $n = \mathrm{konst.}$ haben dadurch gleiche Abstände voneinander. Um ihre Lagen zu finden, beachte man, daß auf der Waagerechten $v = 2\pi$ von den Geraden $n = 2000$ bis $n = 20$ die Strecken $0, l/5, 2l/5, \ldots, 9l/5, 10l/5$ mm abgeschnitten werden, von $d = 1$ angefangen bis $d = 100$ (in der Originalfigur der Abb. 129 je 20 mm bei $l = 100$ mm). Statt der Waagerechten $v = \mathrm{konst.}$ könnten wieder die dem jeweiligen Material entsprechenden Höchstgeschwindigkeiten eingetragen werden. Von stärkerer Unterteilung in $n$ wurde in der Abbildung abgesehen.

2. Zur Berechnung der tatsächlichen Knicklänge $l_k$ von Pfosten bei $K$-Fachwerken gibt BIRKMANN[2] die Formel:

$$l_k = l_0 \left(0{,}84 + 0{,}17 P_2/P_1\right)$$

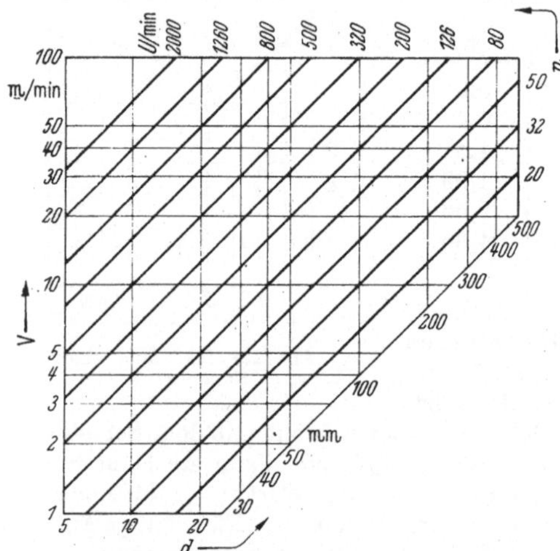


Abb. 129. Schnittgeschwindigkeit beim Drehen, $v = d\pi n/1000$ m/min. — Beispiel: $d = 20$ mm, $n = 80$ U/min liefert $v = 5$ m/min.


[1] MOON u. SPENCER: Simplified interflection calculations. J. Franklin Inst. Vol. 251 (1951) S. 215—230.

[2] BIRKMANN: Z. VDI Bd. 73 (1929) S. 573/574.

an, worin $l_0$ die Gesamtlänge des Pfostens und $\delta = P_2/P_1$ das Verhältnis der Kräfte in den beiden Stabhälften sein soll, zwischen $-1$ und $+1$ schwankend. Geht man von diesem Verhältnis als dritter Veränderlicher aus, so ergibt sich nach Gl. (31a), S. 34, eine Strahlentafel, wie sie in Abb. 130a angedeutet ist (für $l_0 = 0 \div 5$ m).

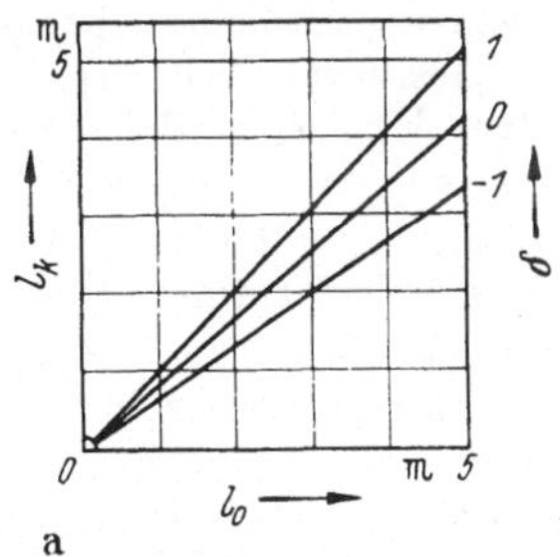
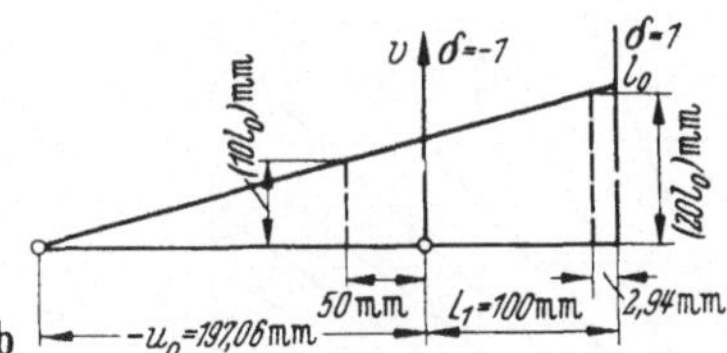


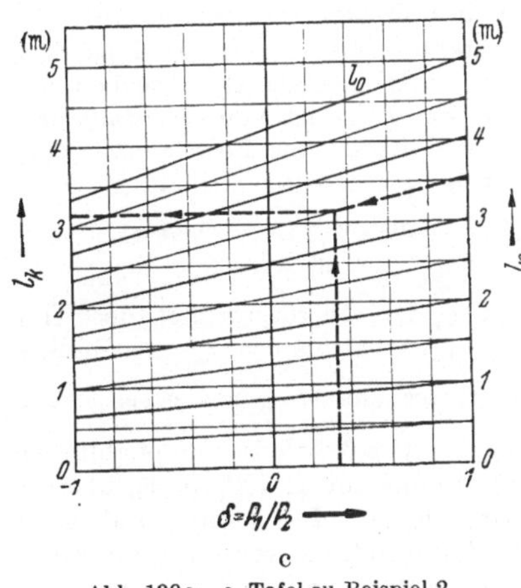


Abb. 130a—c. Tafel zu Beispiel 2. Werte: $l_0 = 3,5$ m, $\delta = 0,3$, $l_k = 3,1$.

Das schmale Feld gefällt jedoch nicht, wenn auch die Längen gleich behandelt werden. Besser wählt man $\delta$ als Abszisse unter Beibehaltung der Ordinatenteilung für $l_k$, d. h. $v = L_2 l_k *$. Wir setzen $f(x) = 1 + \delta$; dann entsteht $l_k = 0,17 l_0 [f(x) - \bar{x}]$ in Übereinstimmung mit Gl. (31d), wobei $\bar{x} = -0,67/0,17$ wird oder $v = h(z) \cdot (u - u_0)$ mit $m = h(z) = 0,17 l_0 L_2/L_1$.

Mit $L_1 = 50$ mm als Maßstabsfaktor für $f(x)$ hat das Strahlenzentrum die Abszisse $u_0 = -50 \cdot 0,67/0,17 = -197,06$ mm, und für $L_2 = 20$ mm (damit $l_k = 5$ m durch 100 mm dargestellt ist) wird $h(z) = m = 0,068 l_0$. Auf den Ordinatenparallelen $u - u_0 = 1000/3,4 = (100 - 2,94)$ mm werden die Strecken $v = 0,068 l_0 \cdot 1000/3,4 = (20 l_0)$ mm und für $u - u_0 = 500/3,4$ oder $u = -50$ mm die Strecken $v = (10 l_0)$ mm ausgeschnitten. Diese Feststellungen erleichtern das Zeichnen der Geraden, vgl. Abb. 130b als Rohentwurf, Abb. 130c als fertige Tafel.

3. Für das Gewicht $G_f$ feuchter Rauchgase je kg festem Brennstoff gilt mit $H_u$ als unterem Heizwert kcal/kg und $V$ als Rauminhalt des $CO_2$ (in Prozenten) die Formel

$$G_f = \frac{3935 + 0,14 H_u + (H_u + 550)/V}{4170} \text{ kg/kg} .$$

Addiert man hier auf beiden Seiten $0,14 \cdot 550/4170$ und ordnet, so entsteht

$$G_f - (3935 - 0,14 \cdot 550)/4170 = (0,14 + 1/V) \cdot (H_u + 550)/4170,$$

und man erkennt, wenn $g(y) = G_f$ und $H_u = f(x)$ gesetzt wird, die Übereinstimmung mit den Gln. (31d, e), S. 35. Es ergibt sich für die Kurven $V$ ein Strahlenbüschel durch den Punkt $H_u = \bar{x} = -550$ und $G_f = \bar{\beta} = 3858/4170 = 0,925$. Als Einheiten erweisen sich $l_1 = 0,02$ mm für $H_u = 0 \div 8000$ kcal/kg und

---

* $L_1$, $L_2$ sind hier die Maßstabsfaktoren.

$l_2 = 8$ mm für $G_f = 0 \div 25$ kg/kg als zweckmäßig, so daß der Mittelpunkt die Koordinaten $\alpha = -11$ mm und $\beta = 7{,}4$ mm hat. Die Steigung der Geraden wird $m = \dfrac{l_2}{l_1} \cdot \dfrac{0{,}14 + 1/V}{4170}$, wobei $V = 0{,}02 \div 0{,}20$ (2 v.H. bis 20 v.H.) sein soll.

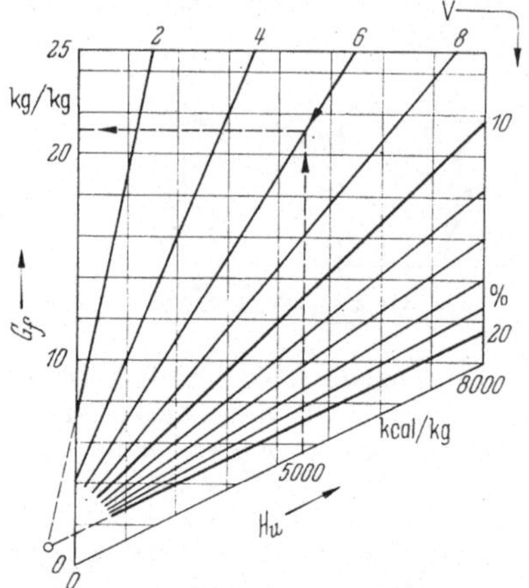



Abb. 131. Gewicht feuchter Rauchgase (vgl. Text). — Beispiel: $H_u = 4500$, $V = 6$ v.H., $G_f = 21{,}3$ kg.

Zum genauen Zeichnen ist es zweckmäßig, geeignete Schnittpunkte feststellen: Für $H_u + 550 = 8340$, d. h.

$$H_u = 7790 \quad (u = 155{,}8 \text{ mm}),$$

wird $G_f - \bar{\beta} = 2(0{,}14 + 1/V)$ oder $v = (9{,}64 + 16/V)$ mm[1]. Und auf der Waagerechten $G_f - \bar{\beta}, = 100/4{,}17$, d. h.

$$G_f = 24{,}91 \quad \text{oder} \quad v = 199{,}3 \text{ mm},$$

werden die Strecken $u = l_1 H_u = 20 \cdot 100\, V/(1 + 0{,}14\, V) - 11$ mm[1] ausgeschnitten, Abb. 131[2], indem der untere Teil des Feldes weggelassen ist. Als Fluchtentafel würden sich zwei parallele Leitern und eine geneigte ergeben.

4. Bei Entwurf von Sternradgetrieben[3] ergibt sich zur Bestimmung eines Winkels $\alpha_0 = 2\gamma$ die Gleichung

$$\left.\begin{aligned} \varphi_t(1 - 2\sin\gamma) + 2(\pi - \varphi_s)\sin\gamma \\ - 4\gamma(2 - \sin\gamma) = 0, \end{aligned}\right\} \quad \text{(a)}$$

worin $\varphi_t$ der Teildrehwinkel des Treibers, $\varphi_s$ der des Sternrades ist und $\alpha_0$ mit dem Verhältnis $\sigma = r_s/r_t$ der Radien[4] durch $\sin\dfrac{\alpha_0}{2} = \sin\gamma = \dfrac{\sigma}{2(1+\sigma)}$ verbunden ist. Gesucht ist $\alpha_0$ bzw. $\sigma$ bei gegebenen $\varphi_t$ und $\varphi_s$. Da eine geschlossene Lösung nicht möglich ist, empfiehlt sich besonders der nomographische Weg[3]. Gl. (a) stimmt mit Gl. (33), S. 36, überein, wenn $f(x) = (\pi - \varphi_s)$, $g(y) = \varphi_t$, $h_1(z) = 2\sin\gamma$, $h_2(z) = 1 - 2\sin\gamma$ und $h_3(z) = 4\gamma(2 - \sin\gamma)$ gesetzt wird. Das heißt, wir erhalten als Kurvenscharen Parallele zu den Ordinatenachsen und für $\gamma$ Geraden, die weder parallel sind, noch durch einen im Endlichen gelegenen Punkt gehen.

Für den gedachten Zweck dürfte jedoch — auch wegen der Interpolation — der Ersatz durch eine Fluchtentafel zweckmäßiger sein, vgl. Abs. 3512, Beisp. 1.7, S. 136. Die Genauigkeit reicht an sich nicht aus. Doch kann die nomographisch gefundene Lösung als Ausgangspunkt eines Iterationsverfahrens genommen werden[5], während man ohne das nomographische Hilfsmittel keinen sicheren Ausgangspunkt hätte.

5. Für die Schwerpunktsordinate $\varrho$ eines halben Kreisringes mit den Radien $R$ und $r$ gilt

$$\varrho = \frac{4}{3\pi}\, \frac{R^3 - r^3}{R^2 - r^2}\,. \tag{a}$$

Ordnet man die Werte $\varrho$ der Abszissenachse zu, d. h. setzt $u = l_1\varrho$, so paßt sich die Gl. (a) der Determinante (35a), S. 36, an, da Zähler und Nenner von Gl. (a)

---

[1] Projektive Teilungen.

[2] Vgl. a. Brennstoff-Wärme-Kraft Bd. 3 (1951) H. 7, Anhang. Diese Zeitschrift bringt zahlreiche Rechentafeln, wesentlich in Form von Kurventafeln.

[3] HOECKEN, K.: Sternradgetriebe. Z. VDI Bd. 74 (1930) S. 265/271.

[4] In der zitierten Arbeit ist $\mu$ statt $\sigma$ gesetzt.

[5] Zum Beispiel des Verfahrens von NEWTON.

sofort als Unterdeterminanten gedeutet werden können. Mit $C_1(x) = -l_1\varrho$ wird dann

$$\begin{vmatrix} 1 & 0 & -l_1\varrho \\ \alpha R^2 & 1 & \beta R^3 \\ \alpha r^2 & 1 & \beta r^3 \end{vmatrix} = 0, \quad \text{d. h.} \quad \beta(r^3 - R^3) - l_1\varrho\alpha(R^2 - r^2) = 0.$$

Übereinstimmung mit Gl. (a) ist vorhanden, wenn mit $\beta = l_3$ für $\alpha$ der Wert $-\dfrac{3\pi}{4}\cdot\dfrac{l_2}{l_1} = -\lambda$ gesetzt wird. Für die Geradenschar gilt $-\lambda z^2 u + v + \beta z^2 = 0$ oder $v = \lambda z^2 u - \beta z^3$, $z = r$ bzw. $= R$ gesetzt. Die Abszissenabschnitte sind $a = \beta z/\lambda = l_1\cdot 4z/3\pi$ (entspricht dem Schwerpunkt eines Vollkreises, $r = 0$, $z = R$) und $b = \beta z^3 = l_2 z^3$. Für $r \to R$ ergibt sich der Schwerpunkt der Halbkreislinie (oder eines sehr dünnen Kreisringes) zu $\varrho = 2R/\pi$. Dies ist bereits die Abszisse des Berührungspunktes der Geraden $R = $ konst. mit der Einhüllenden; die zugehörige Ordinate ist $v = l_2 R^3/2$ [1]. Daher wurde auch die Einhüllende nach $R$ beziffert. Der Abb. 132a (vgl. a. [48]) lagen $l_1 = 25$ mm, $l_2 = 1/3$ mm zugrunde, d. h. $\lambda = 0,01\pi$ und $v = z^2(0,01\pi u - z/3)$. Zum Zeichnen sind die Abschnitte $a$ und die Ordinaten für $u = 100$ mm und für $u = 200$ mm nützlich.

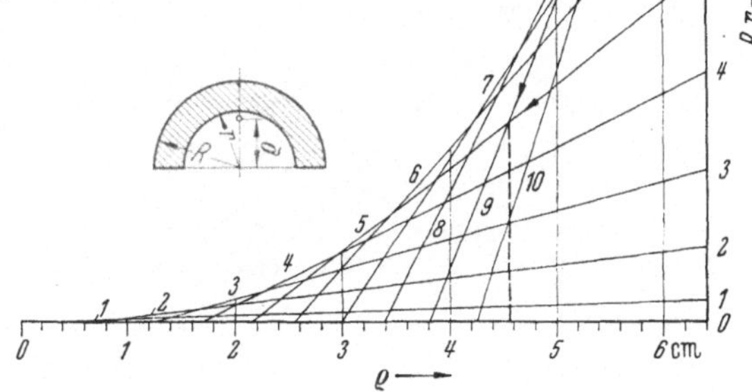



Abb. 132a. Schwerpunktsabstand $\varrho$ eines Halbkreisringes aus den Radien $R$ und $r$.; Beispiel: $R = 9$, $r = 5$, $\varrho = 4,67$.

Da sich für die Schwerpunktsordinate eines Kreisringstückes vom Öffnungswinkel $2\alpha$ der Wert $\bar{\varrho} = \delta\varrho$ mit $\delta = \dfrac{\pi}{2}\cdot\dfrac{\sin\alpha}{\alpha} = \dfrac{90°}{\alpha°}\cdot\sin\alpha°$ ergibt, könnte leicht noch eine Strahlentafel für $\bar{\varrho} = \delta\varrho$ angeschlossen werden (vgl. u.).

Eine *ganz andere* Form, die sich auch zur Umwandlung in eine Fluchtentafel eignet, ergibt sich durch Einführung der Wandstärke $s$ und des mittleren Halbmessers $r_m$, welche beide leicht im Kopf berechnet werden können: $R = r_m + s/2$, $r = r_m - s/2$ bzw. $s = R - r$, $r_m = (R + r)/2$. Es wird dann

$$\varrho = \frac{2}{\pi}r_m + \frac{s^2}{r_m}\frac{1}{6\pi} \quad \text{oder} \quad 12r_m^2 - 6\pi\varrho r_m + s^2 = 0, \tag{b}$$

eine Beziehung, welche auch wieder durch eine Geradlinientafel dargestellt werden könnte (Achsenparallele $\varrho = $ konst. und $s = $ konst.). Führt man jedoch $u = l_1 r_m$ und $v = l_2 s$ ein, so folgt, wenn $l_2 = l_1/\sqrt{12}$ gemacht wird, entsprechend Gl. (42) eine Kreisgleichung [2] in der Scheitelform $(u - u_0)^2 + v^2 = u_0^2$, worin

---

[1] Die Ermittlung der Einhüllenden nach S. 36 liefert das gleiche. Sie hat die Form einer NEILLschen Parabel, $v = cu^3$.

[2] Andernfalls eine Ellipsengleichung.

$u_0 = l_1 \varrho\, \pi/4$ der Halbmesser des Kreises ist, vgl. Abb. 132b mit $l_1 = 10\ \text{mm}$ und $l_2 = 5/\sqrt{3}$ und $u_0 = 2{,}5\pi\varrho$. — Für kleine Wandstärken $s$ stellt die Abszissenachse mit den Werten $\varrho$ und $r_m$ bereits eine Doppelskala dar.

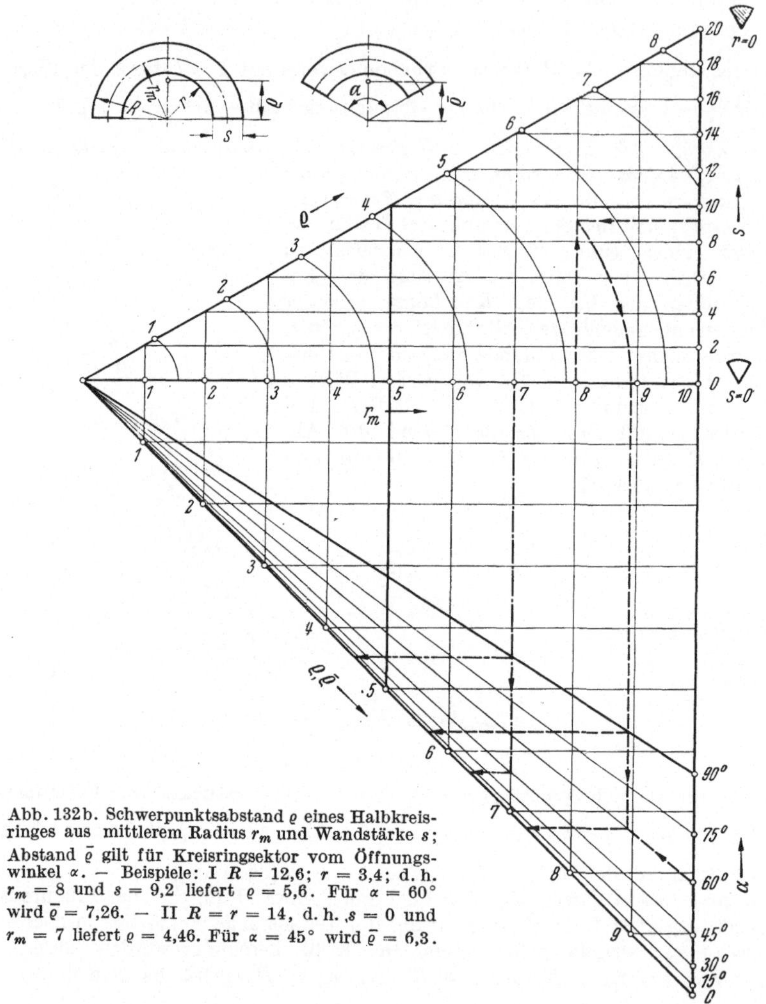

Abb. 132b. Schwerpunktsabstand $\varrho$ eines Halbkreisringes aus mittlerem Radius $r_m$ und Wandstärke $s$; Abstand $\bar\varrho$ gilt für Kreisringsektor vom Öffnungswinkel $\alpha$. — Beispiele: I $R = 12{,}6$; $r = 3{,}4$; d. h. $r_m = 8$ und $s = 9{,}2$ liefert $\varrho = 5{,}6$. Für $\alpha = 60°$ wird $\bar\varrho = 7{,}26$. — II $R = r = 14$, d. h. $s = 0$ und $r_m = 7$ liefert $\varrho = 4{,}46$. Für $\alpha = 45°$ wird $\bar\varrho = 6{,}3$.

Wir schließen hier nun noch eine Strahlentafel für $\bar\varrho$ (s. o.) an: Sei $2u_0 = \bar u = l_1 \varrho\, \pi/2$ gesetzt und $\bar v = l_3 \bar\varrho$, so wird, wenn $l_3 = l_1$ gemacht wird, unter Beachtung von $\delta \cdot \dfrac{2}{\pi} = \dfrac{\sin\alpha}{\alpha} = m$, jetzt $\bar v = m\bar u$. Abb. 132b, unterer Teil[1]. — Fluchtentafel gemäß Gl. (76); vgl. Abs. 352 2, Beisp. I.4.

6. Die durch eine Rohr vom Durchmesser $d$ m bei der Geschwindigkeit $w$ m/s geförderte Flüssigkeitsmenge beträgt

$$Q = w d^2 \pi/4\ \text{m}^3/\text{s}.$$

---

[1] Eine Ver-$n$-fachung der Radien ver-$n$-facht auch $\varrho$ bzw. $\bar\varrho$.

Teilt man die Abszissenachse linear nach $w$, die Ordinatenachse linear nach $Q$, so entspricht der Veränderlichen $d$ eine Strahlentafel durch den Ursprung. Wird die Abszissenachse nach $d^2$ geteilt, so ergibt sich für $w$ ebenfalls ein Strahlenbüschel durch den Ursprung. Besser ist es, hier zu logarithmieren, und die Form

$$\lg Q = \lg w + \lg \frac{d^2\pi}{4}$$

entspricht Gl. (32a) mit $u = l\lg w$ und $v = l\lg Q$, d. h. die Kurven $d =$ konst. sind Parallelen mit der Steigung 1. Da $w = 0,1 \div 20$ m/s sein möge und $d = 50 \div 500$ mm $= 0,05 \div 0,5$ m, schreiben wir $Q = wd^2\pi/4 \cdot 10^{-3}$ l/s, $d$ in mm. Dann lassen sich die Geraden $d =$ konst. bequem zeichnen, wenn man beachtet, daß für $w = 0,4/\pi$ sich $Q = d^2 \cdot 10^{-4}$, also $v = l\lg Q = 2l\lg\dfrac{d}{100}$ für die Strecke ergibt. Danach kann auf der Senkrechten $w = 0,4/\pi$ leicht die Teilung für $d$ angebracht werden vgl. Entwurf gemäß Abb. 133[1]. Verzifferung könnte die Abbildung nach oben begrenzen: Eine Multiplikation von $d$ mit 10 ändert $Q$ um das 100fache. — Da die Teilung des ganzlogarithmischen Papiers zum Interpolieren für $d$ schlecht benutzt werden kann, ließe sich auch schreiben $\lg Q = 2\lg d$

$+ \lg \dfrac{w\pi}{4}$ mit $u = l\lg d$ als Abszisse. Dann haben die parallelen Geraden $w =$ konst. die Steigung 2. — Die behandelte Beziehung liefert als Fluchtentafel drei parallele Leitern.

7. Nach HOPF[2] gilt für den, den Druckverlust in Rohren charakterisierenden, dimensionslosen Faktor $\lambda$ unter gewissen Bedingungen die Formel $\lambda = (k/d)^{0,314} \cdot 10^{-2}$. Hierin ist $d$ der Durchmesser in m und $k$ eine Konstante, die für bestimmte Materialien die Werte 1,5; 2,5; 5; 7 hat. Logarithmiert man, so folgt $\lg 100\,\lambda = -0,314\,\lg d + 0,314\,\lg k$, d. h. ordnet man $\lambda$ der Ordinate und $d$ der Abszisse zu, so entspricht den Werten $k$ die Parallelenschar von dem Gefälle 0,314 (und auf der Waagerechten $\lambda = 0,01$ werden die Strecken $u = l\lg k$ abgeschnitten).

Abb. 133. Fördermenge $Q = wd^2\pi/4$.

8. Eine beliebte Anwendung des ganzlogarithmischen Papiers ist auch die Darstellung der Zustandsgleichung $pv = RT$ eines idealen Gases. Wird $p$ der Ordinate, $v$ der Abszisse zugeordnet, so haben die Geraden $T =$ konst. das Gefälle Eins.

9. Ebenso kann das POISSONsche Gesetz $pv^m =$ konst. für veränderlichen Exponenten dargestellt werden a) in der Form $p_1/p_2 = (v_2/v_1)^m$ mit der Abszisse $\xi = l\lg(v_2/v_1)^m$ und der Ordinate $\eta = l\lg(p_1/p_2)$, b) in der Form $T_1/T_2 = (v_2/v_1)^{(m-1)/m}$ mit der Ordinate $\eta = l\lg(T_1/T_2)$. In beiden Fällen ergibt sich ein Strahlenbüschel durch $\xi = \eta = 0$, und zwar mit der Steigung $m$ bzw. $(m-1)/m$.

10. Bei der Seilreibung gelten für die Seilkräfte die Formeln $S_2/S_1 = e^{\mu\alpha}$, $S_1/S_2 = e^{-\mu\alpha}$, $\mu =$ Reibungsziffer, $\alpha =$ Umschlingungswinkel im Bogenmaß. Eine Tabelle für diese Werte bei verschiedenen Reibungsziffern kann durch eine Strahlentafel auf halblogarithmischem Papier ersetzt werden: Ordinate logarithmisch

---

[1] Vgl. a. F. SCHWEDLER u. H. v. JÜRGENSONN: Handbuch der Rohrleitungen, Aufl. Berichtigter Neudruck. Berlin/Göttingen/Heidelberg: Springer 1952.

[2] HOPF: Z. angew. Math. Mech. Bd. 3 (1923) S. 329; vgl. a. [10].

geteilt, Abszisse linear nach $x$. Für jeden Wert $\mu$ braucht man nur *einen* Punkt zu berechnen, um die betreffende Gerade zu zeichnen. Die Gerade für $e^{-\mu\alpha}$ braucht nicht errechnet zu werden, sie liegt spiegelbildlich zu $e^{+\mu\alpha}$ hinsichtlich der Abszissenachse. Diese versieht man am besten mit Doppelteilung für $\alpha°$ und $\alpha$ im Bogenmaß.

11. Die sinus-Kurven $y = r \sin x$ erscheinen auf sinus-Papier (Abszissenachse nach $\sin x$ geteilt) bei variablem $r$ als Geraden durch $x = 0$.

12. Für die reduzierte Pendellänge $l_r$ des physischen Pendels gilt mit $i$ als Trägheitsradius, $e$ als Abstand Drehpunkt-Schwerpunkt die Gleichung $l_r = e + i^2/e$ oder $e^2 + i^2 - 2 l_r e = 0$. Diese Form stimmt mit Gl. (42), S. 40, überein, wenn $u = e$,

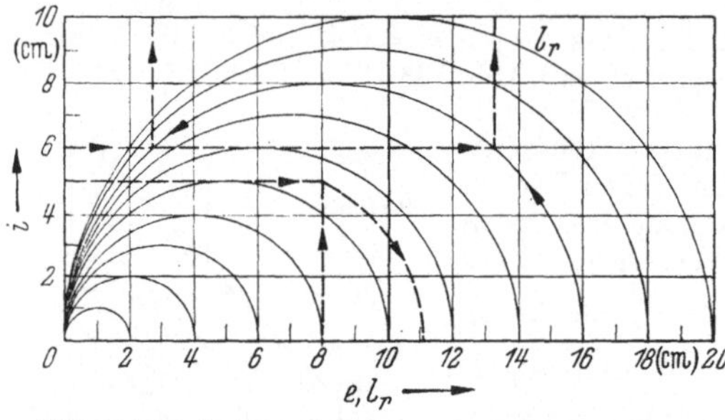


Abb. 134. Reduzierte Pendellänge $l_r$, Trägheitsradius $i$ und Schwerpunktsabstand $e$ (vgl. Text).

$v = i$ und $h(z) = l_r$ gesetzt wird, d. h. wir erhalten ein Kreisbüschel für $l_r$, Radius $u_0 = l_r/2$, vgl. Abb. 134. Die Bezifferung von $e$ und $l_r$ (Schnittpunkte der Kreise mit der Abszissenachse) stimmt überein. Sehr deutlich ist hier auch zu erkennen, daß für einen gegebenen Wert $l_r$ bei bekanntem $i$ sich *zwei* Werte $e$ ergeben und daß sich bei gegebenem $i$ ein Minimum für $l_r$ bei $e = i = l_r/2$ ergibt[1]. —

Die entsprechende Fluchtentafel gehört zum Typ der Gln. (75) u. (76).

13. Bei zusammengesetzter Beanspruchung auf Schub ($\tau$) und Biegung ($\sigma_b$) wird mit einer „reduzierten" oder Vergleichs-Spannung gemäß $\sigma_{red}^2 = \sigma_b^2 + 4\tau^2$ gerechnet, Anstrengungsverhältnis $\alpha_0 = 1$ gesetzt. Dann liegt Gl. (41) vor: $u = l\sigma_b$, $\jmath = 2l\tau$, $\sigma_{red} =$ Radius der konzentrischen Kreise, Abb. 135. Man könnte die Kreise ganz fortlassen, wenn ein nach $\sigma_{red}$ linear geteilter Maßstab um $O$ drehbar angebracht wäre. Die Darstellung durch

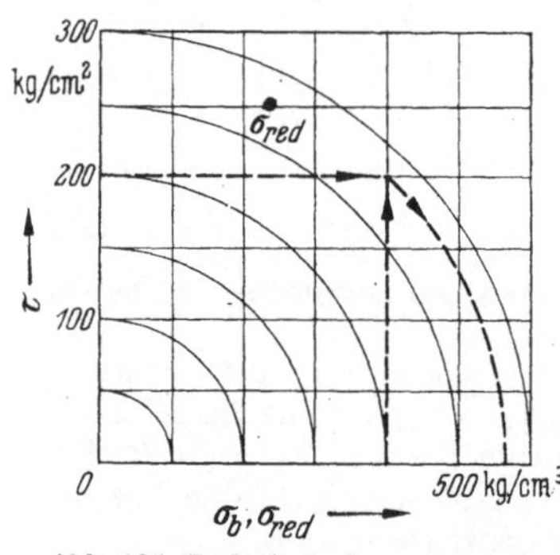


Abb. 135. Reduzierte Spannung (vgl. Text). Beispiel: $\sigma_b = 400$ kg/cm², $\tau = 200$ kg/cm², $\sigma_{red} = 562$ kg/cm².

eine Fluchtentafel könnte gemäß dem Beispiel S. 56 erfolgen, $x$ entspricht $\sigma_b$, $y$ entspricht $2\tau$ und $z$ der Spannung $\sigma_{red}$. — Für $\alpha_0 \neq 1$ könnte an die Kurventafel leicht eine Strahlentafel angeschlossen werden: Abszisse $\tau$, Strahlen $\sigma_0 =$ konst., Ordinate $(\alpha_0 \tau)$ unbeziffert, so daß die Ordinate $\jmath = 2\sigma_0 l\tau$ und damit $\sigma_{red}^2 = \sigma_b^2 + 4\alpha_0^2 \tau^2$ wird; vgl. Abs. 361, Beisp. 1.1, S. 160.

14. Für *quadratische* Formen der Gestalt

$$h^2(z) + f_1(x)\, g_1(y)\, h(z) + f_2(x)\, g_2(y) = 0$$

lassen sich Kurventafeln mit Kreis- und Geraden- und beliebigen Kurvenscharen aufstellen. Wir formen um auf

$$h^2/f_2 + g_1\, h\, f_1/f_2 + g_2 = 0\ [2]$$

---

[1] Verbindet man den Ursprung $O$ mit dem Punkt $P(e, i)$, so schneidet die Senkrechte zu $OP$ in $P$ auf der Abszissenachse den Wert $l_r$ aus (Ersatz für Interpolation).

[2] Die Form $h^2 F_2 + g_1 h F_1 + g_2 = 0$ stimmt mit dieser Form überein, wenn $f_2 = 1/F_2$ und $f_1 = F_1/F_2$ gesetzt wird.

und vergleichen mit der Gleichung eines Kreises, dessen Mittelpunkt auf der $u$-Achse liegt: $(u - u_0)^2 + v^2 = r^2$ oder $u^2 - 2u_0 u + v^2 + (u_0^2 - r^2) = 0$. Übereinstimmung mit der obenstehenden Form ergibt sich, wenn z. B.

$$u_0 = -g_1/2 \tag{a}[1]$$

und

$$u_0^2 - r^2 = g_2, \quad \text{d. h.} \quad (r^2 = u_0^2 - g_2 \quad \text{oder} \quad r = \sqrt{g_1^2 - 4g_2} = r(y) \tag{b_1}$$

gemacht wird, sofern der Radikand größer als Null ist. Die Kurven $y = $ konst. sind hiernach die angeführten Kreise; sie schneiden die $v$-Achse in der Ordinate

$$\bar{v} = \sqrt{-g_2} = \bar{v}(y), \tag{b_2}$$

sofern $g_2 \geqq 0$ ist.

Setzt man weiter

$$u = \mathrm{h}\, \mathrm{f}_1/\mathrm{f}_2 = \mathrm{h}(z)\, \varphi(x), \tag{c}$$

so bleibt $\varrho^2 = u^2 + v^2 = \mathrm{h}^2/\mathrm{f}_2$ oder nach (c) auch $u^2 + v^2 = u^2\, \mathrm{f}_2/\mathrm{f}_1^2$ oder

$$v = u\sqrt{\mathrm{f}_2/\mathrm{f}_1^2 - 1} = u\, \psi(x), \tag{d}$$

sofern $\sqrt{\mathrm{f}_2 - \mathrm{f}_1^2} \geqq 0$ ist.

Hiernach sind die Kurven $x = $ konst. Strahlen durch den Ursprung mit der Steigung $\psi(x)$. Die Kurven $z = $ konst. findet man aus (c) und (d) durch Elimination von $x$. Ist dies nicht möglich, so nehme man einen Wert $x = x_0$ an, d. h. einen bestimmten Strahl durch $O$, und trage auf diesem von $O$ aus die Strecken $\varrho = \mathrm{h}(z)/\sqrt{\mathrm{f}_2(x_0)}$ ab. Hierdurch sind die Schnittpunkte der $z$-Kurven mit diesem Strahl $x_0$ bestimmt. Wiederholung mit anderen Werten $x_0$ ergibt weitere Punkte der $z$-Kurven[2].

A. Fischer [12] deutet hiernach die Lösung der bei Berechnung von Böschungsmauern auftretenden Formel

$$K^2 + K\, p \cos\varphi \sin\varphi - \frac{p}{3} \cos^2\varphi = 0.$$

Wir setzen

$$\mathrm{h}(z) = K; \quad g_1 = \cos\varphi \sin\varphi;$$

$g_2 = -\tfrac{1}{3}\cos^2\varphi$ und $\mathrm{f}_1 = \mathrm{f}_2 = p$. Danach ergibt sich

$p = $ konst.: Strahlen

$$v = u\sqrt{1/p - 1} \quad \text{(s. a. u.)},$$

$K = $ konst.: $u = K$, d. h. die Parallelen zur Ordinatenachse,

$\varphi = $ konst.: Kreise, für die

$$u_0 = -\tfrac{1}{4}\sin 2\varphi \quad \text{und}$$
$$\bar{v} = \cos\varphi \cdot 1/\sqrt{3},$$

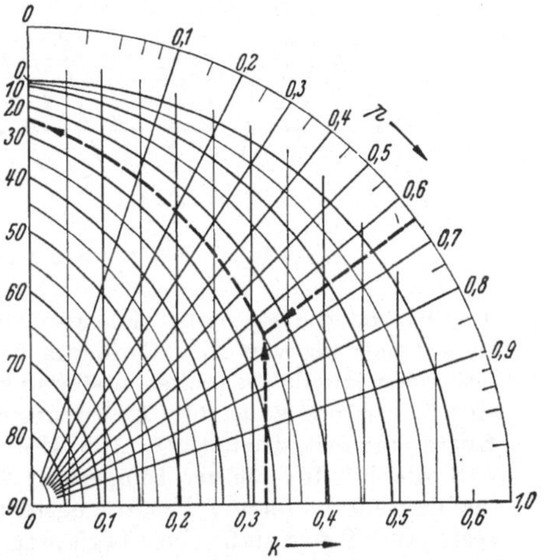

vgl. Abb. 136. Die Kreise könnten auch durch Skalen für $u_0$ und $\bar{v}$ vermieden

Abb. 136. Tafel zur Lösung der nebenstehenden Gleichung. — Beispiel: $p = 0{,}65$; $\varphi = 25°$; $K = 0{,}315$.

werden, wenn man im Einzelfall mit Stechzirkel arbeiten will. — Die Steigung $m = \mathrm{tg}\,\alpha = \sqrt{1/p - 1}$ zeigt, daß $\cos\alpha = \sqrt{p}$ oder $\cos 2\alpha = 2p - 1$ sein muß,

---

[1] Maßstabseinheit gleich 1 gesetzt.

[2] In Abs. 2 behandelte Kreistafeln stellen Sonderformen der betrachteten dar bzw. können auf diese zurückgeführt werden.

also $\alpha$ leicht berechnet werden kann. Oder wenn $\alpha = 45° + \beta$ und $p = 0{,}5 - \varepsilon$, $\varepsilon = -0{,}5 \div +0{,}5$ gesetzt wird, so folgt der Winkel $\beta$ aus $\sin 2\beta = \varepsilon$. Damit schneiden die Strahlen $p$ bzw. $\alpha$ auf einem Kreise um $O$ eine Teilung aus, die symmetrisch zu $\alpha = 45°$ liegt.

15. Bei *ternären* Mischungen oder Legierungen muß die Summe der einzelnen Prozentgehalte konstant, und zwar gleich 100 Prozent sein. Zur Darstellung dieser

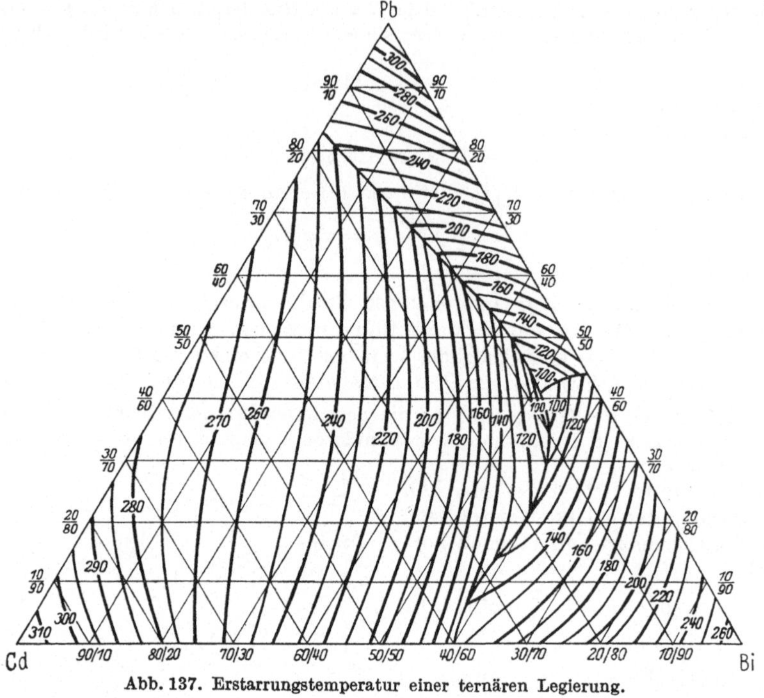



Abb. 137. Erstarrungstemperatur einer ternären Legierung.

drei Veränderlichen eignet sich also Dreieckspapier (S. 47). Hat man z. B. bei einer Legierung von Blei, Cadmium und Wismut für verschiedene Zusammensetzungen jeweils die (erste) Erstarrungstemperatur ermittelt, so kann man für eine bestimmte konstante Erstarrungstemperatur die zugehörigen Punkte im Koordinatennetz finden, vgl. Abb. 137[1], und diese durch eine Kurve verbinden, z. B. die Punkte mit der Temperatur 200° C. Wiederholung liefert die Kurven für die weiteren (ersten) Erstarrungstemperaturen. So findet man aus der fertiggestellten Tafel, daß eine Legierung von 40% Pb, 20% Cd (d. h. 40% Bi) eine erste Erstarrungstemperatur von etwa 180° hat. Für die Legierung von 20% Pb, 70% Cd (d. h. 10% Bi) ist 275° abzulesen. Für ähnliche Aufgaben wird das Dreieckspapier nicht nur in der Technologie, sondern auch in der Chemie benutzt[2].

16. Die logarithmische Form des Dreieckspapiers zur Darstellung von $x\,y\,z = $ konst. wird gern in der Hydraulik [23], aber auch in der Röhrentechnik

---


[1] Aus Z. anorg. Chem. Bd. 70 (1911) S. 178—202.
[2] Vgl. Fußnote 1, S. 99.

benutzt[1]: Zwischen Durchgriff $D$ (unbenannte Zahl), Steilheit $S$ (in mA/V) und innerem Widerstand $R_i$ (in 1000 Ohm) gilt nach BARKHAUSEN genähert

$$S D R_i = 1,$$

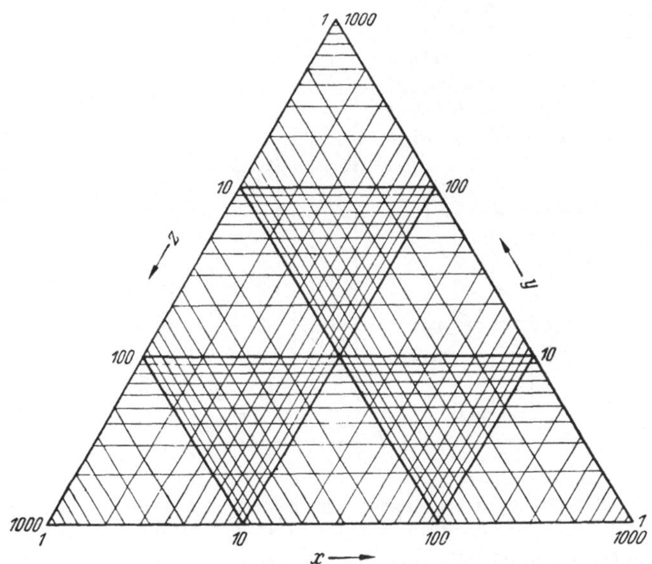

Abb. 138a. Logarithmisches Dreieckspapier.

d. h. wir haben die Form der Gl. (53b), S. 47, und Abb. 138a zeigt zunächst die logarithmische Form des Dreieckspapiers für $xyz = 1000$.

Die praktischen Grenzen der genannten Größen sind $D = 0,005 \div 0,5 = 0,5 \div 50\%$; $S = 0,02 \div 10$ mA/V und $R_i = 1000 \div 10^3 \cdot 1000$ Ohm. Man benötigt daher an sich für $D$ vier, für $S$ drei und für $R_i$ vier logarithmische Einheiten. Schneidet man die nicht benutzten Bereiche fort, so bleibt Abb. 138b übrig. — Im Vergleich mit Abb. 138a entsprechen sich $x$ und $D$, $y$ und $S$, $z$ und $R_i$.

---

[4] KLINGELHÖFFER, H., u. A. WALTHER: Bemerkungen zum Röhrendreieck. Telefunkenztg. Bd. 12 (1931) S. 59/61.

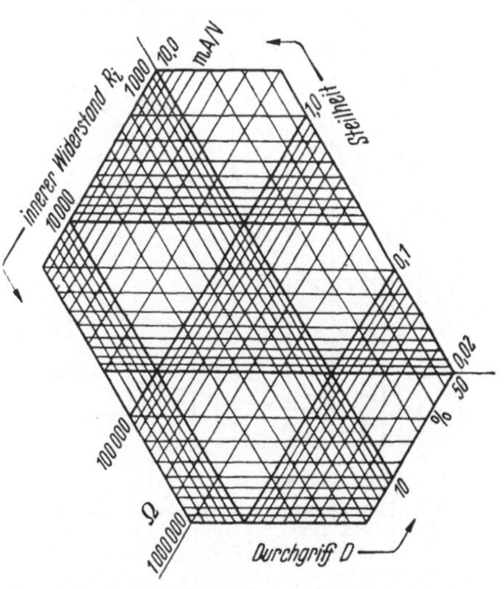

Abb. 138b, Röhrendreieck (vgl. Text). — Beispiel: $D = 10\%$, $S = 5$ mA/V liefert $R_i = 2000$ Ohm oder $D = 3\%$, $R_i = 4000$ Ohm liefert $S = 8,3$ mA/V.

### 342 Mehr als drei Veränderliche.

1. Zur Berechnung des „Nutzwärmepreises" $p_N$ bei Kesseln gilt die Formel[1]

$$p_N = \frac{1000\, p_B}{\eta\, H_u}\ \text{DM/Gcal},$$

worin $p_B$ der Brennstoffpreis ($10 \div 100$ DM/t), $\eta$ der Wirkungsgrad ($0{,}6 \div 1{,}0$), $H_u$ der untere Heizwert ($1000 \div 8000$ kcal/kg) und 1 Gcal $= 10^3$ Mcal $= 10^6$ kcal bedeuten. Zur Darstellung wird

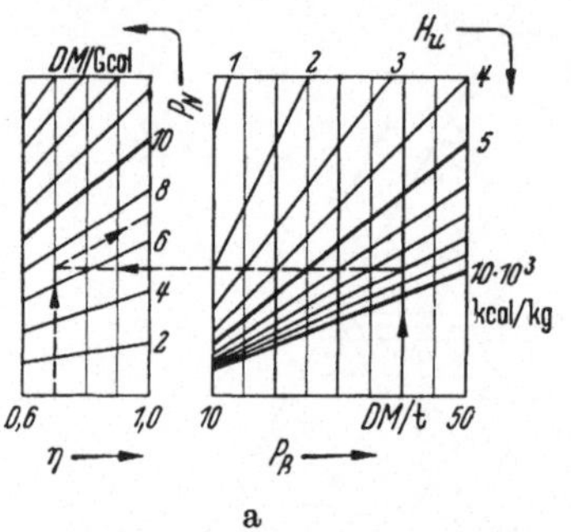

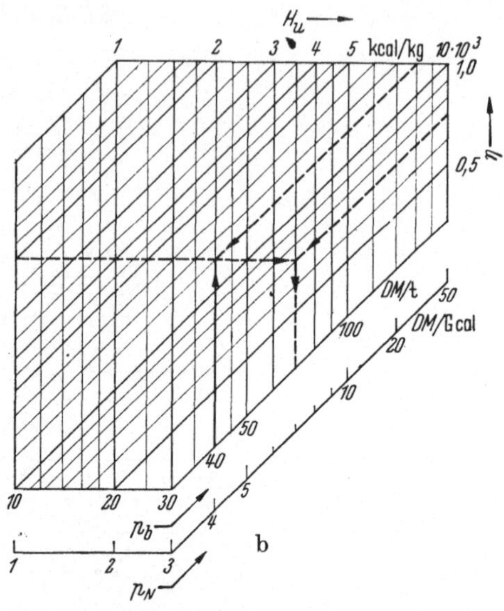

Abb. 139a, b. Nutzwärmepreis bei Kesseln (vgl. nebenstehende Formel). a) unverzerrtes Netz, b) logarithmisch verzerrtes Netz. — Beispiel: $\eta = 0{,}7$; $H_u = 8000$ kcal/kg; $p_B = 40$ DM/t;[2] $p_N = 7{,}1$.

eine Netztafel benutzt[1], die aus der Zerlegung $t = p_N\,\eta = p_B H_u/1000$ folgt: $\eta = u_1/l_1$ als Abszisse in der linken, $p_B = u_2/l_2$ als Abszisse in der rechten Tafel, so daß $v = lt$, also $v_1 = m_1 u_1$ und $v_2 = m_2 u_2$ mit $m_1 = p_N l/l_1$ und $m_2 = 1000\, H_u \cdot l/l_2$. In Abb. 139a war gewählt $l_1 = 50$ mm, $l_2 = 1$ mm und $l = 4$ mm.

Im ganzlogarithmischen Achsenkreuz läßt sich der Zusammenhang mit weniger Kurvenscharen durchführen:

$$\lg p_N + \lg \eta = \lg t = \lg p_B + \lg \frac{1000}{H_u}.$$

Die Geraden $H_u =$ konst., welche auf der Waagerechten $t = 10$ (mittlere Waagerechte) die Werte $p_B = H_u/1000$ ausschneiden, sind oberhalb der Geraden $\eta =$ konst. gelegen, aber diesen parallel. Ferner kann durch Doppelbezifferung die Teilung der Abszisse sowohl für $p_B$ als auch für $p_N$ benutzt werden. Auch läßt sich der Bereich von $p_N$ leicht über 10 erweitern, vgl. Abb. 139b.

Abb. 140. Brechung magnetischer Kraftlinien (vgl. Text). — Beispiel: $n_1 = 1{,}5$; $\alpha_1 = 30°$  $n_2 = 3{,}5$; $\alpha_2 = 53{,}4°$.

---

[1] SCHULTES, W.: Wirtschaftlichkeit von Erneuerungen im Dampfkesselbetrieb. Z. VDI Bd. 79 (1933) S. 287/292.
[2] Bzw. $p_b$ in Abb. 139b.

2. Das auf S. 15 bereits behandelte Beispiel für die Brechung von magnetischen Kraftlinien in der Form $\operatorname{tg}\alpha_1 : \operatorname{tg}\alpha_2 = n_1 : n_2$ soll durch eine Kurventafel dargestellt werden. Wir schreiben hierfür kurz mit der Hilfsgröße $t$ die Gleichung in der Form $t = 1/n \cdot \operatorname{tg}\alpha$. Man erhält mit $u = l/n$ als Abszisse und $v = lt$ als Ordinate ein Strahlenbüschel durch den Ursprung für die Veränderliche $\alpha$; der Steigungswinkel der Strahlen ist $\alpha$ (lineare Kreisteilung), vgl. Abb. 140 für $n = 1 \div 5$.

3. Bei EULER-DIERCKS [7] ist u. a. die Formel

$$K = R p_r + S p_s + k_1$$

dargestellt, $R$ = Roheisenmenge in kg/t Rohstahl, $p_r$ = Roheisenpreis in DM/t, $S$ = Schrottmenge in kg/t Rohstahl, $p_s$ = Schrottpreis in DM/t, $k_1$ sonstige Kosten und $K$ = Betriebskosten in DM je Tonne Rohstahl. Bei Benutzung der Leitlinie werden dort fünf Felder unter doppelter Einführung bzw. Ablesung von $S$ erhalten. Ohne auf die technischen bzw. technologischen Einzelheiten einzugehen, sei der grundsätzliche Entwurf für weniger Felder gegeben: Wir setzen $t_1 = R p_r$, ferner $t_2 = p_s S$, im Feld II gewonnen, Abb. 141. Dann ist $t_3 = t_1 + t_2$ und $K = t_3 + k_1$. Faßt man $t_3$ als Ordinate und $t_2$ als Abszisse in Feld III auf, so ist $t_3 = t_1 + t_2$ die Gleichung einer Geraden, die unter 45° verläuft, d. h. die Rechenlinien $t_3$ sind Parallelen mit der Steigung 1

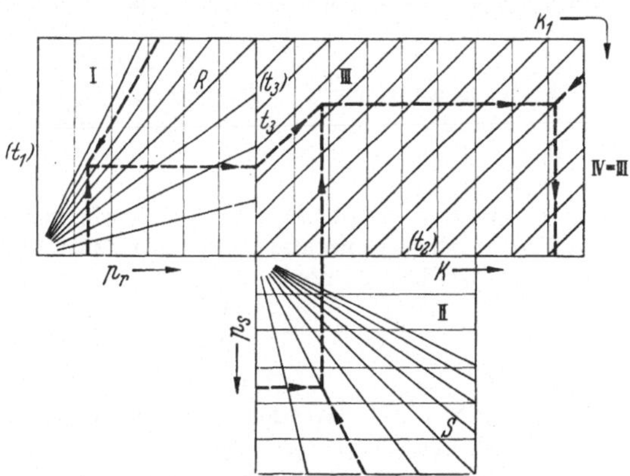


Abb. 141. Rohstahlkosten $K$ DM/t (vgl. Text).

(und zwar oberhalb der strichpunktierten Winkelhalbierenden). Faßt man weiter $K$ als Abszisse und $t_3$ als Ordinate im Feld IV auf, so sind die Linien $k_1$ parallel zu den genannten Geraden. Sie schneiden die Abszissenachse in $k_1$. Da hierzu nur die Geraden unterhalb der Winkelhalbierenden erforderlich sind, braucht man tatsächlich nur *drei* Felder.

Mit der gleichen Zerlegung kann auch eine Darstellung durch Fluchtentafeln und Zapfenlinie oder auch durch gekoppelte Tafeln erfolgen.

4. Bei Dreharbeiten ist zu berechnen die Zeit $t = \dfrac{d \pi L}{v s \cdot 1000}$ min, worin $d$ = Durchmesser in mm, $L$ = Gesamtlänge in mm, $v$ = Schnittgeschwindigkeit in m/min, $s$ = Vorschub je Umdrehung in mm, oder $t = L/sn$, wenn die Drehzahl $n$ U/min bekannt ist. Diese Gleichung wird von LEHMING[1] durch drei Felder auf ganzlogarithmischem Netz durch Geraden dargestellt: 1. Feld: $n, d, v$ (vgl. a. Beisp. 1, S. 106); 2. Feld: $n$ (als Hilfsgröße), $z = ns$ als zweite Hilfsgröße und $s$; 3. Feld: $z, L, t$; also Aufspaltung in $v = d\pi n/1000$, $z = ns$ und $t = L/z$. Vgl. Abb. 142 in schematischer Darstellung.

5. Wie in den Beispielen gelegentlich angedeutet, kann durch geeignete Einteilung ein Feld gespart werden, so z. B. bei Darstellung der „Kesselformel"

---

[1] LEHMING: Zahlentafeln und Nomogramme. Maschinenbau-Betrieb Bd. 9 (1930) S. 480/83. — Vgl. a. die vom AWF herausgegebenen Maschinenkarten.

118　　　　　　　　3 Beispiele und Anwendungen.

$s = dp/2\sigma$ auf ganzlogarithmischem Papier unter Zerlegung in $2s/d = t$ (Hilfsgröße) $= p/\sigma$. Die Abszissenachse wird nach $s$ einerseits, nach $p$ andererseits beziffert. Dann sind die Kurven $d =$ konst. und $\sigma =$ konst. jeweils Parallelen, die sich nicht zu treffen brauchen (vgl. a. [2]).

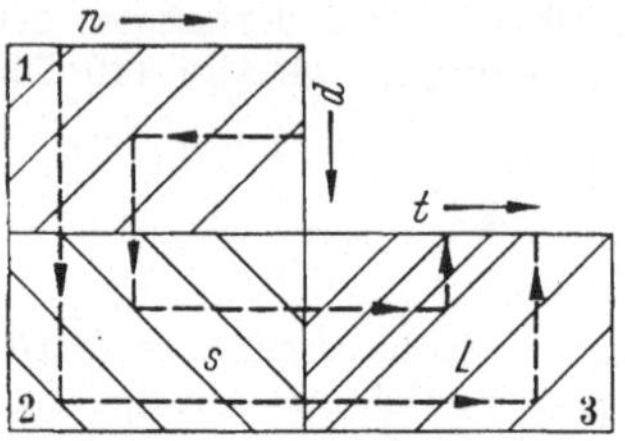

6. Übersichtliche Kurventafeln mit farbigen Linien zur Erhöhung der Übersichtlichkeit gibt die Kerb-Konus-A.G. zur Berechnung von Kerbstiftverbindungen heraus.

7. Die Formel $l = \sqrt{3fED/\sigma}$, wie sie bei Auslegung von Schenkelrohrausgleichern für Heißdampfleitungen (nach BERTLING) auftritt, kann bequem durch Kurventafeln auf ganzlogarithmischem Papier dargestellt werden ($l$, $f$ Längen in cm, $E$ Elastizitätsmodul in kg/cm², $D =$ Durchmesser in cm, $\sigma =$ Festigkeitszahl in kg/cm²).

Abb. 142. Schnittzeit bei Dreharbeiten (vgl. Text).

8. Der Leser versuche die Beziehung $x_1 x_2 x_3 = k$ zusammen mit $x_4(x_2 - a)x_3 = c$ durch Geradlinientafeln darzustellen, wobei $k$, $c$, $a$ Konstante sein sollen.

9. Der Leser versuche auch die dargestellten Kurventafeln durch Fluchtentafeln zu ersetzen.

10. Bei SCHWERDT [49] findet sich die mathematisch interessante Aufgabe, die drei Flächenkrümmungsmaße so darzustellen, daß diese mit *einer* Ablesung bestimmt werden können:

$$G = \frac{1}{R_1 R_2}, \quad M = \frac{1}{2}\left(\frac{1}{R_1} + \frac{1}{R_2}\right), \quad C = \frac{1}{2}\left(\frac{1}{R_1^2} + \frac{1}{R_2^2}\right).$$

Man setze $u = 1/R_1$, $v = 1/R_2$, so daß $uv = G$ durch gleichseitige Hyperbeln, $u + v = 2M$ durch Geraden von der Steigung Eins und $u^2 + v^2 = 2C$ durch Kreise um den Ursprung dargestellt werden.

11. Bei SIEKER[1] findet sich die Formel

$$l^2 = 8q(r - \varrho) - q^2,$$

in welcher die Größen gewisse getriebliche Abmessungen bedeuten. Setzt man $r - \varrho = t$, so bleibt $l^2 + q^2 - 8qt = 0$, oder wenn bei sonst gleichen Maßstäben $u = l/4$ und $v = q/4$ gesetzt wird, so entstehen für $t =$ konst. Kreise durch den Ursprung mit den Radien $v_0 = t$, d. h. $u^2 + (q - v_0)^2 = v_0^2$. Schließt man eine Parallelentafel für $2v_0 = 2t = 2r - 2\varrho$ an, $2\varrho = u^*$, so ist die Kurventafel leicht zu entwerfen. Die letztere Operation ließe sich durch eine Fluchtentafel mit parallelen Leitern ersetzen, wie auch — dies sei dem Leser überlassen — die gesamte Gleichung durch eine Fluchtentafel mit Zapfenlinie darstellbar ist.

12. Bei Berechnung von Eingangswiderständen nach MEINKE[2] trifft man auf eine Formel, die letzten Endes in die Ermittlung der komplexen Zahl

$$z = \xi + i\eta = \frac{m + i\mu}{1 + im\mu} \tag{$a_1$}$$

mündet ($i = \sqrt{-1}$), d. h. der Größen $\xi$, $\eta$ aus den Werten $m$ und $\mu$, wobei in dem erwähnten Zusammenhang $\mu = \mathrm{tg}\,\alpha = \mathrm{tg}\,2\pi\lambda$ ist (Bereiche s. u.). Setzt man $\mathfrak{z} = m + i\mu$ als komplexe Zahl der $\mathfrak{z}$-Ebene und $\bar{\mathfrak{z}} = m - i\mu$ als ihre konjugiert-komplexe Zahl, so ist auch

$$z = 4\mathfrak{z}/(4 + \mathfrak{z}^2 - \bar{\mathfrak{z}}^2), \quad \text{d. h.} \quad z = \mathrm{f}(\mathfrak{z}). \tag{$a_2$}$$

---

[1] SIEKER, K. H.: Einfache Getriebe. Leipzig 1951.

[2] MEINKE: Umdruck über Hochfrequenztechnik, Teil IV. 1944.

Die Koordinatenparallelen $m$ und $\mu$ der $z$-Ebene gehen bei der konformen Abbildung gemäß Gl. $(a_1)$ oder $(a_2)$ in orthogonale Kreisbüschel über, so daß hier die *konforme* Abbildung die Kurventafel liefert. — Im einzelnen ergibt sich durch Ausmultiplikation: $(\xi + i\eta)(1 + im\mu) = m + i\mu$ oder $\xi - \eta m\mu + i(m\mu\xi + \eta) = m + i\mu$ und durch Gleichsetzen der Real- und Imaginärteile

$$\xi - \eta m\mu - m = 0 \qquad (b_1) \qquad \text{und} \qquad \eta + \xi m\mu - \mu = 0. \qquad (b_2)$$

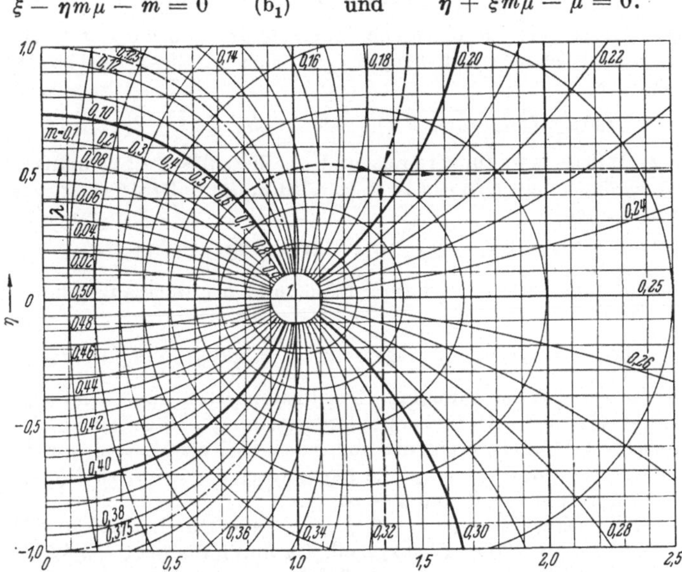

Abb. 143. Ermittlung von Eingangswiderständen (vgl. Text). — Beispiel: $m = 0{,}6$ und $\lambda = 0{,}19$ liefern $\xi \approx 1{,}35$ und $\eta = 5{,}9$.

Um die „Bilder" der Parallelen $m = $ konst. zur $\mu$-Achse, d. h. die Kurven $m = $ konst., in der $z$-Ebene zu finden, eliminieren wir $\mu$ aus beiden Gleichungen und erhalten daraus

$$(\xi - \xi_0)^2 + \eta^2 = \varrho_m^2, \qquad \xi_0 = \frac{1}{2}\left(\frac{1}{m} + m\right), \qquad \varrho_m = \frac{1}{2}\left(\frac{1}{m} - m\right). \qquad (c)$$

Das heißt, die Kurven $m = $ konst. sind Kreise, deren Mittelpunkte auf der $\xi$-Achse liegen $(\xi = \xi_0)$ und die Radien $\varrho_m$ haben. Die $\xi$-Achse wird in $\xi_1 = \xi_0 + \varrho_m = 1/m$ und $\xi_2 = \xi_0 - \varrho_m = m$ geschnitten, so daß beiläufig $\xi_1\xi_2 = 1$ ist. Die Kreise haben, bezogen auf den Ursprung, die Potenz Eins, d. h. die Tangenten von $O$ aus an die Kreise haben die Länge Eins.

Auf gleiche Weise ergibt sich durch Elimination von $m$ aus den Gln. (b) für die Kurven $\mu = $ konst.:

$$\xi^2 + (\eta - \eta_0)^2 = \varrho_\mu^2, \qquad \eta_0 = -\frac{1}{2}\left(\frac{1}{\mu} - \mu\right) = -\operatorname{ctg}2\alpha,$$

$$\varrho_\mu = \frac{1}{2}\left(\frac{1}{\mu} + \mu\right) = 1/\sin 2\alpha. \qquad (d)$$

Das heißt, die Kurven $\mu = $ konst. sind Kreise, deren Mittelpunkte auf der $\eta$-Achse liegen $(\eta = \eta_0)$, die Radien $\varrho_\mu$ haben und sämtlich durch den Punkt $\xi = 1, \eta = 0$ gehen. Die $\eta$-Achse wird in $\eta_1 = \eta_0 + \varrho_\mu = \mu = \operatorname{tg}\alpha$ und $\eta_2 = \eta_0 - \varrho_\mu = -1/\mu = -\operatorname{ctg}\alpha$ geschnitten, so daß $\eta_1\eta_2 = -1$ als Potenz in bezug auf $O$ ist.

Die Netztafel enthält nunmehr *vier* Kurvenscharen: die achsenparallelen Geraden $\xi = $ konst. und $\eta = $ konst., ferner die Kreise $m = $ konst. und $\mu = $ konst., vgl. Abb. 143. Die Werte $\lambda$ wurden so angeschrieben, daß $\eta$ negativ wird, wenn $\mu$ negativ wird[1]. — Überführung in eine Fluchtentafel vgl. Abs. 352 2, Beisp. 1.6.

### 343 Bewegliche Kurventafeln.

1. Für offene oder geschlossene Hohlzylinder, welche durch Innendruck $p_i$ kg/cm² $= p_i$ at beansprucht werden, gilt nach der Festigkeitshypothese von MOHR [*10*].

$$r_a/r_i \gtreqless \sqrt{\sigma_{zul}/(\sigma_{zul} - 2p_i)} \quad \text{oder} \quad r_i/r_a \lesseqgtr \sqrt{1 - 2p_i/\sigma_{zul}},$$

worin $r_a$, $r_i$ Außen- bzw. Innenradius und $\sigma_{zul}$ die zulässige Spannung in kg/cm² bedeuten. — Setzt man $r_a/r_i = t > 1$, so wird $\sigma_{zul}/p_i = 2\,t^2/(t^2 - 1) = \psi(t)$ oder logarithmiert auch

$$\lg r_a - \lg r_i = \lg t \quad \text{und} \quad \lg \sigma_{zul} - \lg p_i = \lg \psi(t).$$

Diese Form stimmt aber mit Gl. (49), S. 45, und der dort angeschlossenen Bemerkung überein:

$$u(x_3) = \lg r_a; \quad u(x_1) = \lg r_i; \quad v(x_4) = \lg \sigma_{zul}; \quad v(x_2) = \lg p_i,$$

und die Kurve $k$ hat im bewegten Koordinatensystem die Gleichung $\xi = \lg t$, $\eta = \lg \psi(t) = \lg[2\,t^2/(t^2 - 1)]$ in Parameterdarstellung[2]. Diese Kurve ist im ganzlogarithmischen Papier leicht aufzutragen, wobei noch erwähnt sei, daß die $\eta$-Achse und die Abszissenparallele $\eta = \lg 2$ die Asymptoten der Kurve sind (entsprechend den Parameterwerten $t \to 0$ und $t \to \infty$).

Die Bereiche seien etwa $r_a$, $r_i = 0{,}5 \div 50$ cm (also Durchmesser $10 \div 1000$ mm), $p_i = 1 \div 50$ at, $\sigma_{zul} = 400 \div 1200$ kg/cm². Da durch die letzteren Werte die Bereiche für die Ordinaten etwas groß werden, setzen wir besser $\sigma_{zul}/10\,p_i = 0{,}2t^2/(t^2 - 1) = \psi(t)$, wodurch die Ordinaten von $k$ um eine Zehnerpotenz kleiner werden. Es muß dann der Punkt $O^*$ auf $p_i$, $r_i$ und der Punkt $\sigma_{zul}$, $r_a$ unter der Kurve $k$ liegen. Diese verläuft ziemlich steil, da $r_i$ und $r_a$ sich im allgemeinen wenig unterscheiden.

Es gibt aber auch einen anderen Weg: Man führt die Wandstärke $s = r_a - r_i$ ein und erhält, oben eingesetzt: $2p_i/\sigma_{zul} = 2s/r_a - (s/r_a)^2$ oder, wenn jetzt $t = s/r_a$ den Parameter darstellt, auch $10\,p_i/\sigma_{zul} = 5t(2 - t) = \psi(t)$. Ähnlich wie oben hat man

$$\lg r_a - \lg s = -\lg t = \xi(t), \quad \lg \sigma_{zul} - \lg 10\,p_i = -\lg \psi(t) = \eta(t).$$

Es braucht gegenüber der ersten Form nur $s$ statt $r_i$ geschrieben und die bewegte Kurve $k$ mit der Parameterdarstellung

$$\xi = -\lg t = \lg 1/t, \quad \eta = -\lg 5t(2 - t) = \lg 1/[5t(2 - t)] = \xi - \lg 5\,(2 - t)$$

benutzt zu werden. Diese hat innerhalb des benutzten Bereiches $0 < t < 1$ die Asymptote $\eta = \xi - 1$.

Zur Deckung kommen $O^*$ und $s$, $p_i$ bzw. die Kurve $k$ und $\sigma_{zul}$, $r_a$; vgl. Abb. 144. Wird die Kurve spiegelbildlich zur Winkelhalbierenden des ersten Quadranten in die $\xi$, $\eta$-Ebene gelegt, so kommt $O^*$ auf $\sigma_{zul}$, $r_a$ und $k$ auf $s$, $p_i$.

Will man die bewegte Kurve vermeiden, so läßt sich mit Hilfe der *Leitlinie* arbeiten: Im ersten Feld faßt man $\eta(t)$ als Ordinate und $\lg \sigma_{zul}$ als Abszisse auf.

---

[1] Nach den Gln. (b) ist $\eta = \mu(1 - m^2)/(1 + m^2\mu^2)$ und $\xi = m(1 + \mu^2)/(1 + m^2\mu^2)$.

[2] Oder $\xi = \frac{1}{2} \lg 10^\eta/(10^\eta - 2)$.

Dann sind die Kurven $(p_i)$ durch Geraden unter $45°$ dargestellt. Im zweiten Feld faßt man $\xi(t)$ als Abszisse, $\lg r_a$ als Ordinate auf, so daß die Kurven $(s)$ wieder Geraden unter $45°$ sind. Die Verbindung zwischen beiden Feldern vermittelt die Leitlinie von der gleichen Gestalt wie $k$.

2. In gleicher Weise lassen sich auch Funktionen von der Form

$$A\,(x_3/x_1)^m = (x_4/x_2)^n + B$$

darstellen: $x_4/x_2 = t$, $x_3/x_1 = z = t^n/A + B/A$ mit $\xi = \lg t$ und $\eta = \lg z$ $= \lg(t^n + B) - \lg A$ als Gleichung der bewegten Kurve (ganzlogarithmisches Netz).

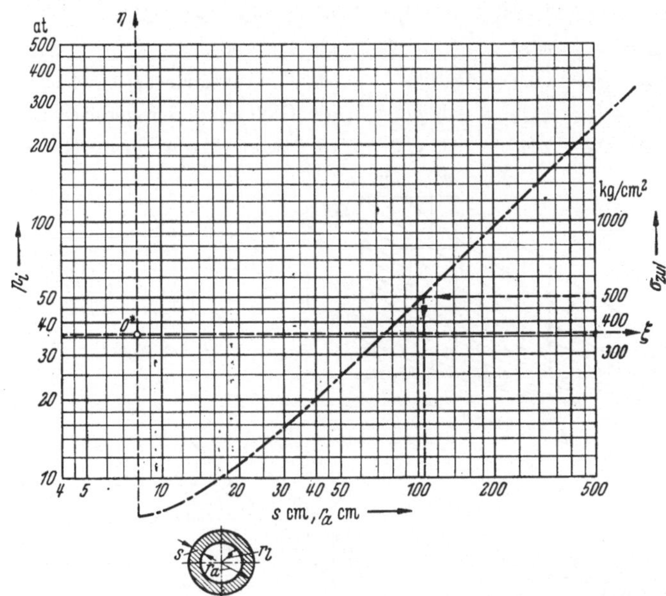


Abb. 144. Berechnung von Hohlzylindern auf Innendruck $p_i$ (vgl. Text). — Beispiel: $s = 8$ mm, $p_i = 36$ at, $\sigma_{zul} = 500$ kg/cm², $r_a = 107$ mm, ferner (nicht eingetragen): $r_a = 100$ mm, $r_i = 90$ mm, d. h. $s = 10$ mm liefern bei $\sigma_{zul} = 1000$ kg/cm² den Wert $p_{i\,zul} = 95$ at.

3. Die Berechnung der Blechstärken $s$ mm von Flammrohren beim Überdruck $p$ at erfolgt nach behördlichen Vorschriften gemäß der Formel[1]

$$s = \frac{p\,d}{2400}\left(1 + \sqrt{1 + \frac{a}{p}\,\frac{l}{l+d}}\right) + 2,$$

worin $d$ mm der mittlere Innendurchmesser des Rohres, $l$ mm die Länge des unversteiften Rohres … und $a$ eine von der Art der Längsnaht und der Länge des Rohres abhängige Konstante ist[1], welche etwa zwischen 50 und 100 liegt.

Soll nun die vorliegende Gleichung mit der Form (49), S. 45, übereinstimmen, so muß eine Umformung vorgenommen werden

$$\left(\frac{s-2}{d/1000}\,\frac{2{,}4}{p} - 1\right)^2 = \frac{a/20}{1+d/l}\,\frac{20}{p} + 1 \qquad \text{(a)}[2]$$

oder

$$(t-1)^2 = z + 1, \quad \text{d. h.} \quad t(t-2) = z. \qquad \text{(b)}$$

---

[1] [10], Bd. II.

[2] Die Konstantenumsetzung hat ähnlich wie im 1. Beispiel den Zweck, bei geeigneten Maßstäben die Bereiche gut unterzubringen.

Logarithmieren von $t$ und $z$ liefert

$$\xi = \lg t = \lg(s - 2) - \lg d/1000 - \lg p/2{,}4,$$
$$\eta = \lg z = \lg a/20 - \lg(1 + d/l) - \lg p/20, \tag{c}$$

und diese Form zeigt Übereinstimmung mit Gl. (49), wobei allerdings nur *fünf* Veränderliche auftreten, also $x_6$ und $x_7$ gleich konstant, z. B. gleich Null, gesetzt werden können. Dann entartet die Schar $(x_7)$ in *eine* Kurve $k$ (Schablone wie in Beisp. 1) und die Schar $(x_5, x_6)$ in eine Funktionsleiter. Im einzelnen muß sein

$$\mathsf{f}_{12} = \mathsf{f}_1 = u(d, l) = \lg d/1000 \Big\} \quad \text{als Gleichung der Kurvenschar}$$
$$\mathsf{g}_{12} = v(d, l) = \lg(1 + d/l) \quad\Big\} \quad (d, l) \text{ bzw. } (x_1, x_2);$$
$$\mathsf{f}_{34} = \mathsf{f}_3 = u(s) = \lg(s - 2) \quad \text{als Kurvenschar } (s) \text{ bzw. } x_3;$$
$$\mathsf{g}_{34} = \mathsf{g}_4 = v(a) = \lg a/20 \quad \text{als Kurvenschar } (a) \text{ bzw. } x_4;$$
$$\mathsf{f}_{56} = \mathsf{f}_5 = \xi(p) = -\lg p/2{,}4 \Big\} \quad \text{als Gleichung der geraden Leiter für } p$$
$$\mathsf{g}_{56} = \mathsf{g}_5 = \eta(p) = -\lg p/20 \quad\Big\} \quad \text{in der bewegten Ebene (Deckblatt).}$$

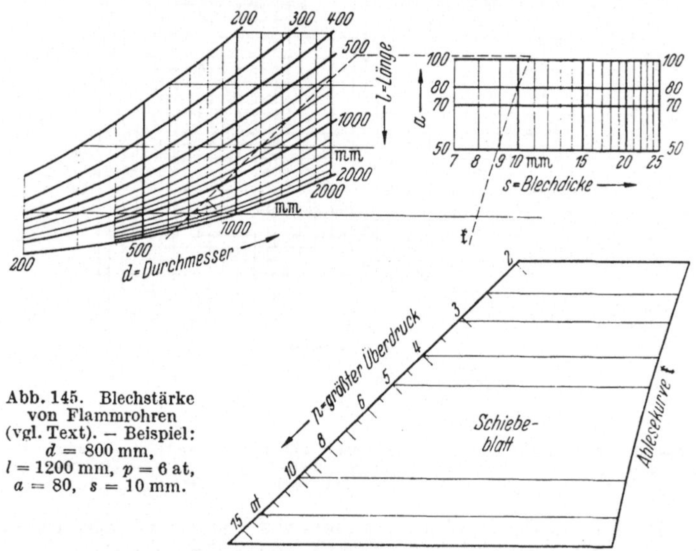


Abb. 145. Blechstärke von Flammrohren (vgl. Text). — Beispiel: $d = 800$ mm, $l = 1200$ mm, $p = 6$ at, $a = 80$, $s = 10$ mm.

Die ersteren Scharen befinden sich auf der festen Ebene (Grundblatt). Die Gleichung der Schablone $k$ in der beweglichen Ebene, ebenfalls auf ganzlogarithmischem Papier aufgetragen, hat nach Gl. (b) eine ähnliche Parameterdarstellung wie in Beisp. 1:

$$\xi = \lg t, \quad \eta = \lg t(t - 2), \quad t > 2,$$

mit den Asymptoten $\xi = \lg 2$ und $\eta = 2\xi$. Sie ist ebenfalls leicht zu entwerfen, da ja nur die Werte $t$ und $t(t - 2)$ im Funktionsnetz einzutragen sind; vgl. die Ausführung in Abb. 145[1]. Diese läßt auch die Zuordnung erkennen: Leiter $p$ auf Punkt $d, l$ und Kurve $k$ auf Punkt $a, s$. Hier könnte ebenfalls mit Leitlinien gearbeitet werden, wenn bei mehreren Feldern der Wert $d$ zweimal eingegeben werden wird![2]

---

[1] Nach [27].

[2] Hinsichtlich eines Flächenschiebers aus der Statistik vgl. a. W. DE BEAUCLAIR: Der Sonderschieber für Häufigkeitsrechnungen. Z. angew. Math. Mech. Bd. 32 (1952) S. 112/20.

## 35  Fluchtentafeln.

Wie auf S. 92 erwähnt, sind für verschiedene Sonderzwecke Nomogramme, insbesondere auch Fluchtentafeln, entworfen worden, und es sei hier noch auf die Übersicht in der Elektrotechn. Z. [66] hingewiesen[1].

### 351  Drei Veränderliche.

**3511. Nur gerade Leitern. 1.1.** Besteht eine Lösung oder Mischung aus zwei Stoffen mit den spezifischen Gewichten $\gamma_1$ und $\gamma_2$ und sind $\alpha_1$ bzw. $\alpha_2$ ihre Raumteile in Prozenten, so ist das spezifische Gewicht der Mischung gegeben durch

$$\gamma = \frac{\alpha_1}{100}\,\gamma_1 + \frac{\alpha_2}{100}\,\gamma_2\,.$$

Bei gegebenem $\alpha_1$ bzw. $\alpha_2$ (wobei $\alpha_1 + \alpha_2 = 100$) erhält man nach Gl. (54) drei parallele Leitern mit gleichen Maßstäben für die $\gamma$, wobei die Lage der mittleren Leiter durch $m:n = \alpha_2:\alpha_1$ gegeben ist. Soll die Tafel für verschiedene $\alpha_1$ bzw. $\alpha_2$ benutzt werden, so entsteht eine *sehr* einfache gekoppelte Tafel gemäß Abs. 26 und 36, vgl. Abb. 146. Für gegebene Gewichtsprozente vgl. Beisp. 3.2, S. 132.

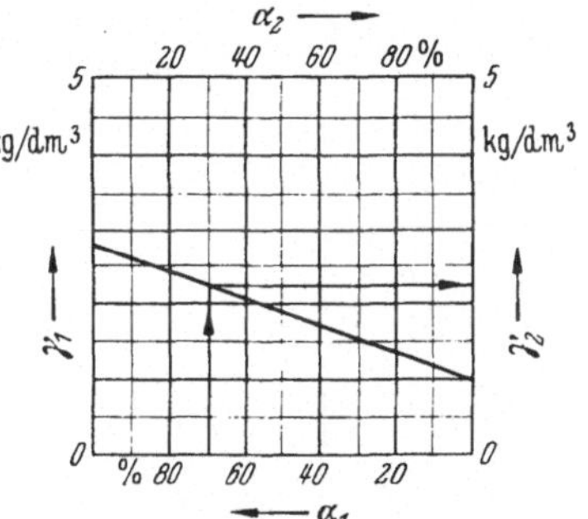

Abb. 146. Spezifisches Gewicht einer Mischung (zu 1.1). — Zahlenbeispiel: $\gamma_1 = 2{,}8;\ \gamma_2 = 1;\ \alpha_1 = 70$ v.H. liefern $\gamma = 2{,}26.$

1.2. Bei Kostenrechnungen treten Gleichungen von der Form $k = \alpha_1 k_1 + \alpha_2 k_2$ auf, worin die $\alpha$ gewisse Konstanten und $k,\ k_1,\ k_2$ die Gesamt- bzw. Teilkosten sind. Wird in Gl. (54) $u = l_1 k_1,\ v = l_2 k_2,\ w = l_3 k_3$ gesetzt, so folgt bei gleichen Maßstäben $l_1 = l_2 = l$, von Gl. (58) aus gesehen, $m:n = \alpha_1:\alpha_2$ und $l_3 = l/(\alpha_1 + \alpha_2)$.

1.3. Für den elektrischen Widerstand $R\,\Omega$ einer Leitung von $L$ m Länge, $q$ mm² Querschnitt und dem spezifischen Widerstand $\varrho\,\Omega$ mm²/m gilt $R = L\varrho/q$. Die Bereiche seien $L = 1 \div 10^3$ m, $q = 0{,}1 \div 100$ mm². Logarithmieren zeigt Übereinstimmung mit Gl. (58), nur läuft die Skala für $q$ entgegengesetzt den Skalen für $R$ und $L$. Gleiche Maßstäbe $l_1 = l_2 = l$ fordern $l_3 = l/2$ bei $m:n = 1$; Faktor $\varrho$ wird durch Verschiebung der mittleren Leiter berücksichtigt, vgl. Abb. 147, S. 124, für Al und Cu. Wählt man nur *ein* Material, so läßt sich die Tafel erweitern auf das Oнмsche Gesetz $R = U/I$. Es bildet $R$ (in der Mitte) die Zapfenlinie, ferner ist links $\lg U$, rechts $-\lg I$ aufgetragen (vgl. Abs. 26).

1.4. Bei Koller [18] wird die einfache Multiplikationstafel der logarithmischen Form für $z = xy$ zum Zwecke der Genauigkeitserhöhung mit großem Maßstabsfaktor ($l$ etwa 360 mm) dargestellt und gleichzeitig unterteilt, so daß z. B. $x$ und $y$ von 1,0 bis 3,2 bzw. von 3,1 bis etwa 10 gehen und $z$ infolgedessen von 1 bis 10 bzw. 3 bis 30 etwa geht, wobei naturgemäß eine Doppelbezifferung notwendig ist.

1.5. Ebenso findet sich bei Koller [18] eine Fluchtentafel für $\gamma = \sqrt{\alpha^2 + \beta^2}$, dem mittleren Fehler der Differenz zweier Mittelwerte, und zwar unter Verwendung zweier Maßstabsfaktoren, so daß z. B. — auf der gleichen Länge — für $\alpha$ und $\beta$ die Bereiche von 0 bis 10 bzw. von 0 bis 4 und entsprechend für $\gamma$ die Bereiche von

---

[1] Fehlt die Abbildung in den folgenden Beispielen, so entwerfe der Leser diese selbst.

0 bis $\sqrt{200}$ bzw. von 0 bis $\sqrt{32}$ dargestellt sind; Doppelbezifferung wie vorstehend. Vgl. a. S. 56.

    1.6. Die auf S. 111, Beisp. 6, dargestellte Beziehung $Q = wd^2\pi/4$ führt auf Gl. (58), und wenn für $w$ (links) und $d$ (rechts) gleiche Maßstäbe vorgesehen sind,

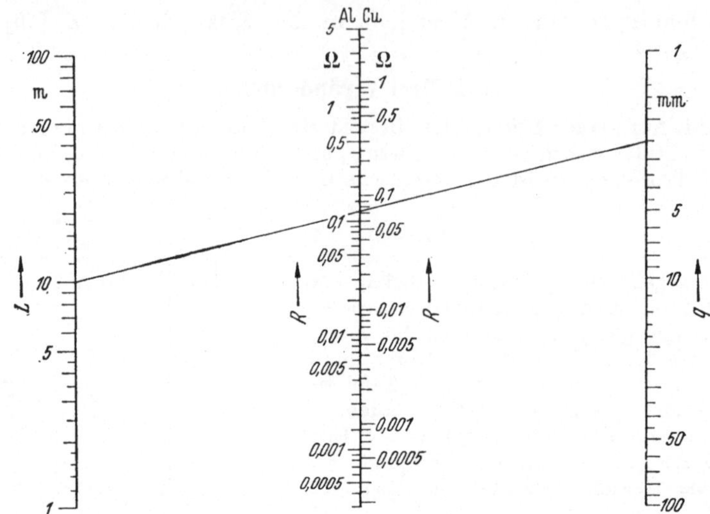


Abb. 147. Elektrischer Widerstand (zu 1.3). — Zahlenbeispiel: $L = 10$ m; $q = 2,5$ mm² liefern $R = 0,072$ Ω für Cu und $R = 0,12$ Ω für Al.

so muß $m:n = 1:2$ sein, wobei der Faktor $\pi/4$ durch Verschiebung der mittleren Leiter bzw. durch ein Beispiel berücksichtigt wird, da sich für $w = 1$, $d = 1$

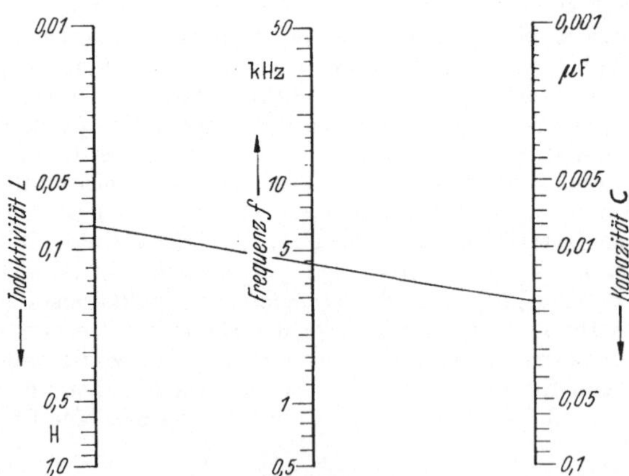


Abb. 148. Frequenz $f$ eines elektrischen Schwingungskreises (zu 1.7). — Zahlenbeispiel: $C = 0,018\mu$F und $L = 0,08$ H liefern $f = 4,4$ kHz.

$Q = \pi/4$ ergibt. Es wird zudem $l_3 = l/3$. Schreibt man jedoch $d^2 = \dfrac{4}{\pi}\dfrac{Q}{w}$ und logarithmiert wieder, so folgt, ähnlich wie im folgenden Beispiel, $m:n = 1$ und $l_3 = l$, nur läuft die Skala für $w$ entgegen den Skalen für $d$ und $Q$.

1.7. Für die Resonanzfrequenz eines aus Kapazität $C$ (in $\mu$F) und Selbstinduktion $L$ (in H) bestehenden Kreises gilt $f = 1/2\pi\sqrt{LC}$ kHz. Nach Gl. (58) muß für $l_1 = l_2 = l$ auch $m:n = 1$ und $l_3 = l$ sein, zudem haben die Leitern für $C$ und $L$ entgegengesetzten Richtungssinn wie die Leiter für $f$. Die Verschiebung der mittleren Leiter entsprechend dem Faktor $2\pi$ folgt aus dem Beispiel $L = 0{,}01$; $C = 0{,}01$ und $f = 100/2\pi$, vgl. Abb. 148.

1.8. Die bei WERKMEISTER [55] dargestellte Beziehung $c = a\sin^2\alpha$, die an sich leicht mit den modernen Rechenstäben abgelesen werden kann, führt in der Form $\sin\alpha = \sqrt{c/a}$ auf das vorstehende Beispiel oder auch auf den N-Typ, Beisp. 2.4.

1.9. Die für das Flächenträgheitsmoment eines Rechtecks von den Seiten $h$ und $b$ gültige Formel $J = bh^3/12$ zeigt nach Gl. (58), daß bei gleichen Maßstäben für $b$ und $h$ sich $m:n = 1:3$ und $l_3 = l/4$ ergeben muß. Bei verschiedenen Maßstäben für $h$ und $b$ läßt es sich erreichen, daß $J$ und das Widerstandsmoment $W$ (S. 52) gleichzeitig auf der mittleren Leiter erscheinen (Doppelleiter).

1.10. Nach WOLF[1] gilt für den Spannungsabfall $y$ in einem Wechselstromkreis mit großer Näherung $y = xe_k/E_1$, worin der hier interessierende Faktor

$$x = \frac{e_r}{e_k}\cos\varphi + \sqrt{1 - \left(\frac{e_r}{e_k}\right)^2}\sin\varphi \text{ ist und}$$

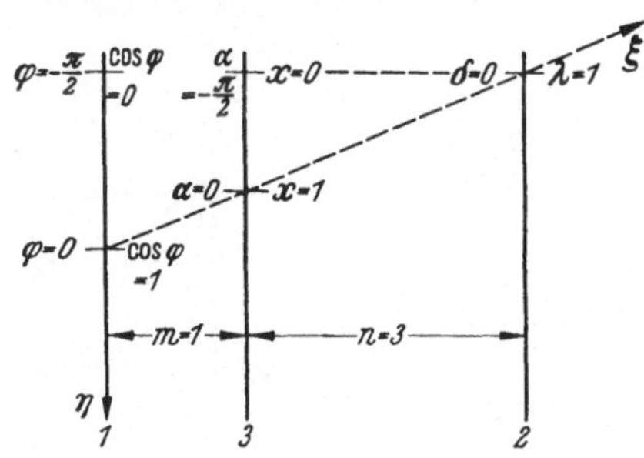
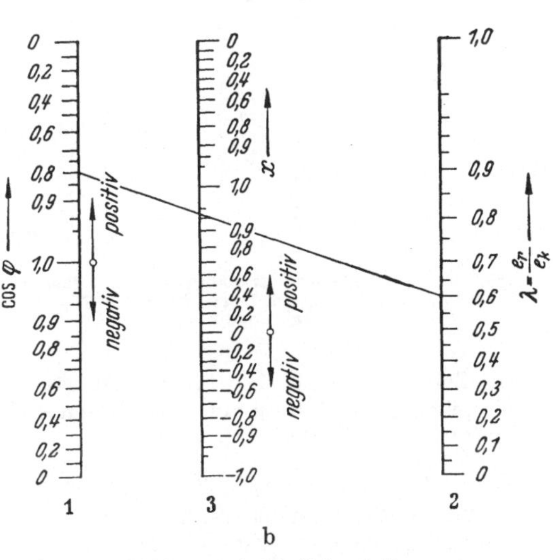

Abb. 149a, b. Zu Beisp. 1.10.

$E_1$ die konstante Gleichspannung, $e_k$ die Kurzschlußspannung, $e_r$ den Wirkspannungsverlust und $\cos\varphi$ den Leistungsfaktor bedeuten. Gesucht ist $x$, wenn $e_r/e_k = \lambda$ und $\varphi$ bzw. $\cos\varphi$ gegeben sind. Man setze[1] $\lambda = \cos\delta$ und $x = \cos\alpha$; dann folgt $x = \cos\alpha = \cos\delta\cos\varphi + \sin\delta\sin\varphi = \cos(\delta - \varphi)$ oder (bei Unterdrückung des negativen Vorzeichens) $\alpha = \delta - \varphi$. Diese Beziehung ist nomographisch mit drei parallelen Leitern leicht darzustellen, wobei diese aber nach $z = \cos\varphi$, $\lambda$, $x$ zu beziffern sind; d. h. es sind aufzutragen

$$\eta_1 = -l_1\varphi, \quad \eta_2 = l_2\delta = l_2\arccos\lambda, \quad \eta_3 = l_3\alpha = l_3\arccos x,$$

vgl. Abb. 149a bei schiefwinkligen Koordinaten. — Da die Werte $\varphi$ sich zwischen

---

[1] WOLF: Nomogramm zur Bestimmung des Spannungsabfalles in Wechselstromkreisen. Elektrotechn. Z. Bd. 47 (1926) S. 530/531.

$-\dfrac{\pi}{2}$ und $+\dfrac{\pi}{2}$, $\delta$ zwischen 0 und $\pi/2$, $\alpha$ zwischen $\pi$, $\pi/2$, 0, $-\pi/2$ bewegen, wurde $l_2 = 2l_1$ gewählt. Dies fordert aus $nl_1 = ml_2$, daß $m:n = 1:2$ und $l_3 = 2l_1/3 = l_2/3$ sein muß; vgl. Abb. 149b.

1.11. Für das Gewicht von Drähten bzw. Wellen oder Stäben aus Metall gilt $G = \gamma V$ mit $V = LF$ bzw. $V = ld^2\pi/4$ bei Kreisquerschnitt. Zur Ermittlung von $V$ ergeben sich drei parallele Leitern für $V$, $L$, $d$, wobei $l_L = l_d = l$, $m:n = 2:1$ und damit $l_V = l/3$ gemacht sind. Durch Einfügung von zwei weiteren Leitern für $\gamma$ und $G$ wird $G$ gewonnen, wobei $V$ als Zapfenlinie dient[1]. Um brauchbare Maßstäbe zu erhalten, wurde hierbei $l_\gamma = l$, aber $m:n = 3:1$ und damit $l_G = l/4$ gemacht, vgl. Abb. 150.

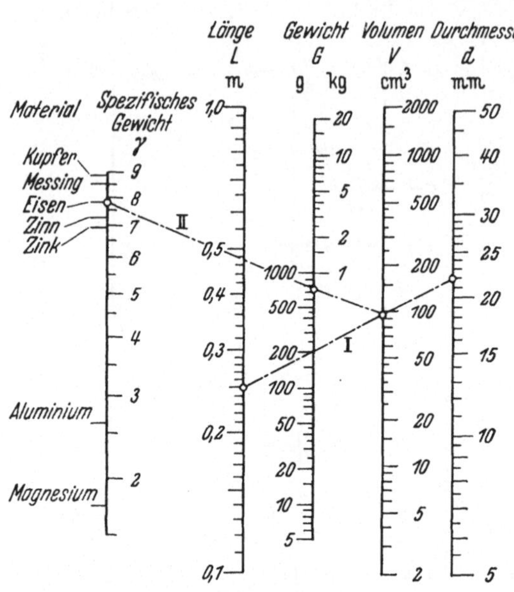


Abb. 150. Gewicht kreisrunder Stäbe (zu 1.11). — Beispiel: $d = 22$ mm und $L = 0,25$ m liefern für Eisen $G = 750$ g (vgl. a. [48]).

1.12. Für das Biegemoment $M$ in der Mittelstütze eines durchlaufenden Trägers über zwei beliebigen Feldern mit durchgehend gleicher Belastung, Abb. 151a, gilt $M = ql^2/8$, wobei

$$l^2 = (l_1^3 + l_2^3)/(l_1 + l_2) \quad \text{(a)}$$

ist. Zur Ermittlung der Ersatzlänge stellt MAYER [30] eine Fluchtentafel mit gekrümmten Leitern auf. Diese lassen sich jedoch vermeiden: Dividiert man Gl. (a) aus, so bleibt

$$l^2 = l_1^2 - l_1 l_2 + l_2^2 \quad \text{(b)} \qquad \text{oder} \qquad 2l^2 = \tfrac{1}{2}(l_2 + l_1)^2 + \tfrac{3}{2}(l_2 - l_1)^2. \quad \text{(c)}$$

Man erhält, wenn man Addition bzw. Subtraktion im Kopf ausführt, parallele Leitern mit *gleichen* Maßstabsfaktoren und der durch $m:n = 3:1$ gegebenen

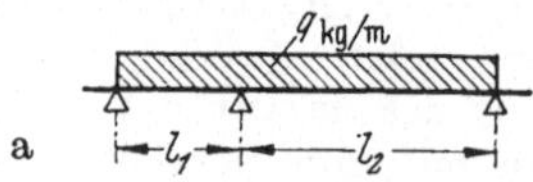


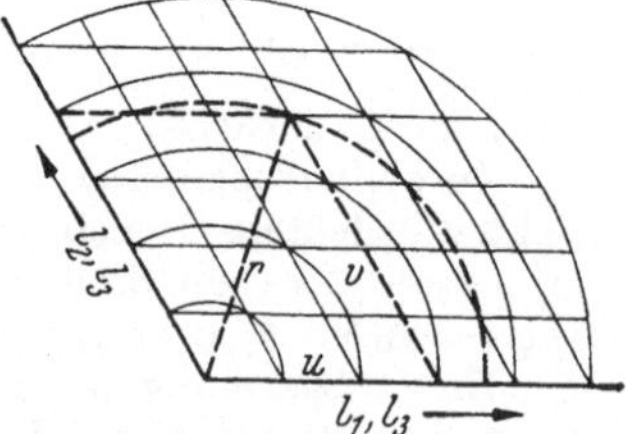


Abb. 151a, b. Zu Beispiel 1.12.

relativen Lage. Eine projektive Verzerrung gemäß Beispiel auf S. 56 ist dann noch zweckmäßig. — Man kann jedoch Gl. (b) auf den cos-Satz für $\gamma = 60°$ [gemäß Gl. (I), S. 78] zurückführen, kann also das dort nach Gl. (II) entwickelte Nomo-

---

[1] Da sich hier die Darstellung für vier Veränderliche von selbst ergibt, sei sie schon hier gebracht.

gramm samt seiner projektiven Umformung benutzen! — Auch läßt sich Gl. (a) leicht mit einer Kreistafel bei schiefwinkligen Koordinaten darstellen (Achsenwinkel gleich $120°$, vgl. Abb. 149b). Man liest ab: $r^2 = u^2 + v^2 - 2uv \cos 60°$ $= u^2 + v^2 - uv = l_1^2 + l_2^2 - l_1 l_2$.

1.13. Für den Bremsweg von Kraftfahrzeugen ergibt sich bei der Reibungsziffer $\mu$ der Bremsweg $s$ zu $s = v^2/2b = v^2/2\mu g$ m, wenn $v$ in m/s und $g = 9{,}81$ m/s$^2$ eingesetzt wird oder auch $s = Cv^2/\mu$ m, $C = 1/(12{,}96 \cdot 9{,}81) = 0{,}00786$, wenn $v$ in km/h eingesetzt wird. Man entwerfe eine Tafel für die Bereiche $v = 1 \div 40$ km/h und $\mu = 0{,}1 \div 1$ mit Anbringung einer Doppelleiter für $\mu$ und $b = \mu g$.

1.14. Die auf S. 105, Beisp. 7, gegebene Formel für $W^*$ kann durch eine Fluchtentafel mit drei parallelen Leitern dargestellt werden, wenn bei gleichen Maßstäben für die Seiten $a$ und $b$ die mittlere Leiter so liegt, daß $m:n = 1{,}785:1{,}215$ wird. Hinsichtlich Ausführung vgl. Anm. 3, S. 98.

2.1. Für die Koeffizienten der kleinen KUTTERschen Formel der Hydraulik gilt mit $R$ als hydraulischem Radius und $m$ als Zahlenwert, der von Querschnittsform und Material des Profils (ob Mauerwerk, Sand usw.) abhängt,

$$ k = \frac{100\sqrt{R}}{m + \sqrt{R}}, \qquad R = 0 \div 4\,\text{m}, \qquad k = 0 \div 80, \qquad m = 0 \div 3. $$

LACMANN [23] entwirft eine Strahlentafel. Einfacher gestaltet sich jedoch die dieser dual entsprechende Fluchtentafel vom N-Typ, und zwar gemäß Gl. (70), wonach bei verschiedenen Maßstäben mit $\lambda = l_2/l_1$ auch $h(z) = \dfrac{f(x)}{f(x) + \lambda g(y)}$ gilt.

Hier kann $l_1 = l_2 = l$ und damit $u = lm$, $v = l\sqrt{R}$ gesetzt werden, da etwa gleiche Strecken für $R$ und $m$ erreicht werden. Auf der geneigten Leiter ergibt sich die lineare Teilung $w = c \cdot k/100$, vgl. Abb. 152.

2.2. Die Korrektur $\Delta b$ des Hg-Barometers ergibt sich bekanntlich aus $\Delta b = \alpha b t = 0{,}000182 bt$, woraus der tatsächliche Luftdruck zu $b_{\text{eff}} = b \mp \Delta b$ für $t \gtrless 0\ °\text{C}$ folgt. Wir formen hier um auf $\Delta b = \dfrac{0{,}000182 t}{1/b}$ (a) und werden auf den N-Typ gemäß den Gln. (68a, b) geführt. Durch Logarithmieren würden zwar parallele Leitern entstehen, aber die Bereiche $t = 0 \div 40°\text{C}$, $b = 500 \div 800$ mm Hg und $\Delta b$ etwa $0 \div 6$ mm Hg werden durch den N-Typ besser erfaßt. Hier wird $f(x) = 1/b$, $g(y) = t$ und $h(z) = b/0{,}000182$, so daß $w = \dfrac{c}{1 + \lambda \Delta b}$ (b) wird mit

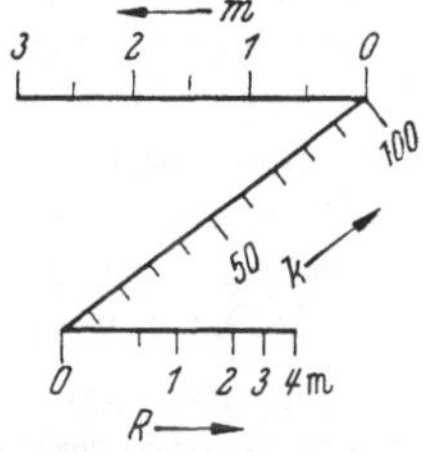



Abb. 152. Die kleine KUTTERsche Formel (zu 2.1). — Beispiel: $R = 2$ und $m = 2{,}5$ liefern $k = 36$.

$\bar{\lambda} = \lambda/0{,}000182 = l_2/0{,}000182\,l_1$. Um den Bereich von $t$ durch etwa 80 mm darzustellen, wählen wir $l_2 = 2$ mm, und um für $b$ den gleichen Bereich zu bekommen, muß $l_1(1/500 - 1/800) \approx 80$ mm sein, was als bequeme Zahl $l_1 = 10000$ mm mit einem Bereich von 75 mm liefert. Damit ergibt sich

$$ \bar{\lambda} = 2/18{,}2 = 0{,}10989 \approx 0{,}11 \quad \text{und} \quad w = c/(1 + 0{,}11\Delta b) $$

bzw. $w^* = 0{,}11 c\,\Delta b/(1 + 0{,}11\Delta b)$. Die Länge der schrägen Teilung, d. h. $c$, kann leicht aus $u_{500} - u_\infty = l_1/500 = 200$ mm bei angenommenem $p$ errechnet werden, und ihre Teilung kann projektiv, z. B. von $b = 500$ aus, erzeugt werden: Es wird $v = l_2 t = 2\Delta b/500\alpha = 21{,}978\Delta b$. Zur Herstellung der Teilung für $b$ wird am besten $u_{500} - u_b = (200 - 10000/b)$ mm aufgetragen; vgl. Abb. 153a, b.

2.3. Der untere Heizwert $H_G$ eines Brennstoff-Luft-Gemisches berechnet sich aus dem Luftüberschuß $n L_0$ kg (oder m³) bei 1 kg (oder m³) Brennstoff und aus dem unteren Heizwert $H_u$ des Brennstoffes zu $H_G = H_u/(1 + n L_0)$, wobei $n$ als konstanter Zahlenwert zwischen $n = 1$ und 2 eingesetzt werden kann[1]. Schreibt man $1 + n L_0 = H_u/H_G$, so hat man den N-Typ: $H_u = g(y)$,

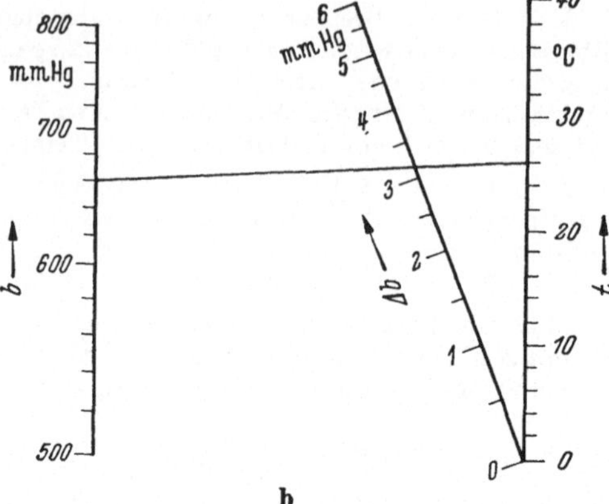



a                                              b

Abb. 153a, b. Barometerkorrektur $\Delta b$ (zu 2.2). a) Entwurf, b) Ausführung. — Beispiel: $b = 680$ mm, $t = 26°$ C liefern $\Delta b = 3,2$ mm Hg. — Verkl. 1:2.

$H_G = f(x)$ und $h(z) = 1 + n L_0$, d. h. $w = c/(2 + n L_0)$. — Man kann aber auch die projektive Transformation nach Gl. (73), S. 60, Abb. 77, vornehmen, wenn man nach $n L_0$ auflöst:

$$\frac{1}{n L_0} = \frac{H_u}{H_u - H_G}, \quad \text{d. h.} \quad u = l H_G, \quad v = l H_u \quad \text{und} \quad w = \frac{1}{n L_0}.$$

In beiden Fällen kann durch Verzifferung zwei Werten von $n$ auf der $L_0$-Leiter (Doppelleiter) Rechnung getragen werden.

2.4. Die oben erwähnte Formel $b = a \sin^2\alpha$ in der Schreibweise $\sin^2\alpha = b/a$ oder noch besser $\sin\alpha = \sqrt{b}/\sqrt{a}$ läßt die Verwendung der N-Form erkennen: $u = l\sqrt{a}$, $v = l\sqrt{b}$ und $w = c/(1 + \sin\alpha)$. Andernfalls kann auch von $a = b/\sin^2\alpha$ ausgegangen werden.

2.5. Das gleiche gilt z. B. von der in der sphärischen Trigonometrie vorkommenden Beziehung $\sin b = \sin a \sin\beta$, welche auf die Form $\sin\beta = \dfrac{\sin b}{\sin a}$ gebracht werden kann.

2.6. Es soll aus den Wattmeter-Ausschlägen $\alpha_1$, $\alpha_2$ bei Dreiphasenanlagen der Faktor $\cos\varphi$ ermittelt werden[2]. Es gilt hierbei zunächst

$$\frac{\alpha_1}{\alpha_2} = \frac{\cos(\varphi + 30°)}{\cos(\varphi - 30°)}, \tag{a}$$

daraus

$$\frac{\alpha_1 + \alpha_2}{\alpha_2} = \frac{\cos(\varphi + 30°) + \cos(\varphi - 30°)}{\cos(\varphi - 30°)}$$


[1] Vgl. z. B. W. Schüle: Technische Thermodynamik, Bd. I, 5. Aufl. Berlin: Springer 1930, oder H. Richter: Leitfaden der Technischen Wärmelehre. Berlin/Göttingen/Heidelberg: Springer 1950.

[2] Zinser, H.: Fluchtlinientafel zur Bestimmung des Leistungsfaktors in Dreiphasenanlagen. Elektrotechn. Z. Bd. 46 (1925) S. 598/599. — W. Groezinger: Fluchtlinientafel zur Bestimmung des Leistungsfaktors aus Wirk- und Blindarbeit. Elektrotechn. Z. Bd. 46 (1925) S. 664.

oder nach goniometrischen Umformungen

$$\frac{\alpha_2}{\alpha_2 + \alpha_1} = \frac{1}{2}\,(1 + \mathrm{tg}\,\varphi\,\mathrm{tg}\,30^\circ).\qquad\text{(b)}$$

Man erkennt den Typ (70) mit

$$u = l\,\alpha_2,\quad v = l\,\alpha_1\quad\text{und}\quad w = \frac{c}{2}\,(1 + \mathrm{tg}\,\varphi\,\mathrm{tg}\,30^\circ).\qquad\text{(c)}$$

Dabei muß $w$ nach $\lambda = \cos\varphi$ beziffert werden, so daß auch — bequemer —

$$\overline{w} = w - \frac{c}{2} = \frac{c}{2}\,\mathrm{tg}\,30^\circ\,\mathrm{tg}\,\varphi = m\,\sqrt{1 - \lambda^2}/\lambda\quad\text{mit}\quad m = c/2\sqrt{3}\qquad\text{(d)}$$

aufgetragen wird[1]. Hierbei geht gemäß Gl. (a) $\varphi$ von 0 bis 60°, d. h. $\lambda$ von 1 bis 0,5. Ist $\alpha_1 < 0$ und $\alpha_2 > 0$, aber absolut größer als $\alpha_1$, so folgt wie oben

$$\frac{(-\alpha_1)}{\alpha_2 + (-\alpha_1)} = \frac{1}{2}\,(1 - \mathrm{ctg}\,\varphi\,\mathrm{ctg}\,30^\circ),\qquad\text{(e)}$$

so daß $u = l\,(-\alpha_1)$, $v = l\,\alpha_2$ und $w = w' = \dfrac{c}{2}\,(1 - \mathrm{ctg}\,\varphi\,\mathrm{ctg}\,30^\circ)$ oder bequemer

$$\overline{w}' = \frac{c}{2} - w = \frac{c}{2}\,\mathrm{ctg}\,\varphi\,\mathrm{ctg}\,30^\circ = 3m\,\lambda/\sqrt{1 - \lambda^2}$$ aufzutragen sind[1]. In der Ausführung wurde $m = 20$ mm gewählt, d. h. $c = 40\sqrt{3}$ mm gemacht, Abb. 154.

2.7. Bei Berechnung von Zahnrädern auf Festigkeit tritt eine Belastungszahl $f$ auf, der man nach WISSMANN [10] die Form $f = A/(A + v)$ geben kann, wobei $v$ die Geschwindigkeit in m/s und $A$ eine Zahl ist, die zwischen 2 bis 10 schwankt. Diese Form entspricht der Gl. (70), vgl. Beisp. 2.1, und zwar mit nur *linearen* Teilungen für $f$, $A$ und $v$.

2.8. Bei HOECKEN[2] findet sich u. a. die Berechnung gewisser Strecken $e$ und $a$ aus gegebenen Strecken $R$ und $r$ bei einem bestimmten Parameter $\lambda = (n - 1)/(n + 1)$ für $n = 1 \div \infty$ gemäß den Formeln

$$\genfrac{}{}{0pt}{}{a}{e} = \frac{1}{2}\,\sqrt{2R}\cdot(\sqrt{R + \lambda r} \pm \sqrt{R - \lambda r}),$$

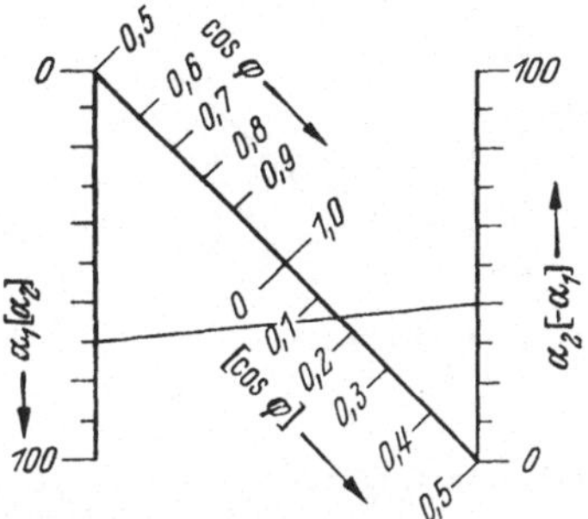

Abb. 154. Faktor $\cos\varphi$ bei Dreiphasenanlagen (zu 2.6). — Beispiel: $\alpha_1 = -40$ und $\alpha_2 = 70$ liefern $\cos\varphi = 0{,}16$. — Verkl. 3:5.

wobei $r \leqq R$ und $e \leqq a$ ist und das obere Vorzeichen für $a$, das untere für $e$ gilt. Führen wir bezogene Größen ein: $r/R = \varrho$, $a/R = \alpha$ und $e/R = \varepsilon$, so ergibt sich gemäß der Formel $\sqrt{A} \pm \sqrt{B} = \sqrt{A \pm 2\sqrt{AB} + B}$ hier

$$\genfrac{}{}{0pt}{}{\alpha}{\varepsilon} = \sqrt{1 \pm \sqrt{1 - \lambda^2 \varrho^2}},$$

oder wenn man nach $\lambda\varrho$ auflöst und $x$ für $\alpha$ *und* $\varepsilon$ einführt:

$$\lambda = \frac{1}{\varrho}\,x\,\sqrt{2 - x^2} = \frac{1}{\varrho}\,\sqrt{1 - (1 - x^2)^2} = \frac{\mathrm{f}(x)}{\varrho}.$$

---

[1] Zumal mit den Rechenstäben „Darmstadt" oder „Studio" unter Verwendung der pythagoreischen Teilung die Strecken $\overline{w}$ bzw. $\overline{w}'$ leicht zu berechnen sind.

[2] HOECKEN: Das exzentrisch angetriebene Räderknie. Z. VDI Bd. 74 (1930) S. 509/512.

Hiernach kann der N-Typ benutzt werden: $u = l\varrho$, $v = l\,\mathrm{f}(x)$ und $w = c/(1 + \lambda)$ $= c/2 + c/2n$ bzw. $w - c/2 = c/2n$. Bei der Teilung für $x$ ist zu beachten, daß $\mathrm{f}(x)$ für $x = 1$ ein Maximum hat: Die Werte $0 \leqq x \leqq 1$ bzw. $1 \leqq x \leqq \sqrt{2}$ entsprechen den Werten $\varepsilon = e/R$ bzw. $\alpha = a/R$, da ja $e \leqq a$ sein soll. Der Träger $x$ besitzt also zwei Teilungen, vgl. Abb. 155a[1]. Für $x = \sqrt{2}$ wird der absolute Fehler gleich Null, aber für $x = 1$ sehr groß.

Gemäß Gl. (82), S. 65, läßt sich auch, das sei hier vorwegnehmend bemerkt, ein Kreisnomogramm herstellen: Wir wählen $m = 1$ und setzen $\mathrm{tg}\,\varphi = \lambda = \dfrac{n - 1}{n + 1}$, $\mathrm{tg}\,\psi = -\varrho$, d. h. als Teilung auf der $\xi$-Achse $\xi = p/[1 + \mathrm{f}(x)]$ oder, zur besseren Berechnung, $\xi - p/2 = \dfrac{p}{2}\,\dfrac{1 - \mathrm{f}}{1 + \mathrm{f}}$,

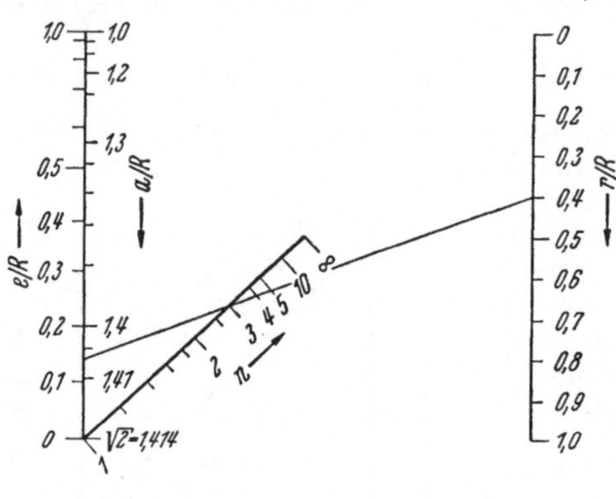
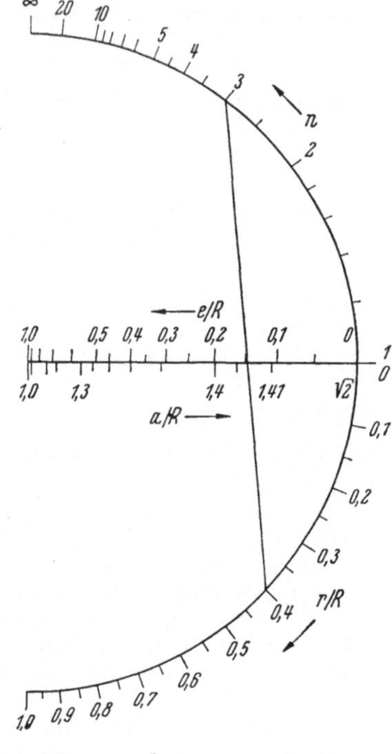

a               b

Abb. 155a, b. Lösung der Gleichung von Beisp. 2.8. — Zahlenbeispiel: $n = 3$ ($\lambda = 0,5$) und $r/R = 0,4$ liefern $e/R = 0,143$ und $a/R = 1,407$. — a) N-Typ; b) Kreisnomogramm.

vgl. Abb. 155b. Die Schnittverhältnisse und die räumliche Verteilung sind hier günstiger als in Abb. 155a.

2.9. Zur Ermittlung des „Rotorwicklungsfaktors" $f_n^2$ dient die Formel[2]

$$f_n^2 = \left[ \frac{\sin(n\pi/z)}{n\pi/z} \right]^2,$$

worin $n$ und $z$ gewisse Zahlenwerte sind, die sich von 1 bis 100 oder auch von 1 bis 10 erstrecken. Setzt man $n\pi/z = \gamma$, so kann $n/z = \gamma/\pi$ mit dem N-Typ ermittelt werden, und die Teilung für $w$ ergibt sich zu $w = \dfrac{c}{1 + \gamma/\pi}$. Diese ist jedoch nach $f_n^2$ und nicht nach $\gamma$ zu beziffern. Da aber $\gamma$ nicht nach $f_n^2$ aufgelöst werden kann, werden Tafeln[3] für $\dfrac{\sin\gamma}{\gamma}$ benutzt und die Werte $\gamma$ für glatte Werte $f_n^2$ auf dem früher

---

[1] Es ist beiläufig $\varepsilon\alpha = \lambda\varrho$ und $\varepsilon^2 + \alpha^2 = 2$.

[2] Elektrotechn. Z. Bd. 53 (1932) S. 1253.

[3] Zum Beispiel W. STUMPFF: Tafeln und Aufgaben zur harmonischen Analyse und Periodogrammrechnung. Berlin 1939.

geschilderten Wege ermittelt, wie in Abb. 156 angedeutet. Dort ist auch die graphische Ermittlung der Teilung $w$ aus $\gamma$ angegeben.

2.10. Das SNELLIUSsche Brechungsgesetz $\sin\alpha/\sin\beta = n$ (s. S. 99) führt auf den N-Typ, bei dem die parallelen Leitern nach $\sin\alpha$ bzw. $\sin\beta$ und die geneigte nach $c/(1 + n)$ geteilt ist, wobei nur diskrete Werte $n$ für die verschiedenen Medien angegeben werden. Zur Erhöhung der Genauigkeit der sinus-Teilungen könnte auch von der quadrierten Form $\sin^2\alpha/\sin^2\beta = n^2$ ausgegangen werden.

3.1. Die Ermittlung des harmonischen Mittels[1] führt auf den Typ (61) mit drei durch einen Punkt gehenden Leitern. Als beliebtes Beispiel sei hier die Hohlspiegel- oder Linsengleichung (S. 43) herausgegriffen: $1/g + 1/b = 1/f$. Diese führt nach Gl. (62a) auf Abb. 157a für $\alpha = 60°$, Abb. 157b für $\alpha = 30°$. Der Maßstab der mittleren Leiter ergibt sich leicht aus einem Beispiel oder auch aus den allgemeinen Erörterungen mit $\alpha = \beta$ zu $l_3 = 2l\cos\alpha$, wenn $l_1 = l_2 = l$ gesetzt wird.

Eine schöne Anwendung findet sich übrigens bei WESTPHAL[2]: Aus gemessenen Werten $g$ und $b$ soll $f$ ermittelt werden. Man trage auf den Koordinatenachsen $g$ bzw. $b$ ab und verbinde entsprechende Punkte $g$, $b$ durch Geraden. Diese müssen sich alle in einem Punkt schneiden. Dort lautet die Gleichung einer

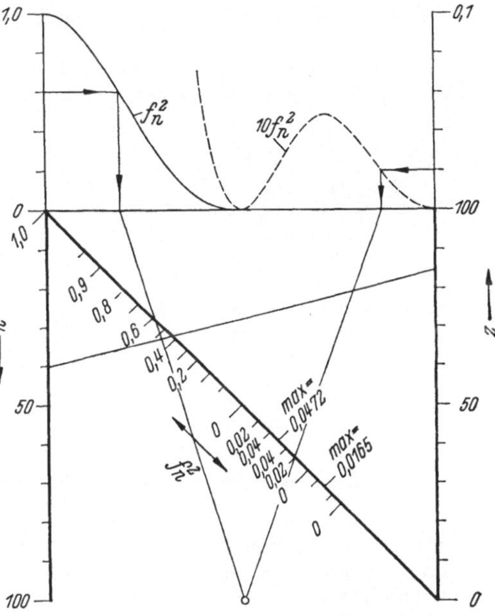

Abb. 156. Rotorwicklungsfaktor (zu 2.9).
Beispiele: a) $n = 40$ und $z = 85$ liefern $f_n^2 = 0{,}42$; b) $n = 80$ und $z = 60$ liefern $f_n^2 = 0{,}043$ (nicht eingetragen).

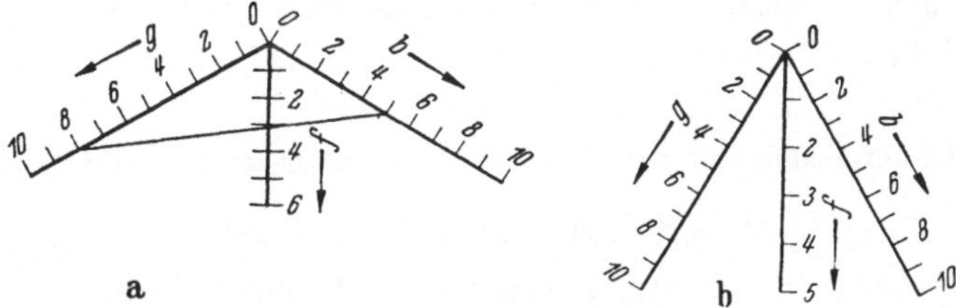

Abb. 157a, b. Linsengleichung (zu 3.1). — Beispiel: $g = 8$ und $f = 3{,}1$ liefern $b = 5$.

Geraden $x/g + y/b = 1$, die für $x = y = f$ mit der gegebenen Gleichung übereinstimmt. Alle Geraden schneiden sich im Punkt $x = y = f$. Nomographisch gesehen ist dieser Punkt aber nur *ein* Punkt der mittleren durch den Ursprung gehenden Leiter für $f$ (der Winkelhalbierenden).

---

[1] Andere Beispiele vgl. a. [34].
[2] Vgl. Fußnote 1, S. 104.

3.2. Das spezifische Gewicht $\gamma$ einer Mischung (Legierung) von zwei Stoffen $(\gamma_1, \gamma_2)$ mit den *Gewichts*prozenten $p_1$ und $p_2\,\%$ ergibt sich aus $p_1/\gamma_1 + p_2/\gamma_2 = 100/\gamma$.

Man könnte ähnlich dem Beisp. 1.1 mit parallelen Leitern arbeiten, müßte aber auf diesen Reziprokteilungen anbringen. Da diese wegen der Ungleichförmigkeit nicht sehr zweckmäßig sind, wird eine projektive Transformation durchgeführt:

a) Der Punkt $\eta = 0$ ($\gamma \to \infty$) wird in den unendlich fernen Punkt und der Punkt $\eta \to \infty$ ($\gamma = 0$) in einen im Endlichen gelegenen Punkt transformiert.

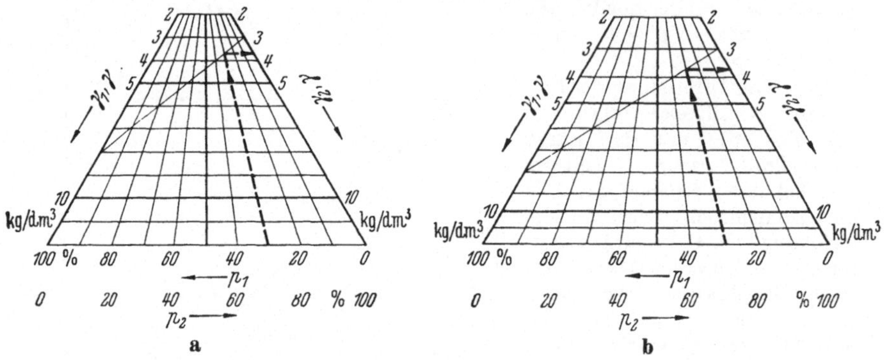


Abb. 158 a, b. Spezifisches Gewicht einer Mischung (zu 3.2). — Beispiel: $\gamma_1 = 8$, $\gamma_2 = 3$ und $p_1 = 30$ liefern $\gamma = 3{,}7$.

Diese Transformation braucht aber im einzelnen nicht angegeben zu werden, denn wir werden auf den Typ (61) geführt mit linearen Teilungen für die $\gamma$, vgl. Abb. 158 a.

b) Der Punkt $\eta = 0$ bleibt erhalten, Punkt $\eta \to \infty$ wie unter a). Auch hier braucht nicht im einzelnen die Umformung durchgeführt zu werden. Denn sie liefert ohne weiteres den Typ (63), wonach z. B. $u = \dfrac{l}{a + b/\gamma_1} = \dfrac{l\gamma_1}{b + a\gamma_1}$ wird, vgl. Abb. 158 b, in der mit Rücksicht auf den gewünschten Bereich $\gamma = 2 \div 12\,\mathrm{kg/dm^3}$ $a = 1$, $b = 20$ und $l = 200$ mm gewählt wurden, was auch annähernd das gleiche Intervall wie bei a) liefert.

3.3 Für die kleinste Kernweite $r_{\min}$ des Rechteckes mit den Seiten $a$ und $b$ folgt [*10*] $r_{\min} = r = \frac{1}{6}\,ab/\sqrt{a^2 + b^2}$ oder [1]

$$36/a^2 + 36/b^2 = 1/r^2 \tag{$\alpha$}$$

oder, wenn auf beiden Seiten die Zahl $2\lambda^2$ hinzugefügt wird ($\lambda$ zunächst beliebig), auch

$$(36 + \lambda^2 a^2)/a^2 + (36 + \lambda^2 b^2)/b^2 = (1 + 2\lambda^2 r^2)/r^2. \tag{$\beta$}$$

Vergleich von Gl. ($\alpha$) mit (61) legt quadratische Teilungen, Vergleich von Gl. ($\beta$) mit (63) die Teilungen $u = la^2/(36 + a^2 \lambda^2)$, $w = l_3 r^2/(1 + 2\lambda^2 r^2)$ nahe, wobei

---

[1] $6r$ ist die Höhe eines rechtwinkligen Dreiecks mit den Seiten $a$ und $b$. Danach kann auch mit einem Deckblatt gearbeitet werden: Die feste Ebene trägt die aufeinander senkrechten geraden, linearen Teilungen für $a$ und $b$ (Schnittpunkt $O$). Das Deckblatt trägt eine Gerade $g$ und das Lot $h$ dazu. Dieses Lot ist vom Fußpunkt aus linear nach $r$ geteilt, Maßstabsfaktor $6l$, wenn $l$ der für $a$, $b$ ist. Man legt nun $g$ so durch die Punkte $a$ und $b$, daß das Lot durch $O$ geht. Der Skalenstrich auf $h$ in $O$ zeigt $r$ an.

$v$ aus $u$ entsteht, wenn $a$ durch $b$ ersetzt wird. Die letzteren Teilungen sind günstiger, da anschmiegsamer (S. 56, Beispiel). Die Zahl $\lambda$ wird so gewählt, daß der relative Fehler für $a = 1$ und $a = 10$, den Grenzen des Bereichs, der in Frage kommt, etwa gleich große relative Fehler entstehen. Dies ergibt rund $\lambda = 2$ mit der Stelle größten relativen Fehlers bei $a = 3$. — Der Faktor $l_3$ braucht nicht rechnerisch ermittelt zu werden; denn das Beispiel $a = b = 6\sqrt{2}$ liefert $r = 1$. Für $\alpha = 30°$ ist beiläufig $l_3 = l\sqrt{3}$[1]. Ausführung vgl. Abb. 159. Verzifferung entsprechend einer Zehnerpotenz möglich.

3.4. Für die sekundliche Ausflußmenge aus einem rechteckigen Überfall mit den Ausflußhöhen $h_1$ und $h_2 > h_1$ und der Breite 1 m gilt bekanntlich

$Q = \tfrac{2}{3}\,\mu\,\sqrt{2g}(h_2^{3/2} - h_1^{3/2})$ m³/Std., wobei mit $\mu = 0{,}62$ der Faktor vor der Klammer den Wert 1,82 erhält. Die Beziehung ist mit parallelen Leitern darstellbar oder aber nach Gl. (63) projektiv mit drei durch einen Punkt gehenden Leitern, z. B. mit den Teilungen

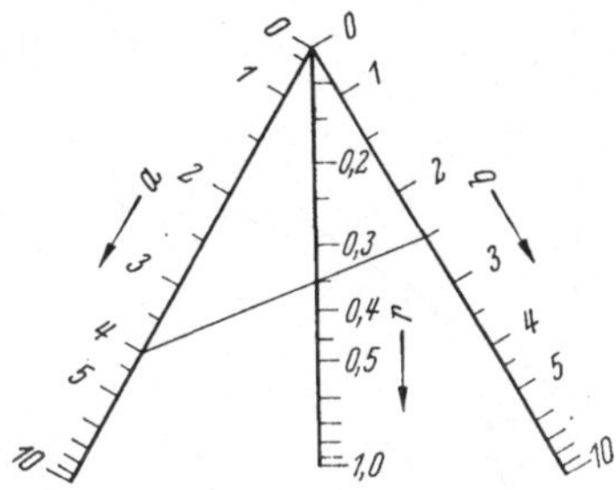


Abb. 159. Kernweite beim Rechteck (zu 3.3).
Beispiel: $a = 4$ und $b = 2,5$
liefern $r = 0,35$.

$u = l/(1 + \lambda h_2^{3/2}),\qquad v = l/(1 + \lambda Q/1{,}82),$
$w = l/(2 + \lambda h_1^{3/2})$ für $\alpha = \beta = 60°$, wobei $\lambda$ ein geeigneter Faktor ist, der z. B. so bestimmt werden kann, daß die relativen Fehler an den Grenzen des Bereiches ($h_i = 0{,}1 \div 4$ m) etwa gleich groß sind.

3.5. In gleicher Weise entwerfe man ein Nomogramm für das Flächenträgheitsmoment eines Hohlzylinders, d. h. für $J = \pi\,(D^4 - d^4)/64$.

3.6. Bei Erklärung des Begriffes der Unstetigkeit einer Funktion wird oft die Funktion $y = \dfrac{1}{1 + a^{1/x}}$ angegeben. Es ist $\lim\limits_{\varepsilon \to 0} \mathrm{f}(x + \varepsilon) = 0$ und $\lim\limits_{\varepsilon \to 0} \mathrm{f}(x - \varepsilon) = 1$. Um nun die Funktion (mit der Asymptote $y = 0{,}5$ für $x \to \infty$) bequem zeichnen zu können, kann man ein Nomogramm heranziehen[2]. Die Funktion wird umgeformt auf $x\,\lg\left(\dfrac{1}{y} - 1\right) = \lg a$, d. h. auf eine Multiplikationsform gebracht. Doch ist der N-Typ, da sich $x$ und $y$ über mehrere Zehnerpotenzen erstrecken sollen, ungeeignet. So muß man von

$$\lg x + \lg\lg\left(\frac{1}{y} - 1\right) = \lg\lg a, \quad \text{d. h.} \quad \mathrm{f}(x) + \mathrm{g}(y) = \mathrm{h}(z)$$

ausgehen, welche Form auf drei parallele Leitern führt. Für kleine Werte $x$ empfiehlt sich eine projektive Verzerrung, so daß $x = 0$ einen im Endlichen gelegenen Punkt liefert, oder man geht unmittelbar von Gl. (63) aus. Das zunächst nur für positive Werte $x$ entworfene Nomogramm kann auch für negative $x$ benutzt werden durch Verzifferung von $y$, wenn man beachtet, daß $y(x) + y(-x) = 1$ ist.

3.7. Die EULER-SAVARYsche Gleichung $1/r - 1/\varrho = 1/w$ führt unmittelbar auf den Typ (61). Doch sind beim Entwurf einige kinematische Besonderheiten zu beachten, so daß hier nicht näher darauf eingegangen sei[3].

---

[1] Die Projektion der Teilung für $r$ auf die äußeren Teilungen liefert $w = \overline{w}/\cos\alpha = 2\,l r^2/(1 + 2\,\lambda r^2)$.

[2] FISCHER, J.: Bestimmung eines Funktionsverlaufes durch nomographische Rechnung. Z. angew. Math. Mech. Bd. 29 (1949) S. 55—56.

[3] MEYER ZUR CAPELLEN, W.: Nomogramme zur EULER-SAVARYschen Gleichung. Archiv f. Getriebetechnik Bd. 9 (1941) S. 489—492.

**3512 Gekrümmte Leitern.** 1.1. Die quadratische Gleichung $z^2 + az + b = 0$ oder $b + az + z^2 = 0$ entspricht dem Typ (76b), wenn dort $f(x) = b$, $g(y) = a$, $h_1(z) = z$ und $h_2 = z^2$ gesetzt wird. Es sei $l_1 = l_2 = l$. Dann hat die gekrümmte Leiter für $z$ gemäß Gl. (76c) die Parameterdarstellung $\xi = \dfrac{pz}{1+z}$, $\eta = -\dfrac{lz^2}{1+z}$, d. h. der Träger ist eine Hyperbel. Die Ausführung, Abb. 160a[1], in der $\xi$ positiv nach links weist, enthält nur den *einen* Zweig der Hyperbel, da dieser gemäß der Vorzeichenregel genügt: $z$ hat das obere (+) oder das untere (−) Vorzeichen, je nachdem das Vorzeichen für den Wert $a$ der betreffenden Gleichung oben oder unten steht. Ergibt sich überhaupt kein Schnittpunkt, so liegen komplexe Lösungen vor. Für diese gilt $z = p \pm iq$, wobei $p = -a/2$ und $q = \sqrt{b - a^2/4}$ wird. Zur Ermittlung von $q$ schreibt man $a^2/4 + q^2 = b$ bzw. $p^2 + q^2 = b$, d. h. man kann zur nomographischen Darstellung drei parallele Leitern benutzen[2,3] oder auch — projektiv verzerrt — drei durch einen Punkt gehende gerade Leitern mit den Teilungen gemäß Gl. (63) auf den äußeren Leitern, wie in Abb. 160b angegeben.

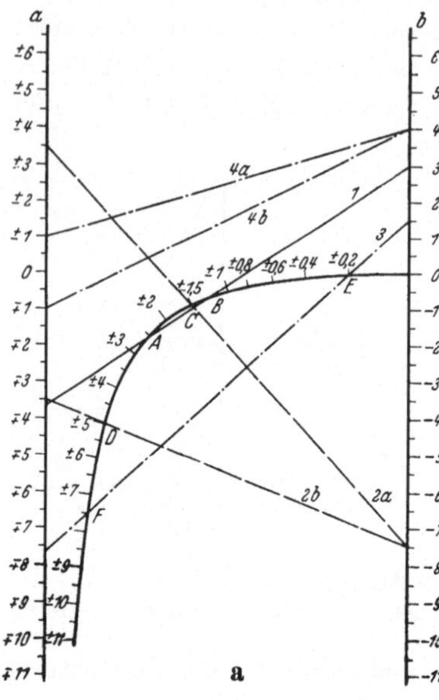

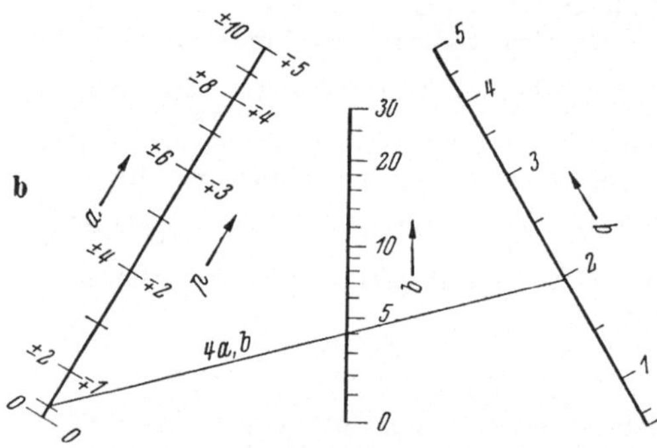

Abb. 160 a, b. Lösung der quadratischen Gleichung $z^2 + az + b = 0$. a) Für reelle Lösungen; b) für komplexe Lösungen.

a) 1. $z^2 - 3{,}7z + 3 = 0$: $a$ negativ, Gerade *1*, Punkte $A$ u. $B$, $z_1 = +1{,}2$ und $z_2 = +2{,}5$.

2. $z^2 + 3{,}5z - 7{,}5 = 0$: $a$ positiv, Gerade *2a*, Punkt $C$ ergibt $z_1 = +1{,}5$; Gerade *2b*, Punkt $D$, ergibt $z_2 = -5$, da das Vorzeichen von $a$ (+) unten steht.

3. $z^2 + 7{,}7z + 1{,}5 = 0$: $a$ positiv, Gerade *3*, Punkte $E$ u. $F$, $z_1 = -0{,}2$ und $z_2 = -7{,}5$, da das Vorzeichen von $a$ (+) unten steht.

4. $z^2 + z + 4 = 0$: Gerade *4a* bzw. *4b* liefert keinen Schnittpunkt, daher komplexe Lösungen.

b) 1. wie vorstehend; Gerade *4a, b* liefert $q = 3{,}9$; d. h. $z_1 = -0{,}5 \pm 3{,}9\,i$.

Schreibt man die komplexe Lösung in der Normalform $z = re^{\pm i\varphi}$, so ist $r = \sqrt{b}$ und $\cos\varphi = -a/2r$. Es läßt sich $r$ aus einer Doppelleiter finden und $\varphi$ aus dem N-Typ oder nach Logarithmieren aus drei parallelen Leitern, wobei noch gemäß $q = r\sin\varphi$ auch $q$ hinzugenommen werden kann[3].

1.2. Für die kubische Gleichung in der reduzierten Form $z^3 + \alpha z + \beta = 0$ ergibt sich hinsichtlich der reellen Lösungen grundsätzlich das gleiche wie oben. Liegen jedoch komplexe Lösungen vor, so ist eine reell; sie sei gleich $c$.

Dann liefert Division durch $(z - c)$ eine quadratische Gleichung von der Form $z^2 + \alpha z + (c^2 + \beta) = 0$ und danach auch $z_{2,3} = p \pm iq$,

---

[1] Vgl. a. [*10*], S. 45.

[2] SPITTA, TH.: Z. math. naturw. Unterr. Bd. 61 (1930) S. 253/57.

[3] HECK, O., u. A. WALTHER: Ing.-Arch. Bd. 1 (1930) S. 611/18.

worin $p = -\alpha/2$ und $q^2 = 0{,}75 c^2 - \beta$ ist, also auch leicht nomographisch dargestellt werden kann.

Für die Lösung der vollständigen kubischen Gleichung nach VRANIC vgl. 352 2, Beispiel. — Hinsichtlich der reellen Lösungen allgemeiner trinomischer Gleichungen $z^n + az^n + b = 0$ gilt Entsprechendes[1].

1.3. Die Gleichung für die reduzierte Pendellänge $l_r$, vgl. Beisp. 12, S. 112, d. h. $e^2 - le + i^2 = 0$, entspricht dem Typ (76b) bzw. auch der quadratischen Gleichung, Beisp. 1.1, wenn in dieser $z$ durch $e$, $a$ durch $-l < 0$ und $b$ durch $i^2 > 0$ ersetzt wird. Daher empfehlen sich schiefwinklige Koordinaten, so daß sich grundsätzlich Abb. 161 ergibt.

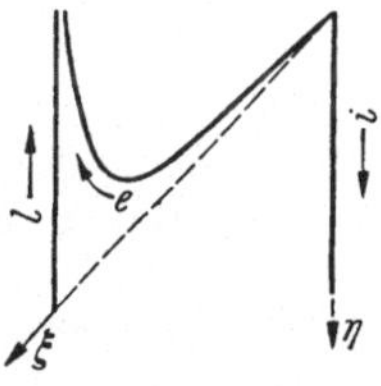

1.4. In einer WHEATSTONEschen Brückenanordnung wird u. a. die imaginäre Komponente $B$ einer unbekannten Impedanz $A + iB$, z. B. der Widerstand einer Kabelleitung, gesucht[2]. Bei abgeglichener Brücke ist $A$ bereits gleich dem abgelesenen Widerstand $R$, und $B$ errechnet sich aus $B = \omega L - 1/\omega C$ oder $B/L = \omega - 1/\omega LC$, worin $C$ die Kapazität des veränderlichen Kondensators, $\omega$ die veränderliche Kreisfrequenz und $L$ die konstante Induktivität bedeuten.

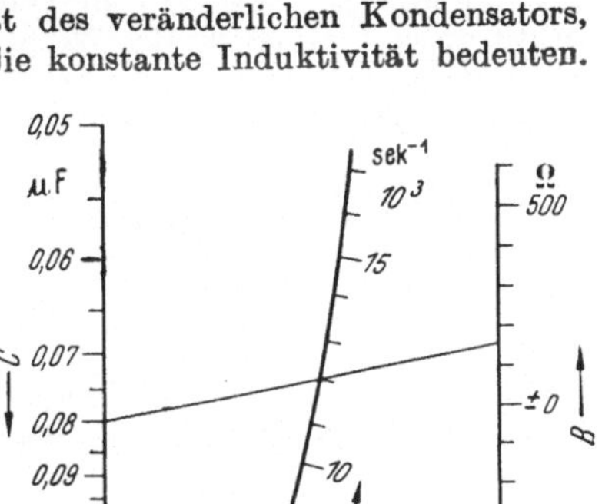

Abb. 161. Zu Beisp. 1.3.

Auch diese Gleichung entspricht unmittelbar Gl. (76b) oder auch, wenn

$$\omega^2 - \frac{B}{L}\omega - \frac{1}{LC} = 0$$ geschrieben wird,

der quadratischen Gleichung in 1.1. Man hat also dort $a$ durch $-B/L$ und $b$ durch $-1/LC$ zu ersetzen (Reziprokteilungen), d. h. $\eta_1 = l_1/LC$, $\eta_2 = l_2 B/L$. Um die Bereiche $C = 0{,}05 \div 0{,}15\,\mu\mathrm{F}$,[3]
$$B = -600 \div +600\,\Omega,$$
$\omega = 5 \cdot 10^3 \div 20 \cdot 10^3$ 1/s bei $L = 0{,}1$ H gut darzustellen, also z. B. die Bereiche von $C$ und $B$ durch je 100 mm, wurde $l_1 = 10^{-6}$ mm und $l_2 = 10^{-2}$ mm gewählt. Dann folgt nach Gl. (76), da $h_1 = \omega$, $h_2 = -\omega^2$ wird, mit der Abkürzung $\overline{\omega} = \omega \cdot 10^{-3}$ 1/s für die gekrümmte Leiter (der Hyperbel) die

Abb. 162. Zu Beisp. 1.4.

Gleichung $\xi_3 = p \cdot 0{,}1\overline{\omega}/(1 + 0{,}1\overline{\omega})$, $\eta_3 = (\overline{\omega})^2/(1 + 0{,}1\overline{\omega})$. Um aber eine rechteckige oder quadratische Gestalt der Tafel zu bekommen, wurden schiefwinklige Koordinaten gewählt, Abb. 162.

Wenn auch $L$ noch veränderlich ist, so ergibt sich Übereinstimmung mit dem Typ (103) bzw. (104a) mit $\mathrm{F}_1 = B$, $\mathrm{F}_2 = L$, $\mathrm{G}_3 = \omega$ und $\mathrm{H}_{34} = -\dfrac{1}{\omega}\dfrac{1}{C}$. Die Kurven $C = $ konst. sind Hyperbeln.

1.5. Für das Widerstandsmoment $W$ eines Hohlzylinders gegen Biegung [10] gilt bei den Durchmessern $D$ und $d$ die Formel $W = \dfrac{\pi}{32}\dfrac{D^4 - d^4}{D}$ oder $d^4 + 32\,WD/\pi - D^4 = 0$. Diese Form stimmt mit Gl. (76b) überein, so daß

---

[1] Vgl. a. P. LUCKEY: Nomogramme für die komplexen Wurzeln quadratischer und kubischer Gleichungen. Z. angew. Math. Mech. Bd. 13 (1933) S. 36—42.

[2] WEHAGE, D.: Neuere Anwendungen der Nomographie. Elektrotechn. Z. Bd. 45 (1924) S. 1342—1346.

[3] $1\,\mu\mathrm{F} = 10^{-6}\,\mathrm{F} = 10^{-6}$ Amperesekunde/Volt, $1\,\mathrm{H} = 1$ Voltsekunde/Ampere

$f = d^4$, $g = W$ und $h_1 = D$, $h_2 = D^4$ zu setzen ist. Um die Tafel bestimmten Bereichen anzupassen, empfiehlt sich eine projektive Verzerrung, so daß z. B. die jetzt parallelen Leitern in einen Punkt zusammenlaufen.

1.6. Für die Helligkeit einer beleuchteten Fläche findet man mit $C$ als einer Konstanten die Formel

$$H = \frac{C z}{(x^2 + z^2)^{3/2}} \quad \text{oder} \quad x^2 - C z^{2/3} H^{-2/3} + z^2 = 0 \, .$$

Diese entspricht Gl. (76b)[1].

1.7. Die in Beisp. 4, S. 108, gegebene Gl. (a) liefert, wie Division durch $(1 - 2\sin\gamma)$ formal zeigt und wie auch dual folgt, eine Fluchtentafel gemäß Gl. (76). Es wird $\eta_1 = l_1 \varphi_t$, $\eta_2 = l_2(\pi - \varphi_s)$ und

$$\xi_3 = \frac{2 p \, l_1 \sin\gamma}{l_2 + 2(l_1 - l_2)\sin\gamma}, \qquad \eta_3 = \frac{4 l_1 l_2 (2 - \sin\gamma)}{l_2 + 2(l_1 - l_2)\sin\gamma} \, ,$$

wobei $-\pi \leqq 2\gamma = \alpha_0 \leqq \pi$ war. Für $l_2 = l_1 = l$ ist die gekrümmte Leiter mit $\xi_3 = 2p\sin\gamma$, $\eta_3 = 4l\gamma(2 - \sin\gamma)$ einfach zu zeichnen, wie auch in der Originalarbeit unter Fortlassung der Werte $\alpha_0 < -\pi/2$ ausgeführt ist. Da der Teil für $\alpha_0 < 0°$ sehr lang wird, empfehlen sich andere Maßstäbe (was beiläufig einer einfachen projektiven Transformation gleichkommt). Setzen wir $l_i = L_i/\pi$, so wird für

$$\gamma = -\pi/2: \; \eta_3 = \frac{-6 L_1 L_2}{3 L_2 - 2 L_1} \, ,$$

$$\gamma = \;\; \pi/2: \; \eta_3 = \frac{2 L_1 L_2}{3 L_2 - 2 L_1} \, .$$

Sollen nun diese Randwerte $\eta_3$ absolut gleich sein, so fordert dies $4 L_1 = 3 L_2$, was beiläufig bedeutet, daß die Bereiche für $\varphi_t$ und $\varphi_s$ durch die gleichen Strek-

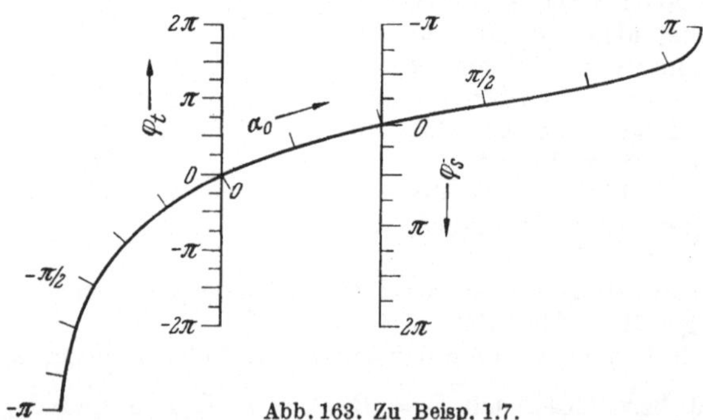


Abb. 163. Zu Beisp. 1.7.

ken dargestellt werden. Vor allem wird aber $\xi_3 = 3p/(2 - \sin\gamma)$, d. h. projektiv zur obigen Teilung, und $\eta_3 = 8 L_1 \gamma/\pi = 6 L_2 \gamma/\pi$, d. h. eine *lineare* Teilung. Hiernach wird Abb. 163 entworfen.

2.1. Die Erwärmungskurve hat die Gleichung $T = T_\infty(1 - e^{-t/c})$, $t = $ Zeit, $c = $ Zeitkonstante, $T = \vartheta - \vartheta_a$, $T_\infty = \vartheta_\infty - \vartheta_a$ als Übertemperaturen, $\vartheta = $ Temperatur zur Zeit $t$, $\vartheta_a = $ Temperatur beim Beginn, $\vartheta_\infty$ beim Ende (rein

---

[1] Es erübrigt sich daher, unter Beschränkung auf geradlinige Leitern mit Zapfenlinie und zwei Leitern für *eine* Veränderliche zu arbeiten. Vgl. J. Hak: Z. angew. Math. Mech. Bd. 1 (1921) S. 154—157.

formal für $t \to \infty$). Es werden $\vartheta_a$ und $\vartheta$ gemessen, und es interessiert $\vartheta_\infty$ bzw. $T_\infty$. Mißt man zur Zeit $t_1$ und zur Zeit $t_2 = 2t_1$ die Temperaturen $\vartheta_1$ und $\vartheta_2$ bzw. $T_1$, $T_2$ (z. B. $t_1 = 10$ min, $t_2 = 20$ min oder $t_{1'} = 40$ min, $t_{2'} = 80$ min), so ist $e^{-2t_2/c} = (e^{-t_1/c})^2$ oder $(T_\infty - T_1)^2 / T_\infty^2 = (T_\infty - T_2)/T_\infty$ oder auch

$$T_1^2 - 2\,T_1 T_\infty + T_2 T_\infty = 0. \tag{a}$$

Schreibt man Gl. (a) in der Form

$$-T_2 - T_1^2/T_\infty + 2\,T_1 = 0, \tag{b}$$

so erkennt man Übereinstimmung mit Gl. (77); d. h. der gekrümmte Träger ist ein *Kreis*. Es wird $\eta_1 = l_1 T_2$, $\eta_2 = l_2/T_\infty$, und für die Kreisteilung gilt $\mathrm{tg}\,\alpha = 2l_1 T_1/p$.

Schreibt man aber

$$\frac{1}{T_1^2} - \frac{1}{T_1}\,\frac{2}{T_2} + \frac{1}{T_\infty} = 0, \tag{c}$$

so ergibt sich Übereinstimmung mit Gl. (81), und es wird $\xi_1 = \dfrac{pT_\infty}{T_\infty - m^2}$, $\eta_2 = pT_2/2m$, während die Kreisteilung durch $p\,\mathrm{tg}\,\varphi = m/T_1$ bestimmt ist[1]. — Wenn $T_\infty$ im Einzelfall bekannt ist, so liefert das Auftragen von $T_\infty - T = \vartheta_a - \vartheta$ in Funktion von $t$ auf halblogarithmischem Papier die Zeitkonstante $c$.

2.2. Bei Berechnung von Klemmgesperren tritt die Bedingung $\gamma < \gamma_0$ auf, wobei $\mathrm{tg}\,\gamma_0 = \mu/(\sin\alpha + \mu\cos\alpha)$ ist; $\mu = 0{,}10 \div 0{,}25$; $\gamma_0 = 10 \div 25°$.

a) Schreibt man $\mathrm{ctg}\,\gamma_0 - \dfrac{1}{\mu}\sin\alpha - \cos\alpha = 0$, so zeigt Übereinstimmung mit Gl. (76), daß $\eta_1 = l_1\,\mathrm{ctg}\,\gamma_0$, $\eta_2 = -l_2/\mu$ und $\xi_3 = \dfrac{p\,l_1\sin\alpha}{l_2 + l_1\sin\alpha}$, $\eta_3 = \dfrac{l_2}{p}\,\xi_3\,\mathrm{ctg}\,\alpha$ wird. Der gekrümmte Träger ist, wie Elimination von $\alpha$ zeigt, ein Kegelschnitt, und zwar eine Ellipse für $l_2 > l_1$, insbesondere ein Kreis für $l_2^2 = p^2 + l_1^2$, eine Parabel für $l_2 = l_1$, eine Hyperbel für $l_2 < l_1$.

b) Formt man um auf $-\dfrac{\mathrm{tg}\,\alpha}{\mu} + \dfrac{1/\cos\alpha}{\mathrm{tg}\,\gamma_0} = 1$, so ergibt sich der Typ (80), d. h. $\xi_1 = l_1\mu$, $\eta_1 = 0$; $\xi_2 = l_2\,\mathrm{tg}\,\gamma_0$, $\eta_2 = 0$ und für den gekrümmten Träger (Hyperbel) $\xi_3 = -l_1\,\mathrm{tg}\,\alpha$, $\eta_3 = l_2/\cos\alpha$.

Die Forderung, daß die Bereiche für $\mu$ und $\gamma_0$ durch etwa gleiche Strecken auf den geraden Leitern dargestellt werden, empfiehlt die Form (b) nicht, sondern (a), und zwar für etwa $l_2 : l_1 = 2 : 5$, vgl. a. das folgende Beispiel.

2.3. Der Wirkungsgrad $\bar\eta$ eines Keils beim Heben der Last ergibt sich zu

$$\bar\eta = \frac{\mathrm{tg}\,\alpha}{\mathrm{tg}\,(\alpha + 2\varrho)}, \quad \alpha = \text{Keilwinkel}, \ \mathrm{tg}\,\varrho = \mu = \text{Reibungsziffer, oder nach Umformung}$$

$$\bar\eta = \frac{\mathrm{tg}\,\alpha - \mathrm{tg}^2\alpha\,\mathrm{tg}\,2\varrho}{\mathrm{tg}\,\alpha + \mathrm{tg}\,2\varrho}.$$ Diese Form zeigt Übereinstimmung mit Gl. (86a), wenn gesetzt wird $\xi_1 = 0$, $\eta_1 = l\bar\eta$ (gerade Leiter); $\xi_2 = p\,\mathrm{tg}\,\alpha$, $\eta_2 = -l\,\mathrm{tg}^2\alpha$ (Parabel); $\xi_3 = -p\,\mathrm{tg}\,2\varrho$ (nach $\mu$ zu beziffern), $\eta_3 = l\cdot 1 = l$ [gerade Leiter, senkrecht zur ersten, d. h. letzten Endes Typ (78f), wie sich auch durch eine Umformung der Formel sofort ergeben hätte]. Die Ausführung mit $l = p$ zeigt Abb. 164a. Nun liefert ein Wert $\mu$, d. h. ein beliebiger Fluchtstrahl durch einen Wert $\mu$, zwei oder einen oder gar keinen Skalenpunkt der Leiter für $\alpha$. Im Fall der Berührung erhält man den Winkel $\alpha_0$, für den $\bar\eta$ ein Maximum $\bar\eta_{\max}$ hat. Eine einfache Maximumrechnung liefert $\alpha_0 = \pi/4 - \varrho$ und $\bar\eta_{\max} = \mathrm{tg}^2\alpha_0 = \left(\dfrac{1-\mu}{1+\mu}\right)^2$. Da hier das Zeichnen der

---

[1] Hier, wie auch in den anderen Beispielen, zeigt sich immer wieder die projektive Verwandtschaft zwischen den einzelnen Lösungen.

Tangente nach Augenmaß unbefriedigend ist und $\overline{\eta}_{max} = |\eta_3(\alpha_0)|$ ist, wurde nach unten eine Skala für $\overline{\eta}_{max}$ aufgetragen und diese gleichzeitig nach $\mu = \mathrm{tg}\,\varrho = (1 - \sqrt{\overline{\eta}_{max}})/(1 + \sqrt{\overline{\eta}_{max}})$ beziffert. Eine Parallele zur Abszissenachse schneidet dann den Wert $\alpha_0$ aus.

Da die Bereiche in der Umgebung von $\mu = 0{,}05$ und $\overline{\eta} = 1$ ungenügend dargestellt sind, wurde noch ein anderer Weg beschritten: Man bildet den Quotienten $(1 + \overline{\eta})/(1 - \overline{\eta})$ und erhält damit die mit Gl. (76) übereinstimmende Form

$$\frac{1 + \overline{\eta}}{1 - \overline{\eta}} - \sin 2\alpha\,\mathrm{ctg}\,2\varrho - \cos 2\alpha = 0,$$

wonach

$$\xi_1 = 0, \quad \eta_1 = l_1 \frac{1 + \overline{\eta}}{1 - \overline{\eta}};$$

$$\xi_2 = p, \quad \eta_2 = l_2\,\mathrm{ctg}\,2\varrho;$$

$$\xi_3 = \frac{-p\,l_1 \sin 2\alpha}{l_2 - l_1 \sin\alpha}, \quad \eta_3 = \frac{l_1 l_2 \cos 2\alpha}{l_2 - l_1 \sin\alpha_j}$$

gemacht werden müssen. Da nach der Bemerkung über das Maximum der Winkel $\alpha \leq 45°$ bleiben muß, würde dieser Wert durch den unendlich fernen Punkt der Skala dargestellt werden, wenn $l_1 = l_2$ gesetzt wird (parabolischer Träger). Um der Skala für $\alpha$ (gegenüber Abb. 164a) eine genügende Länge zu geben, wurde $l_2 : l_1$ so gewählt, daß $\xi_3(\pi/4) = -2p$ wird. Dies bedingt $l_2 : l_1 = 3 : 2$ und liefert als Träger eine Ellipse, Abbildung 164b.

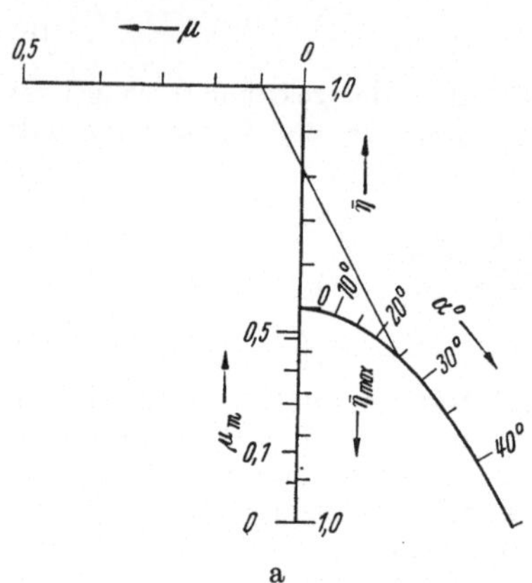

Abb. 164a, b. Zu Beisp. 2.3. Zahlenwerte: $\alpha = 25°$ und $\mu = 0{,}2$ liefern $\overline{\eta} = 0{,}64$.

2.4. Bei RICHTER[1] wird im Zusammenhang mit Mengenmessung von Gasen ein Berichtigungsfaktor $\beta$ nomographisch dargestellt, und zwar durch parallele Leitern mit mehr als drei Eingängen für die drei Veränderlichen. Dieser Weg kann vermieden werden; es genügen drei Leitern. Es gilt

$$\beta^2 = \frac{1 - m^2}{1 - m^2 z^{2/k}}\,\frac{k}{k - 1}\,z^{2/k}\,\frac{1}{1 - z}\,[1 - z^{(k-1/k)}],$$

worin $m$ ein Öffnungsverhältnis, $z = P_0/P_1$ ein Druckverhältnis und $k = c_p/c_v = 1{,}40$ für Luft bedeuten, so daß $(k - 1)/k = 1/3{,}5$ wird, abgekürzt $1/\mu$. Nach einfachen Umformungen ergibt sich auch

$$\frac{\beta^2}{\mu} = \frac{(1 - m^2)\,\psi_1(z)}{(1 - m^2) + \psi_2(z)} \quad \text{oder} \quad \frac{\psi_1}{\beta^2/\mu} - \frac{\psi_2}{1 - m^2} = 1, \tag{a}$$

---

[1] RICHTER, H.: Nomogramm zur Mengenmessung von Gasen. Z. VDI Bd. 76 (1932) S. 320—322.

worin $\psi_1(z) = (1 - z^{1/\mu})/(1 - z)$ und $\psi_2(z) = (z^{-2/k} - 1)$ gesetzt ist. Diese Form entspricht Typ (80), so daß

$$\xi_1 = l_1\beta^2/\mu, \quad \eta_1 = 0; \quad \xi_2 = 0, \quad \eta_2 = -l_2(1 - m^2)$$

und

$$\xi_3 = l_1\,\psi_1(z), \quad \eta_3 = l_2\,\psi_2(z)$$

Lage und Form der Leitern bestimmen. Damit nun die Bereiche $\beta \approx 0{,}8 \div 1{,}0$; $m \approx 0{,}0 \div 0{,}6$; $z \approx 0{,}75 \div 1{,}0$ durch etwa gleiche Längen dargestellt werden, müßte etwa $l_2 : l_1 = 1 : 3$ gemacht werden. Die Teilungen für $\beta$ und $m$ beginnen weit entfernt vom Ursprung — d. h. das skizzierte Nomogramm ist unbrauchbar.

Es liegt nahe, schiefwinklige Koordinaten einzuführen, d. h. hier die negative $\eta$-Achse so zur positiven $\xi$-Achse hinzudrehen, daß die auf den Achsen gelegenen Leitern ausreichend nahe bei-einanderliegen. Einführung schief-winkliger Koordinaten bedeutet aber eine *affine* Verzerrung. Wir gehen von dieser aus und wollen das $u$, $v$-System im Punkt $\xi = l_1/\mu$ beginnen lassen, d. h. wir setzen an (S. 80)

$$u = a_{11}\xi + a_{12}\eta - l_1/\mu,$$

$$v = a_{21}\xi + a_{22}\eta + a_{23}.$$

Soll die $\eta$-Achse $\xi = 0$ in eine durch den ursprünglichen Koor-dinatenanfang gehende Gerade übergehen, so muß für $\xi = 0$ jetzt $v = \lambda(u + l_1/\mu)$ werden. Dies be-dingt $a_{23} = 0$ und $a_{22} = \lambda a_{12}$, wobei $\lambda = \mathrm{tg}\,\alpha$, $\lambda a_{12} = \sin\alpha = v_2$ und $a_{12} = \cos\alpha = v_1$ sein müßte mit $\alpha$ als Winkel zwischen $\xi$- und $\eta$-Achse (hier stumpf). Da eine Maßstabsänderung nicht statt-

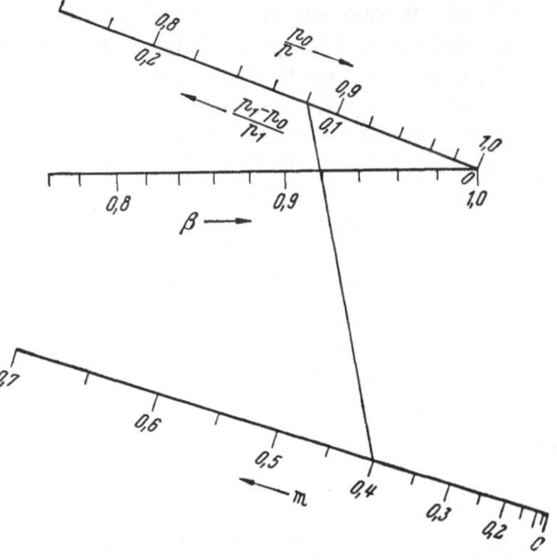


Abb. 165. Zu Beisp. 2.4. — Zahlenwerte: $P_0/P_1 = 0{,}88$ und $m = 0{,}4$ liefern $\beta = 0{,}918 \approx 0{,}92$.

finden soll, setzen wir $a_{11} = 1$, $a_{21} = 0$ und nehmen zur einfacheren Berechnung der Transformation glatte Werte für die $v$. Daher wurde $v_1 = -0{,}95$ und $v_2 = 0{,}3$ gewählt (als Werte, die dicht beim cos bzw. sin eines Winkels liegen). Damit folgt mit $u_0 = l_1/\mu$

$$u = (\xi - u_0) - 0{,}95\eta, \quad v = 0{,}3\,\eta.\,^{[1]}$$

Da $l_1 = 1250\,\mathrm{mm}$, $l_2 = 400\,\mathrm{mm}$ gewählt war, s. o., ergibt sich für die Tei-lungen im $u$-, $v$-System, wenn in die Transformationsgleichungen die jeweiligen Werte $\xi$ und $\eta$ eingesetzt werden:

Leiter 1: $u_1 = -l_1/\mu \cdot (1 - \beta^2)$, $v_1 = 0$, wobei $l_1/\mu = 1250/3{,}5$ ist;

Leiter 2: $u_2 = 23 - 380m^2$, $v_2 = -120(1 - m^2)$, d. h. der Träger ist die Gerade $v = -120(u - 357)/380$;

Leiter 3: $u_3 = 1250(\psi_1 - 1/\mu) - 380\,\psi_2$, $v_3 = 120\,\psi_2$,

vgl. Abb. 165. Die Leiter 3 hat einen innerhalb der Zeichengenauigkeit praktisch

---

[1] Der Leser leite die Formeln auch unmittelbar her — ohne die angegebenen Beziehungen über die affine Transformation zu benutzen.

geraden Träger. Dies ergibt sich auch, wenn man $z$ durch $1 - \varepsilon$ ersetzt, die auftretenden Funktionen in die Potenzreihen nach $\varepsilon$ entwickelt und $\varepsilon^2 \approx 0$ setzt[1]. Damit läßt sich auch die N-Form genau herleiten:

Man bildet gemäß Ausgangsgleichung $\mu/\beta^2$ und subtrahiert auf beiden Seiten $\mu$. Dann erhält man Typ (76b) mit schwach gekrümmter Leiter 3. Die erwähnte Reihenentwicklung führt aber auf den N-Typ $h = g/f$ [Gl. (68)] für $\varepsilon^2 = 0$. Dabei ist $g = 2\varepsilon/k = 2(1 - z)/k$, $f = (1 - m^2)/[1 - 0,25(1 - m^2)]$ und $h = (1 - \beta^2)/\beta^2$, so daß sich für die Teilung der schrägen Leiter $w = c\,\beta^2$ ergibt wie in Abb. 163. Das Beispiel zeigt nicht nur die Zweckmäßigkeit einer Transformation des Koordinatensystems, sondern auch der vorgelegten Gleichung, so daß aus Gl. (8) der Typ (76b) entwickelt wird, und ferner die Nützlichkeit einer Vereinfachung der vorgelegten Gleichung z. B. durch Reihenentwicklung.

2.5. Wiederholt ist die KEPLERsche Gleichung nomographisch dargestellt worden (vgl. z. B. [38]). Es handelt sich um die Darstellung von $M + \lambda e \sin E - E = 0$, worin $\lambda = 180°/\pi$, $M$ = mittlere Anomalie, $E$ = exzentrische Anomalie, $e$ = Exzentrizität der elliptischen Planetenbahn (gleich $\sin\varphi$ gesetzt). Die Beziehung entspricht nomographisch dem Typ (76b), und in dieser Form findet sich die Fluchtentafel bei STRASSL (Fußnote 3, S. 92) wiedergegeben. Allerdings liefert die Tafel bei gegebenen $M$ und $e$ nur einen Näherungswert für $E$. Die zur Verbesserung benutzten Formeln werden aber auch wiederum nomographisch dargestellt (STRASSL). Bei A. FISCHER [12/14] findet sich eine projektive Verzerrung dieser Tafel, die beiden geraden Träger sind nicht mehr parallel[2].

3.1. In der Geodäsie tritt die Aufgabe auf, aus zwei Winkeln $\alpha$ und $\beta$ den dritten Winkel $\varphi$ gemäß $\sin\varphi = \dfrac{\sin(\alpha + \beta)}{\sin\alpha + \sin\beta}$ zu ermitteln. Diese Gleichung läßt sich aber, wie leicht ersichtlich, darstellen durch

$$\begin{vmatrix} 0 & \sin\varphi & 1 \\ \sin\alpha & \cos\alpha & 1 \\ -\sin\beta & \cos\beta & 1 \end{vmatrix} = 0,$$

d. h. durch eine Fluchtentafel mit den Leitern $\xi_1 = 0$, $\eta_1 = l\sin\varphi$; $\xi_2 = l\sin\alpha$, $\eta_2 = l\cos\alpha$; $\xi_3 = -l\sin\beta$, $\eta_3 = l\cos\beta$. Der Träger der *beiden* gekrümmten Leitern ist *ein* Kreis vom Radius $l$, die Teilungen auf ihm sind gleichmäßig.

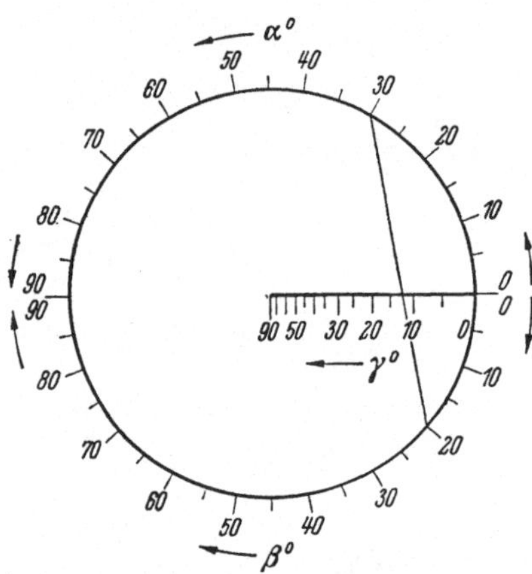

Abb. 166. Zu Beisp. 3.3. — Zahlenwerte:
$\alpha = 30°$, $\beta = 20°$, $\gamma = 12,2°$.

3.2. LACMANN [23] stellt die in Beisp. 2.1, S. 127, gegebene Beziehung auch durch eine Fluchtentafel mit geradem Leiter für $k$ und *einem* kreisförmigen Träger der Leitern für $m$ und $R$ dar — ausgehend von der Produktform (82).

3.3. In gleicher Weise läßt sich die der Physik entnommene Beziehung $\operatorname{tg}\alpha \operatorname{tg}\beta = \sin\gamma$ darstellen: Für $m = 1$ (S. 64) wird $\xi_1 = p/(1 + \sin\gamma)$ und $\operatorname{tg}\varphi = \operatorname{tg}\alpha$, d. h. $\varphi = \alpha$ und ebenso $\psi = -\gamma$; die Teilungen auf dem Kreis sind linear, vgl. Abb. 166.

---

[1] Was sowieso notwendig ist, um $\psi_1(1)$ bzw. $[\psi_1(1) - 1/\mu]$ zu berechnen.

[2] Der gekrümmte Träger ist transzendent. Wesentliche Bereiche: $0 \leqq M \leqq 180°$; $0 \leqq E \leqq 180°$; $0 \leqq e = \sin\varphi \leqq 1$ (bei FISCHER kleinerer Bereich für $e$).

3.4. Aus den Werten $m_1 = \mathrm{tg}\,\alpha$ und $m_2 = \mathrm{tg}\,\beta$ soll $z = \mathrm{tg}\,(\alpha + \beta)$ bzw. $\omega = \alpha + \beta$ ermittelt werden. Es gilt $\mathrm{tg}\,(\alpha + \beta) = (\mathrm{tg}\,\alpha + \mathrm{tg}\,\beta)/(1 - \mathrm{tg}\,\alpha\,\mathrm{tg}\,\beta)$ oder nach Einsetzen der $m_i$ und Umformung: $m_1 m_2 z + m_1 + m_2 - z = 0$. Diese Gleichung stimmt mit Gl. (90) überein: Es wird $\mathrm{tg}\,\varphi_1 = m_1/\lambda$, $\mathrm{tg}\,\varphi_2 = m_2/\lambda$ (Kreisträger), und für den dritten Träger gilt $h_1 = z$, $h_2 = 1$, $h_3 = -z$, d. h. $\xi_3 = p\lambda^2/(1 - \lambda^2)$ und $\eta_3 = -\lambda p z^{-1}/(\lambda^2 - 1)$; d. h. der dritte Träger ist eine Parallele zur $\eta$-Achse, die Teilung ist reziprok zu $z$. Für kleine Werte $z$ versagt die Tafel. Daher empfiehlt sich eine projektive Verzerrung: Verschiebung der $\eta$-Achse zunächst um $p/2$, so daß der verschobene Ursprung Kreismittelpunkt wird. Die Teilung auf der $\xi$-Achse bleibt erhalten, der unendlich ferne Punkt der verschobenen $\eta$-Achse geht in den Punkt $v = v_0$ der $v$-Achse über. Durch zweckmäßige Wahl der noch freien Parameter ergibt sich ($m_i = m$ geschrieben):

$$u_1 = \frac{p}{2}\,\frac{\lambda - m}{\lambda + m}, \quad v_1 = \frac{p}{4} - \frac{p}{4}\left(\frac{\lambda - m}{\lambda + m}\right)^2,$$

der Träger ist jetzt eine Parabel;

$$u_3 = -\frac{p}{2}\,\frac{(1 + \lambda^2)z}{2\lambda + (1 - \lambda^2)z}, \quad v_3 = p\,\frac{\lambda}{2\lambda + (1 - \lambda^2)z},$$

der Träger ist eine Gerade mit den Achsenabschnitten

$$A = -\frac{p}{2}\,\frac{1 + \lambda^2}{1 - \lambda^2}, \quad B = \frac{p}{2}$$

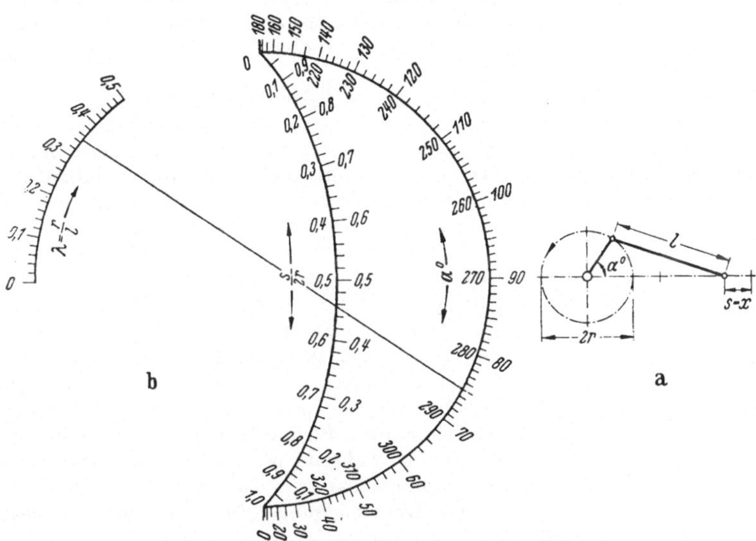


Abb. 167. Fluchtentafel zum Schubkurbeltrieb.

und mit projektiver Teilung. Für den Sonderfall $\lambda = 1$ wird eine Parallele zur $u$-Achse erhalten mit *linearer* Teilung — nützlich für *kleine* Werte $z$.

3.5. Für den Weg $s$ des Kreuzkopfes beim zentrischen Schubkurbeltrieb gilt gemäß Abb. 167a (vgl. a. [*10*])

$$s = r(1 - \cos\alpha) + l(1 - \sqrt{1 - \lambda^2 \sin^2\alpha}) \quad \text{mit} \quad \lambda = r/l.$$

Diese Gleichung läßt sich umformen auf

$$\frac{1}{\lambda}\,\frac{1}{1-z}\,\cos\alpha + \left(-\cos\alpha + \frac{1}{\lambda}\right) + \frac{1+(1-z)^2}{2(1-z)} = 0\,,$$

wobei $s/r = z$ gesetzt ist. Diese Form stimmt aber mit Gl. (90) überein, wobei

$$f(x) = -\cos\alpha,\ g(y) = 1/\lambda,\ h_1(z) = 1/(1-z),\ h_2 = 1$$

und $h_3 = [1 + (1-z)^2]/2(1-z)$ sein muß. Nach Gl. (90b) ergeben sich die

Teilungen zu $\operatorname{tg}\varphi_1 = -\dfrac{1}{m}\cos\alpha = -\cos\alpha$, $\operatorname{tg}\varphi_2 = 1/\lambda m = 1/\lambda$ oder $\operatorname{ctg}\varphi_2 = \lambda$,

wenn der Zahlenfaktor $m$, der in Gl. (90b) mit $\lambda$ bezeichnet war, gleich Eins gesetzt wird, und für die weitere gekrümmte Leiter

$$\xi_3 = 2p/[3 + (1-z)^2] \quad \text{und} \quad \eta_3 = -2p(1-z)/[3 + (1-z)^2],$$

vgl. Abb. 167b[1]. Der Träger ist eine Ellipse[2].

## 352 Mehr als drei Veränderliche.

Im folgenden werden Nomogramme skizziert, die aus geeigneter Kombination von Tafeln mit drei Veränderlichen durch die Zapfenlinie entstehen. Wir können uns dabei kurz fassen, da es hier *wesentlich* ist, wie die Zapfenlinie gewählt wird. Die Teiltafeln selbst sind oben erörtert worden.

Wenn beiläufig eine Gleichung z. B. mit vier Veränderlichen vorliegt, $F(x_1, x_2, x_3, x_4) = 0$, und die Einfügung der Zapfenlinie keine günstigen Lösungen ergibt, so ist es dann doch besser, mit einer Hilfsveränderlichen aus der Tafel für $x_1$, $x_2$, $z$ den Wert $z$ abzulesen und mit diesem Wert in die Tafel für $x_3$, $x_4$, $z$ einzugehen.

**3521 Gerade Leitern.** 1.1. Vgl. hierzu Beisp. 1.11, S. 126.

1.2. Für die Berechnung von offenen Zylindern kleiner Wandstärke bei kleinen Innendrucken gilt [10] $s/r_i = p_i/\sigma_{\text{zul}}$. Der Ansatz $z = r_i/s$ liefert nach Logarithmieren zwei parallele Träger mit Zapfenlinie für $z$ in der Mitte. Träger 1 hat die Leitern für $p_i$ und $s$, Träger 2 die für $r_i$ und $\sigma_{\text{zul}}$ (in entgegengesetztem Sinn zu den Werten auf dem Träger 1).

1.3. Bei Ermittlung des spezifischen Gewichtes von Gasen mit Hilfe des Gerätes von SCHILLING-BUNSEN gilt $\gamma_2 = \gamma_1(t_2/t_1)^2$, wenn $t_1$, $t_2$ die Ausströmzeiten der Gase mit den spezifischen Gewichten $\gamma_1$ und $\gamma_2$ sind, wobei z. B. $\gamma_1$ bekannt ist, die Zeiten gemessen werden und $\gamma_2$ gesucht ist. Schreiben wir $\gamma_1/t_1^2 = \gamma_2/t_2^2 = z$, so haben wir zwei parallele Träger mit den logarithmischen Leitern für die spezifischen Gewichte bzw. für die Zeiten, während die Zapfenlinie zwischen beiden liegt, vgl. die Skizze gemäß Abb. 168.

1.4. Die Gleichungen für die gleichförmig beschleunigte Bewegung, d. h. $v = bt$ und $s = \tfrac{1}{2}bt^2 = \tfrac{1}{2}vt$, lassen sich so darstellen, daß nur *eine* Fluchtgerade vorhanden ist: Für $v = bt$ Leiter $v$ in die Mitte, Leitern für $b$ und $t$ an den Rand legen. Bei gleichen Maßstabsfaktoren $l$ für $b$ m/s² und $t$ sec hat $v$ den Maßstabsfaktor $l/2 = l_v$. Jetzt legt man die Leiter für $s$ so zwischen $v$ und $t$, daß die Flucht-

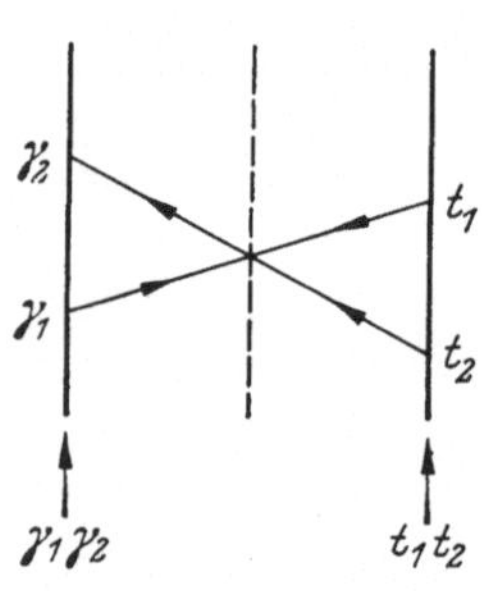



Abb. 168. Skizze zu Beisp. 1.3.

---

[1] Vgl. a. die Konstruktionstafel von K. HOECKEN: A. T. Z. Bd. 38 (1936).

[2] Der Durchmesser des Kreisträgers ist Krümmungsradius in dem Endpunkt der kleinen Achse der Ellipse ($a = p/\sqrt{3}$, $b = p/3$).

gerade $b\text{-}v\text{-}t$ mit der Fluchtgeraden $v\text{-}s\text{-}t$ zusammenfällt. Dies fordert, wie leicht ersichtlich, Abb. 169, $m':n' = 1:2$ und $m:n = 2:1$.

1.5. Bei Ermittlung von Flächeninhalten mit dem Planimeter gilt [34]
$J = \oint y\, dx = f a b N$ Einheiten $E$ oder $J = f'N$. Hierbei bedeuten $a, b$ die Zeicheneinheiten auf den Koordinatenachsen (1 mm$_z$ $= a$ Einheiten $E_1$ auf der

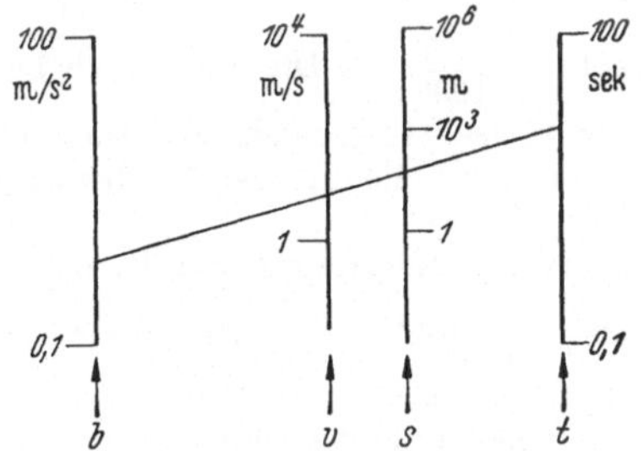

Abb. 169. Skizze zu Beisp. 1.4.

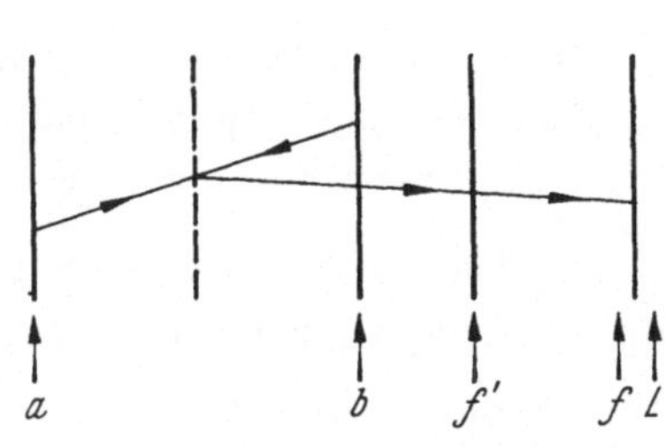

Abb. 170. Skizze zu Beisp. 1.5.

einen, 1 mm$_z$ $= b$ Einheiten $E_2$ auf der anderen Achse), $f$ den Wert der Noniuseinheit in mm$^2$, wobei $f$ eine lineare Funktion der Fahrarmeinstellung $L$ ist. Der Faktor $f' = abf$ soll möglichst glatte Werte haben, so daß bei gegebenen $a$, $b$, $f'$ die Länge $L$ gesucht ist. Zur schnellen Orientierung kann eine Fluchtentafel mit vier parallelen Leitern genommen werden vermöge $z = ab$ und $f' = zf$; vgl. die Skizze gemäß Abb. 170.

1.6. Der Rauminhalt von Hohlzylindern ergibt sich aus $V = \dfrac{\pi}{4}\, L(D^2 - d^2)$
oder aus $V = L\dfrac{\pi}{4}(D - d)(D + d) = LF$, $F = $ Querschnitt $= \dfrac{\pi}{4}\, sD_m$, worin der mittlere Durchmesser $D_m = (D + d)/2$ und die Wandstärke $s = (D - d)/2$ leicht im Kopf berechnet werden können. Beim Entwurf dient $F$ als Zapfenlinie, so

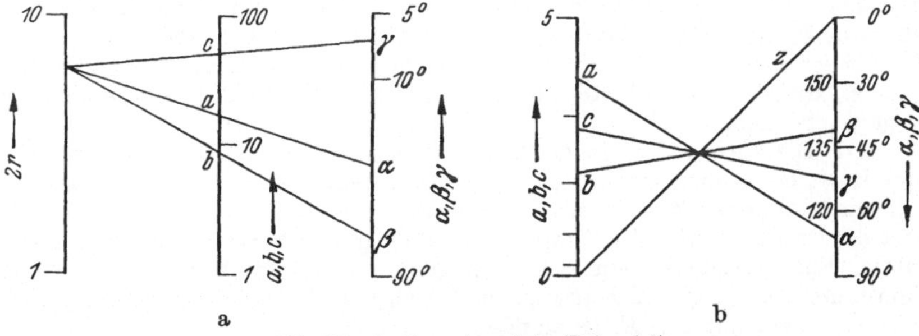

Abb. 171a, b. Zum sinus-Satz (Beisp. 1.8).

daß man außer dieser noch vier parallele Leitern erhält (mit logarithmischen Maßstäben); vgl. a. Beisp. 3.3, S. 158.

1.7. Von gleicher Form ist der doppelte Dreiecksinhalt $2F = ab \sin\gamma$. Diese Form kann auch zur Darstellung des sinus-Satzes dienen, da $2F = bc \sin\alpha = ca \sin\beta$ ist.

1.8. Als Ausgangspunkt für die Darstellung des sinus-Satzes ist die Berechnung des Umkreishalbmessers besser geeignet: $2r = a/\sin\alpha = b/\sin\beta = c \sin\gamma$. Hierbei kann $r$ als Zapfenlinie dienen, vgl. Abb. 171a mit parallelen Leitern [50][1].

---

[1] Ausführung mit dem Rechenstab, vgl. [33] u. [34].

Zur Erzielung einer gleichmäßigen Genauigkeit kann noch projektiv umgeformt werden, derart, daß die drei Leitern in einen Punkt zusammenlaufen, dem Punkt $\alpha = \beta = \gamma = 0$. Ebenso läßt sich die N-Form verwenden, Abb. 171b, wobei es mit Rücksicht auf die Genauigkeit der sinus-Teilungen besser ist, zu schreiben $(2r)^2 = a^2/\sin^2\alpha$. Die Winkelteilung hat dadurch das Gesetz

$$l \sin^2\alpha = \frac{l}{2}\,(1 + \cos 2\alpha).$$

1.9. Bei Langdreharbeiten[1] gilt die Formel $t = \dfrac{\pi d L}{1000\,v\,s}$. Diese läßt sich bei konstanter Länge $L$, z. B. $L = 100$, in gleicher Weise wie vorstehend, insbesondere in der ersten Form entwickeln. Auch kann hier die Kreuztafel benutzt werden[2].

1.10. Bei kreisförmigen Platten gelten für die Durchbiegung $f$ und die maximale Spannung $\sigma_{max}$ Formeln der Gestalt $f = \psi\,\dfrac{p}{E}\,\dfrac{r^4}{h^3}$ und $\sigma_{max} = \varphi p r^2/h^2$, worin $p$ = Druck, $E$ = Elastizitätsmodul, $r$ = Radius, $h$ = Dicke der Platte ist und $\psi$, $\varphi$ Konstante bedeuten, die von der Art der Einspannung abhängen (diskrete Werte). Setzt man $r/h = t$, so liefert die letztere Formel $\sigma_{max} = \varphi\bar\sigma$, $\bar\sigma = p\,t$, und man wird bei logarithmischer Form auf parallele Leitern geführt: Träger *1* für $p$ und $h$, Träger *2* für $r$ und $\bar\sigma$ (Zapfenlinie) und dazwischen die Zapfenlinie $t$. Träger *3* und *4* dienen für $\varphi$ und $\sigma_{max}$. Man beachte, daß die Teilungen von $h$, $\varphi$, $\sigma_{max}$ entgegengesetzt verlaufen wie die von $p$ und $r$. Für die Durchbiegung $f$ läßt sich ein ähnliches Nomogramm entwerfen, auch unter Einbau in das skizzierte. Vgl. a. S. 170, Beisp. 5.

1.11. Für die Torsion von Stäben gelten die Formeln [*10*]: Torsionsspannung $\tau = M_t/W^*$, spezifischer Verdrehungswinkel $\vartheta = M_t/J^*$, worin $M_t$ das Torsionsmoment und $W^*$, $J^*$ gewisse Rechengrößen bedeuten, die beim Kreis mit dem polaren Widerstandsmoment $\pi d^3/16$ bzw. Trägheitsmoment $\pi d^4/32$ übereinstimmen. Hierbei ergeben sich verschiedene Darstellungen, je nachdem es sich um kreisförmige oder andere Querschnitte handelt[3, 4].

Die Übereinstimmung der Formeln für Verdrehung, $\tau = M_t/W_t$, und für Biegung, $\sigma_b = M_b/W_b$, läßt bei kreisförmigem Querschnitt eine Tafel zu, die für beide Beanspruchungsarten geeignet ist. Es ist $W_b = W_t/2$, also $\sigma_b = 2 M_b/W_t$. Man benötigt nur drei Leitern: *1* als Doppelleiter für $\tau$ und $\sigma_b$, *2* als Leiter für $d$ (aus $W_t$) und *3* als Doppelleiter für $M_t$ und $M_b$, wobei sich die Werte $M_t$ und $2 M_b$ gegenüberstehen.

1.12. Die Formeln für die größte Durchbiegung oder die Durchbiegung unter der Kraft bei Stäben lassen sich in der Form schreiben $f = \lambda P l^3/E J$, wobei $E$ für ein bestimmtes Material als konstant angesehen werden kann und $\lambda$ von der Art der Belastung und der Einspannung abhängt. So bleiben fünf Veränderliche übrig. Für Berechnung von Schwingungen[5] interessieren häufig die Rückstellkonstanten $c = P/f = E J/\lambda l^3$, so daß sich beim Entwurf die Aufspaltung $c = P/f = z/\lambda$ mit $z = E J/l^3$ empfiehlt.

1.13. Bei SCHWERDT [*48*] findet sich die durch Näherung gewonnene Formel $J = C \cdot 2 a b (a + b)^{0,485}$ mit $C$ als konstantem Faktor behandelt, und zwar

---

[1] HIRSCHFEHD, F., u. F. KUSTIN: Masch.-Bau Betrieb Bd. 7 (1928) S. 857 bis 862.

[2] Vgl. a. die Anwendung bei Maschinenkarten: HAUPTMANN u. PREGER: Masch.-Bau Betrieb Bd. 14 (1935) S. 271/73.

[3] VOGEL, W.: Elektrotechn. Z. Bd. 54 (1923).

[4] Vgl. Fußnote 3, S. 98.

[5] Vgl. z. B. E. OEHLER: Technische Schwingungslehre. Essen 1952.

durch Unterbrechung: Wertet man $a + b = u/2$ im Kopf aus (Umfang eines Rechtecks), so wird zerlegt in $q = ab$ (Rechtecksinhalt) und $J = (qu)^{0,485}$.

2.1. U. MEYER schlägt zur Umrechnung der komplexen Zahl $z = A + iB$ auf die Normalform $z = Re^{i\varphi} = R(\cos\varphi + i\sin\varphi)$, d. h. zur Berechnung von $R$ und $\varphi$ aus $A$ und $B$, die folgende Form vor[1]:

Er setzt $\operatorname{ctg}^2\varphi = n$ (logarithmische Doppelleiter), also $B^2 n = A^2$ (logarithmische Leitern für $A$ und $B$) und schließlich $B^2(1 + n) = R^2$, Abb. 172a. Man liest aus $B$ und $A$ den Wert $n$ und damit $\varphi$ ab (Gerade $1$), addiert im Kopf 1 zu $(n + 1)$, verbindet diesen Punkt auf der Leiter $n$ mit $B$, Gerade $2$, und erhält $R$ auf der Leiter $A$. Mit Hilfe dieses *Zahlensprungs* kann man auch auf dem Rechenschieber vorgehen [*33, 34*].

*Ohne* Unterbrechung und mit *einer* Fluchtgeraden läßt sich die Aufgabe wie folgt lösen: $\operatorname{tg}^2\varphi = B^2/A^2$ mit N-Typ, Maßstäbe $l_1$ für $A^2$, $l_2$ für $B^2$. Hierdurch Teilung auf der geneigten Geraden bestimmt, $w = c/(1 + \lambda\operatorname{tg}^2\varphi)$, $\lambda = l_2/l_1$.

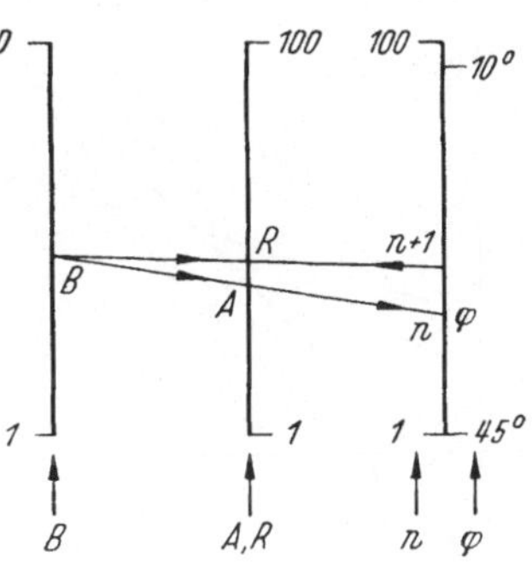

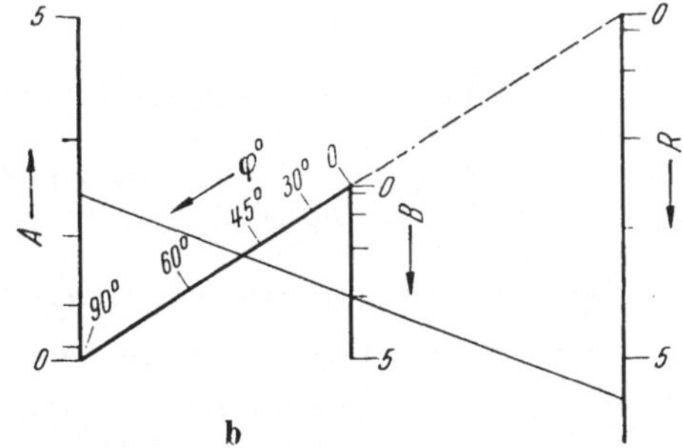

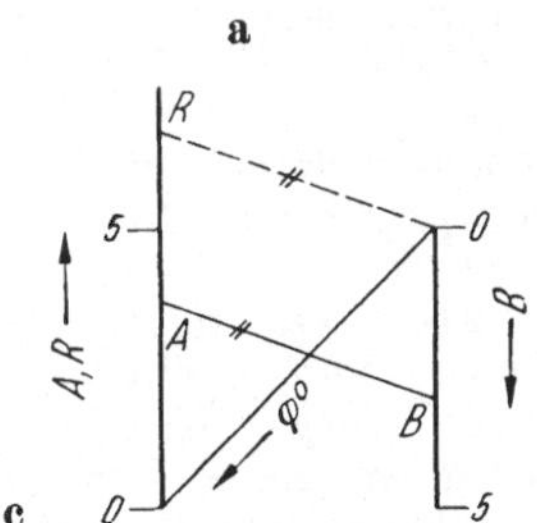

Abb. 172 a—c. Umformung der komplexen Zahl $z = A + iB$ auf $z = Re^{i\varphi}$ (Beisp. 2.1.)

Die vierte Leiter (für $R$) ist parallel den Leitern für $A$ und $B$ und trägt $l_3 R^2$, Abb. 172b. Wählen wir $l_2 = l_1/2$, so liegt die Leiter für $B$ in der Mitte, und es wird $l_3 = l_1$. Eine projektive Verzerrung, so daß die jetzt parallelen Leitern in einem Punkt zusammenlaufen, ist leicht möglich.

Bei gleichen Maßstäben $l_1 = l_2 = l$ wird $\lambda = 1$ und $w = c\cos^2\varphi$. Dann gilt $R^2 = A^2/\cos^2\varphi$ oder $l R^2/c = l A^2/c \cos^2\varphi = l A^2/w$, d. h. mit Parallellineal oder Parallelenkonstruktion kann $R$ auch gefunden werden, Abb. 172c, wobei $A, B, R$ gleiche Maßstäbe haben. Eine projektive Verzerrung ist allerdings dann nicht möglich.

2.2. Das wiederholt behandelte Beispiel über die Brechung magnetischer Kraftlinien (S. 15 u. 116), jetzt in der Form $\operatorname{tg}\alpha_1 : \operatorname{tg}\alpha_2 = n_1 : n_2$, sei geschrieben $\operatorname{tg}\alpha_1 = n_1/z$, $\operatorname{tg}\alpha_2 = n_2/z$. Dann empfiehlt sich die N-Form mit einer der parallelen Leitern als Zapfenlinie. Die Teilung $w = c/(1 + \operatorname{tg}\alpha)$ war bereits früher (S. 15) besprochen, vgl. Abb. 173. Geht man von $\operatorname{tg}^2\alpha = n^2/z^2$, also einer quadratischen Teilung für $n$ aus, so hat man die Teilung $w = c\cos^2\alpha$ (vgl. 2.1).

2.3. Im Zusammenhang mit der Berechnung von Hohlzylindern auf Überdruck (s. a. Beisp. 1, S. 120) interessiert oft der Zusammenhang zwischen Innen-

---

[1] Eine Kurventafel mit kartesischen Koordinaten und Polarkoordinaten ließe sich auch verwenden.

und Außenhalbmessern $r_i$ bzw. $r_a$, der Wandstärke $s$ und dem Verhältnis $\lambda = s/r_i$. Die Teilform $r_i = r_a - s$ entspricht drei parallelen Leitern und die andere dem N-Typ. Daraus resultiert Abb. 174 ähnlich wie Abb. 172b. Dabei ist $l_s = 2l_a$, $n:m = 2:1$ und $l_i = \frac{2}{3}l_a$.

2.4. Die in ähnlicher Form schon behandelte Beziehung $x_4 = x_1 x_2/x_3$ läßt sich durch *zwei* parallele Träger mit logarithmischen Teilungen oder mit *linearen*

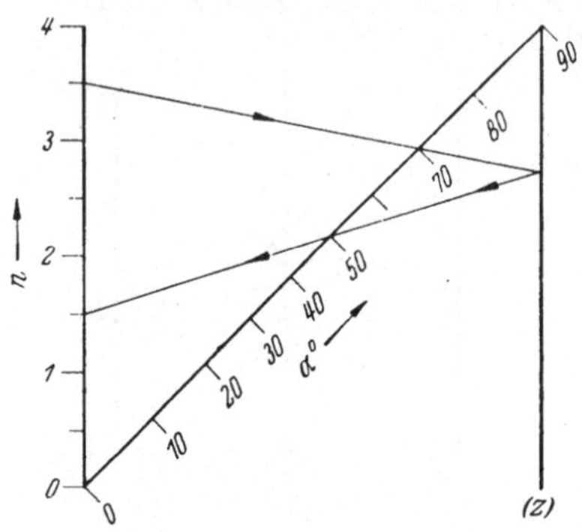

Abb. 173. Zu Beisp. 2.2. — Werte: $n_1 = 3{,}5$; $n_2 = 1{,}5$; $\alpha_1 = 70°$ liefern $\alpha_2 = 50°$.

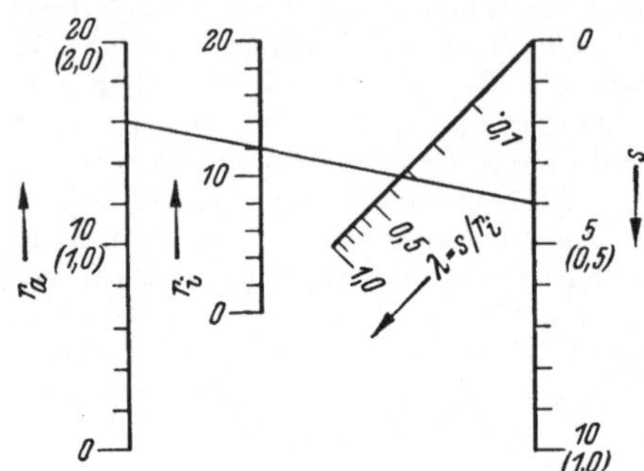

Abb. 174. Zu Beisp. 2.3. — Werte: $r_a = 16$, $r_i = 12$, d. h. $s = 4$, liefern $\lambda = 0{,}33$.

Teilungen durch den N-Typ darstellen, wobei die geneigte Gerade Zapfenlinie ist: $x_4/x_2 = x_1/x_3$. Diese Form empfiehlt sich eher als die bei A. FISCHER [*12*] gegebene.

2.5. Dies gilt in gleicher Weise für den sphärischen Sinussatz $\frac{\sin a}{\sin \alpha} = \frac{\sin b}{\sin \beta} = \frac{\sin c}{\sin \gamma}$ $(= z)$, wobei es, wie oben schon einmal erwähnt, zweckmäßig ist, die Gleichung zu quadrieren oder auch, wie bei SCHWERDT [*49*], zu kubieren. Die Genauigkeit der sinus-Teilungen wird dadurch erhöht.

2. 6. Ein schönes Beispiel für die Verbindung zwischen mehreren N-Tafeln findet sich bei v. STRITZEL[1]. Wir greifen aus den dargestellten Gleichungen heraus

a) $w_q = \sqrt{\Sigma/T}$ oder $x_3 = \sqrt{x_1}/\sqrt{x_2}$,    b) $N = \dfrac{w_q \overline{Q} v_m}{270}$ oder $x_6 = \dfrac{x_3 x_4 x_5}{270}$.

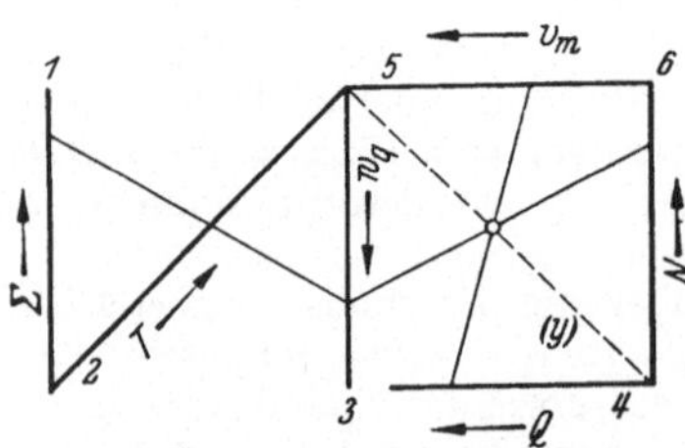

Abb. 175. Skizze zu Beisp. 2.6.

Gl. (a) wird durch den N-Typ dargestellt, wobei hier, im Gegensatz zur Originalarbeit, Wurzelteilungen gewählt werden, um $x_3$ in linearer Teilung zu bekommen, Abb. 175 (Skizze), mit dem Maßstabsfaktor $l_3$. Die Gl. (b) wird aufgeteilt:
$$\frac{x_6}{x_3} = y = \frac{x_4}{270/x_5},$$
und diese Gleichungen entsprechen wieder dem N-Typ (wobei $x_5 > 0$ bleibt!). Die auf der Zapfenlinie $y$ von beiden Teilgleichungen erzeugte Teilung muß gleich sein. Es würde $w = c_y/(1 + \lambda y)$, wobei $\lambda = l_6/l_3 = l_4/l_5$ sein muß. Hierdurch sind die Maßstabsfaktoren gegeneinander abgegrenzt — verbunden mit den darzustellenden Bereichen.

---

[1] v. STRITZEL: Elektrotechn. Z. Bd. 46 (1925) S. 109/113.

2.7. Der Ersatzwiderstand $R_E$ mehrerer parallel geschalteter Widerstände $R_i$ ergibt sich aus $1/R_E = \sum 1/R_i$, d. h. gemäß Gl. (61) bzw. (62a) durch Kopplung mehrerer durch einen Punkt gehenden Leitern, wie in Abbildung 176 für überall gleiche Maßstäbe dargestellt.

3.1. Für die resultierende Wärmedurchgangszahl $k$ einer Wand von der Dicke $\delta$, der Wärmeleitzahl $\lambda$ und den Wärmeübergangszahlen $\alpha_1$, $\alpha_2$ an das eine bzw. das andere Medium ergibt sich

$$1/k = 1/\alpha_1 + 1/\alpha_2 + \delta/\lambda. \,^{[1]}$$

Die nomographische Lösung geschieht durch Verknüpfung der durch einen Punkt gehenden Leitern mit dem N-Typ. Es sei gesetzt $\delta/\lambda = 1/z$ oder $\delta = \lambda/z$, N-Typ, so daß $1/k = 1/k_0 + 1/z$ mit $1/k_0 = 1/\alpha_1 + 1/\alpha_2$ nach Beispiel 2.7 gebildet werden kann.

Die Maßstabsfaktoren seien $l_\lambda$, $(l_z)$, $l_\alpha$, $l_0$ für $k_0$, $l_k$ für $k$, und nach Früherem muß $l_0 = 2l_\alpha \cos\varphi$ sein. Damit $z$

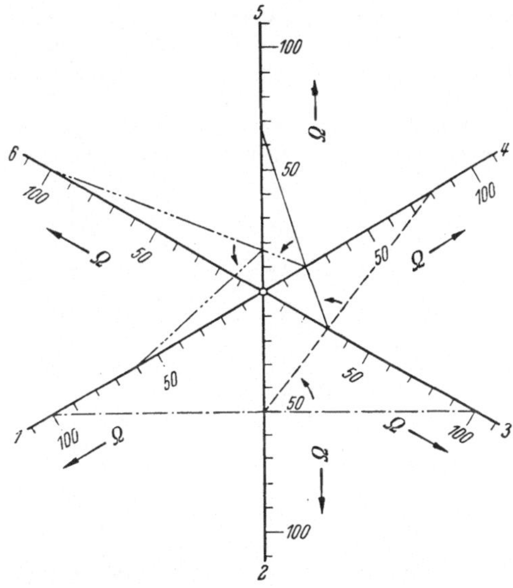

Abb. 176. Parallelschaltung elektrischer Widerstände (zu 2.7). — Zahlenbeispiel: $R_1 = 100$, $R_2 = 100$, $R_3 = 80$, $R_4 = 66$, $R_5 = 102$, $R_6 = 60$ liefern $R_{ges} \approx 13{,}5\,\Omega$.

auch Zapfenlinie wird, muß ferner $l_0 = l_z$ sein (Abb. 177). Wählt man, da $\lambda$ von 0 bis 200 und $\alpha$ von 0 bis 10000 gelten sollen, $l_\lambda : l_\alpha = 125 : 4$, so wird $\nu = l_\lambda : l_z = l_\lambda : 2l_\alpha \cos\varphi = 16{,}912$ mit $\varphi = 22{,}5°$. Damit ist die Teilung für $\delta$ bestimmt: $w = c/(1 + \nu\delta)$.

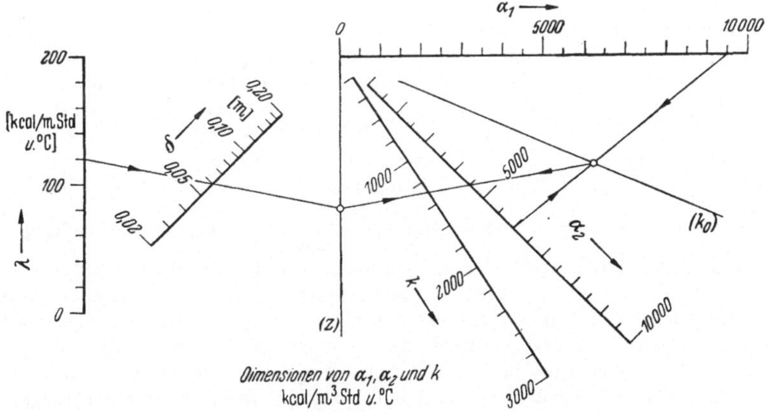

Abb. 177. Resultierende Wärmedurchgangszahl $k$ (zu 3.1). — Zahlenbeispiel: $\lambda = 120$, $\delta = 6$ cm, $\alpha_1 = 9500$, $\alpha_2 = 6000$, $k \approx 1300$.

---

[1] Vgl. [10], ferner Fußnote 1, S. 128.

3.2. Im Eisenbetonbau spielt die Formel

$$P = \sigma_B(F_k + 15F_e + 45F_s)$$

eine Rolle [30], $P =$ Belastung in t $(0 \div 250\ \text{t})$, $\sigma_B =$ (zulässige) Beanspruchung $(350 \div 450\ \text{t/m}^2)$, $F_k = D^2\pi/4$ $(0 \div 0{,}3\ \text{m}^2)$ und $F_e$, $F_s$ gewisse Querschnitte $(F_e = 0 \div 0{,}03\ \text{m}^2)$. Da $F_s \le 3F_e$ sein soll, setzt man am besten $F_s = 2{,}5F_e$, so daß $P = \sigma_B F^*$ und $F^* = F_k + 117{,}5F_e$ wird.

Für die letztere Form dienen drei parallele Leitern, Zapfenline $F^*$, während die erstere durch den N-Typ dargestellt wird. Da der Bereich für $\sigma_B$ klein ist,

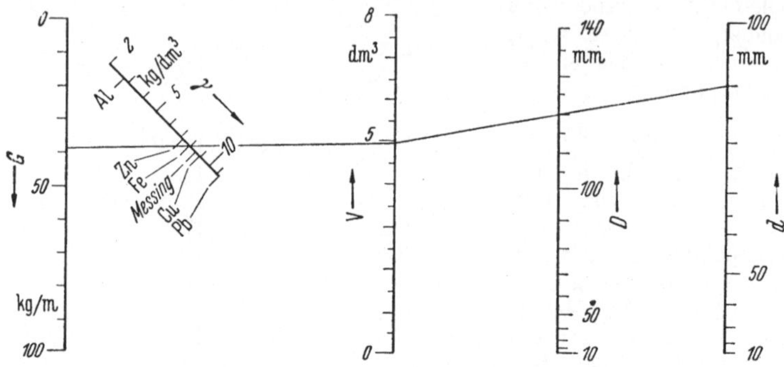


Abb. 178. Gewicht von Hohlzylindern (Rohren) $G$ kg/m. — Beispiel: $D = 120$ mm, $d = 90$ mm, Eisen. Ergebnis $G = 38{,}5$ kg (nebenbei $V = 4{,}95$ dm³).

kann man sich auf die Grenzen beschränken und bildet den Träger $F^*$ als Doppelleiter für $P$ aus, entsprechend den Werten $\sigma_B = 350$ und $450\ \text{t/m}^2$.

3.3. Das Gewicht von Rohren bzw. Hohlzylindern berechnet sich aus $G = L\gamma \cdot \dfrac{\pi}{4}(D^2 - d^2)$. Setzt man die Durchmesser in mm, das spez. Gewicht $\gamma$ in kg/dm³ ein und die Länge $L = 1$ m, so ist das Gewicht $G'$ kg/m $= \dfrac{10\pi}{4}\gamma\,(D^2 - d^2) = \gamma V$, $V =$ Volumen in dm³; $V$, als Hilfsgröße dienend, kann aus dem Additionstyp gewonnen werden und $G' = \gamma V$ aus dem N-Typ, zumal nur diskrete Werte $\gamma$ (Al $\div$ Pb) interessieren sollen. Setzt man $l_D = l_d/2$ und somit $l_V = l_d/2{,}5\pi$, so folgt die Teilung für $\gamma$ aus $w = c/(1 + \lambda\gamma)$ mit $\lambda = l_G/l_V$, vgl. Abb. 178. Diese Tafel könnte wegen der quadratischen Teilungen noch einer projektiven Verzerrung unterworfen werden. — Ein anderer Weg ist durch das Beisp. 1.6, S. 143, angedeutet; an die Tafel für $V$ müßte noch $G' = V\gamma$ angeschlossen werden.

3.4. In einer Arbeit über die „Beflechtung isolierter Leitungen"[1] wird mit Hilfe einer Kurventafel die Gleichung $x = \dfrac{z}{\sqrt{(z/y)^2 - 1}}$ (a) in Verbindung mit $x = z\,\mathrm{tg}\,\alpha$ behandelt. Spaltet man jedoch (a) auf mit $\sin\alpha = y/z$ (c) und $\cos\alpha = y/x$ (d), wie in Abb. 179a veranschaulicht, so ergeben sich auch andere Wege. Gegeben werden hier zunächst $x$ und $y$, und gesucht ist $z$, eine gewisse Steigung. Doch interessiert diese an sich nicht, sondern das Wechselräderpaar $i/k$ der Maschine, das diese Steigung möglichst nahe verwirklichen kann. In zweiter Linie interessiert erst $\alpha$. Aus (c) und (d) bzw. aus der Ausgangsgleichung (a) folgt $1/x^2 + 1/y^2 = 1/z^2$, durch Typ (61) darzustellen, Abb. 179b: Gerade *1*, dann durch $z$ den benachbarten Punkt $i/k$, Gerade *2*. Läßt man noch

---

[1] SIEBER, K.: Z. VDI Bd. 74 (1930) S. 1735/38.

ein Rechtwinkelkreuz zu, so kann auch $\alpha$ abgelesen werden: Der Schenkel $2' \perp 2$ trifft die Skala für $\alpha$, wobei diese aus $\operatorname{tg}\varphi = z^2/y^2$ folgt (gegebenenfalls unter Beachtung verschiedener Maßstäbe). Zu den Gleichungen kommt noch die Auf-

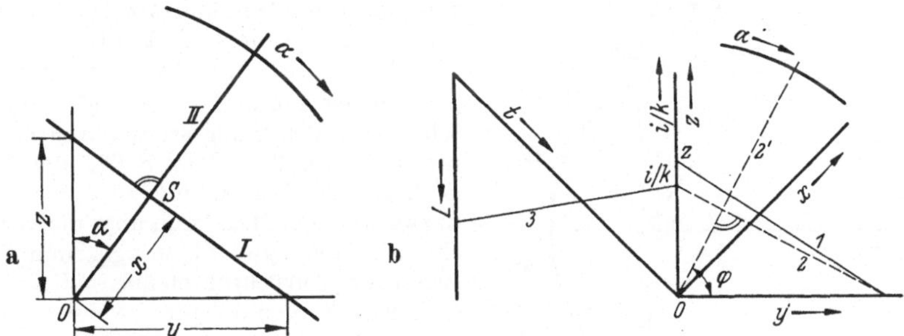

Abb. 179a, b. Zu Beisp. 3.4 (Beflechtungsgleichung).

gabe, aus $z$ bzw. $i/k$ den Wert $t$ bei gegebenem $L$ aus $Ct = L/z$ zu bestimmen, $C = $ konst. Diese erfordert den Anschluß einer N-Tafel, Abb. 179b, Gerade $3$.

Lineare Teilungen für $x$, $y$, $z$ würden Abb. 179a liefern, wenn man den Schenkel $II$ des rechten Winkels mit einer in $S$ beginnenden Teilung für $x$ versieht[1]: Schenkel $I$ durch $y$, aber so, daß der Punkt $x$ der Skala auf $II$ gerade durch $O$ geht. Dann trifft $I$ die Skala für $z$ in $z$, Korrektur zu $i/k$ wie oben. Eine lineare Kreisskala zeigt dann durch den Schnittpunkt mit $II$ den Wert $\alpha$ an.

3.5. Bei schwingungstechnischen Problemen tritt die Formel

$$N^2 = C_1 S_2^2 + C_2 S_1^2$$

auf, d. h. eine Beziehung zwischen *fünf* Veränderlichen. Spaltet man jene auf in $t = C_1 S_2^2$, $z = C_2 S_1^2$ und $N^2 = t + z$, so können $t$ und $z$ durch je eine N-Tafel und $N$ aus dem Additionstyp gewonnen werden, Abb. 180[2] mit den durch die Aufgabe benötigten Bereichen. Es ist auch $S_2^2 = t/C_1$, d. h. $S_2$ auf der Schrägen, $C_1$ links und $t$ rechts

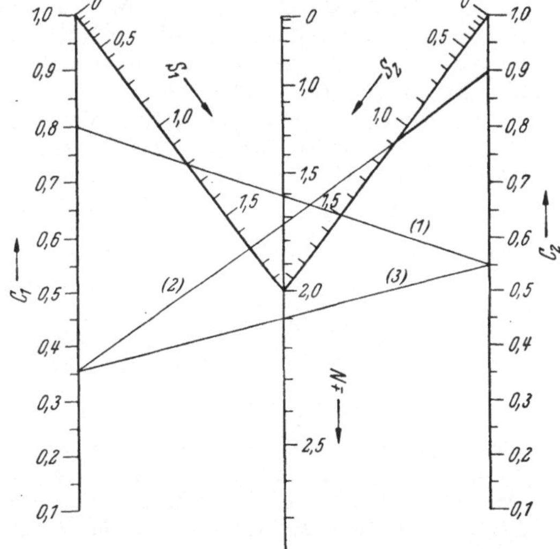

Abb. 180. Darstellung einer Formel aus der Schwingungstechnik (zu 3.5). — Beispiel: $C_1 = 0,8$ und $S_2 = 1,5$ (Gerade *1*), $C_2 = 0,9$ und $S_1 = 1,7$ (Gerade *2*), daraus $N = 2,2$ (Gerade *3*).

(unbezifferte erste Zapfenlinie), Gerade *1*. Ebenso ist der linke Träger Zapfenlinie für $z$, Gerade *2*. Die Gerade *3* schneidet auf der mittleren Leiter $N$ aus.

---

[1] Auch ganz als Rechengetriebe zu entwickeln.

[2] Aus dem 1. Bericht des IPM, Darmstadt (A. WALTHER), über Nomographie.

**352 2 Gekrümmte Leitern.** 1.1. Das mehrfach behandelte Beispiel (S. 15, 116, 145) $n_1 \operatorname{tg} \alpha_2 = n_2 \operatorname{tg} \alpha_1$ läßt sich in der Form $n \operatorname{tg} \alpha = z$ auf eine Fluchtentafel mit *einem* Kreisträger gemäß Gl. (82), S. 65, zurückführen, wenn dort $\operatorname{tg} \varphi = \operatorname{tg} \alpha$,

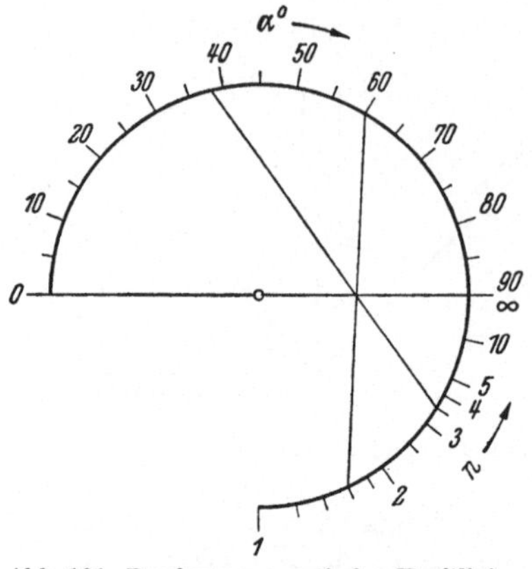


Abb. 181. Brechung magnetischer Kraftlinien.
Beispiel: $n_1 = 1{,}6$; $\alpha_1 = 38{,}7°$;
$n_2 = 3{,}5$; $\alpha_2 = 60°$.

d. h. $\varphi = \alpha$, und $\operatorname{tg} \psi = -n$ gemacht wird, also der Durchmesser des Kreises als Zapfenlinie dient, Abb. 181.

1.2. Die in Abb. 144 dargestellte, jetzt in der Form $l^2 - 8qz + q^2 = 0$ geschriebene Beziehung stimmt zwar formal mit dem Typ (81a), S. 64, überein, doch ist die Verbindung zu $z = r - \varrho$ unzweckmäßig. Man kann aber die Gleichung auf den Typ (76b) mit gekrümmter Leiter für $q$ zurückführen und schließt an die gerade Zapfenlinie für $z$ zwei parallele Leitern für $r$ und $\varrho$ an.

1.3. Bei Untersuchung der Reibungsverhältnisse auf der schiefen Ebene [10] trifft man auf die Formel

$$K = G(\sin \alpha \pm \mu \cos \alpha),$$

$\alpha$ = Neigungswinkel, $\mu = \operatorname{tg} \varrho$ = Reibungsziffer, $G$ = Gewicht, $K$ = Kraft.

Es ist $\alpha > \varrho$. Schreiben wir $t = \sin \alpha \pm \mu \cos \alpha$ und $t = K/G$ oder $K = t : (1/G)$, so führt die letzte Gleichung auf den N-Typ mit linearer Teilung für die Hilfsveränderliche $t$ und die erste Gleichung auf den Typ (76b). Für $G$ und $K$ folgen nichtlineare (projektive) Leitern.

1.4. Die Gleichung zur Ermittlung des Schwerpunktes von Kreisausschnitten (S. 108) ergibt als Fluchtentafel das Folgende: Die Gl. (b) dort kann nach Addition einer zunächst beliebigen Konstanten $C$ geschrieben werden

$$(C - s^2) + 6\pi r_m \varrho - (12 r_m^2 + C) = 0; \quad s = R - r, \quad r_m = (R + r)/2.^*$$

Der Vergleich mit Gl. (76) liefert die Leitern

$$\xi_1 = 0, \qquad \eta_1 = l_1(C - s^2);$$

$$\xi_2 = p, \qquad \eta_2 = l_2 \varrho;$$

$$\xi_3 = \frac{p r_m}{\mu + r_m}, \quad \eta_3 = \mu l_1 \frac{12 r_m^2 + C}{\mu + r_m}, \quad \mu = l_2/6\pi l_1.$$

Mit Rücksicht auf die Bereiche wird $C = 25$ gemacht ($\eta_1 = 0$ für $s = 5$) und werden $l_1$, $l_2$ so gewählt, daß $l_1 C = l_2 \varrho_{\max}$ wird, d. h. hier $l_2 = 2{,}5 l_1$, vgl. Abb. 182.

Die Verbindung zur Gleichung $\bar{\varrho} = \delta \varrho$ wird durch den N-Typ geleistet. Doch wenn man $\delta = \bar{\varrho}/\varrho$ schreibt, also die geneigte Leiter nach $\alpha$ teilt, so wird der Bereich durch eine zu kurze Strecke dargestellt, und es ist daher zweckmäßiger,

$\bar{\varrho} = \dfrac{\varrho}{1/\delta}$ zu schreiben, so daß der geneigte Träger nach $\bar{\varrho}$ geteilt ist, und die vierte

Parallele die Teilung $\eta_4 = l_2/\delta = \dfrac{l_2 \alpha°}{90° \sin \alpha°}$ trägt.

1.5. Bei Hoffmann[1] findet sich die Darstellung einer Gleichung von der Form

$$x_1 + a x_3 (x_2 + x_3) x_4 = b x_3 (x_2 + x_3),$$

---

* $s = (D - d)/2$, $d_m = (D + d)/2$.

[1] Hoffmann: Fluchtlinientafel zur Berechnung der Drahtarmaturen für hängende Kabel. Elektrotechn. Z. Bd. 47 (1926) S. 566.

worin $a$ und $b$ Konstante darstellen und $x_3$ bei gegebenen Werten $x_1$, $x_2$, $x_4$ gesucht wird. In der genannten Arbeit werden drei parallele Leitern und eine gekrümmte benutzt. Hier wollen wir einen etwas anderen Weg gehen. Wir erhalten

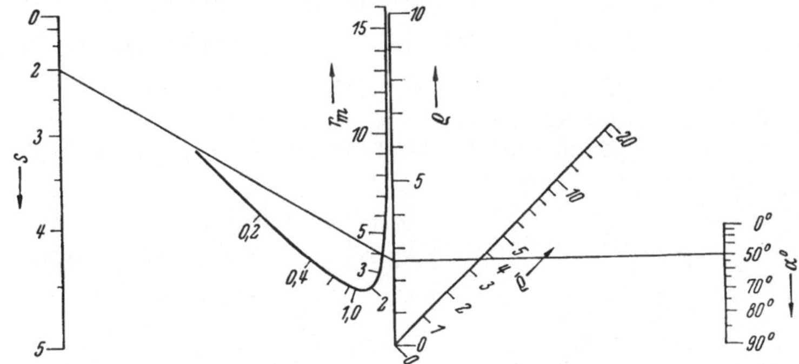

Abb. 182. Schwerpunkt von Kreisringausschnitten. — Beispiel: $R = 50$ mm, $r = 30$ mm, d. h. $r_m = 40$ mm, $s = 20$ mm und $\alpha = 50°$. Ergebnis: $\varrho = 26$ mm, $\bar{\varrho} = 38$ mm.

durch Ausmultiplizieren und Ordnen die beiden, durch $t$ verbundenen Gleichungen

$$t - x_2 x_3 - x_3^2 = 0 \quad \text{(a)} \qquad \text{und} \qquad t/x_1 = x_4/(b - a x_4). \quad \text{(b)}$$

Die Gl. (a) entspricht dem Typ (76b), die zweite dem N-Typ mit linearer Teilung auf der geneigten Leiter. Um jedoch keine negativen Ordinaten zu bekommen bzw. um keine schiefwinkligen Koordinaten zu benutzen, wird wie oben die Gl. (a) mit Hilfe einer an sich beliebigen Konstanten $C$ umgeformt auf $(t - C) - x_2 x_3 - (x_3^2 - C) = 0$. Der N-Typ schließt dann an für $t = 0$ (d. h. $\eta = -C$), vgl. die Skizze gemäß Abbildung 183.

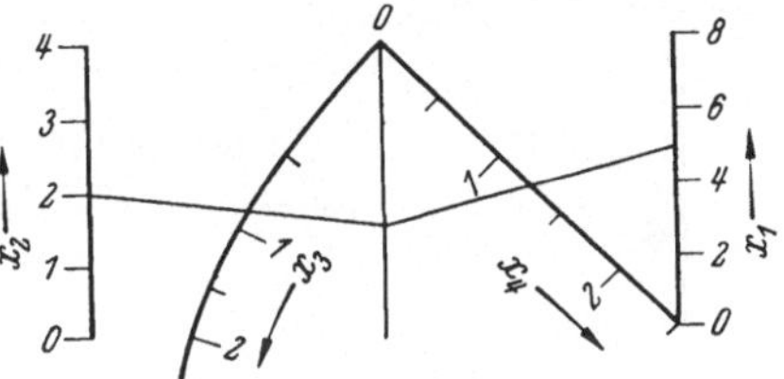

Abb. 183. Zu Beisp. 1.5.

1.6. Der in Beisp. 12, S. 118, dargestellten Kurventafel soll eine Fluchtentafel gegenübergestellt werden: Durch Vergleich von reellen und imaginären Anteilen auf beiden Seiten der Gleichung (a 1) dort ergeben sich die gesuchten Größen zu

$$\xi = \frac{m(1 + \mu^2)}{1 + m^2 \mu^2}, \qquad \text{(1'a)} \qquad\qquad \eta = \frac{\mu(1 - m^2)}{1 + m^2 \mu^2} ; \qquad \text{(1'b)}$$

d. h. wir haben vier Veränderliche, verbunden durch zwei *simultane* Gleichungen. Aus der ersten Gleichung, um bei dieser zunächst zu bleiben, folgt auch

$$\mu^2 = \frac{1/\xi - 1/m}{-1/\xi + m} \quad \text{(2'a 1)} \qquad \text{oder} \qquad \frac{1}{\mu^2} = \frac{1/\xi - m}{-1/\xi + 1/m} . \qquad \text{(2'a 2)}$$

Die letztere Form entspricht dem Typ (85), S. 66, wenn dort $\mathrm{f}(x) = 1/\mu^2$ gesetzt wird. Da aber $\mu = 0$ nicht durch einen im Endlichen gelegenen Punkt dargestellt wird, kann diese Form nicht benutzt werden. Projektive Transformation [analog der Gl. (87)] vermeidet diese Schwierigkeit. Wir können hierzu jedoch unmittelbar kommen, wenn wir mit zunächst beliebigen Parametern $\alpha$ und $\beta$ aus Gl. (2'a1) die Form

$$\frac{\beta \mu^2}{\alpha + \mu^2} = \frac{\beta/\xi - \beta/m}{(1 - \alpha)/\xi + (\alpha m - 1/m)} \qquad \text{(3'a)}$$

gewinnen. Dann liefert der Vergleich mit Gl. (85) die folgenden Teilungen, deren Koordinaten jetzt mit $u$ und $v$ bezeichnet seien, um auch Verwechslungen mit den hier gesuchten Größen $\xi$ und $\eta$ zu vermeiden:

$$\mu: \quad u_1 = 0, \qquad\qquad v_1 = l\beta\mu^2/(\alpha + \mu^2) \quad (v\text{-Achse});$$

$$\xi: \quad u_2 = p\,\xi/(1-\alpha), \qquad v_2 = l\beta/(1-\alpha) \qquad (\text{Parallele zur } u\text{-Achse});$$

$$m: \quad u_3 = pm/(1-\alpha m^2), \quad v_3 = l\beta/(1-\alpha m^2) \qquad (\text{Kegelschnitt}).$$

Damit für $m = 1$ die Koordinaten $u_3$, $v_3$ endlich bleiben, muß $\alpha < 1$ bleiben.

Entsprechend ergibt sich für die Gl. $(2'a\,2)$ mit den Konstanten $a'$, $\beta'$, $p'$, $l'$ nach ähnlichen Umformungen

$$m: \quad u_1' = 0, \qquad\qquad v_1' = l'\beta'm^2/(a'+m^2) \quad (v\text{-Achse});$$

$$\eta: \quad u_2' = p'\eta/(1+\alpha'), \quad v_2' = l'\beta'/(1+\alpha') \qquad (\text{Parallele zur } u\text{-Achse});$$

$$\mu: \quad u_3' = p/(1-\alpha'\mu^2), \quad v_3' = l'\beta'/(1-\alpha'\mu^2) \qquad (\text{Kegelschnitt}).$$

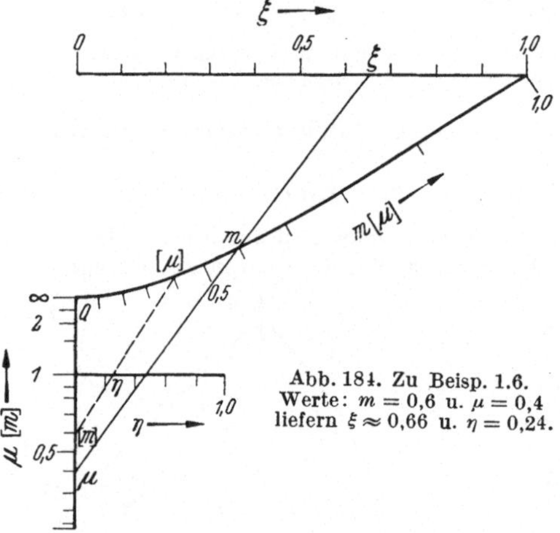


Abb. 184. Zu Beisp. 1.6.
Werte: $m = 0{,}6$ u. $\mu = 0{,}4$
liefern $\xi \approx 0{,}66$ u. $\eta = 0{,}24$.

Setzt man $p = p'$, $l = l'$, $\beta = \beta'$ und $\alpha = \alpha' = 1/2$, so ergibt sich Abb. 184, wonach die Teilungen für $m$ und $\mu$ sich wechselseitig entsprechen. Die Tafel wäre brauchbar, wenn sich $\mu$ wie $m$ zwischen 0 und 1 erstrecken würde. Bei diesem simultanen Nomogramm hat man also vier Leitern und zwei Fluchtgeraden, aber keine Zapfenlinie.

Tatsächlich können die Träger aber nicht übernommen werden, da ja $\mu$ von 0 bis $\infty$ geht. Daher muß $\alpha' < 0$ gewählt werden, und zwar $\alpha' = -\gamma$, wobei $\gamma > 1$ sein muß, damit $v_1'$ nicht nach unendlich geht[1]. Der Träger $3'$ wird dann eine Ellipse, die auch bei geeigneter Wahl der freien Parameter in einen Kreis entarten kann.

Es erfordert also hier die Darstellung zwei getrennte Nomogramme, so daß der Kurventafel der Vorzug zu geben ist[2].

1.7. Als weiteres Beispiel für simultane Gleichungen beim Rechnen mit komplexen Zahlen sei die Abbildung durch reziproke Radien herausgegriffen[3]:

Gegeben sei $z = x + iy$, gesucht $w = 1/z = 1/(x + iy) = A + iB$. Das heißt, aus den Werten $x$ und $y$ sollen die Komponenten $A$ und $B$ bestimmt werden. Es folgt durch Vergleich von Real- und Imaginärteil

$$A = x/(x^2 + y^2) \quad (1a) \qquad \text{und} \qquad B = -y/(x^2 + y^2). \qquad (1b)$$

Es genügt, positive Werte von $x$ und $y$ zu betrachten, da $\operatorname{sign} A = \operatorname{sign} a$ und $\operatorname{sign} B = -\operatorname{sign} b$ ist. Wir betrachten daher zunächst Gl. (1a) allein, da

---

[1] $\alpha' = -\gamma = -(1 + \delta)$.

[2] Es sei beiläufig erwähnt, daß $\eta = i\xi$ wird, wenn in Gl. $(1'a)$ $\mu = im$ und $m = -i\mu$ eingesetzt werden.

[3] Vgl. a. F. Zimmermann: Nomogramme für komplexe Ausdrücke. Arch. Elektrotechn. Bd. 23 (1938) S. 789/98.

Gl. (1b) grundsätzlich gleich gebaut ist. Der Vergleich mit Gl. (85) liefert die Teilungen

$$A:\quad \xi_1 = 0,\qquad \eta_1 = lA \qquad (\eta\text{-Achse});$$
$$x:\quad \xi_2 = p/x^2,\qquad \eta_2 = l/x \qquad (\text{Parabel});$$
$$y:\quad \xi_3 = -p/y^2,\qquad \eta_3 = 0 \qquad (\xi\text{-Achse}).$$

Da die Werte $x = 0$, $y = 0$ und auch $A \to \infty$ nicht dargestellt werden können, wird projektiv so transformiert, daß der Ursprung und die $\eta$-Achse erhalten bleiben, aber der unendlich ferne Punkt der $\eta$-Achse in einen im Endlichen gelegenen Punkt übergeht. Dies fordert $a_{13} = a_{23} = a_{12} = 0$. Soll auch die $\xi$-Achse erhalten bleiben, so muß $a_{21} = 0$ gesetzt werden, und es bleibt als Matrix der Transformation, wenn wir $a_{33} = 1$ setzen:

$$\begin{pmatrix} a_{11} & 0 & 0 \\ 0 & a_{22} & 0 \\ a_{31} & a_{32} & 1 \end{pmatrix}$$

Hiernach würde sich z. B. für die Leiter $y$ ergeben: $v_3 = 0$ und $u_3 = -a_{11}/(y^2 - a_{31})$, d. h. für $y^2 = a_{31}$ würde $u_3$ nach $\infty$ gehen. Daher wird $a_{31} = -\alpha$, $\alpha > 0$, gesetzt, und es folgen die Teilungen:

$$A:\quad u_1 = 0,\qquad\qquad v_1 = \frac{a_{22}A}{1 + a_{32}A} \qquad (v\text{-Achse});$$
$$x:\quad u_2 = \frac{a_{11}}{x^2 + a_{32}x - \alpha},\qquad v_2 = \frac{a_{22}x}{x^2 + a_{32}x - \alpha} \qquad (\text{Hyperbel});$$
$$y:\quad u_3 = -\frac{a_{11}}{\alpha + b^2},\qquad\qquad v_3 = 0 \qquad (u\text{-Achse}).$$

So können aber $u_3$, $v_3$ nach $\infty$ gehen. Es wird nun $a_{32}$ bzw. $\alpha$ so gewählt, daß die betreffenden Werte $x$ recht klein bzw. negativ werden: $a_{32} = 0,5$ und $\alpha = 0,5$. Dann hat beiläufig der Nenner von $u_2$, $v_2$ die Form $(x + 1)(x - 0,5)$. Für die Ausführung, Abb. 185a, wurde $a_{11} = a_{22} = 50$ mm gemacht.

Hier ist ebenfalls für ein Tripel $A$, $x$, $y$ und $B$, $x$, $y$ je eine Fluchtgerade notwendig,

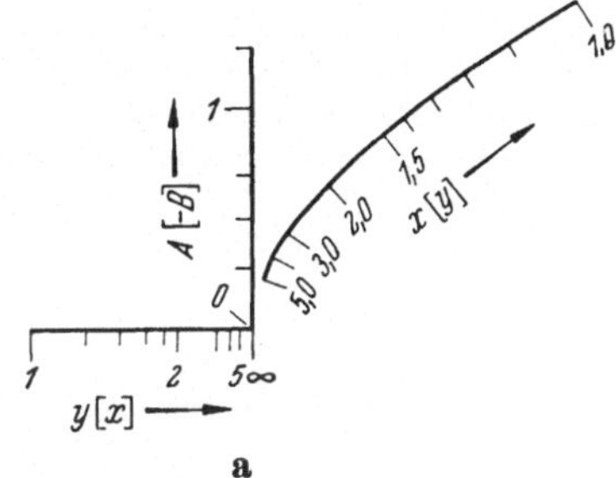


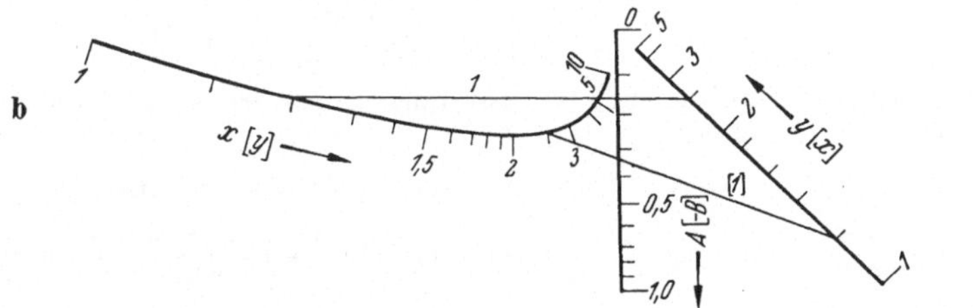


Abb. 185a, b. Abbildung durch reziproke Radien (vgl. Text). — Werte: $x = 1,2$ u. $y = 2,5$ liefern $A \approx 0,16$ u. $B \approx -0,33$; Verkl. 1:2.

doch bleiben die Träger die gleichen. Da $x$ und $y$ gegeben sind, ergeben sich auf den Leitern für $A$ und $B$ gute Schnitte.

Man kann auch Gl. (1a) oben in der Form $1/A - y^2/x - x = 0$ schreiben und erkennt die Übereinstimmung mit dem Typ (76b). Allerdings muß diese

Gestalt aus gleichen Gründen wie oben projektiv transformiert werden, und es ergibt sich mit der Transformationsmatrix[1]

$$\begin{pmatrix} a_{11} & 0 & 0 \\ a_{21} & a_{22} & 0 \\ a_{31} & a_{32} & a_{33} \end{pmatrix}$$

in Anlehnung an ZIMMERMANN die Abb. 185b mit den Teilungen

$$A: \quad u_1 = 0, \qquad\qquad v_1 = 100/(A+1) \quad (v\text{-Achse});$$

$$x: \quad u_2 = -\frac{100}{x^2 + x - 1}, \quad v_2 = \frac{100\,x^2}{x^2 + x - 1} \quad (\text{Hyperbel});$$

$$y: \quad u_3 = 100/(n^2 + 1), \qquad v_3 = 100\,n^2/(n^2+1) \quad (\text{Gerade}).$$

2.1. Das Volumen eines Kegelstumpfes von der Höhe $h$ und den Durchmessern $d$ und $D$ folgt aus $V = \pi h(D^2 + Dd + d^2)/12$, und Zerlegung führt auf

$$t = 12\,V/\pi h \quad (\text{a}) \quad \text{und} \quad t = D^2 + Dd + d^2. \qquad\qquad (\text{b})$$

LUCKEY [26] schlägt vor, $t = (D^3 - d^3)/(D - d)$ zu setzen. Dies führt gemäß dem Typ (85) auf die Teilungen

$$\xi_1 = 0, \qquad \eta_1 = lt, \qquad \text{d. h. die Zapfenlinie ist die } \eta\text{-Achse};$$

$$\left.\begin{array}{ll} \xi_2 = p/D, & \eta_2 = lD^2, \\ \xi_3 = p/d, & \eta_3 = ld^2, \end{array}\right\} \quad \text{Hyperbel 3. Grades } \eta = lp^2/\xi^2.$$

Wir haben also dann *einen* Träger für $d$ und $D$, und die Gl. (a) wird durch den N-Typ angeschlossen. Ein Nachteil ergibt sich für dicht benachbarte Werte $d$ und $D$. Besser dürfte es sein, die Gl. (b) auf dem Weg zu behandeln, wie er in Beisp. 1.12, S. 126, angegeben wurde.

2.2. COLLATZ und PÖSCHL[2] entwerfen ein Nomogramm für die Eigenfrequenzen einer homogenen Maschine mit Zusatzdrehmassen. Die zur Bestimmung der Frequenz $\omega$ dienende Gleichung lautet

$$\sin(n+1)\,s + \frac{\gamma_{n+1}\sin ns}{2(1 - \cos s) - \gamma_{n+1} - \gamma'_{n+1}} = 0. \qquad\qquad (\text{a})$$

Hierin ist $s$ mit $\omega$ und einer Konstanten $c$ verknüpft durch $\omega^2/c = 2(1 - \cos s)$ und sind $\gamma_{n+1}$, $\gamma'_{n+1}$ von der Schwingungsanordnung abhängige Parameter, die wir hier kurz mit $x, y$ bezeichnen. Schreiben wir $\sin(n+1)s = H_1(z)$, $\sin ns = H_2(z)$ und $2(1 - \cos s) = z = H_3(z)$, so kann statt Gl. (a) auch geschrieben werden[3]

$$x - (C - y)\frac{H_1}{H_1 - H_2} - \left(\frac{H_1\,H_3}{H_1 - H_2} - C\right) = 0, \qquad\qquad (\text{b})$$

so daß gemäß Typ (76b) sich mit $C = 2$ als günstigem Wert der an sich beliebigen Konstanten $C$ die Leitern

$$\xi_1 = 0, \quad \eta_1 = lx \;(\text{Leiter } 1); \quad \xi_2 = p, \quad \eta_2 = l(2 - y) \quad (\text{Leiter } 2);$$

$$\xi_3 = p\,\frac{\sin(n+1)s}{\sin ns}, \quad \eta_3 = 2l\left(\frac{\xi}{p}\cos s - 1\right) = 2l\,\frac{\sin s \cos(n+1)s}{\sin ns} \quad (\text{Leiter } 3)$$

ergeben. Sobald $ns = k\pi$ wird, $k = 1, 2, \ldots$, gehen $\xi_3$ und $\eta_3$ nach Unendlich[4].

---

[1] Sämtliche hier genannten Formen können projektiv ineinander übergeführt werden.

[2] Z. angew. Math. Mech. Bd. 18 (1938) S. 186/94.

[3] Ein wenig abweichend von der Originalarbeit.

[4] Für $n = 0$ ergeben sich endliche Grenzwerte.

Dies kann durch eine geeignete Transformation vermieden werden, und zwar durch[1]:

$$u = p\,\frac{p - \xi}{p - 2\,\xi}, \qquad v = \frac{p\eta - 2\,l\,\xi}{p - 2\,\xi}.$$

Dann wird

$$u_1 = p, \quad v_1 = l\,x \ \text{(Leiter } 1^*\text{)}; \quad u_2 = 0, \quad v_2 = l\,y \ \text{(Leiter } 2^*\text{)};$$

$$u_3 = p\,\frac{\sin(n+1)\,s - \sin n s}{2\sin(n+1)\,s - \sin n s}, \qquad v_3 = 2\,l\,\frac{\sin n s + (1 - \cos s)\sin(n+1)\,s}{2\sin(n+1)\,s - \sin n s} \ \text{(Leiter } 3^*\text{)}.$$

Auch hier kann der Nenner von $u_3$, $v_3$ nach Null gehen, aber für solche Werte bleiben $\xi_3$, $\eta_3$ endlich.

Macht man die Leitern *1* und *1** identisch und legt die Leiter *2** links von der Leiter *1* hin, so besteht das ganze Nomogramm aus drei parallelen und zwei gekrümmten Leitern, und es gehören zusammen die Leitern *1, 2, 3* und *1, 2*, 3**, so daß die gekrümmten Leitern wechselweise zu benutzen sind, falls *3* oder *3** nicht mehr erreichbar ist.

Es liegen hier zwar nur drei Veränderliche vor, aber es sind fünf Leitern erforderlich.

2.3. Eine ähnliche Aufgabe ergibt sich bei der von Zühlke[2] behandelten Beziehung· $R^2 = 0{,}253\,d^2 + dh + 0{,}506\,rd$ für vier Veränderliche, welche in $t = h + 0{,}506\,r$ (drei parallele Leitern) und $R^2 - dt - 0{,}253\,d^2 = 0$ (zwei parallele Leitern, eine gekrümmte) zerlegt wird. Für möglichst gleichmäßige Genauigkeit werden je nach Bereich verschiedene Maßstäbe gewählt, so daß die gekrümmte Leiter je nach Bereich durch verschiedene Kurvenstücke dargestellt wird.

2.4. Zur Lösung der *kubischen* Gleichung $x^3 + a\,x^2 + b\,x + c = 0$, welche durch die Substitution $x = y - a/3$ auf die reduzierte Form $y^3 + p\,y + q = 0$ gebracht wird, wonach $p = -a^2/3 + b$ und $q = 2a^3/27 - ab/3 + c$ ist, entwirft Vranic[3] ein Nomogramm, das zunächst aus $a$, $b$, $c$ die Werte $q$ und $p$ liefert und daraus $y$, wobei $a$ zweimal einzustellen ist (zwei Leitern für $a$).

2.5. In dem auf S. 149, Anm. 2, zitierten Bericht findet sich auch eine Fluchtentafel für eine Beziehung zwischen fünf Veränderlichen, welche sich auf die Lösung der quadratischen Gleichung $z^2 + az + b = 0$ (s. S. 134) zurückführen läßt, wobei $z = N^2$ ist und die Koeffizienten $a$ und $b$ mit den weiteren vier Veränderlichen durch $a = -(S^2 + C\,H^2 + C)$ bzw. $b = C\,S^2 - C^2Q^2 + C^2H^2$ verbunden sind. Die Leiter hat außer der gekrümmten Leiter für $N$, der gesuchten Größe, noch sieben gerade Leitern, z. T. gleichartig beziffert, da eine „ideale" nomographische Lösung durch Fluchtentafeln hier nicht möglich ist. Bei der Formel handelt es sich beiläufig um die Auswertung eines schwingungstechnischen Problems.

## 353 Rechtwinkelkreuz.

1.1. L. Quantz[4] entwirft — unter Einfügung einer Reihe hier nicht interessierender Daten — eine Kreuztafel für $n_q = n\,Q^{1/2}/H^{3/4}$, worin $n_q$ die spezifische Drehzahl (9 ÷ 300), $H$ die Förderhöhe (1 ÷ 300 m) $Q$ die Fördermenge

---

[1] In Anlehnung an die zitierte Arbeit.

[2] AWF-Mitt. Bd. 22 (1940) S. 53/56.

[3] Vranic: Z. angew. Math. Mech. Bd. 11 (1931) S. 331/334.

[4] Quantz, L.: Zur Ermittlung geeigneter Kreiselpumpen und ihrer Drehzahlen für gegebene Förderhöhen und Förderströme mittels Fluchtlinientafeln. Z. VDI Bd. 93 (1951) S. 117/18.

$(0{,}001 \div 20 \text{ m}^3/\text{s})$ und $n$ $(100 \div 3000 \text{ U/min})$ die Drehzahl bedeuten[1]. Logarithmieren der Gleichung liefert

$$\lg n_q + \tfrac{3}{4} \lg H = \lg n + \tfrac{1}{2} \lg Q,$$

d. h. eine Form, welche Gl. (96) bzw. Abb. 96b, S. 73, bzw. Gl. (97), S. 74, entspricht: $u_1 + u_2 = u_3 + u_4$. Das Gerippe zeigt Abb. 186, wobei die Maßstabsfaktoren durch $l_1 : l_2 : l_3 : l_4 = 4 : 3 : 4 : 2$ bestimmt sind. Um ein günstiges Bild zu bekommen, wurde die „Seite" des Quadrates gleich $l_1 \lg(100\sqrt{10}) = 1{,}5 l_1$ gemacht und der Beginn der Skala für $n_q$ (d. h. $n_q = 1$) um $l_1 \lg\sqrt{10} = 0{,}5 l_1$ nach rechts verschoben.

1.2. Nach Beisp. 8, S. 105, folgte für den Isolationswiderstand $r$, wenn die Spannungen $E_0$ und $E_t$ zur Zeit $t_0$ und $t = t_0 + \Delta t$ gemessen werden, zunächst $e^{k\Delta t} = E_0/E_t$ oder mit $r = C/k$ nach Logarithmieren mit $\ln 10 = 2{,}303$ auch

$$\frac{2{,}303 \,(\lg E_0 - \lg E_t)}{\Delta t} = \frac{1/r}{C}.$$

Diese Form entspricht Gl. (94), wenn mit $a > b$

$$\xi_1 = a, \qquad \xi_2 = b,$$
$$\xi_3 = l_3/r, \qquad \xi_4 = 0,$$
$$\eta_1 = l_1 \lg E_0, \qquad \eta_2 = l_1 \lg E_t,$$
$$\eta_3 = 0, \qquad \eta_4 = l_4 C,$$

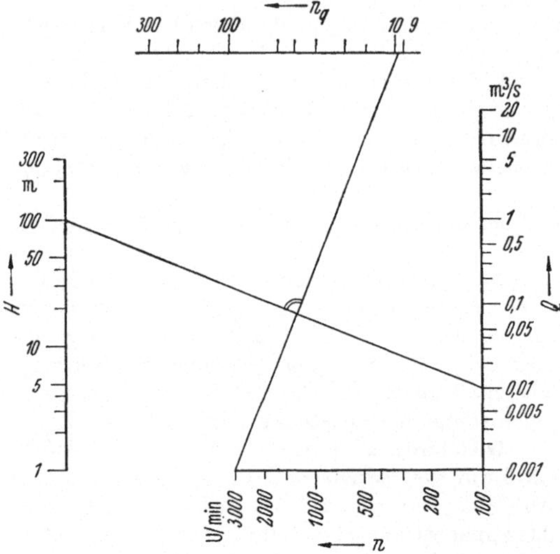

Abb. 186. Spezifische Drehzahl einer Turbine (Beisp. 1.1). Zahlenbeispiel: $H = 100$ m, $Q = 0{,}01$ m³/s, $n = 3000$ U/min liefert $n_q = 9{,}5$.

gesetzt, aber $(a - b)l_3/l_1 l_4 = \Delta t/2{,}303$ gemacht wird. Im Beispiel möge $\Delta t = 30$ sec sein, und die Bereiche seien[2] $E_0$ und $E_t = 10 \div 120$ V, $r = 100 \div 1000$ Megohm, $C = 0{,}1 \div 0{,}8 \,\mu$F. Daher wurde $l_1 = 100$ mm, $l_3 = 8000$ mm, $l_4 = 125$ mm gewählt, so daß sich $a - b = 20{,}31$ mm ergab, vgl. Abb. 187[3]. In der zitierten Arbeit waren $a$ und $b$ negativ. Ein Nachteil der Kreuztafel ist hier der kurze Abstand der Leiter für die Spannungen.

Schreibt man $2{,}303 \,(\lg E_0 - \lg E_t) = z$, also $C = \dfrac{1/r}{z}$, so hat man mit Hilfe der Zapfenlinie $z$ zwei Fluchttafeln zu verbinden: Die erste besteht aus drei parallelen Leitern, die zweite entspricht dem N-Typ.

1.3. Bei SCHWERDT [49] ist gemäß Gl. (96) die Mittellinie $m_a$ in einem Dreieck dargestellt; denn es gilt $a^2/2 + 2 m_a^2 = b^2 + c^2$.

1.4. Für das logarithmische Dekrement $\delta$ einer gedämpften Schwingung gilt

$$\delta = 2\pi k/\sqrt{k_k^2 - k^2}, \tag{a}$$

worin $k$ die Dämpfung und $k_k$ die kritische Dämpfung bedeuten, $k_k = 2\sqrt{mc}$

---

[1] Die spez. Drehzahl entspricht dem Einheitsrad für $Q = 1$ und $H = 1$.
[2] Vgl. die zitierte Arbeit.
[3] Man könnte auch die Teilungen $\ln E$ bzw. $\ln E_t$ benutzen und hätte dann einen glatten Wert für $(a - b)$.

$= 2m\omega_0 = 2c/\omega_0$,   $m =$ Masse (Trägheitsmoment),   $c =$ Rückstellkonstante, $\omega_0 =$ Kreisfrequenz der ungedämpften Eigenschwingung. Dann ist aber auch[1,2]

$$\delta = 2\pi k/\sqrt{4mc - k^2} \quad \text{(b)} \qquad \text{oder} \qquad \delta = 2\pi k\omega_0/\sqrt{4c^2 - k^2\omega_0^2}. \quad \text{(c)}$$

Geht man nun von der Gl. (a) aus, der man auch die Form $4\pi^2/\delta^2 = k_k^2/k^2 - 1$ geben kann, so ließe sich diese durch den Typ gemäß Gl. (73) darstellen: $\xi_1 = -p$, $\eta_1 = k_k^2$; $\xi_2 = 0$, $\eta_2 = k^2$; $\xi_3 = \delta^2/4\pi^2$, wobei leicht projektiv verzerrt werden könnte.

Soll jedoch Gl. (b) dargestellt werden, so forme man mit $F(\delta) = 2\delta/\sqrt{4\pi^2 + \delta^2}$ auf $cF(\delta) = \omega_0 k$ um, wenn auch $k = 0$, ungedämpfte Schwingung, dargestellt werden soll. Man wird geführt

α) auf den N-Typ mit der geneigten Geraden als Zapfenlinie,

β) auf das Rechtwinkelkreuz gemäß Abb. 97a und Gl. (98), S. 74,

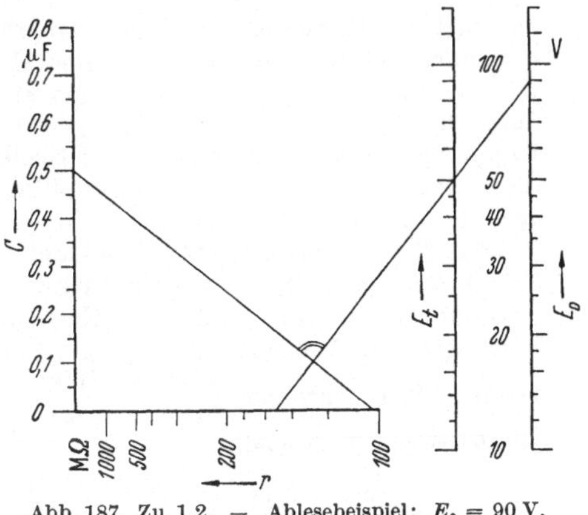

Abb. 187. Zu 1.2. — Ablesebeispiel: $E_0 = 90$ V, $E_t = 50$ V, $C = 0,5\ \mu$F liefern $r = 102$ Mega-Ohm. Verkl. 4:10.

und zwar mit drei linearen Leitern, während die Leiter für $\delta$ bei kleinem $\delta$ auch linear ist[3].

Die Bereiche $\delta = 0 \div 8$,   $k = 0 \div 2$ kg sec/cm,   $\omega_0 = 0 \div 100$ sec$^{-1}$, $c = 0 \div 200$ kg/cm fordern verschiedene Maßstäbe, so daß die Ansätze gemäß Gl. (98) bzw. (94a) jetzt lauten

$$\xi_1 = 0, \qquad \xi_2 = l_2\omega_0,$$
$$\xi_3 = p - l_3 k, \quad \xi_4 = p,$$
$$\eta_1 = l_1 F(\delta), \qquad \eta_2 = 0,$$
$$\eta_3 = 0, \qquad\qquad \eta_4 = l_4 c,$$

wobei $l_1 l_4 = l_2 l_3$ sein muß. In Abbildung 188 wurden gewählt $l_1 = 80$ mm, $l_2 = 1$ mm, $l_3 = 40$ mm, $l_4 = 0,5$ mm.

Die Werte $k_k$ ergeben sich aus der Abbildung für $\delta \to \infty$, d. h. $F(\delta) = 2$, also $\eta_1 = 2l_1$ mm. Dieser Wert ist aus Platzmangel in der Abbildung selbst nicht mehr mit angegeben.

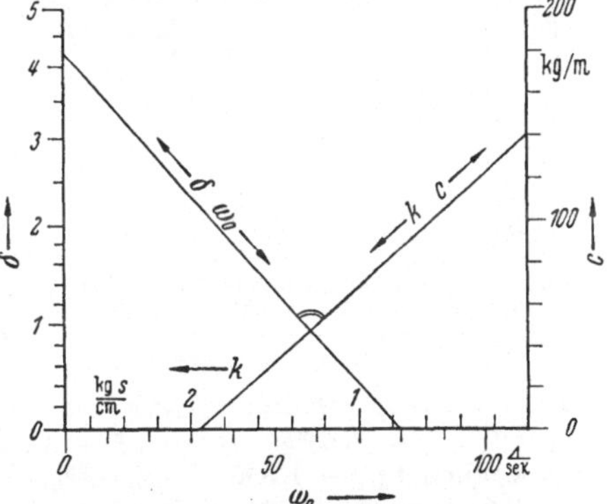

Abb. 188. Logarithmisches Dekrement (Beisp. 1.4). Zahlenwerte: $c = 140$ kg/m; $k = 1,95$ kg s/m; $\omega_0 = 80$ 1/s; $\delta = 4,2$. Verkl. 4:10.

1.5. Bei DOBBELER [8] findet sich die Gleichung $(d_x/d_0)^3 = (v_0^2 + L_x^2)/(v_x^2 + L_0^2)$, d. h. also eine Beziehung zwischen sechs Veränderlichen, dargestellt.

---

[1] DEN HARTOG, J. P., u. G. MESMER: Mechanische Schwingungen. 2. Aufl. Berlin/Göttingen/Heidelberg: Springer 1952.

[2] OEHLER, E.: Technische Schwingungslehre. Essen: Girardet 1952.

[3] Die Gl. (b) ist bei DOBBELER [8] in etwas anderer Form gelöst.

Der Vergleich mit Gl. (94a) zeigt, daß die Ansätze

$$\xi_1 = p + v_x^2, \quad \xi_2 = p - L_0^2, \quad \xi_3 = 0, \quad \xi_4 = d_x^3,$$

$$\eta_1 = q + v_0^2, \quad \eta_2 = q - L_x^2, \quad \eta_3 = d_0^3, \quad \eta_4 = 0$$

die gegebene Gleichung befriedigen. Dabei stellen $(\xi_1, \eta_1)$ und $(\xi_2, \eta_2)$ je ein Kurven-netz dar, und zwar mit den Achsenparallelen als Netzlinien. Der rechte Winkel wird so eingestellt, daß der eine Schenkel durch die Punkte $d_0$ und $d_x$, der andere durch die Punkte $(v_x, v_0)$ und $(L_0, L_x)$ geht. Die Lösung ist interessant, weil sie die Kopplung zwischen Kurventafel und Rechtwinkelkreuz zeigt. Die Gleichung kann im übrigen auch mit Hilfe von geradlinigen Leitern und mit Zapfenlinien dar-gestellt werden.

2.1. Für das oben (S. 148) behandelte Rohrgewicht läßt sich auch schreiben $G = 0{,}001\pi s(d + s)\gamma$, $s = $ Wandstärke in mm, $d = $ lichte Weite in mm, $\gamma = $ spez. Gewicht in kg/dm³ und $G = $ Gewicht pro Meter in kg/m. In dieser Form gibt A. FISCHER (vgl. a. [12/15]) mit Hilfe des Rechtwinkelkreuzes eine Lösung. Wir schreiben $\dfrac{s+d}{1/s} - \dfrac{1000}{\pi}\,\dfrac{G}{\gamma} = 0$ und finden durch Vergleich mit Gl. (94a) die Teilungen

$$\eta_1 = l_{12}\,s, \quad \eta_2 = -l_2 d, \quad \eta_3 = l_3\gamma, \quad \eta_4 = 0,$$

$$\xi_1 = l_{11}/s, \quad \xi_2 = 0, \quad \xi_3 = 0, \quad \xi_4 = l_4 G.$$

gleichs.      negative      positive      $\xi$-Achse.
Hyperbel,      $\eta$-Achse      $\eta$-Achse

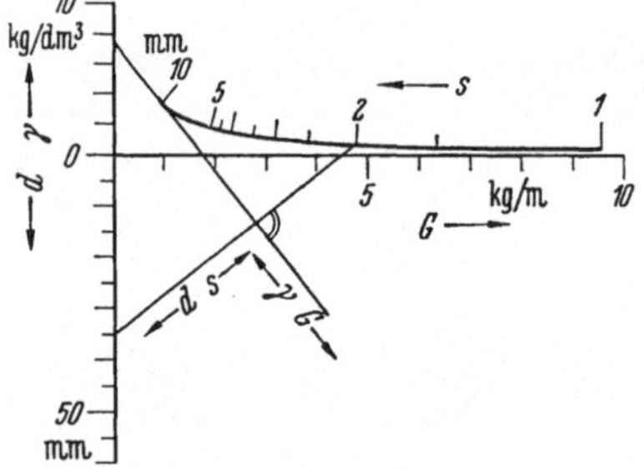


Abb. 189. Gewicht von Rohren (Beisp. 2.1).
Zahlenwerte: $\gamma = 7{,}5$ kg/dm³; $s = 2$ mm;
$d = 35$ mm; $G = 1{,}75$ kg.

Dann muß aber $l_{12} = l_2$ und $l_1 l_4 \pi = 1000 l_2 l_3$ sein. Die Ausführung zeigt Abb. 189.

Würde man den mittleren Durchmesser $d_m = d + s$ im Kopf ausrechnen, so hätte man $G = 0{,}001\pi s d_m \gamma$, d. h. eine Form, die mit Zapfenlinie und parallelen, log-arithmisch geteilten Leitern zweifellos *besser* gelöst werden kann.

2.2. A. FISCHER stellt auch die be-reits oben (S. 113) behandelte Gleichung über die Böschungsmauern auf gleichem Wege dar, obwohl sie nur drei Veränder-liche enthält, und zwar dadurch, daß so-wohl die $\xi$- wie auch die $\eta$-Achse je eine Teilung für $\varphi$ erhalten. Wählt man in Gl. (100), S. 75, den Ansatz $\xi_1 = 0$, $\eta_1 = lp$; $\xi_2 = l/\cos^2\varphi$, $\eta_2 = 0$; $\xi_3 = 0$, $\eta_3 = l\,\mathrm{tg}\varphi$; $\xi_4 = lK$, $\eta_4 = l/3K$, so wird tatsächlich $\mathrm{tg}\varphi - 1/3K + K/p\cos^2\varphi = 0$ erhalten.

2.3. Eine Anwendung der Kreuztafel auch in Verbindung mit parallelen Fluchtentafeln, d. h. für mehr als vier Veränderliche, bringt A. AUGSBURGER[1], und zwar im *medizinischen* Bereich. Die eine dargestellte Gleichung dient zur Ermittlung des „Sollumsatzes" $S = x_4$ und hat die Form

$$x_4 = \alpha_1 x_1 - \alpha_2 x_2 + \alpha_3 x_3 + \beta.$$

Diese entspricht der Kreuztafel, und der Träger *4* wird parallel *3*, der Trä-ger *1* parallel *2* angeordnet. Die Konstanten $\alpha_i$, $\beta$ haben bestimmte Werte, je nachdem es sich um einen weiblichen oder männlichen Patienten handelt. Daher

---

[1] AUGSBURGER, A.: Nomogramme für Grundumsatzbestimmung. Schweiz. med. Wschr. Bd. 81 (1951) S. 796/802.

ist die Tafel so angeordnet, daß sie nur *eine* Skala für $x_4$ enthält, aber für die anderen Veränderlichen je zwei parallele Leitern, deren eine je der weiblichen bzw. der männlichen Person entspricht.

Die zweite dargestellte Beziehung soll den „Istumsatz" $J = y_5$ liefern. Sie hat die aus einer bestimmten Formel durch praktisch völlig ausreichende Näherung gewonnene und dadurch für die nomographische Darstellung besser geeignete Form

$$\lg y_5 = \alpha_1 \lg y_1 + \alpha_2 \lg y_2 - \beta_0 + \alpha_3 \lg(\gamma_3 y_3 - \beta_3) + y_4 \, \mathrm{f}(y_3),$$

worin die $\alpha_i$, $\beta_i$, $\gamma_i$ Konstanten sind (doch andere Werte wie oben haben). Hierbei stellt $y_4 = 20 - \varDelta y_4$ eine Temperatur dar, $\varDelta y_4$ also die Abweichung von 20° C. Setzt man zunächst $\varDelta y_4 = 0$, so erkennt man, daß die Formel durch eine Kreuztafel dargestellt werden kann. Bei dieser sind die Träger *5* und *3* bzw. *1* und *2* je einander parallel gewählt. Wenn nun $\varDelta y_4 \neq 0$ bzw. $y_4 \neq 20°$ ist, so muß auf der Skala für $y_3$ eine Korrektur angebracht werden, die für $\varDelta y_4 = 1$ gleich $\mathrm{f}(y_3)$ ist. Dies geschieht in Form einer Doppelleiter, so daß auf *3* noch die Teilung für $y_4$ untergebracht ist. Wenn $y_3$ gegeben ist, so muß man auf dieser je Grad Abweichung von 20° um einen Teilstrich auf der $y_4$-Teilung nach links bzw. nach rechts gehen. Diese Art der Einführung der fünften Veränderlichen $y_4$ ist aber hier nur möglich, weil $\mathrm{f}(y_3)$, eine projektive Form der Veränderlichen $y_3$, im betrachteten Intervall praktisch linear verläuft[1]!

Die Kreuztafel wird nun noch ergänzt: Denn es wird weiter gesucht $y_6 = y_2/y_1$. Da die Logarithmen von $y_1$ und $y_2'$ aufgetragen sind, erscheint $y_6$ auf einem zu *1* und *2* parallelen Träger, und zwar *gleichzeitig* mit den anderen Werten. Ebenso soll aus $y_5$ mit Hilfe des aus dem ersten Nomogramm gewonnenen Sollumsatzes $S$ noch der Grundumsatz $y_7 = 100 y_5/(S - 100)$ in v.H. ermittelt werden: Der Träger für $S$ wird parallel zum Träger *5* gelegt, Teilung $\lg(S - 100)$, und $y_7$ erscheint auf einer dazu parallelen Leiter *7*. Über Einzelheiten der Bereiche und der medizinischen Grundlagen vgl. die angeführte Arbeit.

### 354 Umwandlung von Kurventafeln in Fluchtentafeln.

Die auf S. 87f. in Abs. 272 2 erörterte Umwandlung sei hier noch an zwei Beispielen gezeigt:

1. In dem Werke „Stahl im Hochbau"[2] findet sich eine „Schraubenbemessungstafel zur Ermittlung der erforderlichen Schraubenzahl $n_a$ und $n_l$". Es handelt sich hierbei um die Berechnung auf Abscheren gemäß

$$n_a = \frac{S}{m \, \tau_a \, d^2 \pi/4} \tag{a}$$

und Lochleibung gemäß

$$n_l = \frac{S}{\tau_l \, t d}, \tag{b}$$

worin $S$ die Stabkraft in kg, $\tau_a$ die zulässige Schubspannung und $\tau_l$ die zulässige Lochleibungsspannung in kg/cm², $m$ die Schnittigkeit der Verbindung (dort gleich 2 gesetzt), $d$ den Schraubenkerndurchmesser in cm, $t$ die kleinste Plattendicke in cm bedeuten.

Die erste Formel wird durch eine Strahlentafel dargestellt: Abszissenachse linear nach $n_a$, Ordinatenachse linear nach $S$ geteilt, Strahlen durch den Ursprung

---

[1] Die Beziehung kann auch durch Kreuztafel mit angeschlossener Leiterschar gemäß Abs. 361 unter genauer Berücksichtigung des letzten Gliedes dargestellt werden.

[2] 11. Aufl., S. 231. Düsseldorf 1947.

entsprechend $d$ (s. u.). Die zweite Gleichung wird durch Verbindung zweier Strahlentafeln dargestellt mit $z = td$ (Lochleibungsfläche) als Hilfsveränderlicher und als gemeinsamer Abszisse. Die Ordinaten sind $t$ bzw. $S$, und die Strahlen entsprechen $d = $ konst. bzw. $n_l = $ konst. Es muß also $d$ zweimal eingegeben werden, da mit beiden Formeln gearbeitet werden muß.

Zur Darstellung mit Hilfe von Fluchtentafeln gehen wir hier nicht von den vorliegenden Tafeln, sondern von den Formeln aus: Logarithmiert man Gl. (a), so erhält man gemäß Gl. (76b) drei parallele Leitern für $S$, $d$, $n_a$ mit *gleichen* Maßstäben, sofern $d$ in die Mitte gelegt wird, vgl. Skizze gemäß Abb. 190. Die Division beider Gleichungen liefert aber

$$\frac{n_l}{n_a} = \frac{d}{t/C}, \qquad C = \frac{\pi}{4}\, m\, \frac{\tau_a}{\tau_l},$$

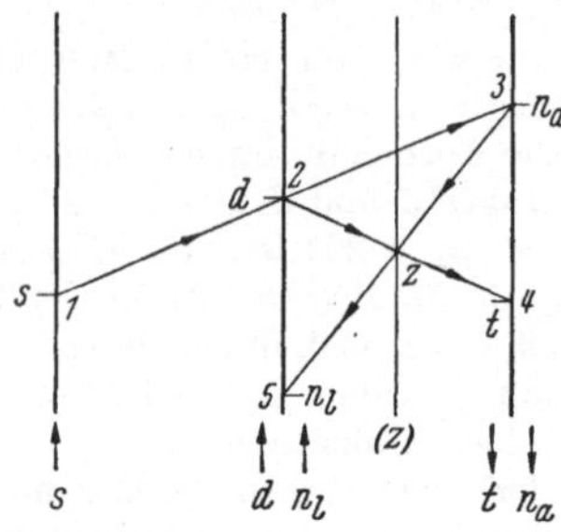

Abb. 190. Zu nebenstehendem Beispiel.

und diese Formel führt, logarithmiert, wieder auf Gl. (76), und zwar mit Zapfenlinie für $z = n_l/n_a$ unter Beachtung des Vorzeichens, d. h. des Richtungssinns, Abb. 190: $S$ und $d$ sind gegeben und liefern $n_a$, Gerade 1—2—3. Einstellung des gegebenen Wertes $t$ liefert gemäß Gerade 2—$z$—4 den Punkt $z$ auf der Zapfenlinie, und Linienzug 3—$z$ schneidet den Wert $n_l$ aus, Punkt 5. — Es sei noch hervorgehoben, daß für $d$ nur diskrete Werte auftreten (entsprechend dem genormten Gewinde, dessen Größe nur angegeben wird) und daß $n_a$ und $n_l$ nur *ganze* Zahlen sein können und bei abgelesenen, nicht ganzen Werten der nächsthöhere, ganze Wert zu nehmen ist.

2. Ein sehr schönes Beispiel findet sich bei A. WALTHER [52]: „Dampfentwicklung bei Drucksenkung (Gefälle bei Drucksenkung)". Abb. 191a zeigt die Kurvenschar, Abb. 191b die Verstreckung von zwei Kurven nach dem auf S. 29 geschilderten Verfahren und Abb. 191c die daraus gewonnene Fluchtentafel. Hierbei konnten die Kurven ziemlich genau verstreckt werden, so daß innerhalb der verlangten Genauigkeit die Fluchtentafel durchaus genügt und wesentlich übersichtlicher ist als die Kurventafel[1].

## 36 Kopplung von Kurven- und Fluchtentafeln.

Bei den Beispielen wollen wir hier unterscheiden zwischen Leiterscharen und Kurventafeln: Bei den ersteren ist das Prinzip der Fluchtentafeln *ganz* beibehalten, nur daß gegebenenfalls mindestens ein Punkt der Fluchtgeraden als Schnittpunkt von zwei Kurven je einer Schar erscheint. Bei den letzteren wird von einer regulären Fluchtentafel zu einer regulären Kurventafel übergegangen.

### 361 Leiterscharen.

1.1. Für die Berechnung der reduzierten Spannung $\sigma_r$ bei gleichzeitiger Beanspruchung auf Biegung (Biegespannung $\sigma_b$) und Torsion (Torsionsspannung $\tau$) gilt die Formel

$$\sigma_r^2 = \sigma_b^2 + 4(\alpha_0 \tau)^2,$$

---

[1] Vgl. a. Forsch. Ing.-Wes. Bd. 10 (1949/50) S. 147/53.

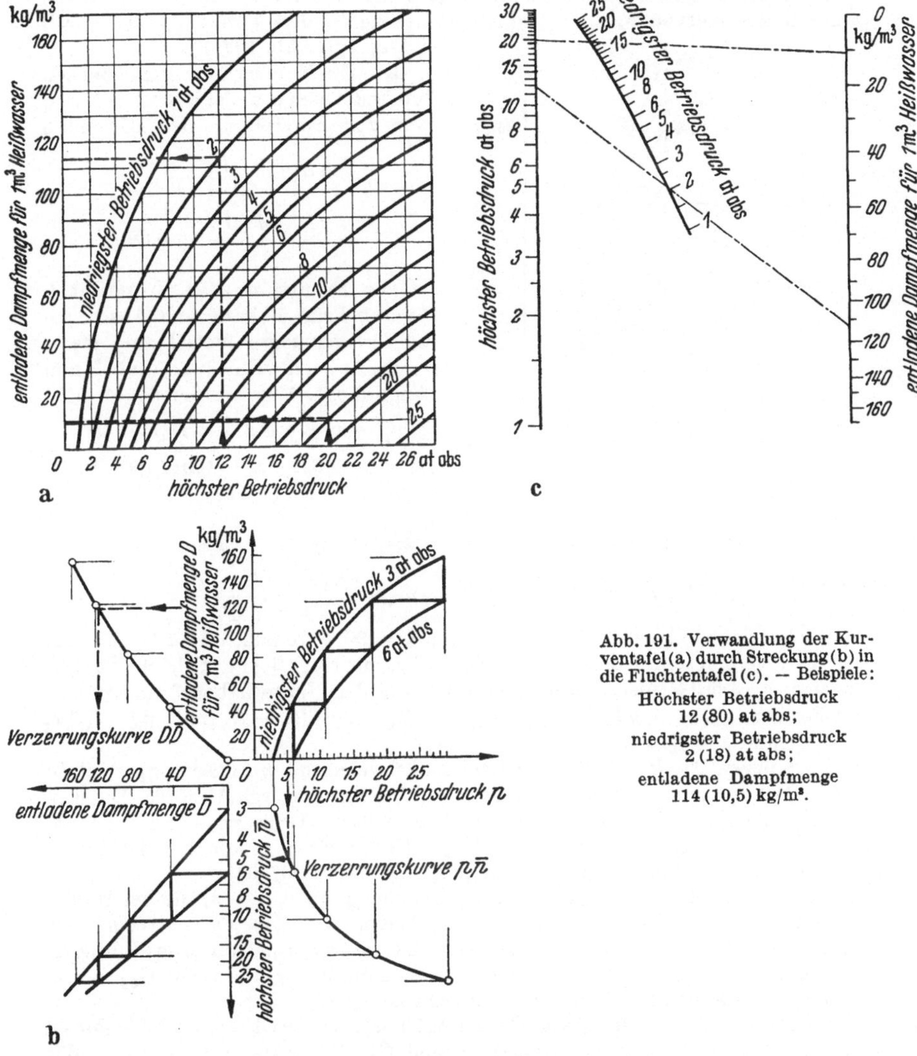



Abb. 191. Verwandlung der Kurventafel (a) durch Streckung (b) in die Fluchtentafel (c). — Beispiele: Höchster Betriebsdruck 12 (80) at abs; niedrigster Betriebsdruck 2 (18) at abs; entladene Dampfmenge 114 (10,5) kg/m³.

worin $\alpha_0$ das Anstrengungsverhältnis bedeutet. Schreibt man

$$\sigma_b^2 = -4\tau^2\alpha_0^2 + \sigma_r^2,$$

so stimmt diese Beziehung mit Gl. (104a) als Sonderfall von Gl. (103a) überein, und es wird

$$\xi_1 = 0; \qquad \xi_2 = p; \qquad \xi_{34} = \frac{p\,l_1\,\alpha_0^2}{l_2 + l_1\,\alpha_0^2} \quad \text{bzw.} \quad \xi - p = \frac{p\,l_2}{l_2 + l_1\,\alpha_0^2};$$

$$\eta_1 = l_1\,\sigma_b^2; \qquad \eta_2 = 4\,l_2\,\tau^2; \qquad \eta_{34} = \frac{l_1\,l_2\,\sigma_r^2}{l_2 + l_1\,\alpha_0^2}.$$

Meyer zur Capellen, Nomographie.

11

Die Kurven $\alpha_0$ sind Parallelen zur Ordinatenachse bzw. den Leitern $1$ und $2$, während die Kurven $\sigma_r$ ein Strahlenbüschel durch den Punkt $\xi = p$, $\eta = 0$ bilden, vgl. Abb. 192[1].

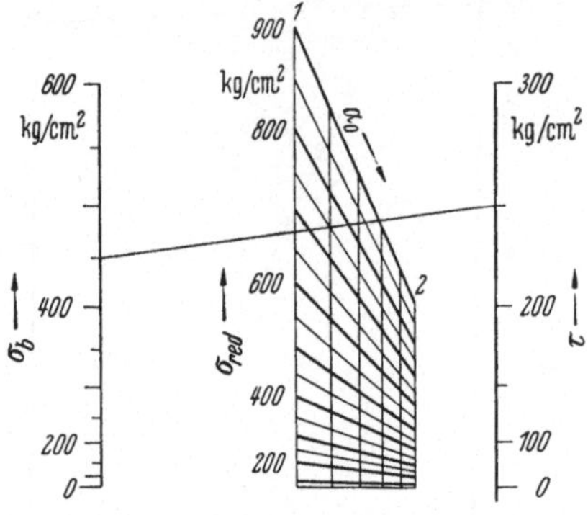


Abb. 192. Reduzierte Spannung. — Beispiel: $\sigma_b = 450$ kg/cm², $\tau = 250$ kg/cm² und $\alpha_0 = 1{,}2$ liefern $\sigma_{red} = 750$ kg/cm².

1.2. Ein Nomogramm vom gleichen Typ findet sich u. a. bei KIESSLER[2], und zwar zur Darstellung der Gleichung

$$t_g = 0{,}917 \cdot \frac{L d}{60 \cdot 16{,}4}$$

$$+ \frac{(D - d) D \pi}{2400} + 0{,}691 ,$$

die zur Ermittlung der Grundzeit $t_g$ Minuten beim Bohren und Abstechen von Distanzbüchsen von $d$ mm Innen-, $D$ mm Außendurchmesser und $L$ mm Länge dient. Wir schreiben

$$t_g - c_1 = c_2 L d + c_3 D (D - d)$$

mit $c_1 = 0{,}691$; $c_2 = 0{,}917/(60 \cdot 16{,}4)$; $c_3 = \pi/2400$ und erkennen Übereinstimmung mit Gl. (104a):

$$\xi_1 = 0, \qquad \xi_2 = p, \qquad \xi_{34} = - \frac{p l_1 c_2 d}{l_2 - l_1 c_2 d} ,$$

$$\eta_1 = l_1 (t_g - c_1), \qquad \eta_2 = l_2 L, \qquad \eta_{34} = \frac{c_3 l_1 l_2 D (D - d)}{l_2 - l_1 c_2 d} .$$

Die Bereiche sollen etwa $t_g = 1 \div 5$ min, $L = 20 \div 70$ mm, $d = 10 \div 30$ mm, $D = 10 \div 60$ mm sein. Daher ist es zweckmäßig, mit Rücksicht auf gleiche Skalenlängen $l_1 : l_2 = 50 : 4$ (hier 20 mm : 1,6 mm) zu wählen. Dann haben $\xi$ und $\eta$ auch die Formen $\xi_{34} = -pd/(d_0 - d)$, $\eta_{34} = \lambda D (D - d)/(d_0 - d)$ mit $d_0 = l_2/l_1 c_2 = 85{,}85$ und $\lambda = l_2 c_3/c_2 = 2{,}06$.

Die Kurven $D =$ konst. stellen Geraden dar, welche die $\eta$-Achse in $\eta_D = c_3 l_1 D^2 = D^2 \pi/120$ und die Leiter 2 ($\xi = p$) in $\eta = \lambda D$ schneiden, vgl. Abb. 193. Die Einhüllende, die hier nicht erscheint, ist eine Kurve dritter Ordnung. — Bei der praktischen Ausführung wurden schiefwinklige Koordinaten genommen, im linken Teil mit einem Schnittwinkel, der angenähert gleich 90° ist.

1.3. In ähnlicher Weise läßt sich die Gleichung $x y = u + v$, die bei WERKMEISTER [56] zu finden ist, darstellen. Wenn wir $u = x y - v$ schreiben, so erhalten wir Übereinstimmung mit Beisp. 1.1, und zwar mit linearen Teilungen.

1.4. Zur gleichen Art gehört auch die Gleichung $\gamma = \alpha/\beta - \delta$ mit $G_{34} = 1/\beta$, welche bei SCHWERDT [47] mit Gleitkurven gelöst ist.

1.5. Die auf S. 43 in Beisp. 2 als Kurventafel behandelte Gleichung $B/G = b/f - 1$ oder $B = bG/f - G$ kann auch entsprechend Gl. (103) dargestellt werden: Wir fügen, um schiefwinklige Koordinaten zu vermeiden, zu $b$ eine Konstante $C$ hinzu und erhalten

$$B = (b - C) G/f + G(C/f - 1),$$

$$\xi_1 = 0, \qquad \xi_2 = p, \qquad \xi_{34} = \frac{p l_1 G}{l_2 f + l_1 G} ,$$

$$\eta_1 = l_1 B, \qquad \eta_2 = l_2 (C - b), \qquad \eta_{34} = \frac{l_1 l_2 G (C - f)}{l_2 f + l_1 G} .$$

---

[1] Eine Vervollständigung für $\alpha_0 < 1$ ist leicht möglich.

[2] KIESSLER: Nomographie bei der Kalkulation formähnlicher Werkstücke. Werkstatt u. Betrieb Bd. 83 (1950) S. 9/11.

Die Konstante $C$ wird man so wählen, daß sie etwa dem größten Wert $b$ entspricht. Es zeigt sich nach leichter Rechnung, daß die Schar $f =$ konst. ein durch den Ursprung gehendes Strahlenbüschel ist, $\eta = \xi l_2(C - f)/p$, welches die Leiter 2, d. h. für $\xi = p$ in $\eta_f = l_2(C - f)$ schneidet, so daß die Bezifferungen für $f$ und $b$ übereinstimmen. Die Elimination von $f$ aus den Gleichungen für $\xi_{34}$ und $\eta_{34}$ liefert als Schar $G =$ konst. ein Strahlenbüschel durch den Punkt $\xi = p$, $\eta = l_2 C$, d. h. den Beginn der $b$-Skala.

Trotz der Einfachheit des Nomogramms empfiehlt sich allerdings mit Rücksicht auf die darzustellenden Bereiche gemäß S. 43 hier diese Form *nicht*.

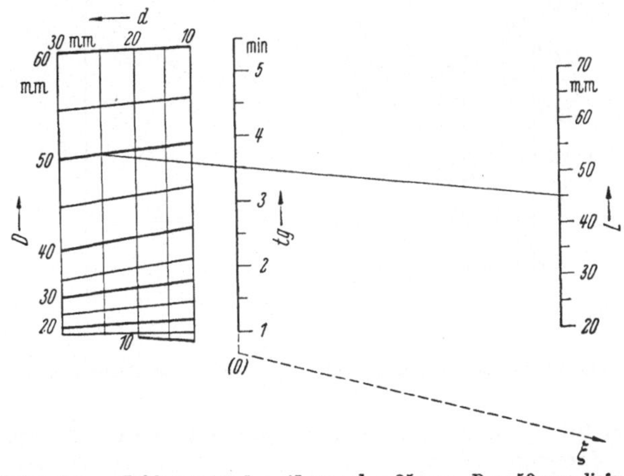

Abb. 193. Zu Beisp. 1.2. — Zahlenwerte: $L = 45$ mm, $d = 25$ mm, $D = 50$ mm liefern $t_g = 3{,}5$ min.

1.6. Für den Endwert $E$ eines Kapitals $K_0$ bei $p$ v.H. Zinsen gilt $E = K_0 \cdot 1{,}0 p^n$; $1{,}0 p = 1 + p/100$. Um einen schnellen Überblick zu haben, kann ein Nomogramm entworfen werden. Wir logarithmieren und erhalten

$$\lg E = n \lg 1{,}0 p + \lg K_0,$$

d. h. wir werden auf Gl. (104) geführt mit

$$\xi_1 = 0, \qquad \xi_2 = q\,,^{1} \qquad \xi_{34} = -\,\frac{q\,l_1 \lg 1{,}0\,p}{l_2 - l_1 \lg 1{,}0\,p},$$

$$\eta_1 = l_1 \lg E, \qquad \eta_2 = l_2 n, \qquad \eta_{34} = \frac{l_1 l_2 \lg K_0}{l_2 - l_1 \lg 1{,}0\,p}.$$

Nullstellen in $\xi_{34}$ bzw. $\eta_{34}$ treten nicht auf, und die Schar $K_0 =$ konst. ist das Strahlenbüschel durch den Punkt $\xi = q$, $\eta = 0$, das die $\eta$-Achse in $\eta = l_1 \lg K_0$ trifft, vgl. Abb. 194.

1.7. Auch die auf S. 102 in Beisp. 5 dargestellte Gleichung $u = 2{,}5 f t + 0{,}05 G$ kann in gleicher Weise behandelt werden.

1.8. In der Festigkeitslehre wird nach THUM [10] bei Berechnung auf Dauerfestigkeit mit den Formeln

$$\beta_k = [1 + (\alpha_k - 1)\eta_k]o_k \quad \text{(a)} \qquad \text{und} \qquad \sigma_{nD} = \sigma_D/\beta_k \quad \text{(b)}$$

---

[1] Der Abstand der Leitern *1* und *2* ist hier mit $q$ bezeichnet, um Verwechslungen mit dem Prozentsatz $p$ zu vermeiden.

11*

gearbeitet, worin $\alpha_k$ = Formzahl $(1 \div 3)$, $\eta_k$ = Empfindlichkeitsziffer $(0 \div 1)$, $\beta_k$ = Kernwirkungszahl $(1 \div 3$, immer kleiner bzw. gleich $\alpha_k$), $o_k$ die Oberflächenziffer, die neuerdings gleich Eins gesetzt wird, $\sigma_D$ = Dauerfestigkeit, $\sigma_{nD}$ = Nenndauerfestigkeit. Man könnte $\beta_k$ in der oben beschriebenen Weise ermitteln, wenn auf $\alpha_k - 1 = (\beta_k - c)/(\eta_k o_k) + (c - o_k)/(\eta_k o_k)$, $c$ = beliebige Konstante, umgeformt und dann die Formel (b) durch den N-Typ angeschlossen wird. Da jedoch $o_k$ neuerdings gleich 1 gesetzt wird, ist die Darstellung wesentlich einfacher: Nach Gl. (a) wird $\eta_k = (\beta_k - 1)/(\alpha_k - 1)$ durch den N-Typ dargestellt,

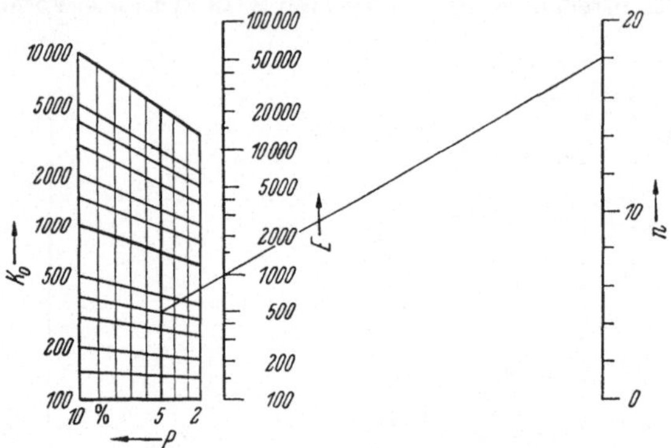

Abb. 194. Tafel für Zinseszinsrechnung (zu 1.5). — Beispiel: $K_0 = 400$, $n = 19$, $p = 5$ v.H. liefern $E = 10000$.

schräge Leiter für $\eta_k$, und Gl. (b) wieder durch eine weitere N-Tafel, wobei die Leiter $\beta_k$ als Zapfenlinie dient.

2.1. Bei E. Simon[1] wird u. a. die Gleichung

$$\operatorname{tg} z = \operatorname{tg} x \sin\alpha + \operatorname{tg} y \cos\alpha$$

dargestellt. Schreiben wir

$$\operatorname{tg} x = -\operatorname{tg} y \operatorname{ctg}\alpha + \operatorname{tg} z/\sin\alpha,$$

so zeigt die Übereinstimmung mit Gl. (103), daß

$$\xi_1 = 0, \qquad \xi_2 = p, \qquad \xi_{34} = \frac{p\,l_1}{l_1 + l_2 \operatorname{tg}\alpha},$$

$$\eta_1 = l_1 \operatorname{tg} x, \qquad \eta_2 = l_2 \operatorname{tg} y, \qquad \eta_{34} = \frac{l_1 l_2 \operatorname{tg} z}{l_2 \sin\alpha + l_1 \cos\alpha}$$

sein muß. Hier sind jedoch die Kurven $z$ = konst. *keine* geraden Linien. Die Elimination von $\alpha$ aus den beiden letzten Gleichungen würde für diese Hyperbeln liefern. Tatsächlich sind aber diese Kurven entbehrlich, da nur *diskrete* Werte $\alpha$ in Frage kommen, $\alpha = 45°, 65°, 85°$ (in dem technischen Zusammenhang genormt). Dann ist es besser, nur die „Rudimente" dieser Kurven anzugeben, d. h. die Geraden $\alpha$ = konst. mit je einer Teilung für $z$ zu versehen, vgl. Abb. 195 mit den weiteren Bereichen $x = 0 \div 50°$, $y = -10° \div +10°$ (bei schiefwinkligen Koordinaten).

2.2. K. Hoecken[2] stellt die Beziehung

$$z_1/\cos\alpha_1 + z_2/\cos\alpha_2 = 2a_m, \qquad a_m = a/m,$$

[1] Simon, E.: Die Geometrie der Schneide. Masch.-Bau Betrieb Bd. 9 (1930) S. 575/82.

[2] Hoecken, K.: Fluchtlinientafel für Schraubenräder. Masch.-Bau Betrieb Bd. 18 (1939) S. 258.

dar, worin $z_1, z_2$ Zähnezahlen, $\alpha_1, \alpha_2$ Zahnwinkel mit $\alpha_1 + \alpha_2 = 90°$, $m = $ Modul bedeuten. Die Gleichung hat an sich die Form, welche auf parallele Leitern führt (Additionstyp), nur ist die Lage der mittleren Leiter gemäß $a_m$ veränderlich. Umgeformt auf $z_1 = -z_2 \operatorname{ctg}\alpha + 2a_m \cos\alpha$, $\alpha_1 = \alpha$, $\alpha_2 = 90° - \alpha$ gesetzt, ergibt in Übereinstimmung mit Gl. (104)

$$\xi_1 = 0, \qquad \xi_2 = p, \qquad \xi_{34} = \frac{p}{1 + \operatorname{tg}\alpha},$$

$$\eta_1 = lz_1, \qquad \eta_2 = lz_2, \qquad \eta_{34} = \frac{2\,l\,a_m \cos\alpha}{1 + \operatorname{ctg}\alpha}.$$

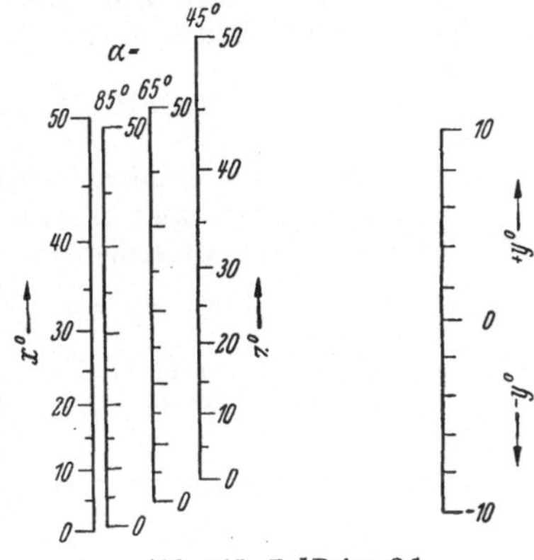

Die Kurven $a_m = $ konst. stellen hier Kurven vierter Ordnung dar[1]. Hinsichtlich der praktischen Ausführung und der technischen Einzelheiten sei auf die Originalarbeit verwiesen. Bemerkenswert ist, daß auch hier, wie schon bei anderen Arbeiten von HOECKEN hervorgehoben wurde, die eventuell als zu ungenau angesehenen, ermittelten Werte als Näherungswerte für das NEWTONsche Verfahren genommen werden können.

Abb. 195. Zu Beisp. 2.1.

2.3. Bei KOLLER [18] befindet sich eine Tafel für die Berechnung partieller Korrelationskoeffizienten, und zwar für die Darstellung der Beziehung

$$\alpha'\sqrt{(1 - \beta^2)(1 - \gamma^2)} = \alpha - \beta\gamma,$$

wobei die Veränderlichen sich zwischen $-1$ und $+1$ bewegen. Wir schreiben

$$\alpha' = \alpha/\sqrt{(\ )} - \beta\gamma/\sqrt{(\ )}$$

und erkennen die Übereinstimmung mit Gl. (103):

$$\xi_1 = 0, \qquad \xi_2 = p,$$

$$\xi_{34} = \frac{p}{1 - \lambda\sqrt{(\ )}},$$

$$\eta_1 = l'\alpha', \qquad \eta_2 = l\alpha,$$

$$\eta_{34} = \frac{l\beta\gamma}{1 - \lambda\sqrt{(\ )}}.$$

Damit $\xi_{34}$ und $\eta_{34}$ nicht nach unendlich gehen, muß $\lambda = l/l' < 1$ sein. Dann sind die Kurven $\gamma = $ konst. bzw. $\beta = $ konst., wie eine einfache Rechnung zeigt, Ellipsen, vgl. Abb. 196 für $\gamma = 4/5$. Die Werte $\beta = \gamma$ bzw. $\beta = -\gamma$ sind durch die einhüllenden Geraden dargestellt.

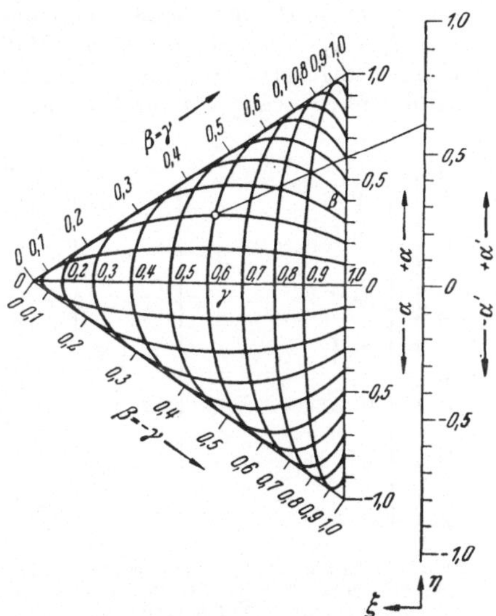

Abb. 196. Tafel für den partiellen Korrelationskoeffizienten. — Beispiel: $\alpha = 0{,}6$; $\beta = 0{,}2$; $\gamma = 0{,}6$ liefern $\alpha' = 0{,}61$.

---

[1] Bezogen auf ein durch $\xi = p/2 = q$ und $\eta = 0$ gehendes Koordinatensystem $\bar\xi, \eta$ wird

$$\eta = \frac{a_m l}{q\sqrt{2}} \frac{q^2 - \bar\xi^2}{\sqrt{q^2 + \bar\xi^2}},$$

d. h. auf einer Geraden $\xi = $ konst. schneiden die Kurven *lineare* Leitern aus.

Hätte man die gleichen Ansätze wie oben, aber $\eta_2 = -l\alpha$ gewählt, so wäre

$$\xi_{34} = \frac{p}{1 - \lambda\sqrt{(\;\;)}}, \qquad \eta_{34} = -\frac{l\,\beta\,\gamma}{1 - \lambda\sqrt{(\;\;)}}$$

geworden und hätte das Kurvennetz *zwischen* den Leitern für $\alpha$ und $\alpha'$ gelegen.

2.4. Bei einer Dreidraht-Gewindemessung[1] wird man auf die Formel

$$d_2 = P - d_m\left(1 + 1/\sin\frac{\alpha}{2}\right) + \frac{h}{2}\operatorname{ctg}\frac{\alpha}{2}$$

geführt, worin $d_2 = $ Flankendurchmesser in mm, $P = $ Prüfungsmaß in mm, $d_m = $ Meßdrahtdurchmesser in mm, $h = $ Steigung in mm und $\beta = \alpha/2 = $ halber Flankenwinkel. Wir schreiben unter Einführung der *Zapfenlinie*

$$z = P - d_2 \quad \text{und} \quad z = d_m(1 + 1/\sin\beta) - \tfrac{1}{2}h\operatorname{ctg}\beta$$

und haben für die erste Gleichung den Additionstyp mit parallelen Leitern und für die zweite die Gl. (104). Es wird damit

$$\xi_1 = 0, \qquad \xi_2 = p, \qquad \xi_{34} = \frac{p\,l_1\,(1 + \sin\beta)}{l_1 - (l_2 - l_1)\sin\beta}\,*,$$

$$\eta_1 = l_1 z, \qquad \eta_2 = l_2 d_m, \qquad \eta_{34} = \frac{1}{2}\frac{l_1 l_2 h \cos\beta}{l_1 - (l_2 - l_1)\sin\beta}.$$

Die $\eta$-Achse stellt also die Zapfenlinie dar. Die Bereiche waren $d_2 = 0 \div 50$ mm, $P = 0 \div 55$ mm, $d_m = 1 \div 3$ mm, $h = 0 \div 6$ mm, $\alpha = 30° \div 60°$ ($\beta = 15° \div 30°$). Daher wurde für die Veranschaulichung hier gewählt $l_2 = 25$ mm, $l_1 = 15$ mm, d. h. $l_2 - l_1 = 10$ mm, ferner als Maßstabsfaktor für $d_2$ der Wert $l_5 = 2$ mm. Hieraus folgt das Verhältnis der Abstände $n:m = 2:15$. Die Teilung für $P$ kann dann vom Ursprung aus durch Projektion erzeugt werden. Es ist aber rechnerisch nach Früherem $l_4 = 30/17$. Für die Ermittlung der Kurven $h$ wäre an sich die Annahme $l_1 = l_2$ besonders einfach, da dann diese (wie im allgemeinen Fall Ellipsen) die einfache Gleichung $\xi - p = p\sin\beta$, $\eta = \dfrac{l}{2}h\cos\beta$ haben; doch würde das $\beta$-Netz zu eng; vgl. Abb. 197.

2.5. Die Formel in Beisp. 1, S. 120, läßt sich auf

$$r_i^2 = -2p_i r_a^2/\sigma_{zul} + r_a^2$$

bringen, und konstantes $\sigma_{zul}$ führt auf $r_i^2 = r_a^2(1 - 2p_i/\sigma_{zul})$. Diese Form kann man gemäß Gl. (73) mit der Teilung $\sigma_{zul}/2p_i$ für $p_i$ darstellen oder aber durch den N-Typ: schräge Leiter für $r_a$, die parallelen für $r_i$ bzw. $p_i$. Ist nun $\sigma_{zul}$ veränderlich, so erhält man für jedes $\sigma_{zul}$ eine andere geneigte Leiter und eine andere

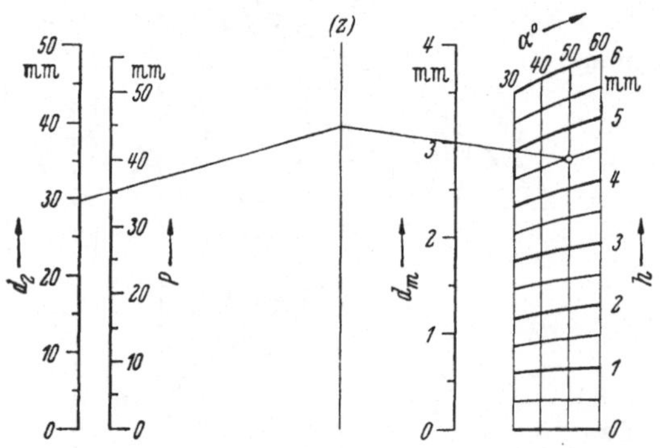

Abb. 197. Zu Beisp. 2.4. — Zahlenwerte: $\alpha = 50°$; $h = 4{,}5$; $d_m = 3$ und $P = 35$ liefern $d_2 = 29{,}5 \approx 30$ mm. Verkl. 4:10.

---

[1] FISCHER, J.: Eine Fluchtlinientafel zur Dreidraht-Gewindemessung. AWF-Mitt. Bd. 23 (1942) S. 31/32.

* Es ist auch $\xi - p = pl_2\sin\beta/$(Nenner wie oben).

(quasiprojektive) Teilung für $r_a$. Es müssen also die Kurven $\sigma_{zul} =$ konst. bzw. $r_a =$ konst. Strahlenbüschel darstellen. Dies ergibt sich auch gemäß Gl. (103):

$$\xi_1 = 0, \qquad \xi_2 = p, \qquad \xi_{34} = \frac{p\,l_1 r_a^2}{l_2\,\sigma_{zul} + l_1 r_a^2} = \frac{p\,l_1 r_a^2}{N},$$

$$\eta_1 = l_1 r_i^2, \qquad \eta_2 = 2\,l_2\,p_i, \qquad \eta_{34} = \frac{l_1 l_2 r_a^2\,\sigma_{zul}}{N}$$

Das heißt, die Kurven $\sigma_{zul} =$ konst. sind die Geraden durch den Ursprung, welche die Leiter für $p_i$ in $\eta = l_2\,\sigma_{zul}$ schneiden, und die Kurven $r_a =$ konst. sind die Geraden durch den Punkt $\xi = p$, $\eta = 0$, welche die Leiter für $r_i$ in $\eta = l_1 r_a^2$ treffen, vgl. Abb. 198 mit den dort erkennbaren Bereichen. Es könnte, insbesondere wenn bestimmte Bereiche nur interessieren, noch mit Rücksicht auf die quadratischen Teilungen projektiv transformiert werden. — Man darf übrigens $r_a$ und $r_i$ mit konstanten gleichen Faktoren multiplizieren, d. h. wenn z. B. statt $r_a$ der Wert $2r_a$ eingestellt wird, so wird auch $2r_i$ abgelesen.

2.6. Die kubische Gleichung

$$x^3 + A x^2 + B x + C = 0$$

kann geschrieben werden

$$A = -C/x^2 - (B/x^2 + x),$$

hat also die Form der Gl. (103) bzw. (104): Lineare parallele Leitern für $A$ und $C$, die Kurven $x =$ konst. Parallele zu diesen und die Schar $B$ gekrümmte Kurven. Diese Form ist von SCHWERDT [49] dargestellt, während D'OCCAGNE [38]

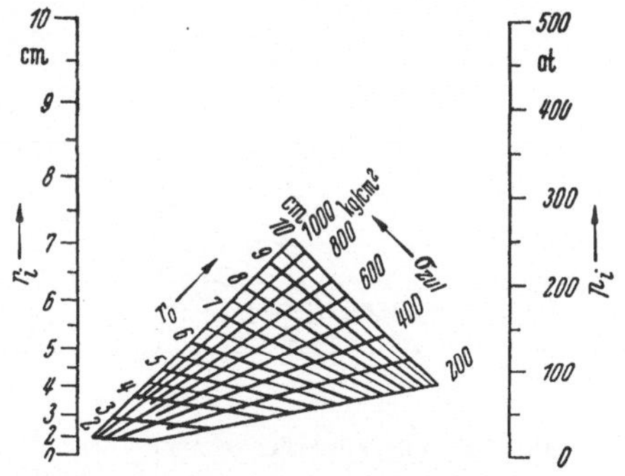
Abb. 198. Berechnung von Zylindern auf Innendruck (Beisp. 2.5). — Zahlenwerte: $r_i = 6$ cm, $p_i = 150$ at, $\sigma_{zul} = 600$ kg/cm² liefern $r_a = 8,5$ cm.

parallele Leitern für $B$ und $C$, also das Netz für $A$ und $x$, und MEHMKE [32] das Netz $C$, $x$ wählt mit parallelen Leitern für $A$ und $B$. SCHWERDT gibt auch die Lösung mit Hilfe einer beweglichen Kurventafel an.

2.7. Nimmt man in Beisp. 14, S. 100, den Exponenten von $x$ als weitere Veränderliche $z$, so wird $y = e^x/x^z$ oder auch

$$\lg y = x \lg e - z \lg x,$$

wobei $-100 \leqq z \leqq +100$ sein soll. Die Übereinstimmung mit Gl. (103) bzw. (104) führt auf

$$\xi_1 = 0, \qquad \xi_2 = p, \qquad \xi_{34} = \frac{p\,l_1 x}{l_2 + l_1 x},$$

$$\eta_1 = l_1 \lg y, \qquad \eta_2 = -l_2 \lg e \atop = \text{konst.}, \qquad \eta_{34} = -\frac{l_1 l_2 z \lg x}{l_2 + l_1 x}.$$

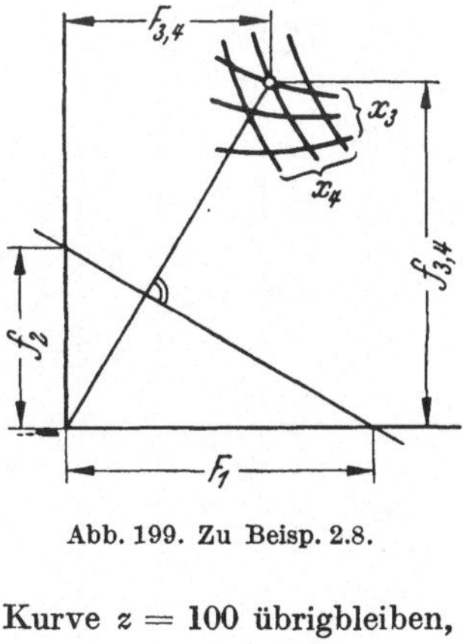

Abb. 199. Zu Beisp. 2.8.

Bemerkenswert ist, daß hier die eine Leiter in einen *Punkt* zusammenschrumpft[1]. Wenn $z =$ konst., z. B. gleich 100 ist, so würde nur die Kurve $z = 100$ übrigbleiben, d. h. eine gekrümmte Leiter für die Werte $x$.

---

[1] Vgl. a. die auf S. 100 angeführte Arbeit.

2.8. Als Form, die sich als Verbindung zwischen Rechtwinkelkreuz und Kurvenschar ergibt, sei gemäß Abb. 199 das Folgende erwähnt (vgl. a. [14]): Geht der eine Schenkel des rechten Winkels immer durch den Ursprung, so gilt nach Abb. 199 $f_{34}/F_{34} = f_1/f_2$ oder auch $f_1 = f_2 H_{34}$ (mit $f_{34}/F_{34} = H_{34}$), eine Beziehung, die aber auch durch Kurventafel oder durch Verbindung von Kurven- und Fluchtentafel dargestellt werden kann.

### 362 Kurvenscharen.

1. Es soll Beisp. 1.5 aus Abs. 361 nochmals behandelt werden. Zerlegen wir die Gleichung in $z = n \lg 1{,}0p$ und $z = \lg E - \lg K_0$. so kann man die erste

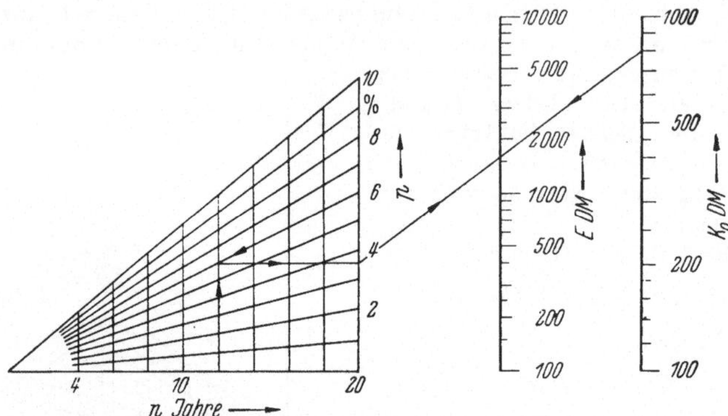

Abb. 200. Zur Zinseszinsrechnung (Beisp. 1). — Zahlenwerte: $K_0 = 800$; $n = 12$; $p = 6$ v. H. liefern $E = 16100$.

Gleichung durch eine Strahlentafel auf halblogarithmischem Papier und die zweite durch den Additionstyp mit parallelen Leitern darstellen, vgl. Abb. 200.

2. Bei K. Schnarbach[1] ist die Formel

$$\operatorname{tg}\mu = c\, r_m\, \varphi / \lambda h,$$

d. h. eine Beziehung zwischen fünf Veränderlichen dargestellt.

$\mu$ = Übertragungswinkel ($30 \div 75°$, d. h. $\operatorname{tg}\mu \approx 0{,}57 \div 2$),
$\varphi$ = Drehwinkel ($20 \div 200°$),
$r_m$ = mittlerer Halbmesser ($30 \div 200\,\text{mm}$),
$h$ = Hub ($20 \div 200$ mm),
$\lambda$ = Zahlenfaktor, der gewissen Übertragungsarten entspricht (diskrete Werte 1; 1,01; 1,1; 1,25; 1,5; 1,75; 2),
$c$ = $\pi/360°$ = konst.

Bei der Darstellung soll die Variation von $\mu$ und $\lambda$ möglichst genau erfaßbar sein. Deswegen wird zur Darstellung der Beziehung zwischen $\mu$ und $\lambda$ eine Kurven-

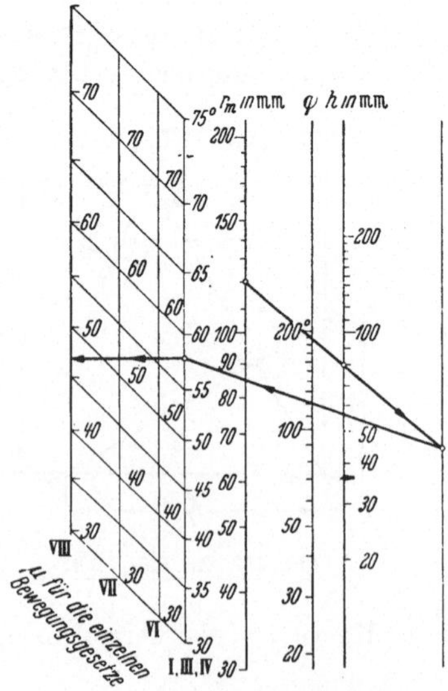

Abb. 201. Tafel für Kreisbogengesetze (vgl. Text, Beisp. 2).

[1] Schnarbach, K.: Zur Synthese des Kreisbogengesetzes. Konstruktion Bd. 3 (1951) S. 82/89.

tafel angeschlossen: Man kann $z = h/r_m$ (a) als Hilfsveränderliche einführen (Zapfenlinie) und hat dann mit der weiteren Veränderlichen $w = \varphi/z$ (b) zuletzt die Form $\operatorname{tg}\mu = cw/\lambda$ (c). Logarithmisch geteilte Leitern für $r_m$ und $h$ liefern $z$, und die logarithmisch geteilte Leiter für $\varphi$ schließt sich an, so daß $w$ als eine Achse des Kurvennetzes für $\mu$ und $\lambda$ erscheint. Die letzte Gl. (c) wird auf ganz-

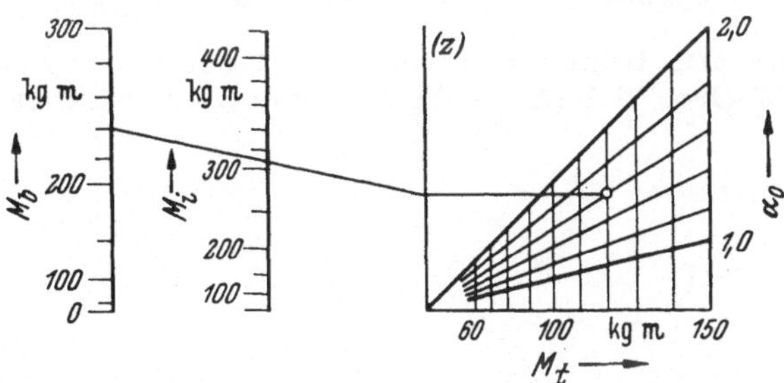

Abb. 202. Ideelles Biegemoment (Beisp. 3). — Zahlenwerte: $M_d = 120$ kg, $M_b = 240$ kg m und $\alpha_0 = 1{,}6$ liefern $M_i = 307$ kg m.

logarithmischem Papier dargestellt: Achsenparallele bzw. unter $45°$ geneigte Geraden, vgl. Abb. 201[1].

3. Das ideelle Moment $M_i$ eines auf Biegung und Torsion beanspruchten, kreisförmigen Stabes berechnet sich nach der Festigkeitshypothese von Mohr (s. a. S.160, Beisp. 1.1) aus Biegemoment $M_b$ und Drehmoment $M_t$ zu $M_i = \sqrt{M_b^2 + (\alpha_0 M_t)^2}$, wonach $\sigma_{red} = M_i/W_b$ wird mit $W_b$ als Widerstandsmoment gegen Biegung. Stellt man $(\alpha_0 M_t)^2 = z^2$ als Strahlentafel dar, so kann $M_i^2 = M_b^2 + z^2$ durch drei parallele Leitern angeschlossen werden, vgl. die Skizze gemäß Abb. 202. Die Gleichung für $\sigma_{red}$ könnte leicht durch den N-Typ angeschlossen werden, wobei die Skala für $W_b$ am besten gleich nach dem Durchmesser $d$ beziffert würde. Projektive Transformationen gäben die Möglichkeit, gewisse Bereiche besonders genau darzustellen.

4. Von G. Steinebrück[2] wird u. a. die Beziehung

$$\frac{N}{\sin\varphi\cos\varphi} = \frac{U^2}{\omega L} \quad (= N_m)$$

dargestellt, und zwar die Gleichung $U^2 = N_m \cdot (\omega L)$ durch parallele, logarithmisch geteilte Leitern, wobei $N_m$ zwar auch interessiert, doch gleichzeitig als Eingangsachse für das Geradliniennetz für $N$ und $\varphi$

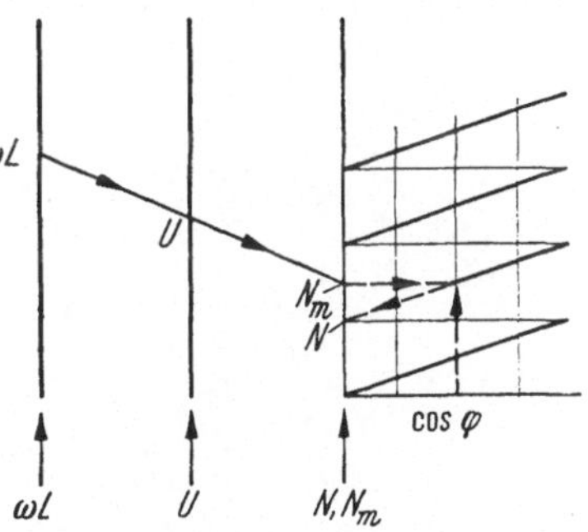

Abb. 203. Erläuterung zu Beisp. 4.

dient. Es ist $\lg N_m = \lg N + \lg(1/\sin\varphi\cos\varphi)$, und die Abszissenachse wird nach $\lg(1/\sin\varphi\cos\varphi)$ geteilt, aber nach $\cos\varphi$, dem Leistungsfaktor, beziffert, vgl

---

[1] Eine Kreuztafel mit angeschlossenem Kurvennetz $\varphi$, $\mu$ hätte auch gewählt werden können.

[2] Steinebrück, G.: Nomogramm zur Bestimmung der Leistung an Drehstrom-Lichtbogenöfen. ETZ Bd. 53 (1932) S. 580/81.

Skizze gemäß Abb. 203. Der Vorteil dieser Anordnung liegt darin, daß der Maßstabsfaktor für die Teilung $\varphi$ beliebig gewählt werden kann, d. h. so, daß die Linien $\varphi =$ konst. nicht zu dicht werden. Andernfalls hätte eine Kreuztafel oder auch der logarithmische Additionstyp mit Zapfenlinie genügt.

5. In ähnlicher Weise sind auch gekoppelte Tafeln zur Berechnung der Durchbiegung und der Spannung bei Platten aufgestellt worden[1].

---

[1] Thickness and Deflection of Uniformly Loaded Flat Plates. Machine Design Vol. 22 (1950) S. 159/61. — Vgl. a. Konstruktion Bd. 4 (1952) S. 26/28.

# Zusammenstellung
## der wichtigsten behandelten Funktionstypen.

Die folgende Zusammenstellung für Funktionen mit drei oder mehr Veränderlichen bezieht sich im wesentlichen auf den theoretischen Teil. Die hinter den Gleichungen stehenden Zahlen geben die Seitenhinweise an.

Die Unterteilung der beiden Gruppen 1 und 2 ist nach folgenden Gesichtspunkten durchgeführt[1]:

a) *Additions-* bzw. *Subtraktions*typ;
b) *Multiplikations-* bzw. *Divisions*typ;
c) Multiplikation bzw. Division gemischt mit Addition oder Subtraktion;
d) weitergehende Typen.

### 1. Drei Veränderliche.

Seite

a) $x + y + z = $ konst. .............. 47

$\quad$ $f(x) + g(y) + h(z) = 0$ ........ 47

$h(z) = \lambda\, f(x) + \mu\, g(y)$ ..... 18, 34, 50/51, 62, 65

$f^2 + g^2 = h^2$ .................. 40

b) $z = C\, x\, y$ oder $z = C\, y/x$ ..... 18, 34, 39, 51, 58

$\quad$ $h(z) = C\, f(x)\, g(y)$ oder $\left.\right\}$ 18, 34, 35, 51, 58
$\quad$ $h(z) = C\, f(x)/g(y)$

$f(x)\, g(y)\, h(z) = C$ .............. 47

$x\, y\, z = $ konst. ................. 47

$z = \lambda\, x^m\, y^n$ ............... 18, 35, 51

$h(z)\,[f(x) - \overline{\alpha}] - \mu\,[g(y) - \overline{\beta}] = 0$ $\quad$ 35

c) $1/x + 1/y = 1/z$ ............... 55

$\quad$ $1/f(x) + 1/g(y) = 1/h(z)$ ........ 55

$\quad$ $f\, h_1 + g\, h_2 - h_3 = 0$ ........... 36

$\quad$ $f\, g\, h_1 + f + g\, h_2 + f_3 = 0$ ...... 68

$\quad$ $H_1(z)/F(x) + H_2(z)/G(y) = 1$ ... 63

$\quad$ $h^2 + h \cdot (f + g) + f\, g = C$ ... 68, 69

$\quad$ $h_i^2 + h_2^2 = h_1\, f + h_2\, g$ ...... 68, 69

$\qquad$ $f = g_1\, h + g_2\, h^2$ ..... 68, 69

$\quad$ $f\, H_1 + g\, H_2 = 1$ ............... 63

$h^2 + h\, g + f = 0$ .............. 64

$f + g\, h_1 + h_2 = 0$ ....... 61, 62, 63

$f^2 + g^2 - g\, h = 0$ ............. 40

$f + g\, h^2 + h = 0$ ............. 62

$f\, g\, h + f + g + h = 0$ oder $\left.\right\}$ .. 67
$1/f\, g + 1/g\, h + 1/h\, f + 1 = 0$

$h^2 + f_1\, g_1\, h + f_2\, g_2 = 0$ oder $\left.\right\}$ ..112
$h^2/f_2 + g_1\, h\, f_1/f_2 + g_2 = 0$

$G = \dfrac{F + H_3}{H_2 + H_1}$ ................. 68

d) $g(y) = f(x)^{h(z)}$ .............. 34, 35

$\quad$ $y = x^z$ .................. 34, 35

$\quad$ $y = z\, e^{kx}$ .................. 35

$\quad$ $h = \dfrac{f^2 + g^2}{f \pm g}$ ................. 40

$\quad$ $f = \dfrac{g_1 + h_1}{g_2 + h_2}$ ................. 66

$\quad$ $F = \dfrac{G_1\, H_2 + G_2\, H_1}{G_1 + H_2}$ .......... 66

$\quad$ $h = \dfrac{f}{f + g}$ ................. 59

$z = \dfrac{A\, x + B\, y + C}{D\, x + E\, y + F}$ oder $\left.\right\}$ .... 59
$h = \dfrac{A\, f + B\, g + C}{D\, f + E\, g + F}$

$f = \dfrac{g_2\, H - G\, h_2}{g_2\, h_1 - g_1\, h_2}$ u. ä. .......... 37

$z = \varphi(x, y)$ ............. 31, 32, 46

$\psi(x, y, z) = 0$ .............. 37

$h(z) = \psi(x, y)\,/\varphi(x, y)$ ........ 37

$F_{12} - F_3 = \varphi(f_{12} - f_3)$ ........ 45

---

[1] Zur Abkürzung werden gesetzt: $f(x) = f$, $g(y) = g$, $h(z) = h$ bzw. F, G, H, ferner $f_i(x_i) = f_i$ oder $F_i(x_i) = F_i$ und $f_{ik}(x_i, x_k) = f_{ik}$ bzw. $F_{ik}$.

## 2. Vier und mehr Veränderliche.

# Literaturverzeichnis.


1. ALLCOCK, J.: The Nomogram. London 1946.
2. BALOGH, A.: Beitrag zur Nomographie. Leipzig u. Wien 1938.
3. BERG, S.: Angewandte Normzahl. Berlin u. Krefeld 1949.
4. BLASCHKE, W.: Projektive Geometrie. Wolfenbüttel u. Hannover 1947.
5. BOULANGER, G. R.: Contribution à la théorie générale des abaques à plans superposes. Brüssel u. Paris 1949.
6. COLLATZ, L., u. R. ZURMÜHL: Glätten und Vertafeln empirischer Funktionen mittels Differenzen. Z. VDI Bd. 88 (1944) S. 511/15.
7. DIERCKS-EULER: Praktische Nomographie. 2. Aufl. Düsseldorf 1948.
8. DOBBELER, C. v.: Vierskalige Nomogramme. Z. angew. Math. Mech. Bd. 7 (1927) S. 485/96.
9. DOEHLEMANN, K.: Projektive Geometrie in synthetischer Behandlung. 4. Aufl. (Sa. Göschen). Berlin 1922.
10. DUBBELs Taschenbuch für den Maschinenbau. 11. Aufl. Berlin/Göttingen/ Heidelberg 1953.
11. FISCHER, A.: Beitrag zur Nomographie. Z. angew. Math. Mech. Bd. 4 (1924) S. 351/52.
12. — Über ein neues allgemeines Verfahren zum Entwerfen von graphischen Rechentafeln (Nomogrammen), insbesondere von Fluchtlinientafeln. Z. angew. Math. Mech. Bd. 7 (1927) S. 211/27, 383/408; Bd. 8 (1928) S. 309 bis 335; Bd. 9 (1929) S. 402f.
13. — Beiträge zur Nomographie II. Z. angew. Math. Mech. Bd. 14 (1934) S. 117/21.
14. — Beiträge zur Nomographie III. Z. angew. Math. Mech. Bd. 15 (1935) S. 144/56.
15. FISCHER, J.: Entwerfen von Nomogrammen in projektiv verzerrten Netzen. AWF-Mitt. Bd. 22 (1940) S. 20/22.
16. GRONWALL, T. H.: Sur les équations entre trois variables représentables par des nomogrammes à points alignés. J. Math. pures appl., Ser. 6 Bd. 8 (1912) S. 59—102.
17. KIENZLE, O.: Normungzahlen. Berlin/Göttingen/Heidelberg 1950.
18. KOLLER, S.: Graphische Tafeln zur Beurteilung statistischer Zahlen. Dresden u. Leipzig 1940.
19. KONORSKI, B. M.: Grundlagen der Nomographie. Berlin 1923.
20. — Hilfsbuch für Betriebsberechnungen. Berlin 1930.
21. KRETSCHMER, W.: Einige besondere nomographische Verfahren und ihre Anwendung auf technische Formeln. Dissertation. Berlin 1921.
22. — Über Wanderkurvenblätter. Z. angew. Math. Mech. Bd. 5 (1925) S. 182 bis 184.
23. LACMANN, O.: Die Herstellung gezeichneter Rechentafeln und ihre Verwendung in der Lehre vom Gleichgewicht und der Bewegung des Wassers. Berlin 1923.
24. LAMBERT, R.: Structure générale des nomogrammes et des systèmes nomographiques. Paris 1937.
25. LUCKEY, P.: Nomographische Darstellungsmöglichkeiten. Z. angew. Math. Mech. Bd. 3 (1923) S. 46/59.

26. LUCKEY, P.: Die Verstreckung (Anamorphose) und die nomographische Ordnung. Z. angew. Math. Mech. Bd. 4 (1924) S. 61/80.
27. — Die Flächenschieber oder zweidimensionalen ebenen Rechenschieber. Z. angew. Math. Mech. Bd. 5 (1925) S. 254/62.
28. — u. W. TREUSCH: Nomographie. Leipzig 1949.
29. MARGOULIS, W.: Les abaques à transparent orienté. C. R. Acad. Sci., Paris 1922, I, S. 1684/86.
30. MAYER, M.: Nomographie des Bauingenieurs. (Sa. Göschen.) Berlin u. Leipzig 1927.
31. MEHLIG, H.: Die Verwendung nomographischer Mittel zur numerischen Integration von Differentialgleichungen. Z. angew. Math. Mech. Bd. 14 (1934) S. 122/23.
32. MEHMKE, R.: Leitfaden zum graphischen Rechnen. Leipzig u. Wien 1924.
33. MEYER ZUR CAPELLEN, W.: Mathematische Instrumente. 3. Aufl. Leipzig 1949.
34. — Instrumentelle Mathematik für den Ingenieur. Essen 1952.
35. — Fluchtlinientafeln und Rechengetriebe. Z. Instrumentenkde. Bd. 58 (1938) S. 221/28.
36. NEISS, F.: Analytische Geometrie. Berlin/Göttingen/Heidelberg 1950.
37. — Determinanten und Matrizen. 3. Aufl. Berlin/Göttingen/Heidelberg 1948.
38. D'OCCAGNE, M.: Traité de Nomographie. 2. Aufl. 1921.
39. — Calcul graphique et Nomographie. 3. Aufl. 1928.
40. — Le calcul simplifié par les procédés mécaniques et graphiques. 3. Aufl. 1928.
41. PIRANI, M.: Über die Interpolation von Kurvenscharen. Z. angew. Math. Mech. Bd. 3 (1923) S. 235/36.
42. PRÖLSS, O.: Graphisches Rechnen. Leipzig u. Berlin 1920.
43. ROHRBERG, A.: Graphische Funktionentafeln. Berlin 1949.
44. RUNGE, C.: Graphische Methoden. 3. Aufl. Leipzig u. Berlin 1928.
45. SCHILLING, F.: Über die Nomographie von M. D'OCCAGNE. Eine Einführung in dieses Gebiet. Leipzig 1900.
46. SCHWERDT, H.: Lehrbuch der Nomographie auf abbildungsgeometrischer Grundlage. Berlin 1924.
47. — Das Prinzip der Gleitkurven, ein neues Darstellungsmittel. Z. angew. Math. Mech. Bd. 4 (1924) S. 314/23.
48. — Einführung in die praktische Nomographie. Berlin 1927.
49. — Die Anwendung der Nomographie in der Mathematik. Berlin 1931.
50. SOREAU, R.: Nomographie ou Traité des Abaques. Paris 1921.
51. TROCHE, A.: Neue Wege in der Nomographie. Zbl. Bauverw. 1928, H. 25.
52. WALTHER, A.: Verwandlung von Kurventafeln in Leitertafeln. Z. VDI Bd. 81 (1937) S. 1137/42.
53. WALTHER, A., H.-J. DREYER u. H. SCHÜSSLER: Ersatz von Kurventafeln durch Leitertafeln. Elektrotechn. Z. Bd. 60 (1939) S. 65/70.
54. WEICKMANN, L.: Über aerologische Diagrammpapiere. Berlin 1938.
55. WERKMEISTER, P.: Das Entwerfen von graphischen Rechentafeln (Nomographie). Berlin 1923.
56. — Graphische Rechentafeln für Gleichungen von der Form $xy = u + v$. Z. angew. Math. Mech. Bd. 4 (1924) S. 260/65.
57. WERTHEIMER, A.: The graphical transformation of curves into straight lines and the construction of alignment charts. J. Franklin Inst. Vol. 219 (1935) S. 343/63.
58. WERTHEIMER, A.: The transformation of two arbitrary functions into linear functions. Amer. math. Month. Vol. 43 (1936) S. 280/83.

59. Willers, Fr. A.: Benutzung projektiver Skalen zur Unterteilung von Skalen anderer Funktionen. Z. angew. Math. Mech. Bd. 20 (1940) S. 291/92.
60. Wright, F. E.: A graphical Method for Plotting Reciprocals. J. Washington Acad. Sci. Vol. 10 (1920) S. 185/88.
61. Wünsche, G.: Nomographie und Versicherungsmathematik. Neumanns Z. Vers.-Wesen 1937, Nr. 20.
62. — Eine nomographische Behandlung des Zinsfußproblems in der Lebensversicherung. Arch. math. Wirtsch. u. Soz.-Forsch. Bd. 4 (1938) S. 191/226.
63. — Grundzüge einer allgemeinen nomographischen Methode der Versicherungsmathematik. Bl. Vers.-Math. u. verw. Geb. Bd. 37 (1938) S. 209/20.
64. — The nomographic estimation of the influence of substandard mortality on the policy value. Inst. Act. Students' Soc. Vol. VIII (1949) S. 216/23.
65. — Zur Rationalisierung der versicherungsmathematischen Rechentechnik. Bl. dtsch. Ges. Vers.-Wes. Bd. 1 (1951) S. 17/29.
66. Zimmermann, F.: Fluchtlinientafeln in der ETZ, Theorie und Anwendungen. Elektrotechn. Z. Bd. 60 (1939) S. 585/90.
67. Zühlke, M.: Rechentafeln und Sonderrechenstäbe. Leipzig u. Berlin 1938.
68. Zurmühl, R.: Matrizen. Darstellung für Ingenieure. Berlin/Göttingen/Heidelberg 1950.

# Sachverzeichnis.

**Formeln und Tabellen der mathematischen Statistik.** Zusammengestellt von Professor Dr.-Ing. habil. **Ulrich Graf,** Düsseldorf, und Dr.-phil. **Hans-Joachim Henning,** Rheydt-Odenkirchen. Mit 9 Abbildungen. VI, 102 Seiten. 1953. DM 9.—

**Mechanische Schwingungen.** Von **J. P. den Hartog,** Professor of Mechanical Engineering Massachusetts Institute of Technology. Zweite Auflage. Übersetzt und bearbeitet nach der dritten amerikanischen Auflage von **Gustav Mesmer,** Professor für Mechanik an der Technischen Hochschule Darmstadt. Mit 299 Abbildungen. XVI, 427 Seiten. 1952. Ganzleinen DM 42.—

**Technische Schwingungslehre.** Von Dr.-Ing. **Karl Klotter,** o. Professor an der Technischen Hochschule Karlsruhe. Zweite, umgearbeitete und ergänzte Auflage.

1. Band: **Einfache Schwinger und Schwingungsmeßgeräte.** Mit 360 Abbildungen. XVI, 399 Seiten. 1951. Ganzleinen DM 46.50
2. Band: **Schwinger von mehreren Freiheitsgraden.** In Vorbereitung.

**Konstruktionsbücher.** Herausgeber Professor Dr.-Ing. **E.-A. Cornelius,** Hamburg.

2. Band: **Kräfte in den Triebwerken schnellaufender Kolbenkraftmaschinen,** ihr Gleichgang und Massenausgleich. Von Dr.-Ing. **Gerhart H. Neugebauer,** Maschinenfabrik Augsburg-Nürnberg A. G., Werk Nürnberg. Zweite, verbesserte Auflage. Mit 104 Abbildungen. V, 127 Seiten. 1952. DM 12.60

3. Band: **Berechnung und Gestaltung von Metallfedern.** Von Dipl.-Ing. **Siegfried Groß,** Sevenoaks, Kent, England. Zweite, verbesserte und erweiterte Auflage. Mit 79 Abbildungen. IV, 95 Seiten. 1951. DM 7.50

4. Band: **Gestaltung von Wälzlagerungen.** Von Dipl.-Ing. **W. Jürgensmeyer,** Schweinfurt, Zweite Auflage bearbeitet von Dipl.-Ing. **H. v. Bezold.** Mit 162 Abbildungen. VIII, 106 Seiten. 1953. DM 10.50

5. Band: **Berechnung und Gestaltung von Schraubenverbindungen.** Von Dr. Ing. habil. **H. Wiegand,** Düsseldorf, und Ing. **B. Haas,** Berlin. Zweite Auflage. Mit 71 Abbildungen. V, 68 Seiten. 1951. DM 6.60

7. Band: **Gummifedern.** Von Dr.-Ing. **E. F. Göbel,** Stuttgart. Mit 68 Abbildungen. IV, 58 Seiten. 1945. DM 6.—

8./9. Band: **Die Drehschwingungen in Kolbenmaschinen.** Von Dr.-Ing. **K. Haug,** Lindau/Bodensee. Mit 134 Abbildungen. V, 201 Seiten. 1952. DM 24.—

10. Band: **Berechnung und Gestaltung von Wellen.** Von Dr.-Ing. **F. Schmidt,** Augsburg. Mit 87 Abbildungen. IV, 79 Seiten. 1951. DM 9.60

11. Band: **Gestaltung gezogener Blechteile.** Von Dr.-Ing. habil. **G. W. Oehler,** Privatdozent an der Technischen Hochschule Hannover. Mit 145 Abbildungen. IV, 120 Seiten. 1951. DM 8.40

12. Band: **Berechnung und Gestaltung von Schweißkonstruktionen.** Von Baurat Dipl.-Ing. **Richard Hänchen,** Braunlage. Mit 349 Abbildungen. Etwa 96 Seiten. 1953. In Vorbereitung

(Weitere Bände sind in Vorbereitung)